全国高等院校应用型创新规划教材·计算机系列

C 语言课程设计案例精编
(第 3 版)

吴启武　主编

清华大学出版社
北 京

内 容 简 介

本书是《C 语言课程设计案例精编》的第 3 版，在保持了前两版风格的基础上，根据读者的反馈，对部分内容进行了更新。本书内容丰富，案例经典，涵盖了游戏开发、文件操作、网络编程、仿 Windows 应用程序开发等范畴，分为五篇，共 16 章，涉及 14 个经典案例。

在基础知识篇中，使用两章的篇幅，重点介绍了后面章节中将要涉及的知识点；在游戏开发篇中，介绍了俄罗斯方块、推箱子、打字游戏的设计和实现；在文件操作篇中，介绍了目前应用十分广泛的学生选课管理系统、图书管理系统、教师人事管理系统的设计与实现；在网络编程篇中，介绍了 Ping、TCP、UDP 三个网络协议的设计和实现；在仿 Windows 应用程序篇中，介绍了进程调度模拟器、画图板、电子时钟、简易计算器、文本编辑器这 5 个小应用程序的设计和实现。

本书从实践性和应用性角度出发，按照软件开发的流程，贯彻了从设计到实现的案例分析模式，内容组织合理、分析详细、通俗易懂。

本书适合本科和高职高专院校计算机、机械、电子、自动化等专业的学生作为进行课程设计的参考教材，也可作为 C 语言爱好者的参考读物。

图书在版编目(CIP)数据

C 语言课程设计案例精编/吴启武主编. --3 版. --北京：清华大学出版社，2016（2021.9重印）
(全国高等院校应用型创新规划教材•计算机系列)
ISBN 978-7-302-43642-3

Ⅰ. ①C… Ⅱ. ①吴… Ⅲ. ①C 语言—程序设计—课程设计—高等学校—教学参考资料 Ⅳ. ①TP312

中国版本图书馆 CIP 数据核字(2016)第 083571 号

责任编辑：孟　攀
封面设计：杨玉兰
责任校对：王　晖
责任印制：沈　露

出版发行：清华大学出版社
网　　址：http://www.tup.com.cn, http://www.wqbook.com
地　　址：北京清华大学学研大厦 A 座　　邮　　编：100084
社 总 机：010-62770175　　邮　　购：010-62786544
投稿与读者服务：010-62776969, c-service@tup.tsinghua.edu.cn
质量反馈：010-62772015, zhiliang@tup.tsinghua.edu.cn
课件下载：http://www.tup.com.cn, 010-62791865
印 装 者：大厂回族自治县彩虹印刷有限公司
经　　销：全国新华书店
开　　本：185mm×260mm　　**印　张**：31　　**字　数**：756 千字
版　　次：2008 年 1 月第 1 版　　2016 年 5 月第 3 版　　**印　次**：2021 年 9 月第 7 次印刷
定　　价：79.00 元

产品编号：064674-02

前　言

C 语言是一种目前国际上十分流行的计算机高级编程语言，因其具有简洁、使用方便且功能强大的特点，而深受编程人员的喜爱。它既适合作为系统描述语言编写系统软件，也适合用来编写应用软件。

本书是清华大学出版社全国高等院校应用型创新规划教材·计算机系列教材之一，前两版出版至今，已受到读者的广泛好评。第 3 版在保持了前一版风格的基础上，根据读者的反馈，对部分内容进行了更新和修订，以达到与时俱进、满足读者需求的目的。本书是一本实践性和应用性很强的 C 语言实用教材，精心选取了 14 个经典案例。通过这些案例，不但可使读者对 C 语言的基础知识和数据结构的应用有深刻的理解，而且可帮助读者掌握软件开发的方法和技巧。

全书分为五篇，共 16 章，案例涵盖了游戏开发、文件操作、网络编程、仿 Windows 应用程序开发等范畴。

第一篇　基础知识。将使用两章的篇幅，来重点介绍后面章节中会涉及的知识点。这些知识点包括 C 语言的特点、编译工具、基本语法、图形操作、文件操作、网络编程、中断等。

第二篇　游戏编程。将介绍俄罗斯方块、推箱子、打字游戏的设计和实现，帮助读者理解游戏开发的思想和原理、熟悉 C 语言图形模式下的编程。

第三篇　文件操作。介绍目前应用十分广泛的学生选课管理系统、图书管理系统、教师人事管理系统的设计与实现。一方面帮助读者理解管理系统开发的原理及流程，另一方面，帮助读者加深对 C 语言文件操作和数据结构等知识的了解。

第四篇　网络编程。将通过 Ping、TCP、UDP 三个网络协议的设计与实现，使读者明白利用 Winsock 进行网络程序开发的原理和方法。

第五篇　仿 Windows 应用程序。将介绍进程调度模拟器、画图板、电子时钟、简易计算器、文本编辑器这 5 个小应用程序的设计与实现，帮助读者对 C 语言有一个比较全面、深入的综合理解，掌握鼠标编程、菜单制作等较高级知识点。

本书的每个案例程序的开发都使用了软件工程的方法，遵循了“分析→设计→编码→运行调试”的路线，内容组织合理、分析详细、通俗易懂，适合本科和高职高专院校计算机、机械、电子、自动化等专业的学生作为进行课程设计的参考教材，也可作为 C 语言爱好者的读物。

除了第四篇中的三个程序(都为纯 C 代码)在 VC 6.0 中(因为 TC 中没有需要的头文件)调试通过以外，其余所有程序都在 Turbo C 2.0 或 Win-TC 中测试通过。

本书由吴启武、张建军、姜灵芝编写，书中有些案例借鉴了互联网上相关程序的设计思想，在此，对 http://www.pudn.com 网站的源代码提供者表示衷心的感谢。

由于经验不足等原因，书中难免有疏漏之处，敬请读者朋友批评指正。作者希望本书能作为一朵美丽的小花开在计算机丛书的百花园中，不求争芳夺艳，只求增光添彩。

编　者

第 2 版前言

C 语言是目前国际上比较流行的计算机高级编程语言之一，因其简洁、使用方便且具备强大的功能而受到编程人员的普遍青睐。它既适合作为系统描述语言，也可用来编写系统软件，还可用来编写应用软件。

从使用范围、功能效率等方面归纳 C 语言的特点，主要有以下几点。

(1) C 语言功能强大、适用范围广。

(2) 用 C 语言编写的程序非常简洁。

(3) C 语言可直接操作硬件。

(4) C 语言可移植性好，基本上不用修改就可用于其他型号的计算机操作系统。

为了帮助读者深入理解 C 语言的各项知识点，熟练掌握利用 C 语言进行程序设计的原理和方法，我们特编著了此书。对语言的学习应重在实践，因为只有实践才是检验学习效果的最好方法。基于此，我们精心编制了 14 个案例，通过这些案例，不但可使读者对 C 语言的基础知识和数据结构的应用有深刻的理解，而且还可以帮助读者掌握软件开发的方法与技巧。

针对 C 语言的特点，本书共分为 5 篇。

第一篇基础知识。我们使用两章的篇幅重点介绍了后面章节中涉及的知识点。这些知识点包括 C 语言的特点、编译工具、基本语法、图形操作、文件操作、网络编程和中断等。

第二篇游戏编程。在本篇中，我们介绍了俄罗斯方块、推箱子和五子棋等游戏的设计和实现，帮助读者理解游戏开发的思想和原理、熟悉 C 语言图形模式下的编程。

第三篇文件操作。在本篇中，我们介绍了学生成绩管理系统、工资管理系统和电话簿管理系统的设计与实现，一方面帮助读者理解管理系统开发的原理及流程，另一方面帮助读者加深对 C 语言文件操作、数据结构等知识的了解。

第四篇网络编程。在本篇中，我们通过 Ping、TCP 和 UDP 这 3 个网络协议的设计与实现，使读者掌握利用 Winsock 进行网络程序开发的原理及方法。

第五篇仿 Windows 应用程序。在本篇中，我们介绍了万年历、画图板、电子时钟、简易计算器和文本编辑器这 5 个小应用程序的设计与实现，使读者对 C 语言有一个较全面、深入的综合理解，掌握鼠标编程、菜单制作等较深入的知识点。

在本书中，每个案例程序的开发都使用了软件工程的方法，即遵循了“分析→设计→编码→运行调试”的路线。

除了第四篇中的 3 个程序(都为纯 C 代码)在 Visual C6.0 中调试通过以外(因为 TC 中没有需要的头文件)，其余所有程序都在 Turbo C 2.0 或 Win-TC 中调试通过。

本书主要由姜灵芝和余键编写，书中有些案例借鉴了互联网上相关程序的设计思想，在此对相关网站的源代码提供者表示衷心的感谢。

由于时间、经验及水平的原因，书中难免有不足之处，敬请读者朋友批评指正。

编　者

第 1 版前言

C 语言是一种目前国际上流行的计算机高级编程语言，因其简洁、使用方便且又不失强大的功能而受到编程人员的普遍青睐。它既适合作为系统描述语言，又可用来编写系统软件，还可用来编写应用软件。

本书是清华大学出版社高等院校课程设计案例精编系列教材之一，第一版出版至今已受到读者的广泛好评。第二版在保持了前一版风格的基础上，根据读者的反馈对部分内容进行了更新和修订，以达到与时俱进、满足读者需求的目的。本书是一本实践性和应用性很强的 C 语言实用教材，通过精心选取的 14 个经典案例，不但可使读者对 C 语言的基础知识和数据结构的应用有深刻的理解，而且可以帮助读者掌握软件开发的方法与技巧。

全书分为 5 篇，共 16 章，案例涵盖了游戏开发、文件操作、网络编程、仿 Windows 应用程序开发等范畴。

第一篇：基础知识。我们使用两章的篇幅来重点介绍后面章节中将涉及的知识点。这些知识点包括 C 语言的特点、编译工具、基本语法、图形操作、文件操作、网络编程、中断等。

第二篇：游戏编程。在本篇中，我们将介绍俄罗斯方块、推箱子、五子棋游戏的设计和实现，帮助读者理解游戏开发的思想和原理，熟悉 C 语言图形模式下的编程。

第三篇：文件操作。在本篇中，我们介绍了目前应用十分广泛的学生成绩管理系统、图书管理系统、酒店客房管理系统的设计与实现。一方面帮助读者理解管理系统开发的原理及流程，另一方面帮助读者加深对 C 语言文件操作和数据结构等知识的了解。

第四篇：网络编程。在本篇中，我们将通过 Ping、TCP、UDP 这 3 个网络协议的设计与实现，使读者明白如何利用 Winsock 进行网络程序开发的原理及方法。

第五篇：仿 Windows 应用程序。在本篇中，我们将介绍进程调度模拟器、画图板、电子时钟、简易计算器、文本编辑器这 5 个小应用程序的设计与实现，帮助读者对 C 语言有一个较全面、深入的综合理解，掌握鼠标编程、菜单制作等较高级的知识点。

全书每个案例程序的开发都使用了软件工程的方法，即遵循了分析→设计→编码→运行调试的路线，内容组织合理、分析详细、通俗易懂，适合作为本科、高职高专院校计算机、机械、电子、自动化等专业的学生进行课程设计的参考教材，也可作为 C 语言爱好者的读物。

除了第四篇中的 3 个程序(都为纯 C 代码)在 VC 6.0 中调试通过以外(因为 TC 中没有需要的头文件)，其余所有程序都在 Turbo C 2.0 或 Win-TC 中测试通过。

本书由吴启武、刘勇、王俊峰和薛欣编写，孙景辉、孙守凯、张坤、武晶晶、张静、汪梅婷、穆志维参与了本书的程序编写与调试工作，书中有些案例借鉴了互联网上相关程序的设计思想，在此对 http://www.programsalon.com 网站的源代码提供者表示衷心的感谢。

由于时间、经验及水平的原因，书中难免有不足之处，敬请读者朋友批评指正。希望本书能作为一朵美丽的奇葩开在计算机丛书的百花园里，不求争芳夺艳，只求增光添彩。

编　者

目录

第一篇　基础知识

第二篇　游戏编程

第三篇　文件操作

第四篇　网络编程

第五篇 仿 Windows 应用程序

第一篇

基础知识

作为本书的第一篇，我们使用两章的篇幅，来重点介绍后面章节中将涉及到的知识点。这些知识点包括 C 语言的特点、编译工具、基本语法、图形操作、文件操作、网络编程、中断等。

通过这些介绍，让读者能对 C 语言的基础知识和较高级的应用有深刻的理解，为后面各章知识的学习打下坚实的基础。

第 1 章　C 语言概述

学习目标

- 了解 C 语言的出现背景、发展情况和基本特点。
- 了解 Turbo C 集成环境。
- 了解 Win-TC 集成环境。
- 掌握 C 语言的基本数据类型。
- 掌握 C 语言的基本语法结构。

1.1　C 语言的出现及发展

C 语言作为最初的 Unix 操作系统的实现语言，它以无类型的 B 语言为基础，诞生于 20 世纪 70 年代早期。

1963 年，剑桥大学将 ALGOL 60 语言发展成为 CPL(Combined Programming Language)语言。1967 年，剑桥大学的 Matin Richards 对 CPL 语言进行了简化，于是产生了 BCPL (Basic Combined Programming Language)语言。1970 年，美国贝尔实验室的 Ken Thompson 对 BCPL 进行了修改，并为它起了一个有趣的名字“B 语言”，并且他用 B 语言写了第一个 Unix 操作系统，在 PDP-7 上实现。在 1973 年，美国贝尔实验室的 Dennis M. Ritchie 在 B 语言的基础上最终设计出了一种新的语言，他取 BCPL 的第二个字母作为这种语言的名字，这就是 C 语言。

1978 年，Brian W. Kernighian 和 Dennis M. Ritchie 出版了名著《The C Programming Language》，从而使 C 语言成为世界上流行最广泛的高级程序设计语言。

随着微型计算机的日益普及，出现了许多 C 语言版本。由于没有统一的标准，使得这些 C 语言之间出现了一些不一致的地方。为了改变这种情况，美国国家标准协会(ANSI)于 1983 年为 C 语言制订了一套 ANSI 标准，称为 ANSI C。

1987 年，ANSI 又公布了新标准——87 ANSI C。

1990 年，国际标准化组织 ISO(International Standard Organization)接受 87 ANSI C 为 ISO C 的标准(ISO9899-1999)。目前流行的 C 编译系统都是以它为基础的。

C 语言既具有低级语言的特性，又具有一般高级语言特性，受到广大编程爱好者的青睐，正以其强大的生命力在发展。

1.2　C 语言的特点

C 语言从出现、发展，到标准的制订，再到目前的备受青睐，在短短的几十年间，以其超越其他编程语言的优越性和特色，展现出强劲的生命力。

C 语言具有功能强大、使用方便、可移植性好等特点，使其成为备受欢迎的编程语言之一。从使用范围、功效等来归纳 C 语言的特点，主要有以下几个方面。

1. C 语言功能强大、适用范围广

C 语言具有各种各样的数据类型，包括整型、字符型、数组类型、结构体类型、共用体类型等，并引入了指针概念，使得程序效率更高。

C 语言包含很广泛的运算符，共有 34 个。C 语言把括号、赋值、强制类型转换等都作为运算符处理，从而使 C 语言的运算类型极为丰富、表达式类型多样化，通过灵活使用各种运算符，可以实现在其他高级语言中难以实现的运算。

另外，C 语言也具有强大的图形功能，支持多种显示器和驱动器，而且计算功能、逻辑判断功能也比较强大，可以实现决策目的等。

2. C 语言可直接操作硬件

在 C 语言出现之前，能对计算机硬件直接操作的是诸如汇编等低级语言，这使得程序的可读性和可移植性都比较差。

而 C 语言既具有高级语言的功能，又具有低级语言的许多特性，它把高级语言的基本结构和语句与低级语言的实用性结合起来，能够像汇编语言一样对位、字节和地址进行操作，从而实现对硬件的直接操作。

3. C 语言是结构化语言

结构化语言的显著特点是代码及数据的分隔化，即程序的各个部分除了必要的信息交流外，彼此独立。这种结构化方式可使程序层次清晰，便于使用、维护和调试。C 语言是以函数形式提供给用户的，这些函数可方便地调用，并具有多种循环、条件语句来控制程序的流向，从而使程序完全结构化。

4. C 语言可移植性好

C 语言的可移植性很好，能适合于多种操作系统。除了能在 Windows 操作系统中运行外，在目前日趋流行的 Linux 或者 Unix 操作系统上也能不加修改地运行。C 语言的这种较好的移植性，为开发跨平台程序提供了有力的支持。

1.3　Turbo C 集成环境介绍

Turbo C 是美国 Borland 公司的产品，该公司在 1987 年首次推出了 Turbo C 1.0 产品。到目前为止，已经推出到 Turbo C 3.0(即 Turbo C++)，Turbo C++继承和发展了 Turbo C 2.0 的集成开发环境，并且包含了面向对象的基本思想和设计方法，可以对.CPP 文件进行编译和运行。

由于本书基本上是使用 Turbo C 2.0 来编译程序，因此，在此仅简要介绍 Turbo C 2.0 (除特别声明外，本书中所述的 Turbo C 即 Turbo C 2.0)的集成环境，对于 Turbo C++或者其他 Turbo 系列和 C 编译器，读者可参见相关的书籍。

Turbo C 集成环境如图 1.1 所示。从图中可以看出，Turbo C 集成环境中包括 8 个菜单项，分别是 File、Edit、Run、Compile、Project、Options、Debug、Break/watch，用户可以

使用这些菜单项来进行文件的编辑、程序的调试以及各种环境变量的设置等。

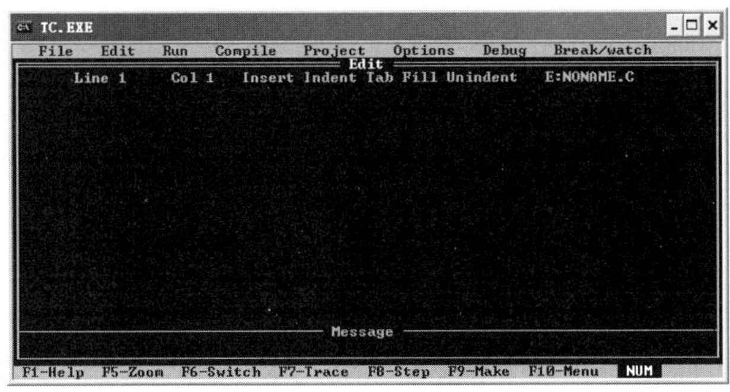

图 1.1　Turbo C 集成环境

1. File(文件)菜单

File 菜单用于打开、保存文件等，打开 File 菜单后，有很多子菜单，如图 1.2 所示。

Load：表示调入一个已有的源文件，选择此菜单项后，屏幕上会出现一个对话框，要求用户输入文件名。如果输入的文件存在，则系统会将该文件调入内存并显示在屏幕上；如果并不存在输入的文件名，则系统会建立一个以指定的名字命名的新文件。

Pick：将最近打开的文件列出，供用户选择。

New：表示新建一个 C 源程序，默认名字为 noname.c。

Save：将编辑区中的内容保存，热键是 F2。

Write to：重新指定文件名和路径来将编辑区中的内容保存，即另存文件。

Directory：显示目录及目录中的文件，并可由用户选择。

Change dir：显示当前目录，用户可以改变显示的目录。

OS shell：暂时退出 Turbo C 到 DOS 提示符下，此时可以运行 DOS 命令，若想回到 Turbo C 中，只要在 DOS 状态下键入“EXIT”即可。

Quit：退出 Turbo C，其热键为 Alt+X。

2. Edit(编辑)菜单

在编辑状态下，可以根据需要对源程序进行修改，或者输入新的源程序。

3. Run(运行)菜单

Run 菜单用来进行程序的运行、断点跟踪等，其包含的子菜单如图 1.3 所示。

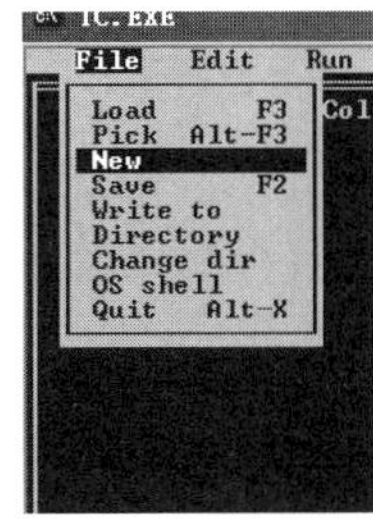

图 1.2　File 菜单

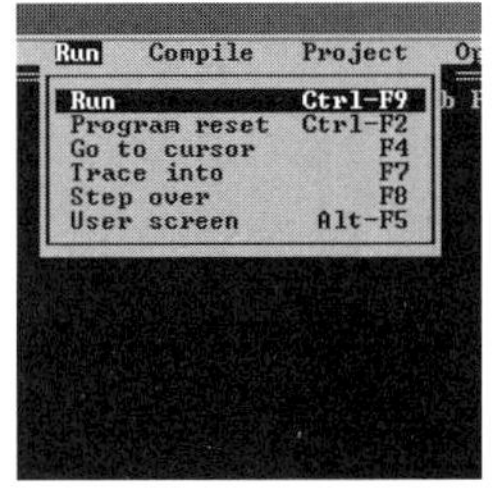

图 1.3　Run 菜单

Run：运行程序，直到断点，如果没有设置断点，则程序将一直运行完成，热键是 Ctrl+F9。

Program reset：中止当前的调试，释放用来保存调试信息的内存。

Go to cursor：调试程序时使用，选择该项，可使程序运行到光标所在位置。

Trace into：该选项主要用于函数调用的跟踪，当执行一条函数调用的命令时，使用该选项，可以进入到被调用函数的内部。

Step over：与 Trace into 命令一样，Step over 也是进行单步跟踪，但不同的是，Step over 不能进入被调用函数内部。

User screen：显示有输出程序的输出结果，热键是 Alt+F5。

4. Compile(编译)菜单

Compile 菜单用于程序的编译、连接等，其包含的菜单项如图 1.4 所示。

Compile to OBJ：将 C 源程序编译成后缀为.obj 的目标文件。

Make EXE file：将编译和连接(见下一个子菜单选项)合为一个步骤进行，即一次完成编译和连接。完成后，在屏幕上会显示编译或者连接时有无错误和有几个错误，如图 1.5 所示。此时，按任意键，则屏幕上的编译信息框关闭，回到源程序编辑区。

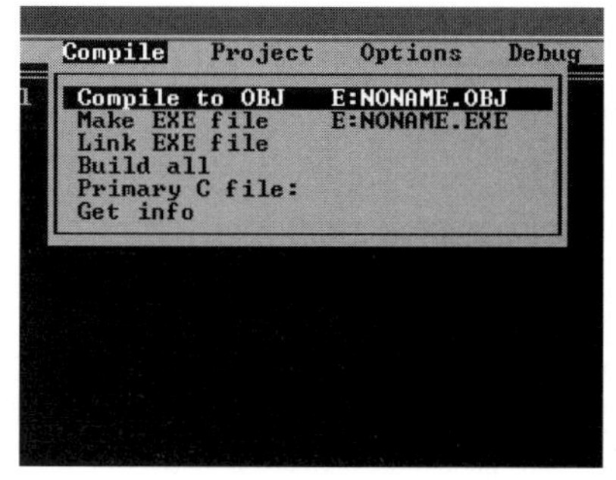

图 1.4　Compile 菜单

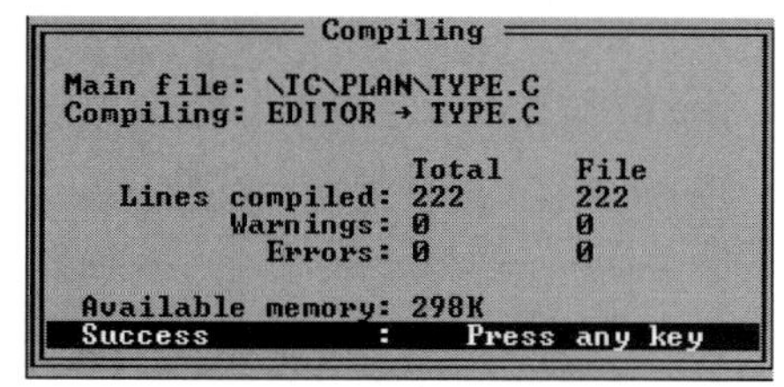

图 1.5　编译连接信息

Link EXE file：把当前.obj 文件及库文件(.lib 文件)连接在一起，生成一个后缀为.exe 的可执行文件。

Build all：重新编译项目里的所有文件，无论该文件是否已经被编译过。

Primary C file：该菜单项用于指定主文件，在以后的编译中，如没有项目文件名，则编译此处指定的主 C 文件。如果编译中有错误，则将此文件调入编辑窗口，不管目前窗口中是不是主 C 文件。

Get info：获取有关当前路径、当前源文件名、源文件大小、编译中总的错误数目、可用空间等信息。

5. Project(工程)菜单

Project 菜单用于进行工程的定义、管理等，其包含的子菜单如图 1.6 所示。

Project name：用于指定工程文件，其中包括将要编译、连接的文件名，项目名具有.prj 扩展名。

Break make on：由用户选择在何时退出编译，在有 Warning(警告)、Errors(错误)、

Fatal Errors(致命错误)时，或在 Link(连接)之前。

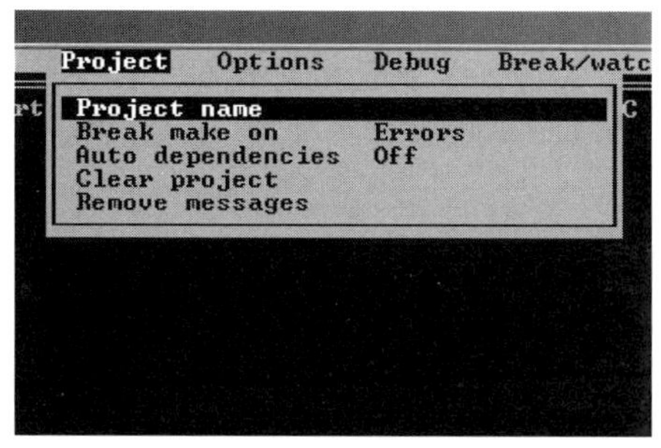

图 1.6　Project 菜单

Auto dependencies：当把该选项设置为 on 时，编译时，将检查源文件与对应的.obj 文件的日期和时间，否则不进行检查。

Clear project：清除工程中的项目文件名。

Remove messages：把错误信息从信息窗口中清除掉。

6. Options(选项)菜单

Options 菜单用于对编译器的编译环境进行设置，其包含的子菜单如图 1.7 所示。对于 Options 菜单，应该小心使用，如果设置不正确的话，可能导致程序不能正常编译或执行。

Compiler：本选项又包含许多子菜单，用于对硬件配置、存储模型、调试技术、代码优化、对话信息控制和宏定义方面进行设置。

Linker：用于设置连接文件的各个选项。

Environment：用于规定是否对某些文件自动存盘，及对制表键和屏幕大小的设置等。

Directories：用来设置编译、连接所需文件的路径，包括包含文件的路径、库文件的路径、输出文件的路径、Turbo C 所在目录以及加载文件名等。

Arguments：给程序提供运行时所需的参数。

Save options：保存所有修改过的关于编译、连接、调试和项目的信息到配置文件中。

Retrieve options：装入一个配置文件到 Turbo C 中，Turbo C 将使用该文件的选择项。

7. Debug(调试)菜单

Debug 菜单主要用于程序的调试、查错等，其包含的子菜单如图 1.8 所示。

Evaluate：查看程序运行中变量、表达式的值，也可以进行简单的修改操作。

Call stack：检查堆栈的使用情况。

Find function：用于查找指定的函数。

Refresh display：如果编辑窗口偶然被用户窗口重写了，可用此选项恢复编辑窗口的内容。

8. Break/watch(断点/监视)菜单

Break/watch 菜单用于进行断点的设置、查找等，以及做一些监视工作，其包含的子菜单如图 1.9 所示。

Add watch：在一个监视窗口中加入一个 watch 表达式。

Delete watch：从监视窗口中删除当前的 watch 表达式。

Edit watch：在监视窗口中编辑一个 watch 表达式。

Remove all watches：从监视窗口中删除所有的 watch 表达式。

Toggle breakpoint：对光标所在的行设置或清除断点。

Clear all breakpoints：清除所有断点。

View next breakpoint：将光标移动到下一个断点处。

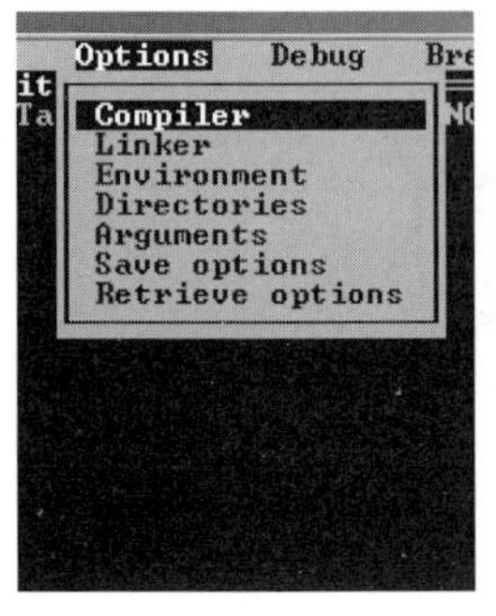

图 1.7 Options 菜单

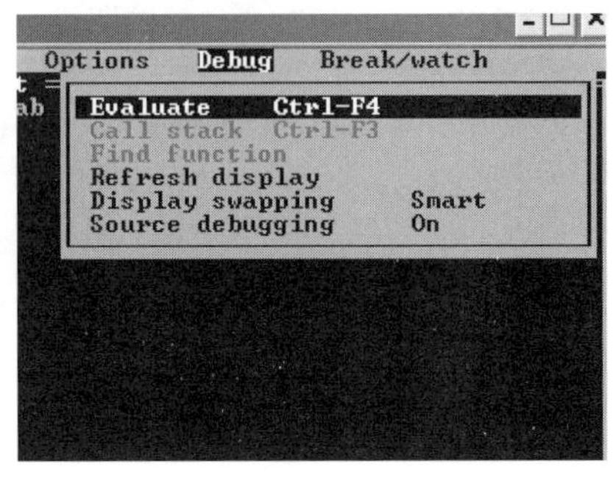

图 1.8 Debug 菜单

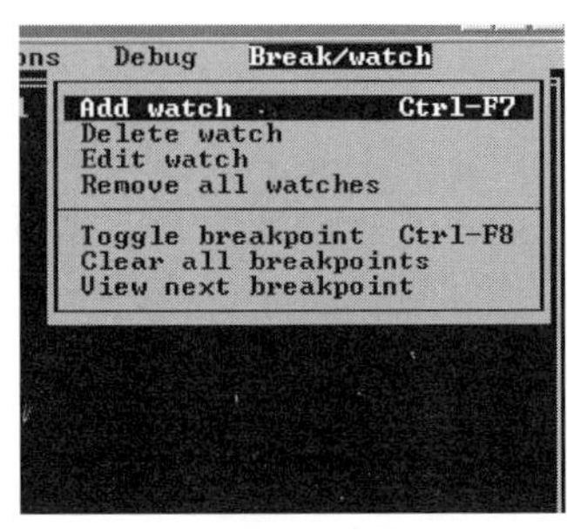

图 1.9 Break/watch 菜单

1.4 Win-TC 集成环境介绍

上节介绍了 C 语言的编译环境 Turbo C，本节将介绍另一个编译工具——Win-TC。由于 Turbo C 只能编译 1000 行以下的代码，因此，本书中超过 1000 行的程序都是用 Win-TC 编译的。本节将对 Win-TC 的特点、使用方法和基本设置做一个简要的介绍。

1.4.1 Win-TC 的特点

Win-TC 是一个 Windows 平台下的 C 语言开发工具，它使用 Turbo C 2.0 为内核，提供 Windows 平台的开发界面，因此，也就支持 Windows 平台下的功能，例如剪切、复制、粘贴和查找替换等操作。与 Turbo C 相比，Win-TC 在功能上也进行了很大的扩充，提供了诸如 C 内嵌汇编等功能。此外，还带有点阵字模工具、注释转换等工具集，为程序的开发提供了很大的方便。

Win-TC 作为一种 Windows 下特有的编译 C 语言的工具，以其使用灵巧、方便的特点，深受用户的喜爱。Win-TC 主要包括下述一些特点。

(1) 在 Windows 下编辑 C 源码，可充分利用 Windows 的支持剪贴板和中文的特点。

(2) Include 和 Lib 路径自动定位，不用手动设置。

(3) 具备编译错误捕捉功能。

(4) 支持 C 内嵌汇编，从而实现 C/ASM 混合编程。

(5) 支持 C 扩展库(自定义 LIB 库)。

(6) 错误警告定位功能、出现编译错误时，双击输出框里的出错行信息，可以自动寻找到错误的行。

(7) 支持语法加亮功能，并可以自定义设置。

(8) 没有目录路径限制，甚至可以安装到带有空格的路径文件夹里。

(9) 允许自定义设置输入风格，能够实现与 VC 类似的输入风格。

(10) 可选择是否生成 ASM、MAP 或 OBJ 文件，甚至可以指定只生成 EXE 文件。

(11) 稳定的文件操作功能，支持历史记录列表和使用模板。

(12) 具有撤消和重复功能，并可以按照自己内存的情况，来设置最多撤消次数(最多允许 999 次)。

(13) 具有行标计数的功能，并可以设置样式。

Win-TC 的这些新特性，使得对 C 语言程序的编写、编译、运行等操作都变得很简单，从而也大大提高了工作效率。

1.4.2　Win-TC 的使用

1. 基本布局

Win-TC 的基本布局如图 1.10 所示。上方显示的工具栏，包括文件操作(新建、打开、保存)、编辑操作(剪切、复制、粘贴、查找、替换等)、程序执行操作(编译连接和编译连接并运行命令)等；中间白色区域是 C 源程序编辑区，可以在里面进行 C 程序的编写、修改等；下方“输出”区域是程序的输出提示，用于显示错误信息和其他的编译信息等。

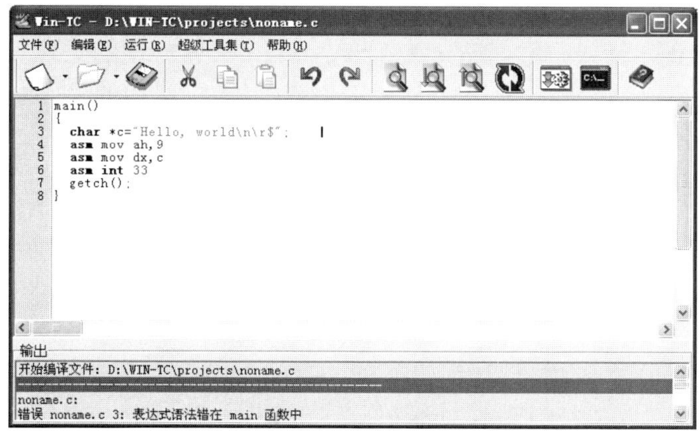

图 1.10　Win-TC 的基本布局

2. 使用 C 内嵌汇编

在 C 程序中内嵌汇编，既能够发挥汇编代码的高效性，又可以发挥 C 语言的易用性。如果直接用 Turbo C 来编译带有汇编的 C 源程序，则会出现错误，需要连接库文件等，操作比较麻烦。在 Win-TC 中，该缺点得到了克服，既不用记忆复杂的编译指令，也不用去额外找汇编器，因为 Win-TC 已经准备好了这一切，我们所要做的，就只是写好自己的代码，然后编译连接并运行即可。例如下面的带有汇编的 C 程序：

```
main()
{
    char *c = "Hello, world\n\r$";
```

```
    asm mov ah, 9
    asm mov dx, c
    asm int 33
    getch();
}
```

在 Win-TC 中直接选择“运行”→“编译连接并运行”菜单命令，即可完成编译和运行工作。

3. 带参数运行程序

在 Win-TC 中，提供了带参数运行的方式，可以很容易让用户实现带参数程序的执行。具体操作步骤如下。

(1) 选择“运行”→“使用带参数运行”菜单命令，此时，“使用带参数运行”项前面的“参”字图标凹下去(再点一下“参”字图标使之弹起，就可取消带参数运行)。

(2) 运行程序，即选择“运行”→“编译连接并运行”菜单命令，程序运行中将会提示用户输入参数，如图 1.11 所示。

(3) 输入参数，单击“完成”按钮，即可实现带参数运行。

4. 注释方式的转换

Win-TC 是以 Turbo C 2.0 为内核的，仅支持 C 源程序，因此，在注释的时候，也应该遵从 C 语言规范。如果我们将从其他支持“//”注释的编译器中拷出的程序放在 Win-TC 中编译的话，则会提示错误。幸好 Win-TC 自带了一个非常方便的工具，可以将“//”注释转变为 C 语言规范的“/*...*/”注释。选择“超级工具集”里面的“//注释转/* */”命令，即可实现该功能。

5. 中文 DOS 环境的运行

如果程序中有中文要输出，则用 Win-TC 不能显示，不过，Win-TC 自带了中文 DOS 环境，在此中文 DOS 环境下，不仅可以实现直接显示中文文本的目的，而且可以实现中文输入。

在编译连接并生成可执行的 EXE 文件后，选择“超级工具集”里面的“中文 DOS 环境运行”命令，将弹出如图 1.12 所示的“中文 DOS 环境运行”对话框，在“选择需要运行的程序”下的文本框中，会默认出现当前文件编译后生成的相应 EXE 文件路径，如果需要运行其他的程序，可以使用“浏览”按钮，来选择我们需要运行的文件名，选择好后，单击“运行程序”按钮，将启动中文 DOS，来运行我们的程序。

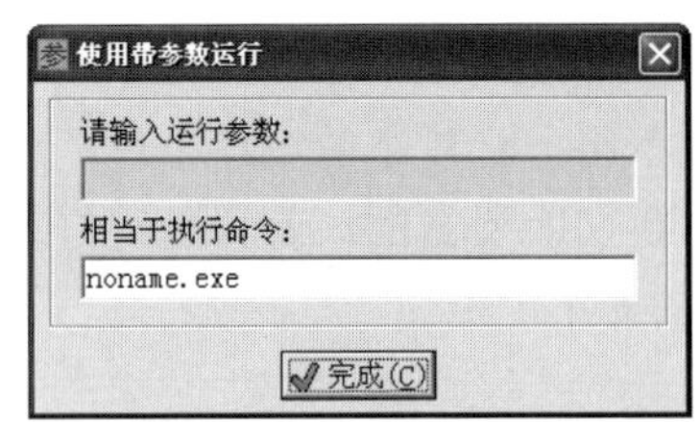

图 1.11 “使用带参数运行”对话框

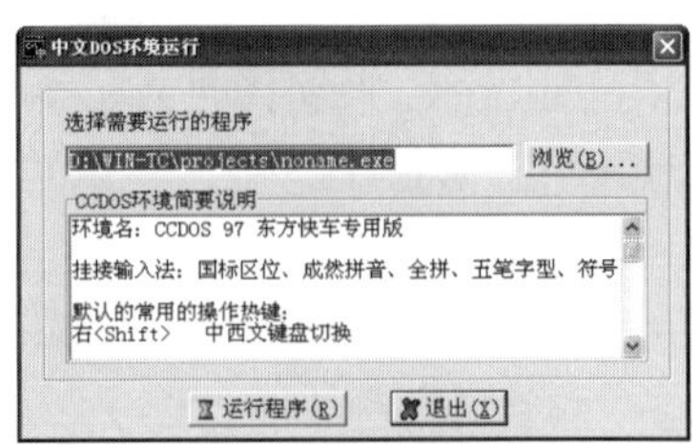

图 1.12 “中文 DOS 环境运行”对话框

提　示： 中文 DOS 运行工具将严格区分可执行程序类型，32 位 PE 和 16 位 NE 程序将限制运行，也就是，只能运行 DOS EXE 程序。

6. 点阵字模工具

在图形模式下显示汉字，一直是一个很难解决的问题。BGI 和其他的 DOS 图形驱动包都很少有对中文字符直接支持的功能。通常采用的解决办法是读点阵字库的方法。但是，对于需要使用数种不同字体的大小不同的显示，则要将使用的字库文件全部带上，这样运行的程序做出来会很大，而且涉及字模运算和转置等，比较麻烦。

实际上，真正需要汉字库大部分字模的情况很少，一般的图形程序需要显示的汉字都非常少，大概 30 个以内。因此，就可以采用静态字模的方法。

Win-TC 在这个问题上采用了一个比较好的解决方式——字模提取。使用 Windows 丰富的字体资源，将其生成的字型提取成点阵字模的方式，然后使用一个简单的函数(Win-TC 已自带)读取字模显示，实现了一种小型集成字库的解决方案。

如图 1.13 所示，这是一个点阵字模的示例，图中显示了“好”字的楷体 16 点阵字模。本书第 13 章中，在图形环境显示的中文就是使用该工具生成的点阵字模。

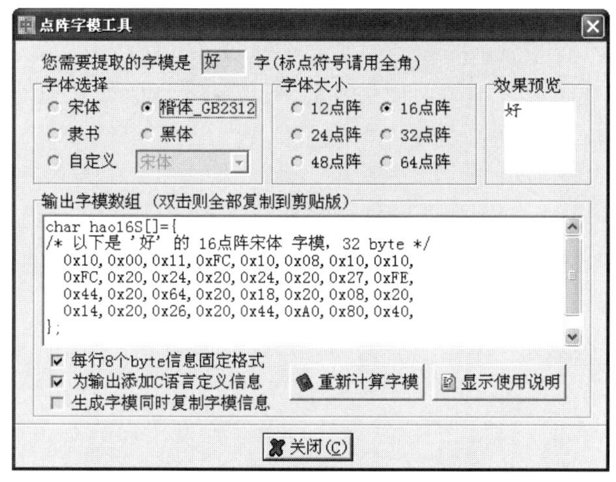

图 1.13　“点阵字模工具”对话框

1.4.3　Win-TC 的面板设置

本小节将对 Win-TC 的配置进行简要说明，在 Win-TC 中，主要包括两个配置，编辑配置和编译配置。

1. 编辑配置

选择“编辑”→“编辑配置”菜单命令，弹出如图 1.14 所示的“编辑配置”对话框。

(1)　“编辑主设置”选项卡

①　“工具栏图标”选项组

大图标：使用一组 32×32 像素的图标作为工具栏图标，默认使用该组图标。

小图标：使用一组 16×16 像素的图标作为工具栏图标，喜欢小图标界面的话可选该项。

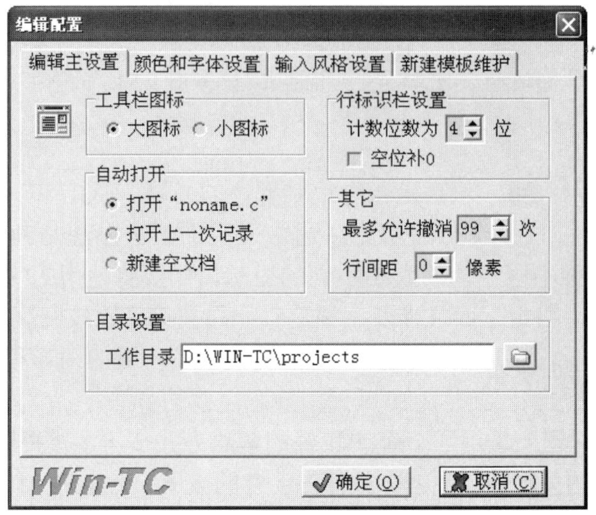

图 1.14 “编辑配置”对话框

② “行标识栏设置”选项组

行标识栏，指编辑界面中编辑区左面的行标识区，简单地说，就是那块计数区域。

计数位数：记数栏能够显示的参考位数。4 位即可以从 0 正常显示至 9999。

空位补 0：按 N 位显示时，是否使用 0 将 N 位补齐。例如 4 位时，使用该功能后，第一行的行记数值则为 0001，而不是 1。

③ “自动打开”选项组

当启动 Win-TC 后，采用何种方式显示默认的文档。

打开“noname.c”：程序启动时打开 Win-TC 的 project 目录下的 noname.c。

打开上一次记录：程序启动时打开最近一次访问过的文档。

新建空文档：程序启动时新建一空文档，等待用户编辑。

④ “目录设置”选项组

Win-TC 打开和保存时，默认的位置为该目录，方便用户的 C 源代码管理。

⑤ “其它”选项组

最多允许撤消次数：最多允许撤消次数的上限，默认设定为 99 次，可依据用户的内存自己修改，但最大值只允许使用 999。

行间距：编辑界面中行与行的间距设置，以像素(Pixel)为单位。

(2) “颜色和字体设置”选项卡

① “语法加亮”选项组

在该选项组中，头一列为语法加亮的对象类型，中间三列(粗体、斜体、下划线)勾选后，该语法加亮的对象就具有了该字体属性，最后一列决定该语法加亮要使用的颜色。

② “字体设置”选项组

字体设置决定了整个编辑区(包括行标记数部分)使用何种字体类型。

③ “字体大小”选项组

字体设置决定了整个编辑区(包括行标计数部分)使用何种字体大小。如果觉得在

1024×768 像素的显示模式下编辑区字体太小，可以使用该设置调整到合适的字体大小。

④　“修改背景颜色”选项组

依据自己的喜好，修改编辑区的背景颜色。

⑤　“默认颜色和字体设置”选项组

如果将颜色和字体调整得太乱的话，可以使用该功能，恢复到 Win-TC 默认的颜色和字体设置。

(3)　“输入风格设置”选项卡

在该设置中，可以依据自己的习惯设置输入的风格。如果是 VC 使用者的话，可以通过该设定实现类似 VC 的括号对齐和自动缩进的功能。

Tab 长度设置决定了一个 Tab 控制字符(即 Tab 按键所产生的字符)在 Win-TC 中对应的长度，按字符的长度计算，默认的是 4 字符。

(4)　“新建模板维护”选项卡

存在模板列表：已存在的自定义模板列表，对应使用模板新建列表里标准模板以下的列表，是允许用户自定义修改设置的部分。

将当前文档存为模板：将正在编辑的文档存为一个新的模板，或覆盖已存在的模板。

导入外部的模板：如果有已经编辑好的.tpl 模板，可以通过该功能导入 Win-TC 的新建模板列表。

删除选择的模板：删除新建模板列表中选择的模板，删除后将不可以恢复。

2. 编译配置

选择“运行”→“编译配置”菜单命令，弹出如图 1.15 所示的“编译配置”对话框。

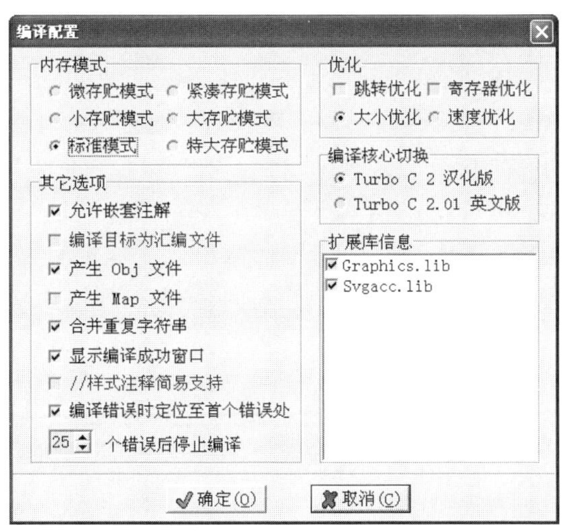

图 1.15　“编译配置”对话框

编译配置包括内存模式、优化、编译核心切换、扩展库信息、产生中间文件的设置以及设置停止编译的错误个数等。

(1)　内存模式

内存模式主要设置内存的分配情况，这类似于 Turbo C 的内存模式设置。

(2) 优化

不同的选择表示不同的优化方式。

① 跳转优化：对跳转类指令进行优化。

② 寄存器优化：对寄存器分配进行优化。

③ 大小优化：侧重降低文件大小。

④ 速度优化：侧重加快程序运行速度。

(3) 编译核心切换

表示以 Turbo C 2.0 中文版还是以 Turbo C 2.0 英文版为核心编译程序，不同的选择也会出现不同语言的错误提示信息。

(4) 扩展库信息

选中扩展信息库后，编译程序时，将会自动去链接这些选中的库文件。

(5) 其他选项

设置产生的中间文件，以及设置编译器在出现多少个错误后自动停止。

1.5 C 语言基本语法概述

1.5.1 数据类型、运算符和表达式

1. 数据类型

在 C 语言程序中，对用到的所有数据必须指定其数据类型。C 语言的数据类型包括基本类型、构造类型、指针类型以及空类型这几个大类。

(1) 基本类型

① 整型：整型常量即整常数。整型变量的基本类型是 int。可以根据数值的范围将变量定义为基本整型、短整型和长整型。

- 基本整型：以 int 表示。
- 短整型：以 short int 表示，或者以 short 表示。
- 长整型：以 long int 表示，或者以 long 表示。

每一种类型的整型所能表示的数值范围不同，表 1.1 列出了 ANSI 标准定义的整数类型和有关数据。

表 1.1　ANSI 标准定义的整数类型

类　型	二进制位数	最小取值范围
[signed] int	16	-32768 ~ 32767
unsigned [int]	16	0 ~ 65535
[signed] short [int]	16	-32768 ~ 32767
unsigned short [int]	16	0 ~ 65535
long [int]	32	-2147483648 ~ 2147483647
unsigned long [int]	32	0 ~ 4294967295

表 1.1 中，方括号内的部分是可选的，如 signed short int 与 short 是等价的。

②　字符型：字符型变量用来存放字符变量，且只能存放一个字符。

C 的字符常量是用单撇号括起来的一个字符，如'a'、'A'等。除此之外，C 还允许使用一种特殊形式的字符常量，就是以一个"\"开头的字符序列，称为转义序列。例如表示换行的"\n"、表示水平制表的"\t"等。

表 1.2 列出了常用的以"\"开头的特殊字符。

表 1.2　转义字符及其含义

字符形式	含　义	ASCII 码
\n	换行，将当前位置移到下一行开头	10
\t	水平制表(跳到下一个 Tab 位置)	9
\b	退格，将当前位置移到前一列	8
\r	回车，将当前位置移到本行开头	13
\f	换页，将当前位置移到下页开头	12
\\	反斜杠"\"	92
\'	单撇号字符	39
\"	双撇号字符	34
\ddd	1~3 位八进制数所代表的字符	
\xhh	1~2 位十六进制数所代表的字符	

③　实型(浮点型)：实数又称浮点数，通常有两种表示形式，即十进制小数形式和指数形式。

十进制小数形式由数字和小数点组成(必须有小数点，如 2008.8、0.123 等)；指数形式的表示如 123e2(或 123E2)，注意，字母 e 或 E 前面必须有数字。

C 语言的实型变量可分为单精度型(float 型)、双精度型(double 型)和长双精度型(long double 型)三种，其表示范围如表 1.3 所示。

表 1.3　实型数据

类　型	二进制位数	有效数字	表示范围(绝对值)
float	32	6~7	$1.2\times10^{-38} \sim 3.4\times10^{38}$
double	64	15~16	$2.2\times10^{-308} \sim 1.7\times10^{308}$
long double	128	18~19	$3.4\times10^{-4932} \sim 1.2\times10^{4932}$

(2)　构造类型

构造类型包括数组类型、结构体类型和共用体类型。本书中用得较多的是数组类型和结构体类型。

(3)　指针类型

指针是一种特殊的数据类型，指向变量的地址，实质上，指针就是存储单元的地址。指针是 C 语言中的一个重要概念。

(4) 空类型

空类型长度为 0，主要有两个用途：一是明确地表示一个函数不返回任何值；二是产生一个空类型指针(可根据需要动态分配给其内存)。

2. 运算符和表达式

C 语言中的运算符分类如表 1.4 所示。

表 1.4 C 语言中的运算符

<table>
<tr><th>运算符名称</th><th>运 算 符</th></tr>
<tr><td>算术运算符</td><td>+ − * / %</td></tr>
<tr><td>关系运算符</td><td>> < == >= <= !=</td></tr>
<tr><td>逻辑运算符</td><td>! && ||</td></tr>
<tr><td>位运算符</td><td><< >> ~ | ∧ &</td></tr>
<tr><td>赋值运算符</td><td>= 及其扩展赋值运算符</td></tr>
<tr><td>条件运算符</td><td>? :</td></tr>
<tr><td>逗号运算符</td><td>,</td></tr>
<tr><td>指针运算符</td><td>* &</td></tr>
<tr><td>求字节数运算符</td><td>sizeof</td></tr>
<tr><td>强制类型转换运算符</td><td>(类型)</td></tr>
<tr><td>分量运算符</td><td>. -></td></tr>
<tr><td>下标运算符</td><td>[ ]</td></tr>
<tr><td>其他</td><td>如函数调用运算符()</td></tr>
</table>

各个运算符之间的优先级关系如图 1.16 所示。

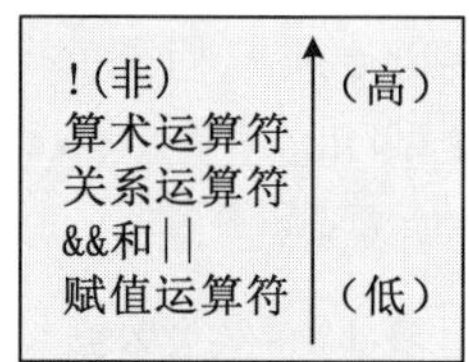

图 1.16 运算符优先级

1.5.2 程序设计结构

在 C 语言中，常用的程序设计结构有顺序结构、选择结构和循环控制结构。

1. 顺序结构

顺序结构是 C 语言中最简单、最基本的结构，程序从编译预处理到结束的过程中没有跳转，没有循环等语句。

2. 选择结构

选择结构在大多数程序中都会存在的，它的作用是，根据所指定的条件是否满足，决定从给定的操作中选择其一。选择结构主要是通过 if 语句和 switch 语句来实现的。

(1) if 语句

C 语言中提供了三种 if 语句。

第一种：

```
if(表达式) 语句;
```

第二种：

```
if(表达式)
    语句 1;
else
    语句 2;
```

第三种：

```
if(表达式) 语句 1;
else if(表达式 2) 语句 2;
else if(表达式 3) 语句 3;
...
else if(表达式 m) 语句 m;
else 语句 n;
```

此外，if 语句还可以嵌套使用，即一个 if-else 语句中又包含一个或者多个 if-else 语句。应当注意的是 if 与 else 的配对关系，else 总是与它上面的最近的未配对的 if 配对。

(2) switch 语句

if 语句只有两个分支可供选择，而实际问题中，常常需要用到多个分支的选择，C 语言提供了 switch 语句来满足这种要求。

switch 语句是一种多分支选择语句，它的一般形式如下：

```
switch(表达式)
{
    case 常量表达式 1: 语句 1;
    case 常量表达式 2: 语句 2;
    ...
    case 常量表达式 n: 语句 n;
    default: 语句 n+1;
}
```

3. 循环控制

在 C 语言中，对于某些要根据条件多次执行的语句，我们可以使用循环语句来实现。C 语言中的循环方式主要有 4 种：goto、while、do-while 和 for。

(1) goto 转向语句

goto 为无条件转向语句，它的一般形式为：

```
goto 语句标号;
```

语句标号用标识符表示，它的命名规则与变量名相同，即由字母、数字和下划线组成，其第一个字符必须是字母或者下划线。

goto 语句一般与 if 语句一起构成循环结构。虽然 goto 语句能实现程序的跳转和循环，但是，结构化程序设计方法主张限制使用 goto 语句，因为滥用 goto 语句将使程序无规律、可读性差。

(2) while 循环

while 语句用来实现“当型”循环结构，即当条件满足时，再执行语句，其特点是先判断条件。while 循环的一般形式为：

```
while(表达式) 语句;
```

(3) do-while 循环

do-while 型循环被称为“直到型”循环。与 while 循环相比，do-while 循环是先执行语句，然后再判断条件，直到条件满足，则循环结束。do-while 循环的一般形式为：

```
do
    循环体语句;
while(表达式);
```

(4) for 循环

C 语言还提供了另一种循环语句——for 循环。与其他几种循环语句相比，for 循环更有灵活性，使用更方便。它不仅可以用于循环次数已经确定的情况，也可以用于循环次数不确定的情况，它完全可以代替 while 语句。

for 循环的一般形式为：

```
for(循环变量初始值; 循环条件; 循环变量增量) {
    循环体语句;
}
```

灵活使用这几种循环，可以使程序实现很多复杂的功能。这几个循环语句除了单独使用外，它们也可以像 if 语句一样进行嵌套使用。即一个循环体内又包含另一个完整的循环结构。内嵌套的循环中还可以嵌套循环，即为多层嵌套。

(5) 跳出循环

当不再满足循环条件时，循环会正常结束。但是，如果想在条件还满足的情况下跳出循环体或跳出当前循环，则可以使用 C 语言提供的 break 和 continue 语句。

① break 语句

break 语句有两个用途：一是跳出 switch 结构，继续执行 switch 语句下面的一个语句；二是用来从循环体内跳出循环体。break 语句不能用于循环语句和 switch 语句之外的任何其他语句中。

② continue 语句

另一个跳出循环的语句是 continue 语句，continue 语句用于结束本次循环，即跳过循环体中下面尚未执行的语句，接着进行下一次是否执行循环的判断。

continue 语句与 break 语句的区别是，continue 语句只结束本次循环，而不是终止整个循环的执行，而 break 语句则是结束整个循环过程，不再判断执行循环的条件是否成立。

1.5.3 数组

数组是一组有序数据的集合，数组中的每一个元素都属于同一个数据类型的。数组可以用来存放整型、字符型等数据，根据定义的不同而存放不同类型的数据。从维数上分类，数组可划分为一维数组、二维数组和多维数组等。

1. 一维数组

一维数组是用得最多的数组，其一般的定义方式为：

```
类型说明符 数组名[常量表达式];
```

类型说明符指明了该数组存放的数据的类型，即基本类型中的整型、实型、字符型等；数组名的命名规则与变量名相同；方括号中的常量表达式表示定义数组的大小，它必须是常量，不能是变量。C 语言不允许对数组的大小做动态定义，C 编译器在编译时要静态分配内存。

对于数组的引用，C 语言规定只能逐个引用数组中的元素，不能一次引用整个数组。数组元素的表示形式为：

```
数组名[下标]
```

下标是整型常量或者是整型表达式，其值应该小于数组的最大范围。

提 示： 在 C 语言中，数组下标是从 0 开始的。

2. 二维数组

二维数组的定义与一维数组类似，其一般形式为：

```
类型说明符 数组名[常量表达式][常量表达式];
```

二维数组中的变量和常量说明与一维数组相同。我们可以把二维数组看作是一个特殊的一维数组，即“一个元素是一维数组的一维数组”。

在 C 语言中，二维数组中元素排列的顺序是：按行存放，即在内存中先顺序存放第一行的元素，再存放第二行的元素。

3. 多维数组

C 语言允许使用多维数组，多维数组可以从二维数组推出，掌握了二维数组后，掌握多维数组也不是很难，其定义的一般形式与二维数组的定义一样。

1.5.4　函数

前面讲述了程序的设计结构，对于一般的程序来说，很容易按照结构化程序设计进行，把所有的代码写在主函数中。但是，如果程序较大，仍把所有的代码写在主函数中的话，虽然也能完成程序的功能，但势必看起来很复杂，结构很不清楚、明了。因此，一个较大的程序一般应分为若干个部分，即模块化，让每一个模块实现一个特定的功能。在 C 语言中，每一个模块由一个函数来完成。

一个 C 程序可由一个主函数和若干个其他函数构成。由主函数调用其他函数，其他函数之间可以相互调用，同一个函数可以被多次调用，也可以多次调用其他函数。

1. 函数的分类

(1) 从用户使用的角度来看，函数可分为标准函数(库函数)和用户自定义函数。

① 标准函数：由系统提供，用户可以直接使用它们。不同的 C 系统提供的库函数的数量和功能可能不尽相同。

② 用户自定义函数：用户根据自己的需要，自己编写的实现某个功能的函数。

(2) 从函数的形式来看，函数可以划分为无参数函数和有参数函数。

① 无参数函数：主调函数不将数据传递给被调函数，该类函数一般用来执行指定的一组操作。

② 有参数函数：主调函数传递数据给被调函数。

2. 函数的定义

(1) 无参数函数的定义

无参数函数定义的一般形式为：

```
类型标识符 函数名()
{
    声明部分;
    语句;
}
```

类型标识符指定了函数的返回值类型，可以有返回值，也可以没有返回值，如果没有返回值，则类型标识符可以省略。

(2) 有参数函数的定义

有参数的函数定义与无参数的函数定义类似，仅仅是多了参数列表，其一般形式为：

```
类型标识符 函数名(形式参数列表)
{
    声明部分;
    语句;
}
```

类型标识符的意义和使用方法与无参数函数中的一样。

(3) 空函数的定义

有些时候，可能会根据需要，仅仅定义一个函数框架，没有实际内容。这类函数没有实际工作，即为空函数。空函数的定义形式为：

```
类型标识符 函数名(形式参数列表)
{    }
```

3. 函数的调用

按照函数在程序中出现的位置，可以通过以下三种方式来调用。

(1) 函数语句：通过函数语句调用，就是把函数作为程序的一个语句来执行，这种调用要求函数不带有返回值。

(2) 函数表达式：通过函数表达式调用，就是函数出现在一个表达式中，如赋值表达式，这种调用要求函数必须带回一个确定类型的返回值。

(3)　函数参数：函数参数调用，就是把函数作为另一个函数的实参。

在 C 语言中，函数调用有两个特例。

嵌套调用：即在调用一个函数的过程中，又调用另一个函数。函数的嵌套调用可以是多层的。

递归调用：即调用一个函数的过程中，又直接或间接地调用了该函数本身。

4. 局部变量和全局变量

局部变量和全局变量是针对函数而言的，是根据变量的作用范围而划分的。

(1)　局部变量

局部变量即是在一个函数内部定义的变量。它只是在该函数内部有效，函数外部就不能使用这些变量了。也因此，不同函数中可以定义同样名称的变量，它们代表不同的对象，互不干扰。

(2)　全局变量

全局变量就是在函数外部定义的变量。全局变量可以被程序中的所有函数使用，它的作用范围是从定义变量的开始位置到程序的结束。如果在一个函数中改变了全局变量的值，则将影响到其他函数，这相当于各个函数之间有直接的传递通道。

提 示： 如果在同一个源文件中，外部的全局变量与局部变量同名，则在局部变量的作用范围内，外部变量将不起作用。

1.5.5　编译预处理

为了改进程序设计环境、提高编程效率，可以在 C 源程序中加入“预处理命令”。如果 C 源程序中有预处理部分，则必须先根据预处理命令对程序做相应的处理，然后再对程序进行通常的编译。C 语言所提供的预处理功能主要有宏定义、文件包含和条件编译。

1. 宏定义

进行宏定义时，可以带参数，也可以不带参数。

(1)　不带参数的宏定义

用一个指定的标识符来代替一个字符串，其一般形式为：

```
#define 标识符 字符串
```

标识符用来代替后面的字符串。例如：

```
#define PI 3.1415926
```

这样，在编译处理时，编译器会将程序中出现的所有 PI 都用 3.1415926 代替，该过程称为“宏展开”。

使用宏名代替一个字符串，可以减少程序中重复书写某些字符串的工作量。同时，也便于修改，即当需要修改某一个常量时，可以只改变#define 命令中的即可。

(2)　带参数的宏定义

带参数宏定义的一般形式为：

```
#define 宏名(参数表) 字符串
```

字符串中包含括号中所指定的参数。对带参数的宏的展开，只是以语句中的宏名后面括号中的实参字符串代替#define 命令行中的形参。

因此，对于下面的例子，宏展开后并不能达到设计者的意愿：

```
#define Mul(a) a*a
res = Mul(x+y);
```

这里定义了带参数的宏#define Mul(a) a*a，在用实参 x+y 代替 a 时，结果是 x+y*x+y。这肯定不是希望的结果，所以在做此类宏定义时，可以改为：

```
#define Mul(a,b) (a)*(b)
```

2. 文件包含

文件包含处理是指一个源文件可以将另一个源文件的全部内容包含进来，即把另外的文件包含到本文件中。文件包含有两种方式。

(1) #include “文件名”：告知系统先在用户当前目录中寻找要包含的文件，若找不到，再到系统目录中查找。

(2) #include <文件名>：告知系统直接从存放 C 库函数头文件所在的目录中寻找要包含的文件。这是标准方式。

一般来说，如果是调用库函数，应该用标准方式书写，即用尖括号(<>)将文件名扩起来，以节省查找时间；如果要包含用户自己定义的文件，一般用双引号将文件名扩起来，如果要引用的文件不在当前目录下，还应该给出文件的路径。

这里被包含的文件应该是源文件而不是目标文件，通常是以“.h”为后缀的文件。

3. 条件编译

条件编译提供了一种实现对指定内容编译的可能性。一般地说，源程序中所有的行都要进行编译，但是，有时仅需要对其中一部分内容进行编译，或者只对某些满足条件的内容进行编译，即所谓的条件编译。条件编译的形式有以下几种。

(1) 第一种：

```
#ifdef 标识符
    程序段 1;
[#else
    程序段 2;]
#endif
```

这段条件编译的作用是，当所指定的标识符已经被定义(使用#define)过时，则在程序编译阶段只编译程序段 1，否则编译程序段 2。其中，用方括号括起来的部分可以没有，由实际情况决定。

(2) 第二种：

```
#ifndef 标识符
    程序段 1;
[#else
```

```
    程序段 2;]
#endif
```

该段条件编译的作用与第一种恰好相反，当标识符未定义的时候执行程序段 1，若定义过，则执行程序段 2。

(3) 第三种：

```
#if 表达式
    程序段 1;
[#else
    程序段 2;]
#endif
```

这段的作用是当指定的表达式值为真时，就编译程序段 1，否则编译程序段 2。

条件编译的好处，是可以提高程序的通用性，特别是同一个 C 源程序需要在不同的平台上运行时(如 Linux 系统和 Windows 系统)，或者是有些机器是以 16 位存放一个整数，而有的却是以 32 位存放一个整数时。

1.5.6　指针

指针是 C 语言的一个重要的概念，灵活地运用指针，能解决很多复杂的问题，指针在内存分配、字符串使用、函数调用等方面都有很好的发挥空间。

如果在程序中定义了一个变量，则在编译时，会给这个变量分配内存单元，即该变量在内存中有一个地址段。C 中可用一个变量专门来存放另一个变量的地址(即指针)，即为我们常说的“指针变量”。

1. 指针变量的定义与引用

(1) 指针变量的定义

指针变量是专门用来存放地址的，其定义的一般形式为：

```
基类型 *指针变量名;
```

指针变量名前面的星号“*”表示该变量的类型是指针类型变量。在定义指针变量的时候，必须指明基类型，因为对于不同的基类型，变量在内存中所占的字节数是不同的，因此，使指针在移动一个位置的时候，所增加的字节数也是不同的。

(2) 指针变量的引用

有两个与指针相关的运算符：

&——取地址运算符。

*——指针运算符，又称间接访问运算符。

对于这两个运算符的使用，我们先举例看一下，假设有如下的定义：

```
int a;
int *p;
p = &a;
```

针对上面的定义，我们可以得知，&a 为变量 a 的地址，*p 为指针变量 p 所指向的存储单元。由于将&a 赋给了 p，所以 p 的值为&a，即 a 的地址。

在对指针赋值的时候，注意应写成 p=&a，因为 a 的地址是赋给指针变量 p，而不是*p，即变量 a。根据 p=&a，我们还可以进一步得出&*p 为变量 a 的地址、*&a=*p=a，以及(*p)++=a++等。

2. 数组与指针

通常，我们对数组元素的引用是采用下标法，但是，这种方法的运行速度不是很快，效率也不是很高，特别是在要移动数组中元素的时候。因此，我们可以用指针来引用数组元素，即通过指向数组元素的指针找到所需要的元素。

我们通过一个例子来说明如何以指针引用数组元素，假设有如下所示的定义：

```
int a[5];
int *p;
p = &a[0];
```

我们把 a[0]的地址赋给了指针变量 p(定义的数组变量类型与指针变量所指向的类型应该是相同的)，也就是说，p 指向 a 数组的第 0 个元素。因为，C 语言规定数组名代表数组中第一个元素的地址，所以 p=&a[0]也等价与 p=a。

接下来，就可以通过指针来引用数组中的元素了。有以下语句：

```
*p = 5;
```

表示对 p 当前所指向的数组元素赋值 5，此时 p 指向 a[0]，即 a[0]=5。

如果 p 没有移动，即还指向数组的第 0 个元素，可得以下结论。

(1) p+i 和 a+i 就是 a[i]的地址，也就是说，它们指向数组 a 中的第 i 个元素。

(2) *(p+i)和*(a+i)是 p+i 和 a+i 所指向的数组元素，即 a[i]。

对于多维数组，指针也可以指向，但是在概念和使用上，多维数组的指针比一维数组的指针要复杂得多，由于本书没有涉及多维数组的指针，在此就略过，读者可参考相关的书籍进行了解。

3. 字符串与指针

在 C 语言中，有两种方式来访问一个字符串。

(1) 用字符数组存放一个字符串

用字符数组存放一个字符串，是我们最初接触到的字符串访问方式。其使用方法是定义一个字符数组，然后把一个字符串赋给它，例如：

```
char string[] = "Hello world!";
```

(2) 用字符指针指向一个字符串

可以进行如下的定义：

```
char *string = "Hello world!";
printf("%s\n", string);
```

这里定义了一个字符指针，指向“Hello world!”这个字符串的首地址(C 语言对字符串常量是按字符数组处理的，在内存中开辟了一个字符数组，用来存放该字符串常量，所以该字符串是有地址的)。接下来的引用方法与用指针引用数组元素是相同的。

4. 指向函数的指针

指针可以指向整型、字符型、数组等，也可以指向一个函数。一个函数在编译的时候被分配给一个入口地址，这个入口地址就称为函数的指针。

指向函数的指针变量的一般定义形式为：

```
数据类型 (*指针变量名)();
```

这里的数据类型与函数返回值的类型相同。

我们来看一个关于指向函数的指针的例子，假定已经编写了一个比较大小的函数 int max(int, int)，我们进行如下的定义：

```
int x, y, z;
int (*p)();
p = max;
z = (*p)(x, y);
```

其中，int (*p)();定义 p 是一个指向函数的指针变量，它不是固定指向哪一个函数的，在一个程序中，一个指针变量可以先后指向返回类型相同的不同函数。赋值语句 p=max;的作用是将函数 max 的当前地址赋给指针变量 p，在给函数指针变量赋值时，只需要给出函数名即可，而不必给出参数。

z=(*p)(x, y);是实现指针形式函数的调用，它等价于 max(x, y)。

提 示： 对于指向函数的指针变量，是不能进行+、-、++、--等运算的。

5. 指针数组

通常意义的数组所存放的元素是诸如整型、实型、字符型等数据，其实，数组可以存放指针，即数组元素为指针类型的数据，这称为指针数组。

一维指针数组的定义形式一般为：

```
类型名 *数组名[数组长度];
```

类型名是基本类型，如整型、字符型等，数组名与变量的定义规则相同，数组长度是一个常量。

6. 指针小结

前面介绍了各种类型的指针，有指向整型的、指向数组的、指向函数的指针等，下面对各种类型指针的定义方式及含义进行归纳。指针定义和含义如表 1.5 所示。

表 1.5　指针定义及含义

定　义	含　义
int i	定义整型变量 i
int *p	p 为指向整型数据的指针变量
int a[n]	定义整型数组 a，共有 n 个元素
int *p[n]	定义指针数组 p，它由 n 个指向整型数据的指针元素组成

续表

定 义	含 义
int (*p)[n]	p 为指向 n 个元素的一维数组的指针变量
int f()	f 为返回整型函数值的函数
int* p()	p 为返回一个指针的函数，该指针指向整型数据
int (*p)()	p 为指向函数的指针，该函数返回一个整型值
int **p	p 是一个指针变量，它指向一个指向整型数据的指针变量

1.5.7 结构体

我们经常使用单个类型的变量，但是，有时候需要将不同类型的数据组合成一个有机的整体，以便引用。C 语言允许用户自己指定这样一种数据结构，即我们常说的结构体。

声明一个结构体类型的一般形式为：

```
struct 结构体名
{
    成员列表;
};
```

结构体名用作结构体类型的标志，成员列表中的成员组成了结构体，在声明结构体的时候，应该对各个成员进行类型声明。一个结构体的成员可以是基本类型的变量，也可以是一个结构体。

1. 结构体类型变量的定义

结构体类型变量的定义有如下三种方式。

(1) 先声明结构体类型再定义变量

这种方式的定义形式一般为：

```
结构体类型名 结构体变量名;
```

结构体类型名为用户自己定义的结构体的名称，该种方式类似于我们常用的基本类型的变量定义方式。

我们举例说明下。先定义一个结构体，例如：

```
struct student
{
    int number;
    char name[20];
};
```

然后用该结构体来定义变量：

```
struct student boy;
```

这样，就定义了一个名为 boy 的结构体变量，有两个成员，即 number 和 name[20]。

提 示： C 语言中以这种方式定义结构体变量时，需要在结构体类型名前加 struct。

(2) 在声明类型的同时定义变量

以这种方式定义变量，其实是把上一种方式的两个步骤结合起来了，其实现的一般形式如下：

```
struct 结构体名
{
    成员列表;
} 变量名列表;
```

例如，用这种方式来定义前面已经定义过的 boy 变量：

```
struct student
{
    int number;
    char name[20];
} boy;
```

(3) 直接定义结构体类型变量

直接定义结构体类型变量的一般形式为：

```
struct
{
    成员列表;
} 变量名列表;
```

从这个定义中可以看出，这种方式下，没有出现结构体的名字，这也是它与前一种方式的差别。

2. 结构体变量的引用

定义了结构变量后，就可以引用这个结构体了，引用结构变量中成员的一般方式为：

```
结构体变量名.成员名
```

其中，“.”是成员运算符，它在所有的运算符中优先级最高。例如，我们可以在程序中引用 boy 变量中的 number 成员：

```
boy.number
```

提 示： 如果成员本身又是一个结构体类型的话，则要用若干个成员运算符，一级一级地找到最低一级的成员。

1.6 小 结

本章归纳了一些基本知识点，包括 C 语言的出现、发展和特点，C 语言的集成编译环境，以及 C 语言的基本语法和概念。

读者在后面的章节中，如果对相关的概念有不明白的地方，可以查看这里的介绍。至于对 C 语言更深入和全面的介绍，还可另外参考一些专门讲解 C 语言的书籍。

第 2 章　基础知识回顾

学习目标

- 了解图形模式的初始化、屏幕设置函数、颜色相关函数、画图函数、填充函数、文本输出函数，以及与这些函数相关的各项参数。
- 了解文件的打开与关闭、文件的读写、文件的状态判断以及文件的定位。
- 了解网络编程中常用的协议及其报头格式、Winsock 编程基础、套接字选项设置以及名字解析。
- 了解 BIOS 中断、DOS 中断以及鼠标编程知识。

2.1　图 形 知 识

C 语言中提供了丰富的图形处理函数，本节将对本书中涉及的图形知识点做一个简要介绍，主要包括图形模式的初始化、屏幕设置函数、颜色相关函数、画图函数、填充函数、文本输出函数，以及与这些函数相关的各项参数等。

2.1.1　图形模式的初始化

(1) void far initgraph(int far *gdriver, int far *gmode, char *path)

初始化屏幕为图形模式函数。gdriver 和 gmode 分别表示图形驱动器和模式，path 是指图形驱动程序所在的目录路径。

有关图形驱动器、图形模式及分辨率的值见表 2.1。

表 2.1　图形驱动器、图形模式及分辨率参照表

图形驱动器(gdriver)		图形模式(gmode)		色　调	分 辨 率
符号常数	数　值	符号常数	数　值		
CGA	1	CGAC0	0	C0	320×200
		CGAC1	1	C1	320×200
		CGAC2	2	C2	320×200
		CGAC3	3	C3	320×200
		CGAHI	4	2 色	640×200
MCGA	2	MCGAC0	0	C0	320×200
		MCGAC1	1	C1	320×200
		MCGAC2	2	C2	320×200
		MCGAC3	3	C3	320×200
		MCGAMED	4	2 色	640×200
		MCGAHI	5	2 色	640×480

续表

图形驱动器(gdriver)		图形模式(gmode)		色　调	分 辨 率
符号常数	数　值	符号常数	数　值		
EGA	3	EGALO	0	16 色	640×200
		EGAHI	1	16 色	640×350
EGA64	4	EGA64LO	0	16 色	640×200
		EGA64HI	1	4 色	640×350
EGAMON	5	EGAMONHI	0	2 色	640×350
IBM8514	6	IBM8514LO	0	256 色	640×480
		IBM8514HI	1	256 色	1024×768
HERC	7	HERCMONOHI	0	2 色	720×348
ATT400	8	ATT400C0	0	C0	320×200
		ATT400C1	1	C1	320×200
		ATT400C2	2	C2	320×200
		ATT400C3	3	C3	320×200
		ATT400MED	4	2 色	320×200
		ATT400HI	5	2 色	320×200
VGA	9	VGALO	0	16 色	640×200
		VGAMED	1	16 色	640×350
		VGAHI	2	16 色	640×480
PC3270	10	PC3270HI	0	2 色	720×350
DETECT	0	用于硬件测试			

(2)　void far detectgraph(int *gdriver, *gmode)

自动检测显示器硬件的函数，gdriver 和 gmode 与 initgraph()函数中的意义一样，仍然分别表示图形驱动器和模式。

2.1.2　屏幕颜色相关函数

(1)　void far setbkcolor(int color)

设置背景色。其中 color 表示作图的颜色，可以用颜色的符号常量来表示，也可以用代表该颜色的数值来表示。颜色符号常量和对应数值的关系见表 2.2。

表 2.2　颜色符号常量与其对应值

符号常量	数　值	含　义	符号常量	数　值	含　义
BLACK	0	黑色	DARKGRAY	8	深灰色
BLUE	1	蓝色	LIGHTBLUE	9	深蓝色
GREEN	2	绿色	LIGHTGREEN	10	淡绿色

续表

符号常量	数　值	含　义	符号常量	数　值	含　义
CYAN	3	青色	LIGHTCYAN	11	淡青色
RED	4	红色	LIGHTRED	12	淡红色
MAGENTA	5	洋红	LIGHTMAGENTA	13	淡洋红
BROWN	6	棕色	YELLOW	14	黄色
LIGHTGRAY	7	淡灰色	WHITE	15	白色

(2)　void far setcolor(int color)

设置作图颜色。color 的取值参见表 2.2。

(3)　int far getbkcolor(void)

返回当前背景颜色值。

(4)　int far getcolor(void)

返回当前作图颜色值。

(5)　int far getmaxcolor(void)

返回可用的最高颜色值。

2.1.3　图形窗口和图形屏幕函数

1. 图形窗口操作

(1)　void far setviewport(int x0, int y0, int x1, int y1, int clipflag)

设定一个以(x0，y0)为左上角，以(x1，y1)为右下角的图形窗口，其中 x0、y0，x1、y1 是相对于整个屏幕的坐标。如果 clipflag 为 1，则超出窗口的输出图形自动被裁剪掉，即所有作图限制于当前图形窗口内，如果 clipflag 为 0，则不做裁剪，即作图将无限制地扩展于窗口周界之外，直到屏幕边界。

(2)　void far clearviewport(void)

清除当前图形窗口，并把光标从当前位置移到原点(0，0)。

(3)　void far getviewsettings(struct viewporttype far *viewport)

获得关于现行窗口的信息，并将其存于 viewporttype 定义的结构变量 viewport 中，其中 viewporttype 的结构说明如下：

```
struct viewporttype
{
   int left, top, right, bottom;
   int cliplag;
};
```

2. 屏幕操作

(1)　void far setactivepage(int pagenum)

为图形输出选择激活页，即后续图形的输出被写到函数选定的 pagenum 页面，该页面并不一定可见。

(2) void far setvisualpage(int pagenum)

使 pagenum 所指定的页面变成可见页，页面从 0 开始。如果先用 setactivepage()函数在不同页面上画出一幅幅图像，再用 setvisualpage()函数交替显示，就可以实现一些动画的效果。

(3) unsigned far imagesize(int x0, int y0, int x1, int y1)

该函数一般在保存指定范围内的像素时使用，它计算要保存从左上角为(x0，y0)到右下角为(x1，y1)的图形屏幕区域所需的字节数。

(4) void far getimage(int x0, int y0, int x1, int y1, void far *buf)

将从左上角为(x0，y0)到右下角为(x1，y1)的图形屏幕区域的图像保存到 buf 所指向的内存空间，该内存空间的大小由 imagesize()函数计算。

(5) void far putimge(int x, int y, void *mapbuf, int op)

将保存的图像输出到左上角为点(x，y)的位置上，op 规定了如何释放内存中的图像，op 的取值见表 2.3。

表 2.3 putimage()函数中的 op 操作

符号常数	数 值	含 义
COPY_PUT	0	复制
XOR_PUT	1	与屏幕图像异或的复制
OR_PUT	2	与屏幕图像或后复制
AND_PUT	3	与屏幕图像与后复制
NOT_PUT	4	复制反相的图形

(6) void far cleardevice(void)

清除屏幕内容。

2.1.4 画图函数

1. 画点

(1) 画点函数

① void far putpixel(int x, int y, int color)

在坐标(x，y)处以 color 所代表的颜色画一点。

② int far getpixel(int x, int y)

获得点(x，y)处的颜色值。

(2) 有关坐标位置的函数

① int far getmaxx(void)

返回 x 轴的最大值。

② int far getmaxy(void)

返回 y 轴的最大值。

③ int far getx(void)

返回光标所在位置的横坐标。

④　void far gety(void)

返回光标所在位置的纵坐标。

⑤　void far moveto(int x, int y)

移动光标到(x，y)点。

⑥　void far moverel(int dx, int dy)

把光标从当前位置(x，y)移动到(x+dx，y+dy)的位置。

2. 画线函数

(1)　画线函数

①　void far line(int x0, int y0, int x1, int y1)

从点(x0，y0)到点(x1，y1)画直线。

②　void far lineto(int x, int y)

画一条从当前位置到(x，y)的直线。

③　void far linerel(int dx, int dy)

画一条当前位置(x，y)到位置(x+dx，y+dy)之间的直线。

④　void far circle(int x, int y, int radius)

以(x，y)为圆心，radius 为半径画一个圆。

⑤　void far arc(int x, int y, int stangle, int endangle, int radius)

以(x，y)为圆心、radius 为半径，画一段从 stangle(角度)到 endangle(角度)的圆弧线。

⑥　void ellipse(int x, int y, int stangle, int endangle, int xradius, int yradius)

以(x，y)为中心，xradius、yradius 为 x 轴和 y 轴半径，画一段从角度 stangle 到角度 endangle 的椭圆线，当 stangle=0，endangle=360 时，画出一个完整的椭圆。

⑦　void far rectangle(int x1, int y1, int x2, inty2)

以(x1，y1)为左上角，(x2，y2)为右下角画一个矩形框。

⑧　void far drawpoly(int numpoints, int far *polypoints)

画一个顶点数为 numpoints，各顶点坐标由 polypoints 给出的多边形。

(2)　设定线型函数

①　void far setlinestyle(int linestyle, unsigned upattern, int thickness)

该函数用来设置线的有关信息，其中 linestyle 表示线的形状(线的形状见表 2.4)。

表 2.4　线形状的取值及含义

符号常数	数　值	含　义
SOLID_LINE	0	实线
DOTTED_LINE	1	点线
CENTER_LINE	2	中心线
DASHED_LINE	3	点划线
USERBIT_LINE	4	用户定义线

thickness 表示线的宽度(线宽度的设置及含义见表 2.5)。对于 upattern，只有 linestyle 选 USERBIT_LINE 时，才有意义(选其他线型时 upattern 取 0 即可)。

upattern 的 16 位二进制数的每一位代表一个象元，如果位为 1，则该象元打开，否则该象元关闭。

表 2.5　线宽的取值及含义

符号常数	数　值	含　义
NORM_WIDTH	1	一点宽
THIC_WIDTH	3	三点宽

② void far setwritemode(int mode)

该函数规定画线的方式。mode 的取值为 1 或 0。取 0 时，表示画线时将所画位置的原来信息覆盖；取 1 时，则表示画线时用现在特性的线与所画之处原有的线进行异或(XOR)操作，实际上画出的线是原有线与现在规定的线进行异或后的结果。因此，当线的特性不变时，进行两次画线操作相当于没有画线。

2.1.5　封闭图形的填充

1. 先画轮廓再填充

(1) void far bar(int x1, int y1, int x2, int y2)

先画一个以(x1，y1)为左上角、以(x2，y2)为右下角的矩形窗口，再按规定模式和颜色来填充。

(2) void far bar3d(int x0, int y0, int x1, int y1, int depth, int topflag)

当 topflag 为非 0 时，画出一个三维的长方体；当 topflag 为 0 时，三维图形不封顶。

(3) void far pieslice(int x, int y, int stangle, int endangle, int radius)

先画一个以(x，y)为圆心、radius 为半径，从角度 stangle 到角度 endangle 的扇形，再按规定的方式填充。

(4) void far sector(int x, int y, int stangle, int endangle, int xradius, int yradius)

先画一个以(x，y)为圆心，以 xradius、yradius 为 x 轴和 y 轴半径，从角度 stangle 到角度 endangle 的椭圆扇形，再按规定的方式填充。

2. 任意封闭图形的填充

void far floodfill(int x, int y, int border)

该函数可对任意封闭图形填充。其中的 x、y 为封闭图形内的任意一点，border 为边界的颜色，border 指定的颜色值必须与图形轮廓的颜色值相同。

提 示： (x，y)必须在所要填充的封闭图形内部，否则不能进行填充，如果不是封闭图形，则填充会从没有封闭的地方溢出去，填满其他地方。

3. 设定填充方式

(1) void far setfillstyle(int pattern, int color)

以 pattern 为填充模式和 color 为填充颜色对指定图形进行填充。填充模式 pattern 的取值和含义见表 2.6。

表 2.6　填充模式

符号常数	数　值	含　义
EMPTY_FILL	0	以背景色填充
SOLID_FILL	1	实填充
LINE_FILL	2	直线填充
LTSLASH_FILL	3	斜线填充
SLASH_FILL	4	粗斜线填充
BKSLASH_FILL	5	粗反斜线填充
LTBKSLASH_FILL	6	反斜线填充
HATCH_FILL	7	直线网格填充
XHATCH_FILL	8	斜网格填充
INTTERLEAVE_FILL	9	间隔点填充
WIDE_DOT_FILL	10	稀疏点填充
CLOSE_DOS_FILL	11	密集点填充
USER_FILL	12	用户自定义填充

(2)　void far setfillpattern(char *upattern, int color)

该函数用于设置用户定义的填充模式的颜色，以供对封闭图形填充。其中 upattern 是一个指向 8 个字节的指针。

这 8 个字节定义了 8×8 点阵的图形。每个字节的 8 位二进制数表示水平 8 点，8 个字节表示 8 行，然后以此为模型，向整个封闭区域填充。

(3)　void far getfillpattern(char *upattern)

该函数将用户定义的填充模式存入 upattern 指针指向的内存区域。

(4)　void far getfillsetings(struct fillsettingstype far *fillinfo)

获得当前图形模式的颜色，并存入结构指针变量 fillinfo 中。其中，fillsettingstype 结构的定义如下：

```
struct fillsettingstype
{
    int pattern;
    int color;
};
```

其中，pattern 表示当前的填充模式，color 表示填充的颜色。

2.1.6　图形模式下的文本输出

1. 文本输出函数

(1)　void far outtext(char far *text)

该函数在当前位置输出字符串指针 text 所指的文本。

(2) void far outtextxy(int x, int y, char far *text)

该函数在指定位置(x，y)输出字符串指针 text 所指的文本。

2. 文本参数设置函数

(1) void far setcolor(int color)

该函数用于设置输出文本的颜色，color 表示要设置的颜色。

(2) void far settextjustify(int horiz, int vert)

该函数用于设置显示的方位。对使用 outtextxy()函数所输出的字符串，其中哪个点对应于坐标(x，y)在 Turbo C 2.0 中是有规定的。如果把一个字符串看成一个长方形的图形，在水平方向显示时，字符串长方形在垂直方向就有顶部、中部和底部三个位置，水平方向就有左、中、右三个位置，两者结合所确定的位置就对准函数中的(x，y)位置。

settextjustify()函数中的参数 horiz 指出水平方向的位置(即左、中、右中的一个)，参数 vert 指出垂直方向的位置(即顶部、中部、底部中的一个)。

有关参数 horiz 和 vert 的取值，参见表 2.7。

表 2.7 参数 horiz 和 vert 的取值及含义

符号常数	数　值	方　位
LEFT_TEXT	0	水平
RIGHT_TEXT	2	水平
BOTTOM_TEXT	0	垂直
TOP_TEXT	2	垂直
CENTER_TEXT	1	水平或垂直

(3) void far settextstyle(int font, int direction, int charsize)

该函数用于设置输出字符的字型 font(见表 2.8)、方向 direction 和字体大小(见表 2.9)。

表 2.8 字体 font 的取值及含义

符号常数	数　值	含　义
DEFAULT_FONT	0	默认字体，8×8 点阵字体
TRIPLEX_FONT	1	三倍笔画字体
SMALL_FONT	2	小号笔画字体
SANSSERIF_FONT	3	无衬线笔画字体
GOTHIC_FONT	4	黑体笔画字体

表 2.9 字体大小取值及含义

符号常数或数值	含　义
1	8×8 点阵
2	16×16 点阵

续表

符号常数或数值	含　义
3	24×24 点阵
4	32×32 点阵
5	40×40 点阵
6	48×48 点阵
7	56×56 点阵
8	64×64 点阵
9	72×72 点阵
10	80×80 点阵
USER_CHAR_SIZE=0	用户定义的字符大小

其中，方向 direction 的取值有 HORIZ_DIR(用数值 0 表示)和 VERT_DIR(用数值 1 表示)两种，分别表示从左向右和从底向顶输出字符。

2.2　文件操作知识

本节我们将对文件操作的基本知识做一个简要回顾，包括文件的打开与关闭、文件的读写、文件的状态判断，以及文件的定位。

2.2.1　文件的打开与关闭

1. 文件的打开

C 语言中，打开文件的函数是 fopen()，其通常的调用方式是：

```
FILE *fp;
fp = fopen(filename, method);
```

其中 fp 是一个指向 FILE 类型结构体的指针变量，filename 表示要打开的文件的名字，method 表示文件的使用方式。表 2.10 列出了文件的使用方式。

表 2.10　文件的使用方式

文件的使用方式	含　义
r	只读，为输入打开一个文本文件
w	只写，为输出打开一个文本文件
a	追加，向文本文件尾增加数据
rb	只读，为输入打开一个二进制文件
wb	只写，为输出打开一个二进制文件
ab	追加，向二进制文件尾增加数据
r+	读写，为读/写打开一个文本文件
w+	读写，为读/写建立一个新的文本文件

续表

文件使用方式	含　义
a+	读写，为读/写打开一个文本文件
rb+	读写，为读/写打开一个二进制文件
wb+	读写，为读/写建立一个新的二进制文件
ab+	读写，为读/写打开一个二进制文件

提 示： 如果不能打开一个文件，即打开文件失败，则 fopen()函数将返回一个空指针 NULL。通常可以通过判断 fopen()返回的值来确定是否打开成功。

2. 文件的关闭

在使用完一个文件后，应该关闭它，以防止它被再次误用。

关闭文件的函数是 fclose()，其一般使用方式是：

```
fclose(fp);
```

fp 即为文件指针，是我们前面打开文件时创建的 fp。fclose()函数也有返回值，如果顺利关闭的话，则返回 0，否则返回-1，可以用 ferror()函数来测试。

2.2.2 文件的读写

对文件的读写，可以有多种方式，可以读写一个字符、一个字符串、一块数据，或者一个整数，有时候也需要进行格式化输入和输出等。

1. 从文件读出

(1) fgetc()

fgetc()函数用于从一个指定的文件中读出一个字符，该文件必须是以读或者读写方式打开的，其一般调用形式为：

```
ch = fgetc(fp);
```

fp 为文件型指针变量，ch 为读出的字符变量。

(2) fgets()

fgets()函数用于从一个指定的文件中读出一个字符串，其一般调用形式为：

```
fgets(str, num, fp)
```

num 为需要读取的字符个数，fp 为文件型指针变量。从 fp 指向的文件中读取 n-1 个字符，然后在最后加一个'\0'字符，再把它们放入数组 str 中。

(3) getw()

getw()函数表示从一个磁盘文件中读取一个整数，其一般调用形式为：

```
getw(fp)
```

fp 为文件型指针变量。

(4)　fread()

fread()函数用于读取一组数据，其调用形式为：

```
fread(buffer, size, count, fp)
```

buffer 是读取的数据所存放的地方，size 表示要读写的字节数，count 表示要读写多少个 size 字节的数据项，fp 为文件型指针变量。

(5)　fscanf()

fscanf()函数用于从磁盘文件中读取 ASCII 字符，并将读取的数据存入指定变量中，其一般调用形式为：

```
fscanf(fp, format string, in_list)
```

fp 为文件型指针变量，format string 是格式字符串，in_list 表示输入列表。

2. 写入文件

(1)　fputc()

fputc()函数表示将一个字符写入到指定的磁盘文件中，其一般调用形式为：

```
fputc(ch, fp)
```

ch 为要写入的字符，fp 为文件型指针变量。

(2)　fputs()

fputs()函数表示向指定文件写入一个字符串，其一般调用形式为：

```
fputs(str, fp)
```

str 表示要写入的字符串，fp 为文件型指针变量。

(3)　putw()

putw()函数用于将一个整数写入指定的文件，其一般调用形式为：

```
putw(digit, fp)
```

digit 表示要写入的整数，fp 为文件型指针变量。

(4)　fwrite()

fwrite()函数用来将一组数据写入指定的文件，其一般调用形式为：

```
fread(buffer, size, count, fp)
```

其各个参数的意义与 fread 函数中的相同，只是这里的 buffer 存放的是要写入到文件中的数据。

(5)　fprintf()

fprintf()函数用于格式化输出字符串到指定的文件，其一般调用形式为：

```
fprintf(fp, format string, out_list)
```

fp 为文件型指针变量，format string 是格式字符串，out_list 表示输出列表。例如：

```
fprintf(fp, "%d,%2.2f", i, j);
```

本函数语句的作用，是将整型变量 i 和实型变量 j 的值按照%d 和%2.2f 的形式输出到

fp 所指向的文件中。

2.2.3 文件的状态

1. 文件结束判断

在 ANSI 标准中，使用 feof()函数来判断文件是否结束，其一般调用形式为：

```
feof(fp)
```

fp 为文件型指针，如果遇到文件结束符，即表示文件结束，则返回非 0，否则返回 0。

2. 错误检测及清除

(1) ferror()

在调用各种输入输出函数时，如果出现了错误，可以用 ferror()函数来检测，其一般调用形式为：

```
ferror(fp)
```

如果 ferror 函数返回 0，则表示没有出错。

(2) clearer()

clearer()函数用于将文件错误标志和文件结束标志置为 0，其调用形式为：

```
clearer(fp)
```

如果在调用一个输入输出函数出错后，再调用该函数，即可将 ferror()的值清为 0。

2.2.4 文件的定位

文件中有一个位置指针指向当前读写的位置。有时，我们需要获取位置指针的位置或者改变当前的指向位置，C 语言中提供了几个函数来实现这些功能。

(1) rewind()

rewind()函数将位置指针重新返回到文件的开头，其一般调用形式为：

```
rewind(fp)
```

(2) ftell()

ftell()函数用于获取流式文件中的当前位置，用相对于文件开头的位移量来表示。其一般调用形式为：

```
ftell(fp)
```

如果返回正整数，则表示当前的存放位置，如果返回值为-1L，则表示出错。

(3) fseek()

fseek()函数用以实现改变位置指针所指向的位置，其一般调用形式为：

```
fseek(文件类型指针, 位移量, 起始点)
```

起始点有三个值，分别是文件开始(即 SEEK_SET，用数字 0 表示)、文件当前位置(即 SEEK_CUR，用数字 1 表示)和文件末尾(即 SEEK_END，用数字 2 表示)；位移量是以起始点为基点，移动的字节数，如果字节数为正，表示向前移动，如果为负，表示向后移动。

ANSI C 标准要求位移量是 long 型数据，并规定在数字的末尾加一个字母 L，表示 long 型。

例如，假定有如下的调用：

```
fseek(fp, 100L, 1);
```

该语句表示将位置指针向前移动到离当前位置 100 个字节处。

2.3　Windows 网络编程知识

本节将对本书中所涉及的网络知识点做一个简要概述，包括常用的协议及其报头格式、Winsock 编程基础、套接字选项设置以及名字解析等内容。

2.3.1　常用协议报头

在本小节，我们将对本书中涉及到的或者实现的协议做一个介绍，包括 IP 协议、TCP 协议、UDP 协议和 ICMP 协议。

1. IP 协议

IP 协议，即网际协议，是 TCP/IP 协议族中最为核心的协议，所有的 TCP、UDP、ICMP 数据都是以 IP 数据报格式(见图 2.1)传输的。

<table>
<tr><td>版本</td><td>首部长度</td><td>服务类型（TOS）</td><td colspan="2">总长度</td></tr>
<tr><td colspan="3">标识</td><td>标志</td><td>片偏移</td></tr>
<tr><td colspan="2">生存时间</td><td>协议</td><td colspan="2">首部校验和</td></tr>
<tr><td colspan="5">源IP地址</td></tr>
<tr><td colspan="5">目的IP地址</td></tr>
<tr><td colspan="5">选项（如果有）</td></tr>
<tr><td colspan="5">数据</td></tr>
</table>

图 2.1　IP 数据报格式

各个字段的含义如下。

- 版本：占 4 个二进制位，目前的协议版本号是 4，表示 IPv4。
- 首部长度：表示首部占 32bit 字的数目。由于它是一个 4bit 字段，因此，首部最长为 60 个字节。
- 服务类型：该字段包括一个 3bit 的优先权子字段、4bit 的 TOS 子字段和 1bit 未用(但必须置 0)。4bit 的 TOS 分别代表最小时延、最大吞吐量、最高可靠性和最小费用。4bit 中只能置位其中 1bit，如果所有 4bit 均为 0，则意味着一般服务。
- 总长度：整个 IP 数据报的长度，利用首部长度字段和总长度字段，就可以知道 IP 数据报中数据内容的起始位置和长度。
- 标识：唯一地标识主机发送的每一份数据报。

- 标志：表明该数据报是否允许被分片。
- 片偏移：用于分片后的重组。
- 生存时间：设置数据报可以经过的最多路由器数。
- 协议：所承载的上层协议类型。
- 首部校验和：IP 校验和，为了计算数据报的 IP 校验和，首先把校验和字段置为 0，然后，对首部中的每个 16bit 进行二进制反码求和，结果存在校验和字段中。
- 选项：是一个可变长的可选信息，包括记录路径、时间戳等信息，是可选的。

2. TCP 协议

TCP 协议，即传输控制协议，是工作在传输层的提供一种面向连接的、可靠的字节流服务。TCP 数据报首部如图 2.2 所示。

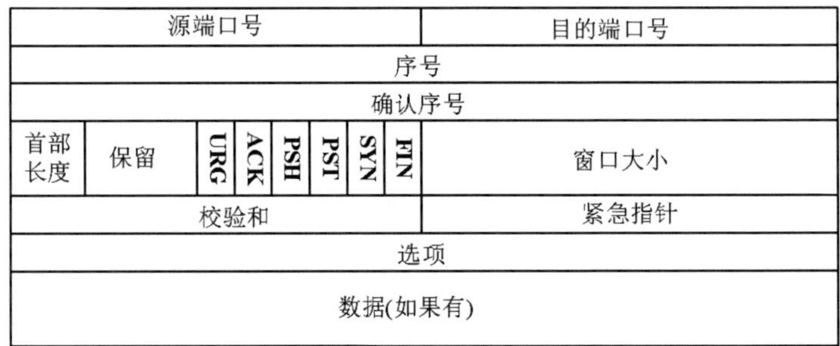

图 2.2　TCP 数据报首部

各个字段的含义如下。

- 源、目的端口号：这两个值加上 IP 首部中的源 IP 地址和目的端的 IP 地址，唯一确定一个 TCP 连接。
- 序号：标识从 TCP 发送端向 TCP 接收端发送的数据字节流，它表示在这个报文段中的第一个数据字节。
- 确认序号：表示发送确认的一端所期望收到的下一个序号，因此，确认序号应当是上次已成功收到的数据字节序号加 1。
- 首部长度：表示首部中 32bit 字的数目。
- URG：紧急指针有效。
- ACK：确认序号有效。
- PSH：接收方应该尽快将这个报文段交给应用层。
- RST：重建连接。
- SYN：同步序号用来发起一个连接。
- FIN：发送端完成发送任务。
- 窗口大小：控制 TCP 的流量。
- 校验和：TCP 校验和的计算与前面的 IP 的校验和相似。
- 紧急指针：只有当 URG 标志设置为 1 时才有效。紧急指针是一个正的偏移量，与序号字段中的值相加，表示紧急数据最后一个字节的序号。

TCP 数据报文是被封装在它下层 IP 数据报文中发送的，即作为 IP 数据报的数据部分，其封装示意图参见图 2.3。

3. UDP 协议

UDP 协议，即用户数据报协议，是一个简单的面向数据报的传输层协议，它不提供可靠性，而是把应用程序传给 IP 层的数据发送出去，但并不保证它们能到达目的地。

UDP 数据报的首部如图 2.4 所示。

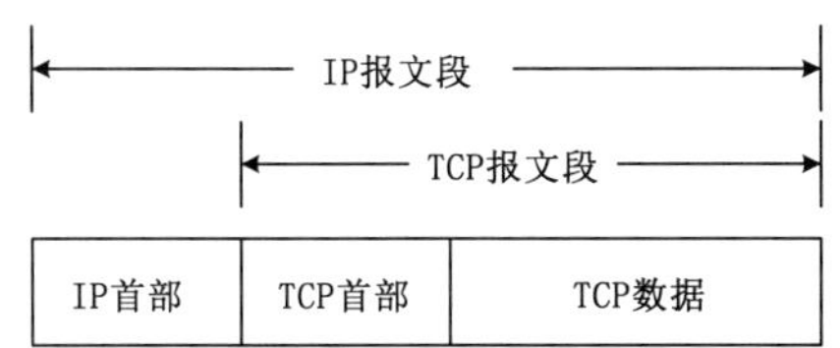

图 2.3　TCP 数据报在 IP 数据报中的封装

源端口号	目的端口号
UDP长度	UDP校验和
数据（如果有）	

图 2.4　UDP 数据报首部

端口号表示发送进程和接收进程。UDP 长度字段指的是 UDP 首部和 UDP 数据的字节长度，该字段的最小值为 8 字节，即发送一份 0 字节的 UDP 数据报。UDP 校验和的计算与 IP 校验和的计算方法是一样的。UDP 在 IP 报文中的封装与 TCP 在 IP 报文中的封装形式一样。

UDP 协议的一个最广泛的实现是广播和多播，广播和多播实现的是将一份报文同时发向多个主机。

(1) 广播

广播数据即数据从一个工作站发出，局域网内的其他所有工作站都能收到它。一般情况下，路由器都不会传送广播包。广播地址可以分为 4 类。

① 受限的广播

受限的广播地址是 255.255.255.255，该地址用于主机配置过程中 IP 数据报的目的地址，此时，主机可能还不知道它所在网络的网络掩码，甚至连它的 IP 地址也不知道。在任何情况下，路由器都不转发目的地址为受限的广播地址的数据报，这样的数据报仅出现在本地网络中。

② 指向网络的广播

指向网络的广播地址是主机号全为 1 的，如 A 类网络广播地址为 Ax.255.255.255，其中，Ax 表示 A 类网络的网络号。一个路由器必须转发指向网络的广播。

③ 指向子网的广播

指向子网的广播地址是主机号全为 1 且有特定子网号的地址。作为子网直接广播地址的 IP 地址，需要了解子网的掩码。

④ 指向所有子网的广播

指向所有子网的广播地址的子网号和主机号全为 1，指向所有子网的广播也需要了解目的网络的子网掩码，以便与指向网络的广播地址区分开来。例如，如果目的子网掩码为 255.255.255.0，那么，IP 地址 128.1.255.255 是一个指向所有子网的广播地址。

(2) 多播

多播是指一个进程发送数据的能力，这些数据将由一个或者多个接收端进行接收。在

IP 协议下，多播是广播的一种变形。IP 多播要求对收发数据感兴趣的所有主机加入一个特定的组。

多播提供两类服务，即向多个目的地址传送数据(如交互式会议系统)和客户对服务器的请求(如无盘工作站需要确定启动引导服务器)。

多播组地址包括其值为 1110 的最高 4bit 和多播组号(见图 2.5)，它们通常可表示为点分十进制，范围是 224.0.0.0 ~ 239.255.255.255。

4. ICMP 协议

ICMP 协议，即 Internet 控制报文协议，经常被认为是 IP 层的一个组成部分。它传递差错报文以及其他需要注意的信息。ICMP 报文通常被 IP 层或更高层协议使用。

Ping 命令是 ICMP 协议的一个实现，它的主要目的是测试一台主机和另一台主机之间的可达性。Ping 程序通过发送、接收 ICMP 回显请求和 ICMP 回显应答报文来实现。ICMP 回显请求和 ICMP 回显应答报文的报文格式如图 2.6 所示。

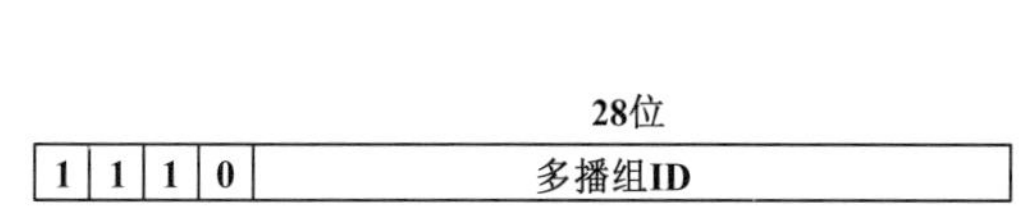

图 2.5　多播组 IP 地址

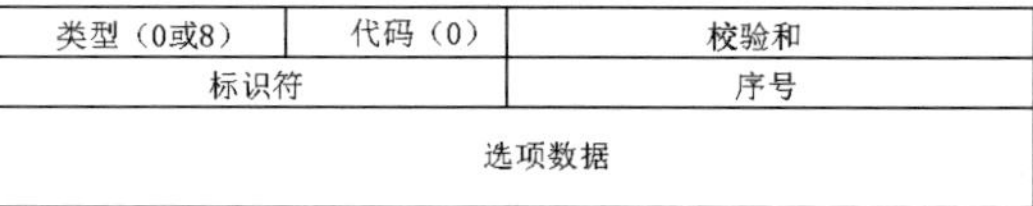

图 2.6　ICMP 数据报首部

ICMP 回显请求和回显应答报文是属于查询报文的一种。类型字段指明了是回显请求还是回显应答，当取值为 0 时表示回显应答，取值为 8 时表示回显请求。代码字段对于回显请求和回显应答报文都是 0。对于标识符字段，Ping 程序的实现大都是把该字段设置成发送进程的 ID 号，这样，即使在同一台主机上同时运行多个 Ping 程序的实例，Ping 程序也可以识别出返回的信息。序列号从 0 开始，每发送一次新的回显请求，就加 1。

2.3.2　Winsock 基础

Winsock 是一套开放的、支持多种协议的 Windows 下的网络编程接口，是 Windows 网络编程的标准。应用程序通过调用 Winsock 的 API 实现相互之间的通信，而 Winsock 利用下层的网络通信协议功能和操作系统调用，来实现实际的通信工作。

1. 套接字分类

套接字是通信的基础，是支持 TCP/IP 协议的网络通信的基本操作单元，可以将套接字看作不同主机的进程进行双向通信的端点。

套接字主要有 5 种不同类型，即 SOCK_STREAM、SOCK_DGRAM、SOCK_RAW、SOCK_SEQPACKET、SOCK_RDM。

现就本书中所涉及的套接字做一介绍。

(1) 流式套接字(SOCK_STREAM)

流式套接字提供双向的、有序的、无重复并且无记录边界的数据流服务。流式套接字是面向连接的，它可以保证接收的数据字节与发送时的顺序完全一致，还能保证写入的数据在接收端被无错地接收。

(2) 数据报套接字(SOCK_DGRAM)

数据报套接字支持双向的数据流，但并不保证数据传输的可靠性、有序性和无重复性。数据报套接字是无连接的，分组在传输过程中可能丢失，丢失分组后，也不会采取任何补救措施。数据报套接字的数据报分组有尺寸大小的限制，如果超出限制，在某些路由器和节点上就无法传送。此外，分组是在不建立连接的情况下就被发送到远程进程的，因此，这种类型的套接字的效率非常高。

(3) 原始套接字(SOCK_RAW)

利用原始套接字，可以访问基层的传输协议。诸如 Traceroute 和 Ping 等程序的实现，都是利用了原始套接字。使用原始套接字，可以对 IP 头信息进行实际的操作。但是目前只有 Winsock 2 提供了对原始套接字的支持。

由于原始套接字使人们能对基层传输机制加以控制，因此其使用受到一定的限制，只有管理员权限的用户才能创建类型为 SOCK_RAW 的套接字。Windows 95 和 Windows 98 系统没有施加这方面的限制。要想在 Windows NT 中绕过这一限制，可考虑禁止对原始套接字的安全检查，方法是在注册表创建如下变量，并将它的值设为 1(DWORD 类型)：

```
HEKY_LOCAL_MACHINE\System\CurrentControlSet\Services\Afd\Parameters
\DisableRawSecurity
```

更改注册表后，重启计算机即可生效。

2. Winsock 的初始化

每个 Winsock 应用都必须加载 Winsock DLL 的相应版本。如果调用 Winsock 前没有加载 Winsock 库，就会返回一个 SOCKET_ERROR，错误信息是 WSANOTINITIALSED。加载 Winsock 库是通过调用 WSAStartup 函数来实现的。

WSAStartup 函数的定义形式为：

```
int WSAStartup(WORD wVersionRequested, LPWSADATA, lpWSAData)
```

其中，参数 wVersionRequested 用于指定准备加载的 Winsock 库的版本。高位字节指定所需要的 Winsock 的副版本，低位字节指定主版本。

然后，可以通过宏 MAKEWORD(x, y)(其中 x 是高位字节，y 是低位字节)方便地获得 wVersionRequested 的正确值。

参数 lpWSAData 是一个指向 LPWSADATA 的指针，WSAStartup 将其加载的库版本有关的信息填在这个结构中。LPWSADATA 的结构如下所示：

```
typedef struct WSAData
{
   WORD wVersion;
   WORD wHighVersion;
   char szDescription[WSADESCRIPTOPN_LEN+1];
   char szSystemStatus[WSASYS_STATUS_LEN+1];
   unsigned short iMaxSockets;
   unsigned short iMaxUdpDg;
   char FAR *ipVendorInfo;
} WSADATA, FAR *LPWSADATA;
```

wVersion 表示打算使用的 Winsock 版本，wHighVersion 表示现有的 Winsock 库的最高版本。szDescription 和 szSystemStatus 由特定的 Winsock 试验方案设定，事实上没有用。iMaxSockets 表示假定的同时最多可打开的套接字个数，iMaxUdpDg 表示假定的最大数据报长度。ipVendorInfo 为有关厂商的信息。

3. 套接字的创建

Win32 中，套接字不同于文件描述符，它是一个独立的类型——SOCKET。

建立 Windows 套接字的函数有两个。

(1) WSASocket()函数的原型：

```
SOCKET WSASocket(int af,
                 int type,
                 int protocol,
                 LPWSAPROTOCOL_INFO lpProtocolInfo,
                 GROUP g,
                 DWORD dwFlags);
```

(2) socket()函数的原型：

```
SOCKET socket(int af, int type, int protocol);
```

其中，参数 af 表示协议的地址族，如想创建一个 UDP 或 TCP 套接字，该值一般就取 AF_INET，表示该套接字在 Internet 域中运行。

参数 type 表示协议的套接字类型，其取值就是 SOCK_STREAM、SOCK_DGRAM、SOCK_RAW、SOCK_SEQPACKET 或 SOCK_RDM。

参数 protocol 用于指定网络协议，一般取 0，表示默认为 TCP/IP 协议。

这三个参数在这两个函数中的含义是一样的。

如果在 WSASocket()(该函数在 Winsock 2 中定义)中已经利用 WSAEnumProtocol(获取系统安装的网络协议的相关信息函数，该函数返回一个 WSAPROTOCOL_INFO 结构的数组)列举了所有的协议，就可选定一个 WSAPROTOCOL_INFO 结构，并将它当作 lpProtocolInfo 参数传递到 WSASocket。

最后两个 WSASocket 标志很简单。

组参数始终为 0，因为目前尚无可支持套接字组的 Winsock 版本。

对于 dwFlag 参数，可以有以下几个标志(在使用时，可以指定一个或者多个)：

- WSA_FLAG_OVERLAPPED
- WSA_FLAG_MULTIPOINT_C_ROOT
- WSA_FLAG_MULTIPOINT_C_LEAF
- WSA_FLAG_MULTIPOINT_D_ROOT
- WSA_FLAG_MULTIPOINT_D_LEAF

第一个标志 WSA_FLAG_OVERLAPPED 用于指定这个套接字具备重叠 I/O，该值也是默认设置值。后面 4 个标志都是用于处理多播套接字的。

提 示： 如果套接字创建不成功，则产生一个 INVALID_SOCKET 错误。

4. 面向连接的编程模型

(1)　服务器端的 API 函数

对于服务器端的实现，首先将指定协议的套接字绑定到本地接口的 IP 地址上，然后将套接字设置为侦听模式。最后，如果有客户端试图建立连接，服务器则通过 accept()函数等来接收客户端的请求。

①　bind()

bind()函数用于将所创建的套接字绑定到一个已知地址上，其原型为：

```
int bind(SOCKET s, const struct sockaddr FAR *name, int namelen);
```

其中，参数 s 表示希望客户机连接的那个套接字，参数 namelen 表示参数 name 所指示地址的长度，一般用 sizeof 获取。参数 name 是绑定套接字的地址，是一个 struct sockaddr 结构，该结构的定义如下：

```
struct sockaddr
{
   u_short sa_family;
   char sa_data[14];
};
```

该地址结构随着选择协议的不同而变化，因此，实际应用中，有一个更为常见的地址结构 struct sockaddr_in，它用来标识 TCP/IP 协议下的地址，在 TCP/IP 协议的情况下，一般是强制把 sockaddr_in 转换为 sockaddr 结构。sockaddr_in 结构的定义如下：

```
struct sockaddr_in
{
   short  sin_family;
   unsigned short  sin_port;
   struct in_addr  sin_addr;
   char  sin_zero[8];
};
```

其中，sin_family 设置为 AF_INET，表示 socket 处于 Internet 域；sin_port 表示服务的端口号；sin_addr 用于保存 IP 地址，它把一个 IP 地址保存为一个 4 字节的数，是一个无符号的长整型数；sin_zero 是用于填充的。

提 示： 绑定不成功则返回 SOCKET_ERROR，常见的错误是 WSAEADDRINUSE，表示需要绑定的 IP 地址或端口号还在使用。

②　listen()

listen()函数将一个套接字设置为监听模式，让服务器准备接受连接请求，其原型为：

```
int listen(SOCKET s, int backlog);
```

其中，参数 s 仍表示需要设置的套接字，参数 backlog 用于指定正在等待连接的最大队列长度。该函数正常返回 0，如果失败，则返回 SOCKET_ERROR，最常见的错误是 WSAEINVAL，表示该套接字在 listen 之前没有 bind。

③ accept()和 WSAAccept()

accept()函数用来做好接受客户连接的准备，其原型为：

```
SOCKET accept(SOCKET s, struct sockaddr FAR *addr, int FAR *addrlen);
```

其中参数 s 为侦听套接字，参数 addr 是一个 sockaddr_in 结构的地址，addrlen 是 sockaddr_in 的长度。此时，服务器就可为等待队列中的第一个连接请求服务了。accept 函数返回后，addr 结构中就会包含发出连接请求的客户端的 IP 地址。

WSAAccept()是 Winsock 2 提供的接受函数，它能根据一个条件函数的返回值，选择性地接受一个连接，其函数定义如下：

```
SOCKET WSAAccept(SOCKET s, struct sockaddr FAR *addr, int addrlen,
                 LPCONDITIONPROC lpfnCondition,
                 DWORD dwCallbackData);
```

其前三个参数与 accept()函数中的参数一样。lpfnCondition 参数是指向一个函数(函数 ConditionFunc())的指针，该函数决定是否接受客户的连接请求。

(2) 客户端的 API 函数

客户端的操作比较简单，首先调用 socket()或者 WSASocket 函数创建一个套接字，然后用 connect()或者 WSAConnect()函数初始化一个连接。

connect()函数用于连接到服务器端，其函数原型为：

```
int connect(SOCKET s, const struct sockaddr FAR *name, int namelen);
```

其中，参数 s 表示客户端自己创建的套接字，name 指定服务器端的 sockaddr_in 结构，namelen 则是 name 参数的长度。

在 Winsock 2 中，是利用 WSAConnect()函数初始化一个连接的，其函数原型为：

```
int WSAConnect(SOCKET s, const struct sockaddr FAR *name, int namelen,
               LPWSABUF lpCallerData,
               LPWSABUF lpCalleeData,
               LPQOS lpSQOS,
               LPQOS lpGQOS);
```

其中，前三个参数与 connect()函数中的参数一样。参数 lpCallerData 和 lpCalleeData 是字符串缓冲区，用于收发请求连接时的数据。lpCallerData 所指向的缓冲区包含客户端向服务器发出的请求连接的数据，lpCalleeData 所指向的缓冲区则包含服务器向客户端返回的数据。参数 lpSQOS 和 lpGQOS 表示 QOS 结构，该结构对即将建立的连接上收发数据所需要的带宽进行了定义。lpSQOS 参数用于指定套接字 s 需要的服务质量，lpGQOS 用于指定套接字组所需要的服务质量。

(3) 数据传输

① send()和 WSASend()

在已经建立的套接字上发送数据，可使用 send()函数，该函数的原型为：

```
int send(SOCKET s, const char FAR *buf, int len, int flags);
```

其中，参数 s 是建立连接的套接字；参数 buf 是字符缓冲区，表示即将发送的数据；

参数 len 为即将发送的数据的长度；而参数 flags 的取值可为 0、MSG_DONTROUTE 和 MSG_OOB，这里，MSG_DONTROUTE 表示传输层不要将它发出的包路由出去，而 MSG_OOB 表示数据应该是带外数据。

在 Winsock 2 中提供了 WSASend()函数，来实现数据的发送功能，其函数原型为：

```
int WSASend(SOCKET s, LPWSABUF lpBuffers,
        DWORD dwBufferCount,
        LPDWORD lpNumberOfBytesSent,
        DWORD dwFlags,
        LPWSAOVERLAPPED lpOverlapped,
        LPWSAOVERLAPPED_COMPLETION_ROUTE lpCompletionROUTINE);
```

其中，参数 s 是建立连接的套接字；lpBuffers 指向一个或者多个 WSABUF 结构的指针；dwBufferCount 表示准备传递的 WSABUF 结构数；dwFlags 与 send()函数中的 flags 作用一样；最后两个参数用于重叠 I/O。

② recv()和 WSARecv()

在已经连接的套接字上接收数据，可用 recv()函数来实现，其函数原型为：

```
int recv(SOCKET S, char FAR *buf, int len, int flags);
```

其中，参数 s 是准备接收数据的那个套接字；buf 指向接收数据的缓冲去，len 即为缓冲区 buf 的长度；flags 的取值可为 0、MSG_PEEK 和 MSG_OOB，MSG_PEEK 会使数据复制到所提供的接收端缓冲内，但没有从系统缓冲中删除，MSG_OOB 和 send()中的取值一样，仍表示带外数据。

在 Winsock 2 中，定义了 WSARecv()函数来实现接收数据的功能，其函数原型为：

```
int WSARecv(SOCKET s, LPWSABUF lpBuffers,
              DWORD dwBufferCount,
              LPDWORD lpNumberOfBytesRecvd,
              DWORD dwFlags,
              LPWSAOVERLAPPED lpOverlapped,
              LPWSAOVERLAPPED_COMPLETION_ROUTE lpCompletionROUTINE);
```

该函数中，各个参数与 WSASend()函数中的参数意义相同，但是 dwFlags 多了一个取值，即 MSG_PARTIAL，指示接收操作应该在一收到数据就结束，即使它收到的只是整条消息的一部分。

(4) 中断连接

在完成任务之后，应该关闭所有连接，以释放占用的资源。要断开连接，一般是通过 shutdown()和 closesocket()函数来实现，先用 shutdown()函数中断连接，然后通过 closesocket()来关闭套接字，这样就不会导致数据的丢失。

① shutdown()

shutdown()函数主要是告知对方不再发送数据，其原型为：

```
int shutdown(SOCKET s, int how);
```

其中，参数 s 表示需要中断的套接字，how 的可取值有 SD_RECEIVE、SD_SEND 和 SD_BOTH，分别表示不再调用接收函数接收数据、不再调用发送函数发送数据和取消两端的收发操作。

② closesocket()

closesocket()函数用于关闭套接字，其函数原型为：

```
int closesocket(SOCKET s);
```

其中，s 为需要关闭的套接字，这样就可以安全地关闭套接字而又不会丢失数据了。

上面介绍的服务器端套接字创建、绑定、侦听、数据收发和客户端的套接字创建、连接、数据收发，以及各个步骤的时序关系，可用图 2.7 来描述。

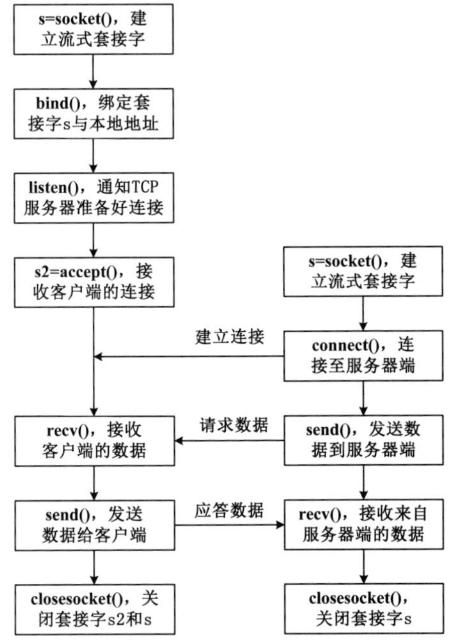

图 2.7 流式套接字系统的调用时序

5. 无连接编程模型

对于无连接的编程，其实现过程较面向连接的过程简单得多，它仅有套接字的创建、绑定以及数据收发过程，没有诸如侦听等过程。

(1) 接收端

对于接收端，即常说的服务端，它的实现过程是首先利用 socket()或 WSASocket()函数创建套接字，然后将该套接字绑定在指定的 IP 地址上，最后进行数据的接收。接收数据使用函数 recvfrom()，该函数的原型为：

```
int recvfrom(SOCKET s, char FAR *buf, int len, int flags,
             struct sockaddr FAR *from,
             int FAR *fromlen);
```

其前 4 个参数与 recv()函数中的参数一样。这里的 from 参数是一个 sockaddr 结构，fromlen 是一个指向地址结构的长度的指针。当这个函数返回时，sockaddr 结构内便填入了数据发送端的地址。

在 Winsock 2 中，接收函数是 WSARecvFrom()，其函数原型为：

```
int WSARecvFrom(SOCKET s, LPWSABUF lpBuffers,
                DWORD dwBufferCount,
                LPDWORD lpNumberOfBytesRecvd,
                LPDWORD lpFlags,
                struct sockaddr FAR *lpFrom,
                LPINT lpFromlen,
                LPWSAOVERLAPPED lpOverlapped,
                LPWSAOVERLAPPED_COMPLETION_ROUTE lpCompletionROUTINE);
```

各参数的意义与 WSARecv()函数中的一样，但是，WSARecvFrom()函数中多了 lpFrom 和 lpFromlen 两个参数。当该函数返回时，它就会把 lpFrom 设为数据发送端的地址，lpFromLen 表示 sockaddr 结构的长度。

(2) 发送端

在发送端的操作与接收端的操作类似，也是先创建套接字，然后绑定，最后发送数据。在一个无连接的套接字上发送数据时，可调用函数 sendto()，该函数的原型为：

```
int sendto(SOCKET s, const char FAR *buf, int len, int flags,
           const struct sockaddr FAR *to,
           int tolen);
```

其中，buf 指向发送数据的缓冲区，len 表明发送数据的大小，to 指向 sockaddr 结构，带有接收数据的主机的目标地址，tolen 表示地址的长度。

在 Winsock 2 中，用函数 WSASendto()用来发送数据，其函数原型为：

```
int WSASendTo(SOCKET s,
              LPWSABUF lpBuffers,
              DWORD dwBufferCount,
              LPDWORD lpNumberOfBytesSent,
              DWORD dwFlags,
              struct sockaddr FAR *lpTo,
              int iToLen,
              LPWSAOVERLAPPED lpOverlapped,
              LPWSAOVERLAPPED_COMPLETION_ROUTE lpCompletionROUTINE);
```

该函数中，各个参数的意义与 WSARecvFrom()函数中的一样，只是这里的 lpTo 表示接收端的地址。

(3) 释放套接字资源

由于无连接协议没有连接，所以，在此仅用 closesocket()函数关闭套接字即可，其关闭方法与面向连接编程中的关闭方法相同。

接收端和数据发送端的套接字创建、绑定以及数据收发的时序可用图 2.8 来表示。

6. 错误的检测和控制

Winsock 调用最常见的错误是 SOCKET_ERROR，但是，我们有时需要获取更详细的错误信息，Winsock 为我们提供了一个实现该功能的函数。

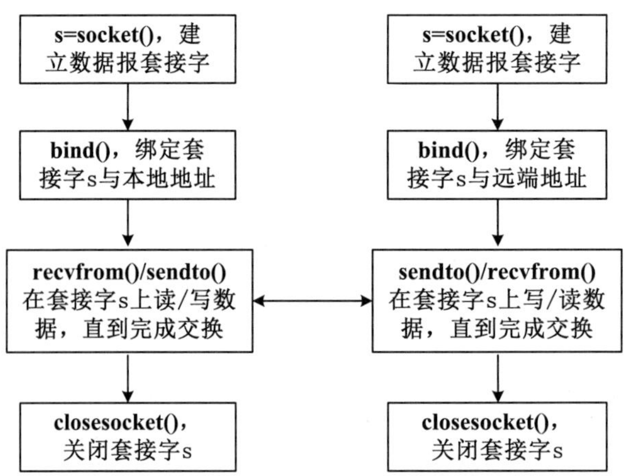

图 2.8　数据报套接字系统调用时序图

如果调用一个 Winsock 函数时，错误情况发生了，可以调用 WSAGetLastError 函数来获取一段信息，这段信息将明确表示发生的情况。该函数的定义如下：

```
int WSAGetLastError(void);
```

发生错误后调用这个函数，就会返回所发生的特定错误的完整描述。

2.3.3　套接字选项

套接字一旦建立，就可以通过套接字选项来设置其各种属性了，以便实现对套接字行为的影响。我们也可以通过调用获取套接字选项的函数，来查看其属性。

1. 套接字选项的获取与设置

(1)　套接字选项的获取

为了获得套接字选项，我们可以调用函数 getsockopt，该函数的原型为：

```
int getsocketopt(SOCKET s, int level, int optname,
                 char FAR *optval, int FAR *optlen);
```

各个参数的意义如下：

- 参数 s 指定一个套接字，意思是我们将获取该套接字的属性。
- level 参数表示选项级别，选项级别比较多，SOL_SOCKET 表示一个通用的选项，不一定要与一种特定的协议一起使用。也有与特定协议一起使用的，如 IPPROTO_IP 选项级，我们将在接下来的部分简要介绍这两个选项级别。
- 参数 optname 表示选项的名字，如 SOL_SOCKET 选项级别下的 SO_BROADCAST 选项名字、IPPROTO_IP 选项级下的 IP_MULTICAST_TTL 选项名字等。对于每一个特定的协议来说，它们都有自己的头文件，定义了与之对应的特定选项。
- optval 和 optlen 参数是两个变量，用于返回目标选项的值。

(2)　套接字选项的设置

为了在一个套接字级别或由协议决定的级别上设置套接字选项，可以调用 setsockopt 函数，该函数的原型为：

```
int setsocketopt(SOCKET s, int level, int optname,
                 char FAR *optval, int FAR *optlen);
```

其中，各个参数的意义与 getsocketopt 函数中的意义一样。

2. SOL_SOCKET 选项级

套接字选项的级别很多，例如有 SOL_SOCKET、SOL_APPLETALK、SOL_IPLMP、IPPROTO_IP、IPPROTO_TCP 和 NSPROTO_IPX，分别实现不同的功能。在此，我们就本书中涉及的 SOL_SOCKET 和 IPPROTO_IP 选项级别中的部分选项做一介绍。

(1) SO_BROADCAST

SO_BROADCAST 选项用于将套接字设置成可收发广播数据。如果指定的套接字已经配置成收发广播数据，对这个套接字选项进行查询时，就会返回 TRUE。对于非 SOCK_STREAM 类型的所有套接字来说，这个选项都是有效的。

关于该选项的设置，我们举例来说明：

```
SOCKET s;
BOOL BroadcastFlag = TRUE;
s = WSASocket(AF_INET, SOCK_DAGRAM, 0, NULL, 0, WSA_FLAG_OVERLAPPED);
setsockopt(
  s, SOL_SOCKET, SO_BROADCAST, (char*)&BroadcastFlag, sizeof(BOOL));
```

本段代码先创建了一个数据报套接字，然后设置该套接字选项为广播类型的，这样，该套接字就具有发送广播消息的能力了。通常地，只有在发送广播数据报时，才需要设置 SO_BROADCAST 选项。要想接收一个广播数据报，只需要在那个指定的端口上，对进入的数据报进行监听即可。

(2) SO_REUSEADDR

默认情况下，套接字不与一个正在使用的本地地址绑定到一起。但少数情况下，仍有必要以这种方式来实现对一个地址的重复使用，SO_REUSEADDR 选项正可实现该功能。

如果将该选项值设置为 TRUE，套接字就可与一个正由其他套接字使用的地址绑定到一起，或与处于 TIME_WAIT 状态的地址绑定到一起。在 TCP 的环境下，假如服务器关闭，或异常退出，造成本地地址和端口均进入 TIME_WAIT 状态，该状态下，其他任何套接字都不能与那个端口绑定到一起，但是，若设置了 SO_REUSEADDR 选项，服务器便可在重启之后，在相同的本地接口及端口上进行监听。

SO_REUSEADDR 选项的设置方式与 SO_BROADCAST 的设置方式一样，在此就不赘述了。

3. IPPROTO_IP 选项级

IPPROTO_IP 这一级的套接字选项与 IP 协议存在密切的关系，如可以通过它们设置 IP 报头的 TTL 时间、设置套接字为 IP 多播接口等。本书中主要是涉及了 IPPROTO_IP 选项级中的多播设置，因此，我们仅在此介绍一下 IP 多播中三个专用的套接字选项，即 IP_MULTICAST_TTL、IP_MULTICAST_IF 和 IP_MULTICAST_LOOP。

(1) IP_MULTICAST_IF

IP_MULTICAST_IF 选项用于设置一个本地接口，本地机器以后发出的任何多播数据都会经由它传送出去。

对于这个选项，参数 optval 指定的是一个本地接口地址，它是一个无符号的长整型数值，多播数据以后便会从这个接口发出(对应于本地接口的二进制 IP 地址)。

我们以下面的例子来说明 IP_MULTICAST_IF 选项的设置：

```
DWORD LocalInterface = inet_addr("129.115.26.220");
setsockopt(s, IPPROTO_IP, IP_MULTICAST_IF,
           (char*) &LocalInterface,
           sizeof(DWORD));
```

通过这样的设置，就可以将通过套接字 s 发出的任何数据分配到这个指定的 IP 地址上发出了。

(2) IP_MULTICAST_TTL

IP_MULTICAST_TTL 选项用于设置多播数据的 TTL(生存时间)值。TTL 的默认值是 1，即多播数据不允许传到本地网络之外，在第一个路由器后就被丢弃。如果想重新设置 TTL 值，就可以通过该选项来进行。该选项中，optval 是一个整型的数值，用于指定新的 TTL 值。

以下举例说明 IP_MULTICAST_TTL 的设置：

```
int optval = 5;
setsockopt(
  s, IPPROTO_IP, IP_MULTICAST_TTL, (char*)&optval, sizeof(int));
```

通过这样设置后，该套接字发出的多播数据就可以达到 5 跳的生存时间。

(3) IP_MULTICAST_LOOP

IP_MULTICAST_LOOP 选项决定了应用程序是否能接收到自己发出的多播数据。通常情况下，在我们发送多播数据的时候，假如套接字也属于那个多播组，则其发送的数据将会原封不动地返回至发送者的套接字。

IP_MULTICAST_LOOP 选项可以实现禁止将数据返还给本地接口。若将该选项设置为 FALSE，则发出的任何数据都不会返还到发送方的套接字数据队列中。

下面的例子实现了该选项的设置：

```
int optval = 0;
setsockopt(
  s, IPPROTO_IP, IP_MULTICAST_LOOP, (char*)&optval, sizeof(int));
```

2.3.4 名字解析

在网络编程中，经常会用到的是主机的 IP 地址，用一个 IP 地址来表示一台主机，但是，从用户角度而言，IP 地址是不容易记的，人们更愿意利用一个易记的、友好的主机名而不是 IP 地址。Winsock 提供了这样的函数，来映射 IP 地址及其对应主机信息。常用的函数有 gethostbyname、gethostbyaddr 和 getservbyname。

1. gethostbyname()

gethostbyname 函数从主机数据库中取回与指定主机名对应的主机信息，该函数返回一个 hostent 指针，该指针的数据结构如下：

```
struct hostent
{
    char FAR *h_name;
    char FAR* FAR *h_aliases;
    short h_addrtype;
    short h_length;
    char FAR* FAR *h_addr_list;
};
```

其中，各个字段的含义如下。

- h_name：主机的正式名字。如果网络采用了域名服务系统，则它就是一个全限定域名(FQDN)；如果网络使用一个本地的“多主机”文件，则返还的名字就是 IP 地址后的第一个条目。
- h_aliases：指向别名链表的指针，该指针的末尾标记为 NULL。
- h_addrtype：表示返回的地址族类型。
- h_length：表示 h_addr_list 中每个地址的长度。对于当前的 TCP/IP 协议版本(IPv4)，h_length 值为 4，表明 IP 地址的长度是 4 字节；而对于 IPv6，则 h_length 值为 16，表明 IP 地址的长度是 16 个字节。
- h_addr_list：表示返回地址列表，列表中的每个地址都是按网络字节顺序返回的。一般情况下，应用程序都采用该列表中的第一个地址。

gethostbyname 函数的定义如下：

```
struct hostent FAR* gethostbyname(const char FAR *name);
```

其中，name 表示要准备查找的那个主机的名字。如果该函数调用成功，则返回一个指向 hostent 结构的指针。

2. gethostbyaddr()

gethostbyaddr 函数也是获取主机信息，它是为获得与 IP 网络地址相应的主机信息而设计的，gethostbyaddr 函数的定义如下：

```
struct hostent FAR* gethostbyaddr(
  const char FAR *addr, int len, int type);
```

该函数也返回一个指向 hostent 结构的指针。参数 addr 是一个指向 IP 地址的指针，按网络字节顺序排列，参数 len 用于指定 addr 参数的字节长度，type 参数将指定 AF_INET 值，这个值表明指定类型是 IP 地址。

3. getservbyname()

我们知道，在进行诸如 TCP/UDP 的应用通信时，不仅要知道对方的 IP 地址，更要知道对方的端口号。

我们可以通过 getservbyname 函数来获得已知服务的端口号。

getservbyname 函数的定义如下：

```
struct servent FAR* getservbyname(
  const char FAR *name, const char FAR *proto);
```

其中，参数 name 表示准备查找的服务名，如“ftp”；proto 参数随便指向一个字符串，这个字符串表明 name 中的服务是在这个参数中的协议下面注册的。

2.4 中 断 知 识

本节将对 BIOS 中断和 DOS 中断中的中断类型和两个常用的中断函数做简单的介绍，并对鼠标中断中的出入口参数进行总结。

2.4.1 中断类型与中断函数

1. 中断类型

(1) BIOS 中断

在存储系统中，从地址 0FE000H 开始的 8KB ROM 中装有 BIOS(Basic Input/Output System)例程。

驻留在 ROM 中的 BIOS 提供了系统加电自检、引导装入、主要 I/O 设备的处理程序以及接口控制等功能模块，来处理所有的系统中断。

表 2.11 列出了 BIOS 中断类型及其对应的数值。

表 2.11　BIOS 中断类型

数　值	中断类型	数　值	中断类型
10	显示器	16	键盘
11	设备检验	17	打印机
12	内存大小	18	驻留 BASIC
13	磁盘	19	引导
14	通信	1A	时钟
15	I/O 系统扩充	40	软盘

BIOS 的类型 10H 是显示器中断，本书中涉及了部分显示器中断，如屏幕的设置、字符的输入输出、光标位置的获取和设置等。

表 2.12 列出了部分类型为 10H 的显示操作。

(2) DOS 中断

DOS(Disk Operating System)是 IBM PC 机的磁盘操作系统，它是由软盘或硬盘提供的。它有两个 DOS 模块，即 IBMBIO.COM 和 IBMDOS.COM，这两个模块使得 BIOS 的使用更方便，并且，DOS 对硬件的依赖性更少些。

表 2.12　BIOS 中断类型为 10H 的显示操作

AH	功　能	调用参数	返回参数
0	设置显示方式	AL=00　40×25 黑白方式	
		AL=01　40×25 彩色方式	
		AL=02　80×25 黑白方式	
		AL=03　80×25 彩色方式	
		AL=04　320×200 彩色图形方式	
		AL=05　320×200 黑白图形方式	
		AL=06　320×200 黑白图形方式	
		AL=07　80×25 单色文本方式	
		AL=08　160×200　16 色图形(PCjr)	
		AL=09　320×200　16 色图形(PCjr)	
		AL=0A　640×200　16 色图形(PCjr)	
		AL=0B　保留(EGA)	
		AL=0C　保留(EGA)	
		AL=0D　320×200 彩色图形(EGA)	
		AL=0E　640×200 彩色图形(EGA)	
		AL=0F　640×350 黑白图形(EGA)	
		AL=10　640×350 彩色图形(EGA)	
		AL=11　640×480 单色图形(EGA)	
		AL=12　640×480　16 色图形(EGA)	
		AL=13　320×200　256 色图形(EGA)	
		AL=40　80×30 彩色文本(CGE400)	
		AL=41　80×50 彩色文本(CGE400)	
		AL=42　640×400 彩色图形(CGE400)	
1	置光标类型	$(CH)_{0\text{-}3}$= 光标起始行	
		$(CL)_{0\text{-}3}$= 光标结束行	
2	置光标位置	BH=页号，DH＝行，DL=列	
3	读光标位置	BH=页号	CH=光标开始行
			CL=光标结束行
			DH=行
			DL=列
6	屏幕初始化或上卷	AL=上卷行数	
		AL=0 整个屏幕为空白	
		BH=卷入行属性	
		CH=左上角行号	
		CL=左上角列号	

续表

AH	功　能	调用参数	返回参数
6	屏幕初始化或上卷	DH=右下角行号	
		DL=右下角列号	
7	屏幕初始化或下卷	AL=下卷行数	
		AL=0 整个屏幕为空白	
		BH=卷入行属性	
		CH=左上角行号	
		CL=左上角列号	
		DH=右下角行号	
		DL=右下角列号	
9	在光标位置显示字符及属性	BH=显示页	
		AL=字符	
		CX=字符重复次数	
A	在光标位置显示字符	BH=显示页	
		AL=字符	
		CX=字符重复次数	

表 2.13 列出了 DOS 的中断类型和其对应的数值。

表 2.13　DOS 中断类型

数　值	中断类型	数　值	中断类型
20	程序结束	26	绝对盘写入
21	功能调用	27	结束并留在内存
22	结束地址	28~2E	保留给 DOS
23	CtrlBreak 出口地址	2F	打印机
24	严重错处理	30~3F	保留给 DOS
25	绝对盘读取		

在一些情况下，既能选择 DOS 中断，也能选择 BIOS 中断，来执行同样的功能。例如，打印机输出一个字符的功能，可用 DOS 中断 21H 的功能 5，也可用 BIOS 中断 17H 的功能 0。因为 BIOS 比 DOS 更靠近硬件，因此，建议尽可能地使用 DOS 功能。

2. 中断函数

(1) getinterrupt()

getinterrupt()函数用于产生一个软中断，其原型为：

```
void getinterrupt(int inter_num);
```

其中，参数 inter_num 表示已定义的一个软中断号。该函数在调用之前，需要设定寄存器值，设定方式是通过伪寄存器来实现的，如对_AH、_AL 等的设定。

(2) int86()

另一个产生软中断的函数是 int86()，其原型为：

```
int int86(int inter_num, union REGS *inregs, union REGS *outregs);
```

其中，参数 inter_num 表示中断号，相当于 int n 调用的中断类型号 n；参数 inregs 是一个指向共用体类型 REGS 的指针，用于接收调用所需要的入口参数；参数 outregs 的类型与 inregs 是一样的，用于保存函数调用后的出口参数。

共用体类型 REGS 中包括两个类型，即 struct WORDREGS 和 struct BYTEREGS，它们的结构如下所示：

```
union REGS
{
    struct WORDREGS  x;
    struct BYTEREGS  h;
}
struct WORDREGS
{
    unsigned int ax, bx, cx, dx, si, di, cflag, flags;
};
struct BYTEREGS
{
    unsigned char al, ah, bl, bh, cl, ch, dl, dh;
};
```

在对联合 REGS 入口参数进行设置时，需要先指明是 WORDREGS 还是 BYTEREGS 类型，然后才对该类型下的寄存器进行设置。

同样，在读取出口参数时，也要先判断是 WORDREGS 还是 BYTEREGS 类型，然后再对该类型下相应的寄存器进行读取。

2.4.2 鼠标编程

鼠标编程是中断的一个实现，鼠标中断类型是 33H，在编程实现时，需要包含头文件 dos.h。本书中涉及的鼠标中断是调用前面讲述的 int86()函数来实现的。这里将对鼠标中断在 int86()函数里的常用入口参数和出口参数做出总结。

1. 功能 00H

功能描述：初始化鼠标。

入口参数：AX=00H。

出口参数：AX 为 0000H 表示不支持鼠标功能，AX 为 FFFFH 表示支持鼠标功能；BX 表示鼠标按钮个数。

2. 功能 01H

功能描述：显示鼠标指针。

入口参数：AX=01H。

出口参数：无。

3. 功能 02H

功能描述：隐藏鼠标指针。

入口参数：AX=02H。

出口参数：无。

4. 功能 03H

功能描述：读取鼠标位置及其按钮状态。

入口参数：AX=03H。

出口参数：BX=按键状态；CX=水平位置；DX=垂直位置。

BX 的低三位为 1 时表示的意义：

- bit 0 为 1 表示按下左键。
- bit 1 为 1 表示按下右键。
- bit 2 为 1 表示按下中键。

5. 功能 04H

功能描述：设置鼠标指针的位置。

入口参数：AX=04H；CX=水平位置；DX=垂直位置。

出口参数：无。

6. 功能 05H

功能描述：读取鼠标按下信息。

入口参数：AX=05H；BX=指定的按键(0 表示左键，1 表示右键，2 表示中键)。

出口参数：AX=按键状态(参见功能 03H 中 BX 的说明)；BX=按下的次数；CX=最后一次按下鼠标时的水平位置；DX=最后一次按下鼠标时的垂直位置。

7. 功能 06H

功能描述：读取鼠标按钮释放信息。

入口参数：AX=06H；BX=指定的按键(0 表示左键，1 表示右键，2 表示中键)。

出口参数：AX=按键状态(参见功能 03H 中 BX 的说明)；BX=释放的次数；CX=最后一次释放鼠标时的水平位置；DX=最后一次释放鼠标时的垂直位置。

8. 功能 07H

功能描述：设置鼠标水平坐标范围。

入口参数：AX=07H；CX=最小水平位置；DX=最大水平位置。

出口参数：无。

9. 功能 08H

功能描述：设置鼠标垂直坐标范围。

入口参数：AX=08H；CX=最小垂直位置；DX=最大垂直位置。

出口参数：无。

为了能更好地说明鼠标中断的使用，我们以下面的例子来说明：

```
union REGS inregs, outregs;
int x, y;
inregs.x.ax = 4;
inregs.x.cx = x;
inregs.x.dx = y;
int86(0x33, &inregs, &outregs);
```

这段代码实现的是设置鼠标的位置。代码中，首先定义了两个 union REGS 类型的变量 inregs 和 outregs，分别用于保存中断所需要的入口和出口参数，整型变量 x、y 分别表示需要设置的鼠标位置的横坐标和纵坐标。inregs.x.ax=4 表示需要进行的鼠标位置的设置，inregs.x.cx=x; inregs.x.dx=y;分别设置鼠标的横坐标和纵坐标，最后调用函数 int86()产生中断。这个函数中没有出口参数，因此，我们不用管 outregs 中是否有值。

2.5　小　　结

本章对本书中所涉及的基础知识做了简单的归纳，目的是让读者在后面章节中遇到这些方面的知识时不会感到陌生。

本章主要包括图形知识、文件操作知识、Windows 网络编程知识以及中断知识，本章只是对这些知识做了归纳，以及对涉及的函数的参数和使用方法做了介绍，读者如果需要进一步深入地了解，可以参考相关方面的书籍。

第二篇

游戏编程

在互联网高度发展的今天，游戏已经变成了一种时尚。C 语言作为一门高级语言，它功能强大、使用方便、灵活，完全可以用作一种游戏开发工具。

在本篇中，我们将介绍俄罗斯方块游戏、推箱子游戏、五子棋游戏这三个游戏程序的设计和实现，帮助读者理解游戏开发的思想和原理、熟悉 C 语言图形模式下的编程。

第 3 章　俄罗斯方块游戏

俄罗斯方块是一款风靡全球的掌上游戏机和 PC 机游戏，它当初造成的轰动和创造的经济价值可以说是游戏史上的一件大事。

这款游戏最初是由前苏联的游戏制作人 Alex Pajitnov 制作的，它看似简单，但却变化无穷。相信大多数用户都还记得为它痴迷得茶不思饭不想的那个玩俄罗斯方块时代。因此，现在的你，使用一款自己亲手编写的俄罗斯方块游戏，感觉又会如何呢？

本章介绍俄罗斯方块游戏的设计思路及其编码实现。重点介绍各功能模块的设计原理和数据结构的实现。旨在引导读者熟悉 C 语言图形模式下的编程，了解系统的时间中断及数据结构等知识。

许多问题往往都不止一种解决方法，本游戏的开发也是如此。有兴趣的读者可以对此程序进行优化和功能完善，或者使用不同方法来实现某些功能，实现学以致用的目的。

3.1　设 计 目 的

本程序旨在训练读者的基本编程能力和游戏开发的技巧，熟悉 C 语言图形模式下的编程。本程序中涉及到结构体、数组、时钟中断、绘图等方面的知识。通过本程序的训练，将使读者能对 C 语言有一个更深刻的了解，掌握俄罗斯方块游戏开发的基本原理，为开发出高质量的游戏软件打下坚实的基础。

3.2　功 能 描 述

如图 3.1 所示，本游戏主要实现以下几种功能。

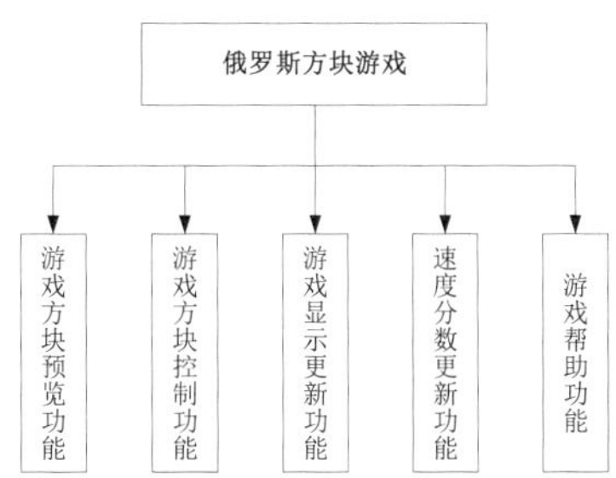

图 3.1　俄罗斯方块游戏的功能描述

(1)　游戏方块预览功能。在游戏过程中，当在游戏底板中出现一个游戏方块时，必须在游戏预览区出现下一个游戏方块，这样有利于游戏玩家控制游戏的策略。由于在此游戏中存在 19 种不同的游戏方块，所以，游戏方块预览区域中需要显示随机生成的游戏方块。

(2)　游戏方块控制功能。通过各种条件的判断，实现对游戏方块的左移、右移、快速下移、自由下落、旋转功能，以及行满消除行的功能。

(3) 游戏显示更新功能。当游戏方块左右移动、下落、旋转时，要清除先前的游戏方块，用新坐标重绘游戏方块。当消除满行时，要重绘游戏底板的当前状态。

(4) 游戏速度分数更新功能。在游戏玩家进行游戏的过程中，需要按照一定的游戏规则给游戏玩家计算游戏分数。比如，消除一行加 10 分。当游戏分数达到一定数量之后，需要给游戏者进行等级的提升，每提升一个等级，游戏方块的下落速度就将加快，游戏的难度也会增加。

(5) 游戏帮助功能。玩家进入游戏后，将有对本游戏如何操作的友情提示。

3.3 总 体 设 计

3.3.1 功能模块设计

1. 游戏执行主流程

本俄罗斯方块游戏执行主流程如图 3.2 所示。

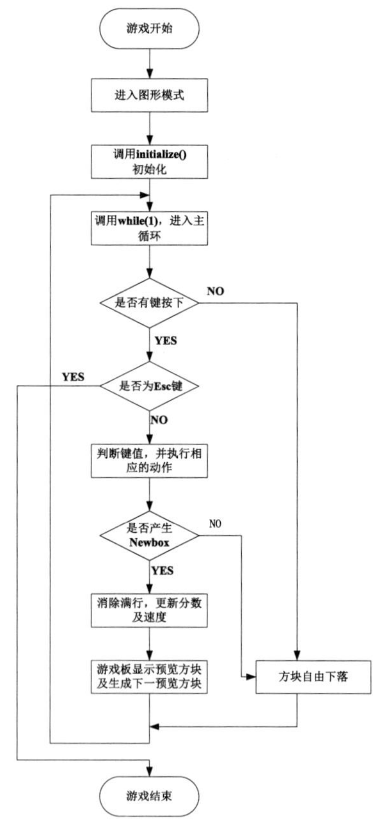

图 3.2 游戏执行主流程

在判断键值时，有左移 VK_LEFT、右移 VK_RIGHT、下移 VK_DOWN、变形旋转 VK_UP、退出 VK_ESC 键值的判断。按 Esc 键则退出。

若为 VK_LEFT，则先调用 MoveAble()函数，判断能否左移，若可以左移，则调用 EraseBox()函数，清除当前游戏方块，接着调用 show_box()函数，在左移的位置处，显示当前的游戏方块。右移动作与此相似。但在执行下移判断中，若不能再移，必须将 flag_newbox 标志置 1。若为 VK_UP，则执行旋转动作。对旋转动作能否执行，要满足的条件较多，否则不执行此次旋转。具体功能模块的设计将在下面介绍。

2. 游戏方块预览

新游戏方块将通过如图 3.3 所示的 4×4 的正方形小方块来预览。使用随机函数 rand()来产生 1~19 之间的游戏方块编号，并作为预览的方块的编号。其中的正方形小方块的大小为 BSIZE×BSIZE。BSIZE 为设定的像素个数。

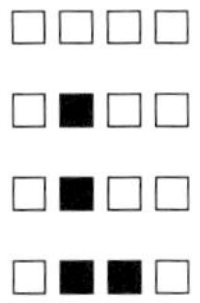

□□□□
□■□□
□■□□
□■■□

图 3.3　游戏方块预览

3. 游戏方块控制

这是此游戏开发的重点和难点部分。下面分别介绍左移、右移、下移、旋转及满行判断的实现。

(1) 左移的实现过程如下。

① 判断在当前的游戏底板中能否左移。这一判断必须满足如下两个条件：游戏方块整体左移一位后，游戏方块不能超越游戏底板的左边线，并且在游戏方块有值(值为 1)的位置，游戏底板必须是没有被占用的(占用时，值为 1)。若满足这两个条件，则执行下面的左移动作。否则左移不执行。

② 清除左移前的游戏方块。

③ 在左移一位的位置，重新显示此游戏方块。具体如何清除和显示游戏方块，将在后面介绍。

(2) 右移的实现过程如下。

① 判断在当前的游戏底板中能否右移。这一判断必须满足如下两个条件：游戏方块整体右移一位后，游戏方块不能超越游戏底板的右边线，否则越界。并且在游戏方块有值(值为 1)的位置，游戏底板必须是没有被占用的(占用时，值为 1)。若满足这两个条件，则执行下面的右移动作。否则右移不执行。

② 清除右移前的游戏方块。

③ 在右移一位的位置，重新显示此游戏方块。

(3) 下移的实现过程如下。

① 判断在当前的游戏底板中能否下移。这一判断必须满足如下两个条件：游戏方块整体下移一位后，游戏方块不能超越游戏底板的底边线，否则越界。并且，在游戏方块有值(值为 1)的位置，游戏底板必须是没有被占用的(占用时，值为 1)。若满足这两个条件，则执行下面的下移动作。否则，将 flag_newbox 标志置 1，主循环中会判断此标志，若为 1，则会生成下一个游戏方块，并更新预览游戏方块。

② 清除下移前的游戏方块。

③ 在下移一位的位置，重新显示此游戏方块。

(4) 旋转的实现过程如下。

① 判断在当前的游戏底板中能否旋转。这一判断必须满足如下条件：游戏方块整体旋转后，游戏方块不能超越游戏底板的左边线、右边线和底边线，否则越界。并且在游戏方块有值(值为 1)的位置，游戏底板必须是没有被占用的(占用时，值为 1)。若满足这些条件，则执行下面的旋转动作。否则，不执行旋转动作。

② 清除旋转前的游戏方块。

③ 在游戏方块显示区域(4×4)不变的位置，利用保存当前游戏方块的数据结构中的 next 值作为旋转后形成的新游戏方块的编号，并重新显示这个编号的游戏方块。

在生成新的游戏方块前，执行行满的检查，判断行满的过程为：依次从下到上扫描游戏底板中的各行，若某行中 1 的个数等于游戏底板中水平方向上的小方块的个数。则表示此行是满的。找到满行后，立即将游戏底板中的数据往下顺移一行。直到游戏底板逐行扫描完毕。

4. 游戏显示更新

当游戏方块左右移动、下落、旋转时，要清除先前的游戏方块，用新坐标重绘游戏方块。在消除满行时，要重绘游戏底板的当前状态。

其中，清除游戏方块的过程为：用先画轮廓再填充的方式，使用背景色填充小方块，然后使用前景色画一个游戏底板中的小方块。循环此过程，变化当前坐标，填充及画出共 16 个这样的小方块。这样就在游戏底板中清除了此游戏方块。

显示方块的过程与此类似。

5. 游戏速度分数更新

当判断出一行满时，score 变量加一固定值(如 10)，可以把等级 level 看作是速度 speed，因为速度 speed 是根据计分 score 值不断上升的，所以我们定义 level=speed= score/speed_step，其中，speed_step 是每升一级所需要的分数。

方块下落速度加快，这是不断修改了定时计数器变量 TimerCounter 的判断条件的结果。速度越快，时间中断的间隔就越短。

提 示： 系统时钟中断大约每秒钟发生 18.2 次。截获正常的时钟中断后，在处理完成正常的时钟中断后，将一个计时变量加 1。这样，每秒钟计时变量约增加 18。需要控制时间的时候，只需要判断计时变量就行了。

6. 游戏帮助

实现比较简单，使用 outtextxy()函数来实现。

3.3.2 数据结构设计

1. 游戏底板 BOARD 结构体

BOARD 结构体表示游戏底板中每个小方块所具有的属性。具体定义如下：

```
struct BOARD
{
   int var;
```

```
    int color;
} Table_board[Vertical_boxs][Horizontal_boxs];
```

其中，var 表示小方块当前状态，只有 0 和 1 两个值，1 表示此小方块已被占用，0 表示未被占用。color 表示小方块的颜色，游戏底板的每个小方块可以拥有不同的颜色，增强美观性。Vertical_boxs 为游戏底板上垂直方向上小方块的个数，Horizontal_boxs 为游戏底板上水平方向上小方块的个数。

2. 游戏方块 SHAPE 结构体

SHAPE 结构体表示某个游戏方块具有的属性。具体定义如下：

```
struct SHAPE
{
    char box[2];
    int color;                  /*每个方块的颜色*/
    int next;                   /*下个方块的编号*/
};
```

其中，char box[2]表示用两个字节来表示这个游戏方块的形状。每 4 位来表示一个游戏方块的一行。color 表示每个游戏方块的颜色，颜色可设为 BLACK、BLUE、GREEN、CYAN、RE、MAGENTA、BROWN、LIGHTGRAY、DARKGRAY、LIGHTBLUE、LIGHTGREEN、LIGHTCYAN、LIGHTRED、LIGHTMAGENTA、YELLOW、WHITE。

next 表示下个游戏方块的编号。在旋转时，需要用到此编号。

如 box[0]="0x88", box[1]="0xc0"，其中 0x88 和 0xc0 为十六进制表示形式，具体表示的含义如图 3.4 所示。

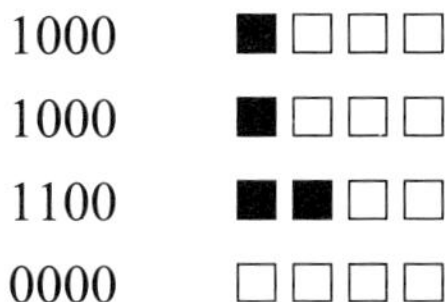

图 3.4　SHAPE 结构示意图

3. SHAPE 结构数组

SHAPE 结构数组用于初始化游戏方块内容，即定义 MAX_BOX 个 SHAPE 类型的结构数组，并初始化。MAX_BOX 为 19。因为一共有 19 种不同形状的俄罗斯方块。其各值的含义可参照 SHAPE 结构体的定义。SHAPE 结构数组的具体定义如下：

```
struct SHAPE shapes[MAX_BOX] =
{
    /*
    ■□□□ ■■■□ ■■□□ □□□□
    ■□□□ ■□□□ □■□□ □□■□
    ■■□□ □□□□ □■□□ ■■■□
    □□□□ □□□□ □□□□ □□□□
    */
    {0x88,  0xc0,   CYAN,   1},
```

```
{0xe8,  0x0,    CYAN,   2},
{0xc4,  0x40,   CYAN,   3},
{0x2e,  0x0,    CYAN,   0},
/*
□■□□ ■□□□ ■■□□ ■■■□
□■□□ ■■■□ ■□□□ □□■□
■■□□ □□□□ ■□□□ □□□□
□□□□ □□□□ □□□□ □□□□
*/
{0x44,  0xc0,   MAGENTA,  5},
{0x8e,  0x0,    MAGENTA,  6},
{0xc8,  0x80,   MAGENTA,  7},
{0xe2,  0x0,    MAGENTA,  4},

/*
■□□□ □■■□
■■□□ ■■□□
□■□□ □□□□
□□□□ □□□□
*/
{0x8c,  0x40,   YELLOW, 9},
{0x6c,  0x0,    YELLOW, 8},

/*
□■□□ ■■□□
■■□□ □■■□
■□□□ □□□□
□□□□ □□□□
*/
{0x4c,  0x80,   BROWN,  11},
{0xc6,  0x0,    BROWN,  10},
/*
□■□□ ■□□□ ■■■□ □■□□
■■■□ ■■□□ □■□□ ■■□□
□□□□ ■□□□ □□□□ □■□□
□□□□ □□□□ □□□□ □□□□
*/
{0x4e,  0x0,    WHITE,  13},
{0x8c,  0x80,   WHITE,  14},
{0xe4,  0x0,    WHITE,  15},
{0x4c,  0x40,   WHITE,  12},

/*
■□□□ ■■■■
■□□□ □□□□
■□□□ □□□□
■□□□ □□□□
*/

{0x88,  0x88,   RED,    17},
```

```
    {0xf0,  0x0,   RED,   16},
    /*
    ■■□□
    ■■□□
    □□□□
    □□□□
    */
    {0xcc,  0x0,   BLUE,   18}
};
```

3.3.3 函数功能描述

1. newtimer()

函数原型：

```
void interrupt newtimer(void);
```

newtimer()函数用于为新的时钟中断处理函数。

2. SetTimer()

函数原型：

```
void SetTimer(void interrupt(*IntProc)(void));
```

SetTimer()函数用于设置新的时钟中断处理过程。

3. KillTimer()

函数原型：

```
void KillTimer();
```

KillTimer()函数用于恢复原有的时钟中断处理过程。

4. initialize()

函数原型：

```
void initialize(int x, int y, int m, int n);
```

initialize()函数用于初始化界面，即在传入参数 x、y 指明的位置上画 m 行 n 列个小方块。并显示计分、等级、帮助及预览游戏方块等。

5. DelFullRow()

函数原型：

```
int DelFullRow(int y);
```

DelFullRow()函数用于处理删除一满行的情况。y 指明具体哪一行为满。

6. setFullRow()

函数原型：

```
void void setFullRow(int t_boardy)
```

setFullRow()函数用于找到满行，并调用 DelFullRow()来处理满行。t_boardy 为在游戏底板中的垂直方向的坐标值。

7. MkNextBox()

函数原型：

```
int MkNextBox(int box_numb);
```

MkNextBox()函数用于生成下一个游戏方块，并返回方块号。box_numb 表示当前的游戏方块号。

8. EraseBox()

函数原型：

```
void EraseBox(int x, int y, int box_numb);
```

EraseBox()函数用于清除(x，y)位置开始的编号为 box_numb 的游戏方块。

9. void show_box()

函数原型：

```
void show_box(int x, int y, int box_numb, int color);
```

show_box()函数用于显示(x，y)位置开始的编号为 box_numb 的颜色值为 color 的游戏方块。

10. MoveAble()

函数原型：

```
int MoveAble(int x, int y, int box_numb, int direction);
```

MoveAble()函数判断是否可以移动。(x，y)为当前方块位置，box_numb 为方块号，direction 为方向标志，返回 true 或 false。

11. 主函数 main()

主函数 main()是整个游戏的主控部分。其详细说明可参考图 3.2。

3.4 程 序 实 现

3.4.1 源码分析

1. 程序预处理

包括加载头文件、定义结构体、常量和变量，并对它们进行初始化工作：

```
/*加载头文件*/
#include <stdio.h>
```

```
#include <stdlib.h>
#include <dos.h>
#include <graphics.h>  /*图形函数库*/

/*定义按键码*/
#define VK_LEFT  0x4b00
#define VK_RIGHT 0x4d00
#define VK_DOWN  0x5000
#define VK_UP    0x4800
#define VK_ESC   0x011b
#define TIMER 0x1c      /*设置中断号*/

/*定义常量*/
#define MAX_BOX 19
  /*总共有 19 种各形态的游戏方块*/
#define BSIZE 20
  /*游戏方块的边长是 20 个像素*/
#define Sys_x 160
  /*显示游戏方块界面的左上角坐标*/
#define Sys_y 25
  /*显示游戏方块界面的左上角 y 坐标*/
#define Horizontal_boxs 10
  /*水平的方向以小方块为单位的长度*/
#define Vertical_boxs 15
  /*垂直的方向以小方块为单位的长度，也就说，长是 15 个小方块*/
#define Begin_boxs_x Horizontal_boxs/2
  /*产生第一个游戏方块时出现的起始位置*/
#define FgColor 3
  /*前景颜色，如文字。3-green*/
#define BgColor 0
  /*背景颜色。0-black*/
#define LeftWin_x Sys_x+Horizontal_boxs*BSIZE+46
  /*右边状态栏的 x 坐标*/
#define false 0
#define true 1
/*移动的方向*/
#define MoveLeft 1
#define MoveRight 2
#define MoveDown 3
#define MoveRoll 4
/*以后坐标的每个小方块可以看作是像素点是 BSIZE*BSIZE 的正方形*/

/*定义全局变量*/
int current_box_numb;
  /*保存当前游戏方块编号*/
int Curbox_x=Sys_x+Begin_boxs_x*BSIZE, Curbox_y=Sys_y;
  /*x、y 是保存游戏方块当前坐标的*/
int flag_newbox = false;
  /*是否要产生新游戏方块的标记 0*/
int speed = 1;
```

```
  /*下落速度*/
int score = 0;
  /*总分*/
int speed_step=30;
  /*每等级所需要分数*/
void interrupt (*oldtimer)(void);
  /* 指向原来时钟中断处理过程入口的中断处理函数指针 */
/*游戏底板结构，表示每个小方块所具有的属性*/
struct BOARD
{
    int var;
      /*当前状态。只有 0 和 1，1 表示此小方块已被占用*/
    int color;
      /*颜色，游戏底板的每个小方块可以拥有不同的颜色。增强美观*/
} Table_board[Vertical_boxs][Horizontal_boxs];

/*游戏方块结构*/
struct SHAPE
{
    char box[2];             /*一个字节等于 8 位，每 4 位来表示一个游戏方块的一行
                             例如，box[0]="0x88",box[1]="0xc0"表示的是:
                             1000
                             1000
                             1100
                             0000*/
    int color;
      /*每个游戏方块的颜色*/
    int next;
      /*下个游戏方块的编号*/
};

/*初始化游戏方块内容。即定义 MAX_BOX 个 SHAPE 类型的结构数组，并初始化*/
struct SHAPE shapes[MAX_BOX] =
{
    /*
    ■□□□ ■■■□ ■■□□ □□□□
    ■□□□ ■□□□ □■□□ □□■□
    ■■□□ □□□□ □■□□ ■■■□
    □□□□ □□□□ □□□□ □□□□
    */

    {0x88,  0xc0,   CYAN,   1},
    {0xe8,  0x0,    CYAN,   2},
    {0xc4,  0x40,   CYAN,   3},
    {0x2e,  0x0,    CYAN,   0},
    /*
    □■□□ ■□□□ ■■□□ ■■■□
    □■□□ ■■■□ ■□□□ □□■□
    ■■□□ □□□□ ■□□□ □□□□
    □□□□ □□□□ □□□□ □□□□
```

```
*/
{0x44,  0xc0,   MAGENTA,  5},
{0x8e,  0x0,    MAGENTA,  6},
{0xc8,  0x80,   MAGENTA,  7},
{0xe2,  0x0,    MAGENTA,  4},

/*
■□□□ □■■□
■■□□ ■■□□
□■□□ □□□□
□□□□ □□□□
*/
{0x8c,  0x40,   YELLOW, 9},
{0x6c,  0x0,    YELLOW, 8},

/*
□■□□ ■■□□
■■□□ □■■□
■□□□ □□□□
□□□□ □□□□
*/
{0x4c,  0x80,   BROWN,  11},
{0xc6,  0x0,    BROWN,  10},

/*
□■□□ ■□□□ ■■■□ □■□□
■■■□ ■■□□ □■□□ ■■□□
□□□□ ■□□□ □□□□ □■□□
□□□□ □□□□ □□□□ □□□□
*/
{0x4e,  0x0,    WHITE,  13},
{0x8c,  0x80,   WHITE,  14},
{0xe4,  0x0,    WHITE,  15},
{0x4c,  0x40,   WHITE,  12},

/*
■□□□ ■■■■
■□□□ □□□□
■□□□ □□□□
■□□□ □□□□
*/
{0x88,  0x88,   RED,    17},
{0xf0,  0x0,    RED,    16},

/*
■■□□
■■□□
□□□□
□□□□
*/
```

```
    {0xcc,  0x0,   BLUE,   18}

};
unsigned int TimerCounter = 0;
/*定时计数器变量*/
```

2. 主函数 main()

main()函数主要实现了对整个程序的运行控制，及相关功能模块的调用，详细分析可参考图 3.2。main()函数的代码如下：

```
void main()
{
    int GameOver = 0;
    int key, nextbox;
    int Currentaction = 0; /*标记当前动作状态*/
    int gd=VGA, gm=VGAHI, errorcode;
    initgraph(&gd, &gm, "");
    errorcode = graphresult();
    if (errorcode != grOk)
    {
        printf("\nNotice:Graphics error: %s\n", grapherrormsg(errorcode));
        printf("Press any key to quit!");
        getch();
        exit(1);
    }
    setbkcolor(BgColor);
    setcolor(FgColor);
    randomize();
    SetTimer(newtimer);
    initialize(Sys_x, Sys_y, Horizontal_boxs, Vertical_boxs); /*初始化*/
    nextbox = MkNextBox(-1);
    show_box(Curbox_x, Curbox_y,
      current_box_numb, shapes[current_box_numb].color);
    show_box(LeftWin_x, Curbox_y+200, nextbox, shapes[nextbox].color);
    show_help(Sys_x, Curbox_y+320);
    getch();
    while(1)
    {
        Currentaction = 0;
        flag_newbox = false;
        /*检测是否有按键*/
        if (bioskey(1)){ key = bioskey(0); }
        else { key = 0; }
        switch(key)
        {
            case VK_LEFT:
                if(MoveAble(Curbox_x,Curbox_y,current_box_numb,MoveLeft))
                {
                    EraseBox(Curbox_x, Curbox_y, current_box_numb);
                    Curbox_x -= BSIZE;
```

```
            Currentaction = MoveLeft;
        }
        break;
    case VK_RIGHT:
        if(MoveAble(Curbox_x,Curbox_y,current_box_numb,MoveRight))
        {
            EraseBox(Curbox_x, Curbox_y, current_box_numb);
            Curbox_x += BSIZE;
            Currentaction = MoveRight;
        }
        break;
    case VK_DOWN:
        if(MoveAble(Curbox_x,Curbox_y,current_box_numb,MoveDown))
        {
            EraseBox(Curbox_x, Curbox_y, current_box_numb);
            Curbox_y += BSIZE;
            Currentaction = MoveDown;
        }
        else flag_newbox = true;
        break;
    case VK_UP: /*旋转游戏方块*/
        if(MoveAble(Curbox_x,Curbox_y,
          shapes[current_box_numb].next,MoveRoll))
        {
            EraseBox(Curbox_x, Curbox_y, current_box_numb);
            current_box_numb = shapes[current_box_numb].next;
            Currentaction = MoveRoll;
        }
        break;
    case VK_ESC:
        GameOver = 1;
        break;
    default:
        break;
}

if(Currentaction)  /*表示当前有动作，移动或转动*/
{
    show_box(Curbox_x, Curbox_y,
      current_box_numb, shapes[current_box_numb].color);
    Currentaction = 0;
}
/*按了往下键，但不能下移，就产生新游戏方块*/
if(flag_newbox)
{
    /*这时相当于游戏方块到底部了，把其中出现点满一行的清去，置0*/
    ErasePreBox(LeftWin_x, Sys_y+200, nextbox);
    nextbox = MkNextBox(nextbox);
    show_box(LeftWin_x,Curbox_y+200,nextbox,shapes[nextbox].color);
    if(!MoveAble(Curbox_x,Curbox_y,current_box_numb,MoveDown))
```

```
            /*刚一开始，游戏结束*/
            {
                show_box(Curbox_x, Curbox_y,
                  current_box_numb, shapes[current_box_numb].color);
                GameOver = 1;
            }
            else
            {
                flag_newbox = false;
            }
            Currentaction = 0;
        }
        else    /*自由下落*/
        {
            if (Currentaction==MoveDown || TimerCounter>(20-speed*2))
            {
                if(MoveAble(Curbox_x,Curbox_y,current_box_numb,MoveDown))
                {
                    EraseBox(Curbox_x, Curbox_y, current_box_numb);
                    Curbox_y += BSIZE;
                    show_box(Curbox_x, Curbox_y,
                      current_box_numb, shapes[current_box_numb].color);
                }
                TimerCounter = 0;
            }
        }

        if(GameOver) /*|| flag_newbox==-1*/
        {
            printf("game over,thank you! your score is %d", score);
            getch();
            break;
        }
    }

    getch();
    KillTimer();
    closegraph();
}
```

3. 初始化界面

玩家进行游戏时，需要对游戏界面进行初始化工作。此代码被 main()函数调用。主要进行的工作如下。

(1) 循环调用 line()函数绘制当前游戏板。

(2) 调用 ShowScore()函数显示初始的成绩，初始成绩为 0。

(3) 调用 ShowSpeed()函数显示初始速度(等级)，初始速度为 1。

初始化函数 initialize 的代码如下：

```
/**********************************
*参数说明:
*      x,y 为左上角坐标。
*      m,n 对应于 Vertical_boxs，Horizontal_boxs
*      分别表示纵横方向上小方块的个数
*      BSIZE Sys_x Sys_y
**********************************/
void initialize(int x, int y, int m, int n)
{
   int i, j, oldx;
   oldx = x;
   for(j=0; j<n; j++)
   {
      for(i=0; i<m; i++)
      {
         Table_board[j][i].var = 0;
         Table_board[j][i].color = BgColor;
         line(x, y, x+BSIZE, y);
         line(x, y, x, y+BSIZE);
         line(x, y+BSIZE, x+BSIZE, y+BSIZE);
         line(x+BSIZE, y, x+BSIZE, y+BSIZE);
         x += BSIZE;
      }
      y += BSIZE;
      x = oldx;
   }
   Curbox_x = x;
   Curbox_y = y;
     /*x,y 是保存游戏方块的当前坐标的*/
   flag_newbox = false;
     /*是否要产生新游戏方块的标记 0*/
   speed = 1;
     /*下落速度*/
   score = 0;
     /*总分*/
   ShowScore(score);
   ShowSpeed(speed);
}
```

4. 时钟中断处理

随着用户等级的提高，需要加快方块的下落速度，以增加游戏难度。速度越快，时间中断的间隔越短。

主要工作如下。

(1) 定义了新的时钟中断处理函数 void interrupt newtimer(void)。

(2) 使用 SetTimer()设置新的时钟中断处理过程。

(3) 定义了中断恢复过程 KillTimer()。

具体代码如下：

```
void interrupt newtimer(void)
{
    (*oldtimer)();   /* call the old routine */
    TimerCounter++; /* increase the global counter */
}

/* 设置新的时钟中断处理过程 */
void SetTimer(void interrupt(*IntProc)(void))
{
    oldtimer = getvect(TIMER);
      /*获取中断号为 TIMER 的中断处理函数的入口地址*/
    disable();
      /* 设置新的时钟中断处理过程时，禁止所有中断 */
    setvect(TIMER, IntProc);
      /*将中断号为 TIMER 的中断处理函数的入口地址改为 IntProc()函数的入口地址。
      即中断发生时，将调用 IntProc()函数*/
    enable();
      /* 开启中断 */
}

/* 恢复原有的时钟中断处理过程 */
void KillTimer()
{
    disable();
    setvect(TIMER, oldtimer);
    enable();
}
```

5. 成绩、速度及帮助的显示

成绩、速度及帮助的显示是此游戏开发的一部分。主要工作如下。

(1) 调用 ShowScore()函数，显示当前用户的成绩，成绩是不断提高的。

(2) 调用 ShowSpeed()函数，显示当前游戏方块的下落速度，速度与等级成正比。

(3) 调用 show_help()函数，提示用户如何进行游戏的相关操作，此函数只在初始部分被调用。

具体代码如下：

```
/*显示分数*/
void ShowScore(int score)
{
    int x, y;
    char score_str[5]; /*保存游戏得分*/
    setfillstyle(SOLID_FILL, BgColor);
    x = LeftWin_x;
    y = 100;
    bar(x-BSIZE, y, x+BSIZE*3, y+BSIZE*3);
    sprintf(score_str, "%3d", score);
    outtextxy(x, y, "SCORE");
    outtextxy(x, y+10, score_str);
```

```
}

/*显示速度*/
void ShowSpeed(int speed)
{
    int x, y;
    char speed_str[5];
      /*保存速度值*/
    setfillstyle(SOLID_FILL, BgColor);
    x = LeftWin_x;
    y = 150;
    bar(x-BSIZE, y, x+BSIZE*3, y+BSIZE*3);
      /*确定一个以(x1,y1)为左上角，(x2,y2)为右下角的矩形窗口，
      再按规定图模和颜色填充*/
    sprintf(speed_str, "%3d", speed);
    outtextxy(x, y, "Level");
    outtextxy(x, y+10, speed_str);
      /*在规定的(x, y)位置输出字符串指针 speed_str 所指的文本*/
    outtextxy(x, y+50, "Nextbox");
}
void show_help(int xs, int ys)
{
    char stemp[50];
    setcolor(15);
    rectangle(xs, ys, xs+239, ys+100);
    sprintf(stemp, " -Roll  -Downwards");
    stemp[0] = 24;
    stemp[8] = 25;
    setcolor(14);
    outtextxy(xs+40, ys+30, stemp);

    sprintf(stemp, " -Turn Left   -Turn Right");
    stemp[0] = 27;
    stemp[13] = 26;

    outtextxy(xs+40, ys+45, stemp);
    outtextxy(xs+40, ys+60, "Esc-Exit ");
    setcolor(FgColor);
}
```

6. 满行处理

在左移、右移、旋转和下落动作不能进行时，即当前游戏方块不满足相关操作条件时，需要对游戏主板进行是否有满行的判断，若有满行的情况，则必须进行消除满行的处理。如图 3.5 所示，当竖直的游戏方块下落在当前游戏板中，不能再下移时，出现了两个行是满的，则必须进行满行处理。满行处理包括两个动作：第一，找到满行；第二，处理此满行。

(1) 调用 setFullRow()函数，找到一满行，具体过程如下。

① 对当前游戏方块落在的位置，从下到上逐行判断，若该行的小方块的值为 1 的个

数等于游戏主板行的大小时，则该行为满行，立即调用 DelFullRow()函数进行满行处理，并返回当前的游戏主板的非空行的最高点。否则，继续进行对上一行的判断，直到游戏方块的最上行。

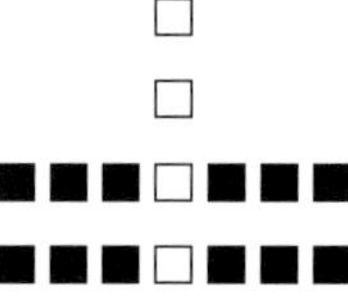

图 3.5　满行示意

② 若有满行，则根据 DelFullRow()函数处理后的游戏主板 Table_board 数组中的值，进行游戏主板的重绘，即显示消除行后的游戏界面，并且对成绩和速度进行更新。

(2) 调用 DelFullRow()函数处理此满行，主要执行的是将上行数据移至下行的操作。

具体代码如下：

```
/*找到一行满*/
void setFullRow(int t_boardy)
{
    /* t_boardy 表示当前游戏方块的左上角的坐标在游戏板中的相对纵坐标(小方块个数)*/
    int n, full_numb=0, top=0;
    /* top 保存的是当前游戏主板在消除满行后的最高点，用于游戏主板的重绘*/
    register m;
    for(n=t_boardy+3; n>=t_boardy; n--)
    {
        if(n<0 || n>=Vertical_boxs) { continue; }
          /*超过低线了*/
        for(m=0; m<Horizontal_boxs; m++)
          /*水平的方向*/
        {
            if(!Table_board[n+full_numb][m].var) break;
              /*发现有一个是空，就跳过该行*/
        }
        if(m == Horizontal_boxs)
          /*找到满行了*/
        {
            if(n == t_boardy+3)
                top = DelFullRow(n+full_numb);
                  /*清除游戏板里的该行，并下移数据*/
            else
                DelFullRow(n+full_numb);
            full_numb++;
            /*统计找到的行数*/
        }
    }
    if(full_numb)
    {
        int oldx, x=Sys_x, y=BSIZE*top+Sys_y;
        oldx = x;
```

```
        score = score+full_numb*10;
          /*加分数*/
        /*这里相当于重显调色板*/
        for(n=top; n<t_boardy+4; n++)
        {
            if(n >= Vertical_boxs) continue;
              /*超过低线了*/
            for(m=0; m<Horizontal_boxs; m++)
              /*水平的方向*/
            {
                if(Table_board[n][m].var)
                    setfillstyle(SOLID_FILL, Table_board[n][m].color);
                      /*Table_board[n][m].color*/
                else
                    setfillstyle(SOLID_FILL, BgColor);
                bar(x,y, x+BSIZE, y+BSIZE);
                line(x,y, x+BSIZE, y);
                line(x,y, x, y+BSIZE);
                line(x,y+BSIZE, x+BSIZE, y+BSIZE);
                line(x+BSIZE, y, x+BSIZE, y+BSIZE);
                x += BSIZE;
            }
            y += BSIZE;
            x = oldx;
        }
        ShowScore(score);
        if(speed != score/speed_step)
        { speed=score/speed_step; ShowSpeed(speed); }
        else
        { ShowSpeed(speed); }
    }
}

/*
*数据下移，即删除行满。
*这里的 y 为具体哪一行为满
*/
int DelFullRow(int y)
{
    /*该行游戏板往下移一行*/
    int n, top=0;
      /* top 保存的是当前最高点，出现一行全空就表示为最高点了，移动是到最高点结束*/
    register m, total;
    for(n=y; n>=0; n--) /*从当前行往上看*/
    {
        total = 0;
        for(m=0; m<Horizontal_boxs; m++)
        {
            if(!Table_board[n][m].var) total++;
              /*没占有方格，对计数器 total 加 1*/
```

```
            if(Table_board[n][m].var != Table_board[n-1][m].var)
              /*上行不等于下行就把上行传给下行，此处判断为程序优化部分，
              也可不要此判断，直接下移即可*/
            {
                Table_board[n][m].var = Table_board[n-1][m].var;
                Table_board[n][m].color = Table_board[n-1][m].color;
            }
        }
        if(total == Horizontal_boxs)
          /*发现上面有连续的空行，提前结束*/
        {
            top = n;
            break;
        }
    }
    return(top);
      /*返回最高点*/
}
```

7. 游戏方块的显示和清除

游戏方块的显示和清除是游戏中经常出现的操作。主要过程如下。

(1) 调用 show_box(int x, int y, int box_numb, int color)函数，在(x，y)位置开始，显示用指定颜色 color 显示，编号为 box_numb 的游戏方块。

(2) 调用 EraseBox(int x, int y, int box_numb)函数，清除在(x，y)位置开始的，方块编号为 box_numb 的游戏方块。

(3) 调用 MkNextBox(int box_numb)函数，将 box_numb 编号的方块作为当前方块编号，并随机生成下一个游戏方块编号。

具体代码如下：

```
/*
*显示指定的游戏方块
*/
void show_box(int x, int y, int box_numb, int color)
{
    int i, ii, ls_x=x;
    if(box_numb<0 || box_numb>=MAX_BOX) /*指定的游戏方块不存在*/
        box_numb = MAX_BOX/2;
    setfillstyle(SOLID_FILL, color);
    /*********************************
    *   通过移位来判断第哪一位是 1。
    *   游戏方块是每 1 行用半个字节来表示。
    *   128d=1000 0000b
    *********************************/
    for(ii=0; ii<2; ii++)
    {
        int mask = 128;
        for(i=0; i<8; i++)
        {
```

```
            if(i%4==0 && i!=0)
              /*表示转到游戏方块的下一行了*/
            {
                y += BSIZE;
                x = ls_x;
            }
            if((shapes[box_numb].box[ii])&mask)
            {
                bar(x,y, x+BSIZE, y+BSIZE);
                line(x,y, x+BSIZE, y);
                line(x,y, x, y+BSIZE);
                line(x, y+BSIZE, x+BSIZE, y+BSIZE);
                line(x+BSIZE, y, x+BSIZE, y+BSIZE);
            }
            x += BSIZE;
            mask /= 2;
        }
        y += BSIZE;
        x = ls_x;
    }
}


/*
*  清除(x,y)位置开始的编号为box_numb的box
*/
void EraseBox(int x, int y, int box_numb)
{
    int mask=128, t_boardx, t_boardy, n, m;
    setfillstyle(SOLID_FILL, BgColor);
    for(n=0; n<4; n++)
    {
        for(m=0; m<4; m++)
          /*看最左边4个单元*/
        {
            if(((shapes[box_numb].box[n/2]) & mask))
              /*最左边有方块并且当前游戏板也有方块*/
            {
                bar(x+m*BSIZE,y+n*BSIZE,x+m*BSIZE+BSIZE,y+n*BSIZE+BSIZE);
                line(x+m*BSIZE,y+n*BSIZE,x+m*BSIZE+BSIZE,y+n*BSIZE);
                line(x+m*BSIZE,y+n*BSIZE,x+m*BSIZE,y+n*BSIZE+BSIZE);
                line(x+m*BSIZE,y+n*BSIZE+BSIZE,
                     x+m*BSIZE+BSIZE,y+n*BSIZE+BSIZE);
                line(x+m*BSIZE+BSIZE,y+n*BSIZE,
                     x+m*BSIZE+BSIZE,y+n*BSIZE+BSIZE);
            }
            mask = mask/(2);
            if(mask == 0) mask = 128;
        }
    }
```

```
}

void ErasePreBox(int x, int y, int box_numb)
{
    int mask=128, t_boardx, t_boardy, n, m;
    setfillstyle(SOLID_FILL, BgColor);
    for(n=0; n<4; n++)
    {
        for(m=0; m<4; m++)
          /*看最左边 4 个单元*/
        {
            if(((shapes[box_numb].box[n/2]) & mask))
               /*最左边有方块并且当前游戏板也有方块*/
            {
                bar(x+m*BSIZE,y+n*BSIZE,x+m*BSIZE+BSIZE,y+n*BSIZE+BSIZE);
            }
            mask = mask/(2);
            if(mask == 0) mask = 128;
        }
    }
}

/*
* 将新形状的游戏方块放置在游戏板上，并返回此游戏方块号
*/
int MkNextBox(int box_numb)
{
    int mask=128, t_boardx, t_boardy, n, m;
    t_boardx = (Curbox_x-Sys_x)/BSIZE;
    t_boardy = (Curbox_y-Sys_y)/BSIZE;
    for(n=0; n<4; n++)
    {
        for(m=0; m<4; m++)
        {
            if(((shapes[current_box_numb].box[n/2]) & mask))
            {
                Table_board[t_boardy+n][t_boardx+m].var = 1;
                  /*这里设置游戏板*/
                Table_board[t_boardy+n][t_boardx+m].color =
                  shapes[current_box_numb].color;
                  /*这里设置游戏板*/
            }
            mask = mask/(2);
            if(mask == 0) mask = 128;
        }
    }
    setFullRow(t_boardy);
    Curbox_x=Sys_x+Begin_boxs_x*BSIZE, Curbox_y=Sys_y; /*再次初始化坐标*/
    if(box_numb == -1) box_numb = rand()%MAX_BOX;
    current_box_numb = box_numb;
```

```
    flag_newbox = false;
    return(rand()%MAX_BOX);
}
```

8. 游戏方块操作判断处理

游戏方块操作判断处理主要执行对当前操作(左移、右移、下移或自由下落、旋转)的条件判断，若满足相关条件，则返回 true，即允许执行此操作。此判断由 MoveAble(int x, int y, int box_numb, int direction)函数来实现，其中，(x，y)为当前游戏方块的位置，box_numb 为游戏方块号，direction 为左移、右移、下移或自由下落、旋转的标志。对这些动作的判断的实现基本相同，因此，下面以对左移操作的判断为例，讲述其实现过程。

(1) 计算出游戏方块左移一个方块后的新相对坐标(t_boardx，t_boardy)，并初始化 mask=128(1000 0000)。mask 用来对当前游戏方块的 box 值进行按位与操作，逐位判断 box 的值，box 在结构体中定义为 int box[2]，即有两个元素的数组。

如 box[0]="0x88"，box[1]="0xc0"，表示 box[0]="10001000"，box[1]="11000000"，若 box[0]&mask=1，则表示 box[0]的最高位是 1，在游戏方块中表示此位置不为空。

(2) 逐行逐列进行判断，共四行四列，即游戏方块的大小。对每个小方块(共 16 个)依次进行判断，若小方块的值是 1，左移一位后，其横坐标没有超过游戏的主板的最左边(Sys_x)，并且在此位置的游戏主板的值 Table_board[t_boardy+n][t_boardx+m].var 为 0，即表示是空的，则可以执行左移操作。任意小方块不满足上述任意条件，都不能执行此左移操作。

具体的程序代码如下：

```
int MoveAble(int x, int y, int box_numb, int direction)
{
    /* 判断是否可以移动
    x,y 为当前游戏方块位置
    box_numb 为游戏方块号
    direction 为方向标志
    返回 true 或 false
    #define MoveLeft 1
    #define MoveRight 2
    #define MoveDown 3
    #define MoveRoll 4
    */

    int n, m, t_boardx, t_boardy;
    /*t_boardx 为当前游戏方块最左边在游戏板的位置*/
    int mask;
    if(direction == MoveLeft)
      /*如果向左移*/
    {
       mask = 128;
       x -= BSIZE;
       t_boardx = (x-Sys_x)/BSIZE;
       t_boardy = (y-Sys_y)/BSIZE;
```

```
    for(n=0; n<4; n++)
    {
        for(m=0; m<4; m++)
        {
            if((shapes[box_numb].box[n/2]) & mask)
              /*因为box只有box[0]、box[1]两个元素，所以必须除以 2*/
            {
                if((x+BSIZE*m) < Sys_x) return(false);
                  /*碰到最左边了*/
                else if(Table_board[t_boardy+n][t_boardx+m].var)
                  /*左移一个游戏方块后，此 4*4 的区域与游戏板有冲突*/
                {
                    return(false);
                }
            }
            mask = mask/(2);
            if(mask == 0) mask = 128;
        }
    }
    return(true);
}
else if(direction == MoveRight)
  /*如果向右移*/
{
    x += BSIZE;
    t_boardx = (x-Sys_x)/BSIZE;
    t_boardy = (y-Sys_y)/BSIZE;
    mask = 128;
    for(n=0; n<4; n++)
    {
        for(m=0; m<4; m++)
        {
            if((shapes[box_numb].box[n/2]) & mask)
            {
                if((x+BSIZE*m)>=(Sys_x+BSIZE*Horizontal_boxs))
                    return(false); /*碰到最右边了*/
                else if(Table_board[t_boardy+n][t_boardx+m].var)
                {
                    return(false);
                }
            }
            mask = mask/(2);
            if(mask == 0) mask = 128;
        }
    }
    return(true);
}
else if(direction == MoveDown)          /*如果向下移*/
{
    y += BSIZE;
```

```
    t_boardx = (x-Sys_x)/BSIZE;
    t_boardy = (y-Sys_y)/BSIZE;
    mask = 128;
    for(n=0; n<4; n++)
    {
        for(m=0; m<4; m++)
        {
            if((shapes[box_numb].box[n/2]) & mask)
            {
                if((y+BSIZE*n)>=(Sys_y+BSIZE*Vertical_boxs)
                  || Table_board[t_boardy+n][t_boardx+m].var)
                {
                    flag_newbox = true;
                    break;
                }
            }
            mask = mask/(2);
            /*mask 依次为:10000000,01000000,00100000,00010000
                        00001000,00000100,00000010,00000001
            */
            if(mask == 0) mask = 128;
        }
    }
    if(flag_newbox)
    {
        return(false);
    }
    else
        return(true);
}
else if(direction == MoveRoll)
  /*转动*/
{
    t_boardx = (x-Sys_x)/BSIZE;
    t_boardy = (y-Sys_y)/BSIZE;
    mask = 128;
    for(n=0; n<4; n++)
    {
        for(m=0; m<4; m++)
        {
            if((shapes[box_numb].box[n/2]) & mask)
            {
                if((y+BSIZE*n)>=(Sys_y+BSIZE*Vertical_boxs))
                    return(false);
                  /*碰到最下边了*/
                if((x+BSIZE*n)>=(Sys_x+BSIZE*Horizontal_boxs))
                    return(false);
                  /*碰到最左边了*/
                if((x+BSIZE*m)>=(Sys_x+BSIZE*Horizontal_boxs))
                    return(false);
```

```
                    /*碰到最右边了*/

                else if(Table_board[t_boardy+n][t_boardx+m].var)
                {
                    return(false);
                }
            }
            mask = mask/(2);
            if(mask == 0) mask = 128;
        }
    }
    return(true);
}
else
{
    return(false);
}
}
```

3.4.2 运行结果

1. 游戏初始状态

当用户刚进入游戏时，如图 3.6 所示。此时，分数初始化为 0，等级默认为 1。游戏当前设置为成绩每增加 30 分等级就升一级，升级后，游戏方块在原来的基础上下落速度有所加快，这主要是变化了定时器的时间间隔的缘故。用户可使用键盘左移键、右移键、上移键和下移键，分别进行左移、右移、旋转、加速下落操作。用户可按 Esc 键退出游戏。

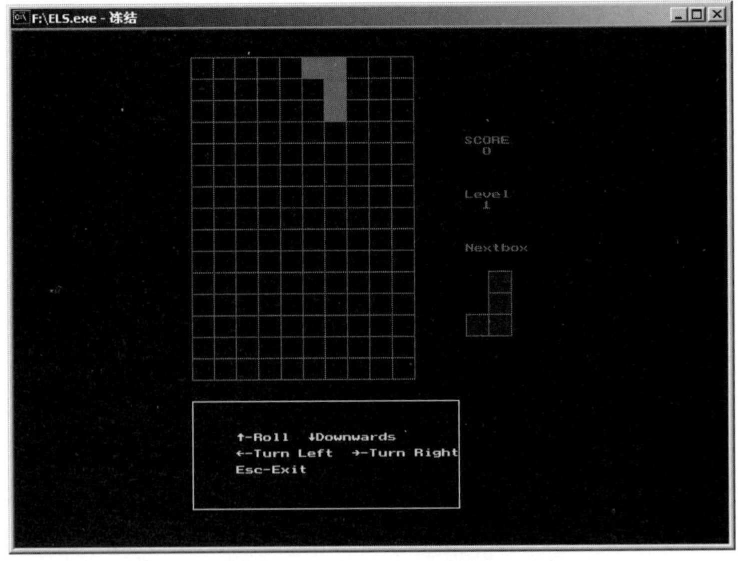

图 3.6　游戏初始状态

2. 游戏进行状态

图 3.7 为游戏等级升了一级后的状态。级别越高，游戏方块下落的速度越快。

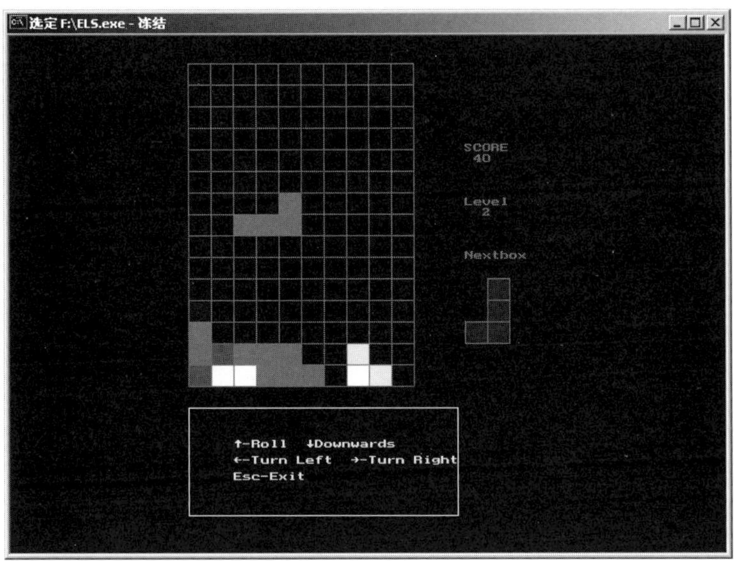

图 3.7　游戏进行状态

第 4 章　推箱子游戏

推箱子游戏是比较流行的游戏之一，很多操作系统或者流行软件都会带这种游戏。它既能锻炼思维的严密性，又有很多乐趣。本章将用 C 语言实现一个简单的推箱子游戏，旨在介绍推箱子游戏的实现方法，并逐步介绍 C 语言图形编程的方法和技巧。通过本章的学习，读者应该了解并且掌握以下知识点。

(1) 二维数组的定义及应用。

(2) 结构体的定义。

(3) 链表的遍历。

(4) 基本图形函数的应用。

(5) 软中断。

(6) 键盘操作。

读者可以在本章的基础上进行扩展，开发出更为复杂的推箱子游戏。

4.1　设 计 目 的

本程序旨在训练读者的基本编程技巧，本程序涉及软中断、二维数组、键盘操作、图形化函数等方面的知识。通过本程序的训练，读者能基本掌握显示器中断寄存器的设置、二维数组及结构体的定义、键盘上键值的获取、图形方式下光标的显示和定位，以及部分图形函数。

4.2　功 能 描 述

本游戏共有三关，由易到难，每一关都有初始化、按键处理、重置、退出功能。

(1) 初始化包括屏幕初始化和每一关关卡的初始化，屏幕被初始化为宽 80、高 25。

(2) 按键处理包括移动小人和移动箱子，通过移动上下左右键控制小人的移动，从而推动箱子，以把箱子推到指定的目的地为完成通关。

(3) 每一关都可以重置，按空格键，可以重置当前关。

(4) 按 Esc 键可以在任何时候退出程序。

4.3　总 体 设 计

4.3.1　功能模块设计

(1) 系统模块图

本程序包括 5 个子模块，分别是初始化模块、画图模块、移动箱子模块、移动小人模块、功能控制模块，如图 4.1 所示。各个模块的功能描述如下。

- 初始化模块：该模块包括屏幕初始化和游戏每一关的初始化，屏幕初始化用于输出欢迎信息和操作提示，游戏每一关的初始化是构建每一关的关卡。
- 画图模块：画图模块主要是被其他模块调用，该模块用于画墙、在空地画箱子、在目的地画箱子、画小人和画目的地。
- 移动箱子模块：该模块用于移动箱子，包括目的地之间、空地之间和目的地与空地之间的箱子移动。
- 移动小人模块：该模块用于控制小人移动，从而推动箱子到目的地。
- 功能控制模块：该模块是几个功能函数的集合，包括屏幕输出功能、指定位置状态判断功能和关卡重置功能。

(2) 任务执行流程图

游戏从第一任务开始(第一关)，按上下左右方向键控制小人移动来推动箱子，可以在游戏中的任何时候按 Esc 键退出。当游戏无成功希望时，可以按空格键回到当前任务的开始状态；如果成功完成当前关，则进入下一关，如果当前关是最后一关，则显示通关信息，提示游戏结束。图 4.2 给出了任务执行的流程。

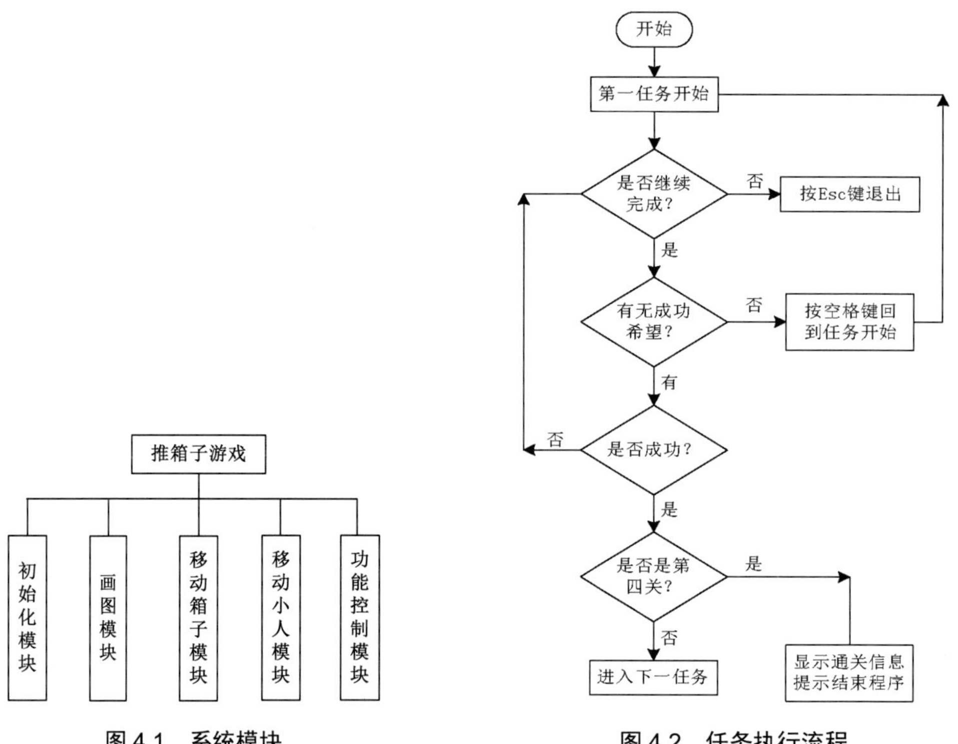

图 4.1　系统模块

图 4.2　任务执行流程

(3) 小人移动流程图

小人移动的方向有 4 个，move()函数(处理小人移动的函数)对这 4 个方向移动的处理都一致，只是调用函数时的参数有所不同。首先判断小人移动的方向，然后根据小人所处的当前状态、下一步状态或者下一步状态进行适当处理，处理过程如图 4.3 所示。

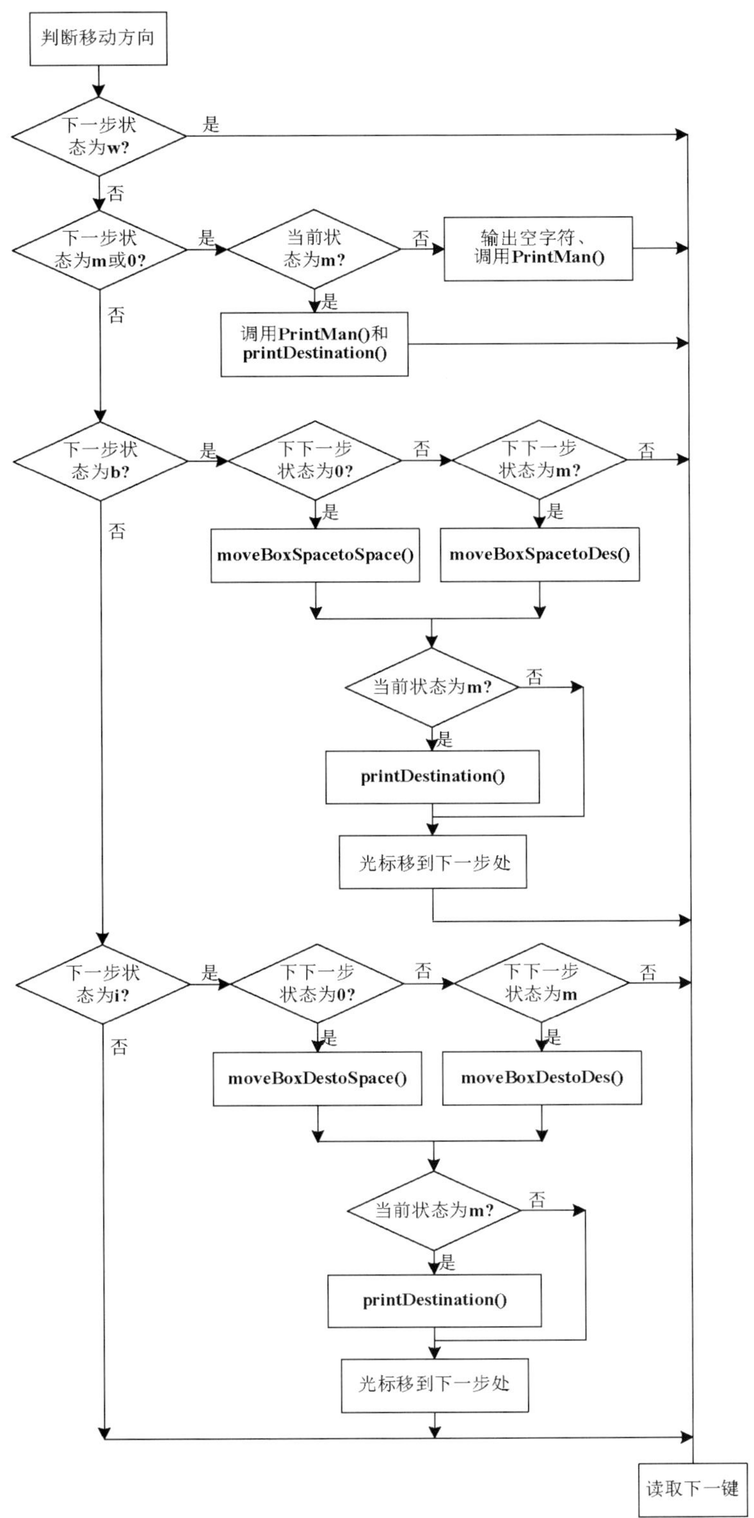
判断移动方向
下一步状态为w?
是
否
下一步状态为m或0?
是
当前状态为m?
否
输出空字符、调用PrintMan()
是
调用PrintMan()和printDestination()
否
下一步状态为b?
是
下下一步状态为0?
否
下下一步状态为m?
否
是
moveBoxSpacetoSpace()
是
moveBoxSpacetoDes()
当前状态为m?
否
是
printDestination()
光标移到下一步处
否
下一步状态为i?
是
下下一步状态为0?
否
下下一步状态为m
否
是
moveBoxDestoSpace()
是
moveBoxDestoDes()
当前状态为m?
否
是
printDestination()
光标移到下一步处
否
读取下一键

图 4.3　小人移动的流程

4.3.2 数据结构设计

(1) 设置全局变量

定义二维数组 char status[20][20]，用于记录屏幕上各点的状态。其中，0 表示什么都没有，b 表示箱子，w 表示墙壁，m 表示目的地，i 表示箱子在目的地。首先将屏幕 20*20 范围内的状态初始化为 0，然后根据具体情况，在画箱子时，将箱子所在点的状态改为 b；在画墙壁时，将墙壁所在点的状态改为 w；在画目的地时，将目的地所在点的状态改为 m；当箱子被推到目的地时，箱子所在点的状态为 i，如果每一关中所有的目的地的状态都为 i，则说明该关已完成。

定义全局变量，char far *printScreen = (char far*)0xB8000000，用于在屏幕上输出字符。彩色显示器的字符缓冲区首地址为 0xB8000000，每个字符占两个字节(第一个字节为 ASCII 值，第二个为颜色值)，字符模式下屏幕宽 80、高 25，一屏可以写 80×25 个字符。

(2) 定义结构体

定义结构体 struct winer，用于判断每一关是否完成：

```
typedef struct winer
{
    int x;
    int y;
    struct winer *p;
} winer;
```

其中，x 用于存放目的地的横坐标，y 用于存放目的地的纵坐标。如果所有表示目的地的坐标对应的状态都为 i，即箱子在目的地，则表示已经通关，可以进入下一关。该结构体的初始化在每一关的初始化时进行。

4.3.3 函数功能描述

(1) putoutChar()

函数原型：

```
void putoutChar(int y, int x, char ch, char fc, char bc);
```

putoutChar()函数在屏幕上的指定位置输出指定的字符。其中，x、y 指明输出的位置，ch 表示输出的字符，fc 表示输出字符的颜色，bc 表示背景色。

(2) printWall()

函数原型：

```
void printWall(int x, int y);
```

printWall()函数用于画墙壁，传入参数 x、y 指明位置。该函数调用 putoutChar()进行输出，以黑色为背景，画绿色墙，用小方块表示墙(ASCII 值为 219)。

(3) printBox()

函数原型：

```
void printBox(int x, int y);
```

printBox()函数用于在非目的地画箱子，传入参数 x、y 来指明位置。该函数调用 putoutChar()输出，以黑色为背景，画白色箱子，用 ASCII 值为 10 的字符表示箱子。

(4)　printBoxDes()

函数原型：

```
void printBoxDes(int x, int y);
```

printBoxDes()函数用于在目的地画箱子，传入参数 x、y 以指明位置。该函数调用 putoutChar()输出，以黑色为背景，画黄色箱子，仍用 ASCII 值为 10 的字符表示箱子。

(5)　printDestination()

函数原型：

```
void printDestination(int x, int y);
```

printDestination()函数用于画目的地，传入参数 x、y 以指明位置。该函数调用 putoutChar()进行输出，以黑色为背景，画黄色目的地，用心型表示(ASCII 值为 003)。

(6)　printDestination1()

函数原型：

```
void printDestination1(int x, int y, winer **win, winer **pw);
```

printDestination1()函数与 printDestination()函数的功能基本相同，都是画目的地函数，但是 printDestination1()增加了记录每个目的地位置的功能。其中 x、y 指明目的地的位置，每一关的所有目的地的位置存放在结构体 struct winer 中，形成一条链表，**win 返回链表的头，**pw 则指向链表的尾部。

(7)　printMan()

函数原型：

```
void printMan(int x, int y);
```

printMan()函数用于画小人。x、y 指明画的位置。该函数是通过软中断来实现的，首先设置寄存器 AX 的高位和低位，设置高位 0xa 表示在光标位置显示字符；设置低位 02(ASCII 值)，表示输出的字符；然后设置寄存器 CX 为 01，表示重复输出的次数，这里只输出一次；最后产生类型为 0x10 的中断，表示显示器输出。

(8)　init()

函数原型：

```
void init();
```

init()函数用于初始化屏幕。该函数首先用两个 for 循环初始化屏幕 20×20 范围内的状态，初始化为 0，以后根据实际情况重新赋值；然后设置屏幕输出状态，设置寄存器 AX 的高位为 0，低位为 3，表示以 80×25 的彩色方式显示；最后移动光标到指定位置，输出屏幕欢迎信息。

(9)　初始化游戏

函数原型：

```
winer* initStep1();
```

```
winer* initStep2();
winer* initStep3();
```

这几个函数分别初始化游戏第一关到第三关。这些函数的功能和实现步骤相似。首先，根据需要在指定的位置画墙壁和画箱子，在这里，可以设置游戏的难度，初始化的墙壁越复杂、箱子越多，则游戏就越难。游戏的第一至第三关难度依次增加。然后，分别调用 printDestination1()和 printMan()函数画目的地和小人。函数返回包含各个目的地位置的链表。

(10) 移动箱子

函数原型：

```
void moveBoxSpacetoSpace(int x, int y, char a);
void moveBoxDestoSpace(int x, int y, char a);
void moveBoxSpacetoDes(int x, int y, char a);
void moveBoxDestoDes(int x, int y, char a);
```

这几个函数实现的功能分别是从空地移动箱子到空地、从目的地移动箱子到空地、从空地移动箱子到目的地、从目的地移动箱子到目的地。x、y 指明小人当前所处的位置，字符 a 表示移动的方向，有 u、d、l 和 r 四个值，分别表示向上、下、左、右移动。

这几个函数的实现原理大致相似。对于前面两个函数，首先判断移动的方向，从小人所在的位置，沿着移动方向移动一步，画小人，移动两步，画箱子(调用 printBox()函数)，并设置状态为 b；对于后面两个函数，判断移动的方向，从小人所在的位置，沿着移动方向移动一步画小人，移动两步，在目的地画箱子(调用 printBoxDes()函数)，并设置状态为 i，表明箱子在目的地上。

(11) judge()

函数原型：

```
int judge(int x, int y);
```

judge()函数根据结构体 status[x][y]中存的值来判断该点的状态。

(12) move()

函数原型：

```
void move(int x, int y, char a);
```

move()函数根据按下的键来处理小人的移动。小人移动的方向有上(u)、下(d)、左(l)、右(r)四个，四个方向的处理方式一样。首先判断移动的方向，然后根据(小人)当前位置、下一步位置，及下下一步位置所在的状态进行处理。

① 若下一步所在位置的状态为墙壁(w)，则直接退出，不做任何处理。

② 若下一步所在位置的状态为目的地(i)或者什么都没有(0)：

- 若当前位置的状态为目的地，则在当前位置画目的地(调用 printDestination()函数)、在下一步位置画小人(调用 printMan()函数)。
- 若当前位置为非目的地状态，则输出空格清空当前位置的小人，并在下一步位置画小人(调用 printMan()函数)。

③ 若下一步所在位置的状态为箱子(b)：

- 如果下下一步位置的状态为 0，则调用 moveBoxSpacetoSpace()函数，把箱子从空地移动到空地，然后把光标移到下一步位置(如果当前位置的状态为目的地，则应先画目的地(调用 printDestination()函数))。
- 如果下下一步位置的状态为目的地，则把箱子从空地移动到目的地(调用 moveBoxSpacetoDes()函数)，然后把光标移动下一步位置(如果当前位置的状态为目的地，则应先画目的地(调用 printDestination()函数))。
- 其他情况则直接返回，不做任何处理。

④　若下一步所在位置的状态为箱子在目的地(i)：

- 如果下下一步位置的状态为 0，则调用 moveBoxDestoSpace()函数，把箱子从目的地移动到空地，然后把光标移动下一步位置(如果当前位置的状态为目的地，则应先画目的地(调用 printDestination()函数))。
- 如果下下一步位置的状态为目的地，则把箱子从目的地移动到目的地(调用 moveBoxDestoDes()函数)，然后把光标移动下一步位置(如果当前位置的状态为目的地，则应先画目的地(调用 printDestination()函数))。
- 其他情况则直接返回，不做任何处理。

(13) reset()

函数原型：

```
void reset(int i);
```

reset()函数的功能是重置当前关。该函数首先判断当前关是第几关，然后调用 init()函数和初始化当前关的函数进行重置。

(14) 主函数

主函数首先设置寄存器 AX 的高位和低位，设置显示器软中断，进行显示状态的设置，初始化屏幕、初始化第一关，并显示欢迎信息。

然后根据按下的键(bioskey(0)函数返回按下的键)进行处理，处理过程由 move()函数进行(按下 Esc 键则退出程序)。

对于每一关，如果所有的表示目的地位置的状态都由 m 变成了 i，则表示通过该关，可以进入下一关。

4.4　程 序 实 现

4.4.1　源码分析

1. 程序预处理

程序预处理部分包括加载头文件、定义全局变量、定义数据结构，并对它们进行初始化工作。代码如下：

```
/*加载头文件*/
#include <dos.h>
#include <stdio.h>
#include <ctype.h>
```

```
#include <conio.h>
#include <bios.h>
#include <alloc.h>

/*定义全局变量*/
/*记录屏幕上各点的状态*/
char status [20][20];

/*彩色显示器的字符缓冲区首地址为 0xB8000000*/
char far *printScreen = (char far*)0xB8000000;

/*定义结构体，判断是否胜利*/
typedef struct winer
{
   /*目的地的 x 坐标*/
   int x;
   /*目的地的 y 坐标*/
   int y;
   struct winer *p;
} winer;

/*自定义函数原型*/
void putoutChar(int y, int x, char ch, char fc, char bc);
void printWall(int x, int y);
void printBox(int x, int y);
void printBoxDes(int x, int y);
void printDestination(int x, int y);
void printDestination1(int x, int y, winer **win, winer **pw);
void printMan(int x, int y);
void init();
winer* initStep1();
winer* initStep2();
winer* initStep3();
void moveBoxSpacetoSpace(int x, int y, char a);
void moveBoxDestoSpace(int x, int y, char a);
void moveBoxSpacetoDes(int x, int y, char a);
void moveBoxDestoDes(int x, int y, char a);
int judge(int x, int y);
void move(int x, int y, char a);
void reset(int i);
```

2. 初始化模块

该模块主要用于对屏幕和关卡的初始化，初始化关卡时调用画图模块中的画图函数。本模块包括以下几个函数。

(1) void init()：初始化屏幕的大小、显示方式，显示欢迎信息和操作方法。

(2) winer* initStep1()：初始化游戏的第一关。

(3) winer* initStep2()：初始化游戏的第二关。

(4) winer* initStep3()：初始化游戏的第三关。

具体代码如下：

```
/*初始化屏幕的函数*/
void init()
{
    int i;
    int j;
    for(i=0; i<20; i++)
        for(j=0; j<20; j++)
            /*屏幕 20*20 范围内状态初始化为 0，表示什么都没有*/
            status[i][j] = 0;
    /*设置寄存器 AX 低位，以 80×25 彩色方式显示*/
    _AL = 3;
    /*设计寄存器 AX 高位*/
    _AH = 0;
    geninterrupt(0x10);
    /*移动光标到指定位置输出屏幕信息*/
    gotoxy(40, 4);
    printf("Welcome to the box world!");
    gotoxy(40, 6);
    printf("You can use up, down, left,");
    gotoxy(40, 8);
    printf("right key to control it, or");
    gotoxy(40, 10);
    printf("you can press Esc to quit it.");
    gotoxy(40, 12);
    printf("Press space to reset the game.");
    gotoxy(40, 14);
    printf("Wish you have a good time !");
    gotoxy(40, 16);
    printf("April , 2007");
}

/*初始化游戏第一关的函数*/
winer* initStep1()
{
    int x;
    int y;
    winer *win = NULL;
    winer *pw;
    /*在指定位置画墙，构建第一关*/
    for(x=1,y=5; y<=20; y++)
        printWall(x+4, y+10);
    for(y=5,x=2; x<=5; x++)
        printWall(x+4, y+10);
    for(y=20,x=2; x<=5; x++)
        printWall(x+4, y+10);
    for(y=1,x=3; x<=8; x++)
        printWall(x+4, y+10);
    for(x=3,y=3; x<=5; x++)
```

```
        printWall(x+4, y+10);
    for(x=5,y=19; x<=15; x++)
        printWall(x+4, y+10);
    for(x=7,y=4; x<=15; x++)
        printWall(x+4, y+10);
    for(x=15,y=5; y<=18; y++)
        printWall(x+4, y+10);
    for(x=8,y=2; y<=3; y++)
        printWall(x+4, y+10);
    for(x=5,y=7; y<=15; y++)
        printWall(x+4, y+10);
    for(y=8,x=6; x<=10; x++)
        printWall(x+4,y+10);
    printWall(5+4, 4+10);
    printWall(3+4, 2+10);
    /*在指定位置画箱子*/
    printBox(3+4, 16+10);
    printBox(3+4, 17+10);
    printBox(4+4, 17+10);
    /*在指定位置画目的地*/
    printDestination1(4+4, 2+10, &win, &pw);
    printDestination1(5+4, 2+10, &win, &pw);
    printDestination1(6+4, 2+10, &win, &pw);
    /*在指定位置画小人*/
    printMan(2+4, 8+10);
    return win;
}

/*初始化游戏的第二关函数*/
winer* initStep2()
{
    int x;
    int y;
    winer *win = NULL;
    winer *pw;
    /*在指定位置画墙，构建第二关*/
    for(x=1,y=4; y<=14; y++)
        printWall(x+4, y+10);
    for(x=2,y=2; y<=4; y++)
        printWall(x+4, y+10);
    for(x=2,y=14; x<=4; x++)
        printWall(x+4, y+10);
    for(x=4,y=1; x<=15; x++)
        printWall(x+4, y+10);
    for(x=15,y=2; y<=15; y++)
        printWall(x+4, y+10);
    for(x=4,y=15; x<=15; x++)
        printWall(x+4, y+10);
    for(x=4,y=13; x<=10; x++)
        printWall(x+4, y+10);
```

```
    for(x=3,y=2; x<=4; x++)
        printWall(x+4, y+10);
    for(x=4,y=11; x<=10; x++)
        printWall(x+4, y+10);
    for(x=12,y=9; y<=13; y++)
        printWall(x+4, y+10);
    for(x=9,y=7; x<=14; x++)
        printWall(x+4, y+10);
    /*在指定位置画箱子*/
    printBox(11+4, 12+10);
    printBox(8+4, 12+10);
    printBox(13+4, 3+10);
    /*在指定位置画目的地*/
    printDestination1(5+4, 14+10, &win, &pw);
    printDestination1(6+4, 14+10, &win, &pw);
    printDestination1(7+4, 14+10, &win, &pw);
    /*在指定位置画小人*/
    printMan(2+4, 6+10);
    return win;
}

/*初始化游戏第三关函数*/
winer* initStep3()
{
    int x;
    int y;
    winer *win = NULL;
    winer *pw;
    /*在指定位置画墙，构建第三关*/
    for(x=1,y=2; y<=8; y++)
        printWall(x+4, y+10);
    for(x=2,y=2; x<=4; x++)
        printWall(x+4, y+10);
    for(x=4,y=1; y<=3; y++)
        printWall(x+4, y+10);
    for(x=5,y=1; x<=15; x++)
        printWall(x+4, y+10);
    for(x=15, y=2; y<=5; y++)
        printWall(x+4, y+10);
    for(x=5,y=5; x<=14; x++)
        printWall(x+4, y+10);
    for(x=14,y=6; y<=15; y++)
        printWall(x+4, y+10);
    for(x=3,y=15; x<=14; x++)
        printWall(x+4, y+10);
    for(x=3,y=6; y<=15; y++)
        printWall(x+4, y+10);
    for(x=5,y=8; y<=14; y++)
        printWall(x+4, y+10);
    for(x=8,y=3; x<=14; x++)
```

```
        printWall(x+4, y+10);
    for(x=7,y=7; x<=13; x++)
        printWall(x+4, y+10);
    printWall(2+4, 8+10);

    /*在指定位置画箱子*/
    printBox(6+4, 3+10);
    printBox(4+4, 4+10);
    printBox(5+4, 6+10);
    /*在指定位置画目的地*/

    printDestination1(2+4, 5+10, &win, &pw);
    printDestination1(2+4, 6+10, &win, &pw);
    printDestination1(2+4, 7+10, &win, &pw);
    /*在指定位置画小人*/
    printMan(2+4, 4+10);
    return win;
}
```

3. 画图模块

该模块主要用于画图操作，包括画墙、画箱子、画目的地、画小人等，本模块包括以下几个函数。

(1) void printWall(int x, int y)：用于画墙。

(2) void printBox(int x, int y)：在空白地(非目的地)画箱子。

(3) void printBoxDes(int x, int y)：在目的地画箱子。

(4) void printDestination(int x, int y)：画目的地函数。

(5) void printDestination1(int x, int y, winer **win, winer **pw)：画目的地函数，并记录每个目的地的位置。

(6) void printMan(int x, int y)：画小人的函数。

具体代码如下：

```
/*画墙函数*/
void printWall(int x, int y)
{
    /*以黑色为背景画绿色墙，用小方块表示*/
    putoutChar(y-1, x-1, 219, GREEN, BLACK);
    /*记录状态为墙*/
    status[x][y] = 'w';
}

/*非目的地画箱子的函数*/
void printBox(int x, int y)
{
    /*以黑色为背景画白色箱子，以小方块表示*/
    putoutChar(y-1, x-1, 10, WHITE, BLACK);
    /*记录状态为箱子*/
    status[x][y] = 'b';
```

```
}

/*在目的地画箱子的函数*/
void printBoxDes(int x, int y)
{
    /*以黑色为背景画黄色箱子，以小方块表示*/
    putoutChar(y-1, x-1, 10, YELLOW, BLACK);
    /*记录状态为在目的地的箱子*/
    status[x][y] = 'i';
}

/*画目的地的函数*/
void printDestination(int x, int y)
{
    /*以黑色为背景画黄色目的地，用心型表示*/
    putoutChar(y-1, x-1, 003, YELLOW, BLACK);
    /*记录状态为目的地*/
    status[x][y] = 'm';
}

/*画目的地的函数，并记录每个目的地的位置*/
void printDestination1(int x, int y, winer **win, winer **pw)
{
    winer *qw;
    /*以黑色为背景画黄色目的地，用心形表示*/
    putoutChar(y-1, x-1, 003, YELLOW, BLACK);
    status[x][y] = 'm';
    /*如果当前点是目的地的第一个点*/
    if(*win == NULL)
    {
        /*分配空间*/
        *win = *pw = qw = (winer*)malloc(sizeof(winer));
        (*pw)->x = x;
        (*pw)->y = y;
        (*pw)->p = NULL;
    }
    /*如果当前点不是目的地的第一个点*/
    else
    {
        qw = (winer*)malloc(sizeof(winer));
        qw->x = x;
        qw->y = y;
        /*(*pw)的下一个节点为qw*/
        (*pw)->p = qw;
        /*(*pw)指向qw所指向的节点*/
        (*pw) = qw;
        qw->p = NULL;
    }
}
```

```
/*画小人的函数*/
void printMan(int x, int y)
{
    gotoxy(y, x);
    /*设置寄存器 AX 的低位，输出的字符*/
    _AL = 02;
    /*设置寄存器 CX，字符重复次数为 1*/
    _CX = 01;
    /*设置寄存器 AX 的高位，在光标位置显示字符*/
    _AH = 0xa;
    /*产生软中断，显示器输出，画出小人*/
    geninterrupt(0x10);
}
```

4. 移动箱子模块

本模块用来实现箱子的移动，根据游戏规则，箱子可以在空地之间、目的地之间、空地和目的地之间来回移动，因此，实现本模块共有 4 个函数。

(1) void moveBoxSpacetoSpace(int x, int y, char a)：把箱子从空地移动到空地。

(2) void moveBoxDestoSpace(int x, int y, char a)：把箱子从目的地移动到空地。

(3) void moveBoxSpacetoDes(int x, int y, char a)：把箱子从空地移动到目的地。

(4) void moveBoxDestoDes(int x, int y, char a)，把箱子从目的地移动到目的地。

具体代码如下：

```
/*从空地移动箱子到空地的函数*/
void moveBoxSpacetoSpace(int x, int y, char a)
{
    switch(a)
    {
    /*如果按向上键*/
    case 'u':
        /*重设((x-1),y)位置的状态为 0*/
        status[x-1][y] = 0;
        /*清空(x, y)处原有的小人*/
        printf(" ");
        /*在((x-2),y)处重新画箱子*/
        printBox(x-2, y);
        /*在((x-1),y)处重新画小人*/
        printMan(x-1, y);
        /*重设((x-2),y)位置的状态为箱子*/
        status[x-2][y] = 'b';
        break;
    /*如果按向下键*/
    case 'd':
        status[x+1][y] = 0;
        printf(" ");
        printBox(x+2, y);
        printMan(x+1, y);
        status[x+2][y] = 'b';
```

```
        break;
    /*如果按向左键*/
    case 'l':
        status[x][y-1] = 0;
        printf(" ");
        printBox(x, y-2);
        printMan(x, y-1);
        status[x][y-2] = 'b';
        break;
    /*如果按向右键*/
    case 'r':
        status[x][y+1] = 0;
        printf(" ");
        printBox(x, y+2);
        printMan(x, y+1);
        status[x][y+2] = 'b';
        break;
    default:
        break;
    }
}

/*从目的地移动箱子到空地的函数*/
void moveBoxDestoSpace(int x, int y, char a)
{
    switch(a)
    {
    /*如果按向上键*/
    case 'u':
        status[x-1][y] = 'm';
        printf(" ");
        printBox(x-2, y);
        printMan(x-1, y);
        status[x-2][y] = 'b';
        break;
    /*如果按向下键*/
    case 'd':
        status[x+1][y] = 'm';
        printf(" ");
        printBox(x+2, y);
        printMan(x+1, y);
        status[x+2][y] = 'b';
        break;
    /*如果按向左键*/
    case 'l':
        status[x][y-1] = 'm';
        printf(" ");
        printBox(x, y-2);
        printMan(x, y-1);
        status[x][y-2] = 'b';
```

```
        break;
    /*如果按向右键*/
    case 'r':
        status[x][y+1] = 'm';
        printf(" ");
        printBox(x, y+2);
        printMan(x, y+1);
        status[x][y+2] = 'b';
        break;
    default:
        break;
    }
}

/*从空地移动箱子到目的地的函数*/
void moveBoxSpacetoDes(int x, int y, char a)
{
    switch(a)
    {
    /*如果按向上键*/
    case 'u':
        status[x-1][y] = 0;
        printf(" ");
        printBoxDes(x-2, y);
        printMan(x-1, y);
        /*目的地上有箱子，设置该点状态为i*/
        status[x-2][y] = 'i';
        break;
    /*如果按向下键*/
    case 'd':
        status[x+1][y] = 0;
        printf(" ");
        /*在目的地画箱子*/
        printBoxDes(x+2, y);
        printMan(x+1, y);
        /*目的地上有箱子，设置该点状态为i*/
        status[x+2][y] = 'i';
        break;
    /*如果按向左键*/
    case 'l':
        status[x][y-1] = 0;
        printf(" ");
        printBoxDes(x, y-2);
        printMan(x, y-1);
        status[x][y-2] = 'i';
        break;
    /*如果按向右键*/
    case 'r':
        status[x][y+1] = 0;
        printf(" ");
```

```
        printBoxDes(x, y+2);
        printMan(x, y+1);
        status[x][y+2] = 'i';
        break;
    default:
        break;
    }
}

/*从目的地移动箱子到目的地的函数*/
void moveBoxDestoDes(int x, int y, char a)
{
    switch(a)
    {
    /*如果按向上键*/
    case 'u':
        status[x-1][y] = 'm';
        printf(" ");
        /*在目的地画箱子*/
        printBoxDes(x-2, y);
        printMan(x-1, y);
        /*目的地上有箱子，设置该点状态为 i*/
        status[x-2][y] = 'i';
        break;
    /*如果按向下键*/
    case 'd':
        status[x+1][y] = 'm';
        printf(" ");
        printBoxDes(x+2, y);
        printMan(x+1, y);
        status[x+2][y] = 'i';
        break;
    /*如果按向左键*/
    case 'l':
        status[x][y-1] = 'm';
        printf(" ");
        printBoxDes(x, y-2);
        printMan(x, y-1);
        status[x][y-2] = 'i';
        break;
    /*如果按向右键*/
    case 'r':
        status[x][y+1] = 'm';
        printf(" ");
        printBoxDes(x, y+2);
        printMan(x, y+1);
        status[x][y+2] = 'i';
        break;
    default:
        break;
```

```
    }
}
```

5. 移动小人模块

移动小人模块是本程序的核心模块，仅由 move()函数来实现。move()函数控制小人的移动，并调用画图模块、移动箱子模块中的函数来实现箱子的重画、移动等操作。具体的操作流程可参见图 4.3。

具体代码如下：

```
/*根据按下的键处理小人移动的函数*/
void move(int x, int y, char a)
{
    switch(a)
    {
    /*如果按向上键*/
    case 'u':
        /*如果(x-1,y)即小人的下一步状态为墙*/
        if(!judge(x-1, y))
        {
            /*则跳转到(y,x)，并跳出循环*/
            gotoxy(y, x);
            break;
        }
        /*如果小人的下一步状态为目的地或者什么都没有*/
        else if(judge(x-1,y)==1 || judge(x-1,y)==3)
        {
            /*如果当前状态为目的地*/
            if(judge(x, y) == 3)
            {
                /*画目的地*/
                printDestination(x, y);
                /*在新位置重新画小人*/
                printMan(x-1, y);
                break;
            }
            /*如果下一步状态为 0*/
            else
            {
                /*输出空字符，覆盖当前状态的小人*/
                printf(" ");
                /*在下一步重新画小人*/
                printMan(x-1, y);
                break;
            }
        }
        /*如果下一步状态是箱子*/
        else if(judge(x-1,y) == 2)
        {
            /*如果下一步的下一步为空*/
```

```
        if(judge(x-2,y) == 1)
        {
            /*则将箱子从空地向上移动到空地*/
            moveBoxSpacetoSpace(x, y, 'u');
            /*如果当前状态为目的地*/
            if(judge(x, y) == 3)
                /*画目的地*/
                printDestination(x, y);
            gotoxy(y, x-1);
        }
        /*如果下一步的下一步为目的地*/
        else if(judge(x-2,y) == 3)
        {
            /*则将箱子从空地向上移动到目的地*/
            moveBoxSpacetoDes(x, y, 'u');
            if(judge(x, y) == 3)
                printDestination(x, y);
            gotoxy(y,x-1);
        }
        else
            gotoxy(y, x);
        break;
    }
    /*如果下一步状态是箱子在目的地上*/
    else if(judge(x-1,y) == 4)
    {
        /*如果下一步的下一步为空*/
        if(judge(x-2,y) == 1)
        {
            /*则将箱子从目的地向上移动到空地*/
            moveBoxDestoSpace(x, y, 'u');
            if(judge(x, y) == 3)
                printDestination(x, y);
            gotoxy(y, x-1);
        }
        /*如果下一步的下一步为目的地*/
        else if(judge(x-2,y) == 3)
        {
            /*则将箱子从目的地向上移动到目的地*/
            moveBoxDestoDes(x, y, 'u');
            if(judge(x, y) == 3)
                printDestination(x, y);
            gotoxy(y, x-1);
        }
        else
            gotoxy(y, x);
        break;
    }
/*如果按向下键*/
case 'd':
```

```
if(!judge(x+1, y))
{
    gotoxy(y, x);
    break;
}
else if(judge(x+1,y)==1 || judge(x+1,y)==3)
{
    if(judge(x, y) == 3)
    {
        printDestination(x, y);
        printMan(x+1, y);
        break;
    }
    else
    {
        printf(" ");
        printMan(x+1, y);
        break;
    }
}
else if(judge(x+1,y) == 2)
{
    if(judge(x+2,y) == 1)
    {
        /*将箱子从空地向下移动到空地*/
        moveBoxSpacetoSpace(x, y, 'd');
        if(judge(x, y) == 3)
            printDestination(x, y);
        gotoxy(y, x+1);
    }
    else if(judge(x+2,y) == 3)
    {
        /*将箱子从空地向下移动到目的地*/
        moveBoxSpacetoDes(x, y, 'd');
        if(judge(x, y) == 3)
            printDestination(x, y);
        gotoxy(y, x+1);
    }
    else
        gotoxy(y, x);
    break;
}
else if(judge(x+1,y) == 4)
{
    if(judge(x+2,y) == 1)
    {
        /*将箱子从目的地向下移动到空地*/
        moveBoxDestoSpace(x, y, 'd');
        if(judge(x, y) == 3)
            printDestination(x, y);
```

```
            gotoxy(y, x+1);
        }
        else if(judge(x+2,y) == 3)
        {
            /*将箱子从目的地向下移动到目的地*/
            moveBoxDestoDes(x, y, 'd');
            if(judge(x, y) == 3)
                printDestination(x, y);
            gotoxy(y, x+1);
        }
        else
            gotoxy(y, x);
        break;
    }
/*如果按向左键*/
case 'l':
    if(!judge(x, y-1))
    {
        gotoxy(y, x);
        break;
    }
    else if(judge(x,y-1)==1 || judge(x,y-1)==3)
    {
        if(judge(x, y) == 3)
        {
            printDestination(x, y);
            printMan(x, y-1);
            break;
        }
        else
        {
            printf(" ");
            printMan(x, y-1);
            break;
        }
    }
    else if(judge(x,y-1) == 2)
    {
        if(judge(x,y-2) == 1)
        {
            /*将箱子从空地向左移动到空地*/
            moveBoxSpacetoSpace(x, y, 'l');
            if(judge(x, y) == 3)
                printDestination(x, y);
            gotoxy(y-1, x);
        }
        else if(judge(x,y-2) == 3)
        {
            /*将箱子从空地向左移动到目的地*/
            moveBoxSpacetoDes(x, y, 'l');
```

```
            if(judge(x, y) == 3)
                printDestination(x, y);
            gotoxy(y-1, x);
        }
        else
            gotoxy(y, x);
        break;
    }
    else if(judge(x,y-1) == 4)
    {
        if(judge(x,y-2) == 1)
        {
            /*将箱子从目的地向左移动到空地*/
            moveBoxDestoSpace(x, y, 'l');
            if(judge(x, y) == 3)
                printDestination(x, y);
            gotoxy(y-1, x);
        }
        else if(judge(x,y-2) == 3)
        {
            /*将箱子从目的地向左移动到目的地*/
            moveBoxDestoDes(x, y, 'l');
            if(judge(x, y) == 3)
                printDestination(x, y);
            gotoxy(y-1, x);
        }
        else
            gotoxy(y, x);
        break;
    }
/*如果按向右键*/
case 'r':
    if(!judge(x, y+1))
    {
        gotoxy(y, x);
        break;
    }
    else if(judge(x,y+1)==1 || judge(x,y+1)==3)
    {
        if(judge(x, y) == 3)
        {
            printDestination(x, y);
            printMan(x, y+1);
            break;
        }
        else
        {
            printf(" ");
            printMan(x, y+1);
            break;
```

```
            }
        }
        else if(judge(x,y+1) == 2)
        {
            if(judge(x,y+2) == 1)
            {
                /*将箱子从空地向右移动到空地*/
                moveBoxSpacetoSpace(x, y, 'r');
                if(judge(x, y) == 3)
                    printDestination(x, y);
                gotoxy(y+1, x);
            }
            else if(judge(x,y+2) == 3)
            {
                /*将箱子从空地向右移动到目的地*/
                moveBoxSpacetoDes(x, y, 'r');
                if(judge(x, y) == 3)
                    printDestination(x, y);
                gotoxy(y+1, x);
            }
            else
                gotoxy(y, x);
            break;
        }
        else if(judge(x,y+1) == 4)
        {
            if(judge(x,y+2) == 1)
            {
                /*将箱子从目的地向右移动到空地*/
                moveBoxDestoSpace(x, y ,'r');
                if(judge(x, y) == 3)
                    printDestination(x, y);
                gotoxy(y+1, x);
            }
            else if(judge(x,y+2) == 3)
            {
                /*将箱子从目的地向右移动到目的地
                moveBoxDestoDes(x, y, 'r');
                if(judge(x, y) == 3)
                    printDestination(x, y);
                gotoxy(y+1, x);
            }
            else
                gotoxy(y, x);
            break;
        }
    default:
        break;
    }
}
```

6. 功能控制模块

功能控制模块包括屏幕输出功能、关卡重置功能和坐标位置状态的判断功能。该模块包括以下几个函数。

(1) void putoutChar(int y, int x, char ch, char fc, char bc)：在屏幕上指定的位置输出指定的字符。

(2) int judge(int x, int y)：判断位置(x，y)处的状态。

(3) void reset(int i)：关卡重置函数。

具体代码如下：

```
/*在屏幕上的指定位置输出指定的字符函数*/
void putoutChar(int y, int x, char ch, char fc, char bc)
{
    /*屏幕输出字符 ch*/
    printScreen[(x*160)+(y<<1)+0] = ch;
    /*指定字符颜色 fc，背景色 bc*/
    printScreen[(x*160)+(y<<1)+1] = (bc*16)+fc;
}

/*判断特定坐标的状态函数*/
int judge(int x, int y)
{
    int i;
    /*根据 status[x][y]中存的值来判断该点的状态*/
    switch(status[x][y])
    {
    /*如果什么都没有*/
    case 0:
        i = 1;
        break;
    /*如果该点表示墙*/
    case 'w':
        i = 0;
        break;
    /*如果该点表示箱子*/
    case 'b':
        i = 2;
        break;
    /*如果该点表示箱子在目的地*/
    case 'i':
        i = 4;
        break;
    /*如果该点表示目的地*/
    case 'm':
        i = 3;
        break;
    default:
        break;
    }
```

```
    return i;
}

/*重置当前关函数*/
void reset(int i)
{
    switch(i)
    {
    /*重置第一关*/
    case 0:
        init();
        initStep1();
        break;
    /*重置第二关*/
    case 1:
        init();
        initStep2();
        break;
    /*重置第三关*/
    case 2:
        init();
        initStep3();
        break;
    default:
        break;
    }
}
```

7. 主函数

主函数实现整个程序的控制，其游戏操作流程可参见图 4.2。

具体代码如下：

```
void main()
{
    /*记录按下的键*/
    int key;
    int x;
    int y;
    /*记录未被推到目的地的箱子个数*/
    int s;
    /*记录已经过了几关*/
    int i = 0;
    winer *win;
    winer *pw;
    /*设置寄存器 AX 低位*/
    _AL = 3;
    /*设置寄存器 AX 高位*/
    _AH = 0;
    geninterrupt(0x10);
    init();
```

```
    win = initStep1();
    do {
        /*设置 AH，读取光标位置*/
        _AH = 3;
        geninterrupt(0x10);
        /*读取光标所在的行，加 1*/
        x = _DH+1;
        /*读取光标所在的列，加 1*/
        y = _DL+1;
        /*bioskey(1)返回 0，直到有键按下*/
        while(bioskey(1)==0);
        /*返回按下的键*/
        key = bioskey(0);
        switch(key)
        {
        /*如果按下向上键*/
        case 0x4800:
            move(x, y, 'u');
            break;
        /*如果按下向下键*/
        case 0x5000:
            move(x, y, 'd');
            break;
        /*如果按下向左键*/
        case 0x4b00:
            move(x, y, l');
            break;
        /*如果按下向右键*/
        case 0x4d00:
            move(x, y ,'r');
            break;
        /*如果按下空格键*/
        case 0x3920:
            reset(i);
            break;
        default:
            break;
        }
        s = 0;
        pw = win;
        /*如果指针非空*/
        while(pw)
        {
            /*如果目的地的状态为 m，不是 i，表示还有箱
            子未被推到目的地，该关还未完成*/
            if(status[pw->x][pw->y] == 'm')
                /*未被推到目的地的箱子数*/
                s++;
            /*判断下一个目的地的状态*/
            pw = pw->p;
```

```
        }
        /*该关完成*/
        if(s == 0)
        {
            /*释放分配的空间*/
            free(win);
            gotoxy(25, 2);
            printf("congratulate! You have done this step!");
            getch();
            i++;
            switch(i)
            {
            /*进入第二关*/
            case 1:
                init();
                win = initStep2();
                break;
            /*进入第三关*/
            case 2:
                init();
                win = initStep3();
                break;
            /*完成所有关*/
            case 3:
                gotoxy(20, 21);
                printf("Congratulation! ");
                gotoxy(15, 23);
                printf(
                  "You have done all the steps, Welcome to play again! ");
                /*设置键为Esc以便退出程序*/
                key = 0x011b;
                /*按任意键结束*/
                getch();
                break;
            default:
                break;
            }
        }
    } while(key != 0x011b);

    _AL = 3;
    _AH = 0;
    geninterrupt(0x10);
}
```

4.4.2　运行结果

(1)　游戏第一关

游戏进入第一关时，显示第一关的关卡和欢迎信息，如图 4.4 所示。

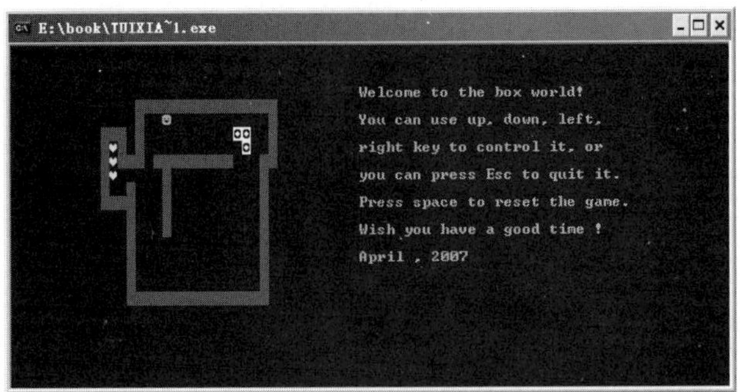

图 4.4　游戏第一关

(2)　游戏第二关

图 4.5 显示了游戏进入第二关时的情况。

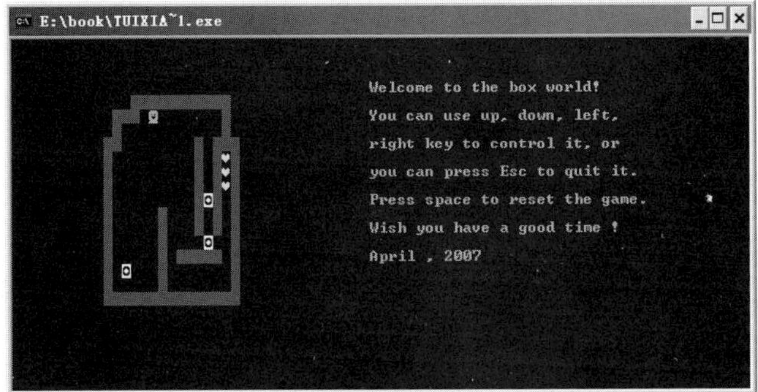

图 4.5　游戏第二关

(3)　游戏结束

完成游戏第三关后即结束，此时，游戏结束并提示结束信息，如图 4.6 所示。

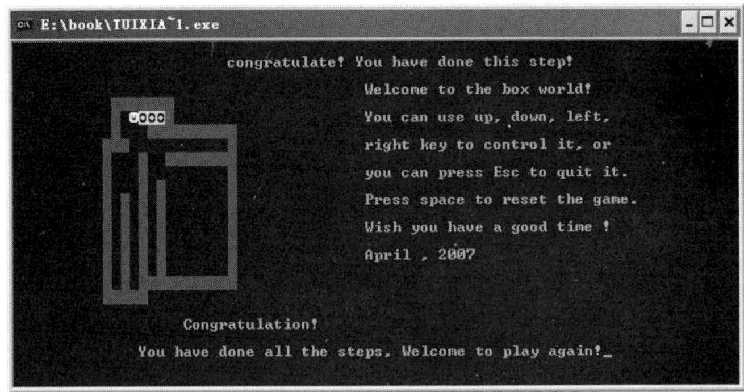

图 4.6　游戏第三关

第5章 打 字 游 戏

打字游戏是一种训练人熟悉键盘和敏捷思维的游戏，它从最初的 TT、WT 练习，发展到了现在的手机 APP 趣味打字游戏应用。本章将用 C 语言实现一个简单的字母打字游戏，旨在讲述该游戏的开发原理，对程序的模块设计、数据结构设计进行分析，并通过源码分析，讲述各个主要模块的实现方法。在各个模块的实现过程中，渗透了大量的计时器处理和字符处理函数。

读者通过本章的学习，应该熟练掌握以下知识点。

(1) 图形系统的初始化和关闭。

(2) 文本颜色的设置、定位、输出，以及文本输出风格的设定。

(3) 各种画图函数的使用。

(4) PC 扬声器的打开、延迟、关闭。

(5) 如何获取键盘缓冲区的键值。

(6) 定时器的使用。

读者可以在本章的基础上进行拓展，对界面、功能和其他操作等进行补充，开发出自己喜欢的风格。

5.1 设 计 目 的

本程序旨在进一步训练读者游戏开发的技巧，掌握 C 语言图形模式下的编程。

本程序涉及很多图形函数，包括坐标定位；颜色设置(背景色、文本颜色、填充颜色的设置)；文本风格、填充风格；画矩形函数；PC 扬声器的打开、延迟、关闭；图形系统的初始化和关闭；图形屏幕和文字屏幕的清除；从键盘获取键值等。

通过本程序的训练，使读者能对 C 语言有一个更深刻的了解，掌握简单打字游戏开发的基本原理，从而为以后的程序开发奠定基础。

5.2 功 能 描 述

本程序用 C 语言实现打字游戏，能进行基本的打字操作。程序能实现打字游戏的用户等级选择功能、打字操作功能、正确判断功能和成绩显示功能。

(1) 用户等级选择功能：游戏能实现用户游戏难度选择功能。

(2) 打字操作功能。游戏能实现用户键盘的字符输入操作，按 Esc 键能随时退出游戏，按空格键可随时暂停游戏。

(3) 正确判断功能。游戏能对字符输入的结果进行判断，分出正误。

(4) 成绩显示功能。游戏能显示玩家当前的击键数及正确数。

5.3 总 体 设 计

5.3.1 功能模块设计

(1) 系统模块图

本程序包括 4 个子模块，分别是用户等级选择模块、打字操作模块、正确判断模块和成绩显示模块，如图 5.1 所示。

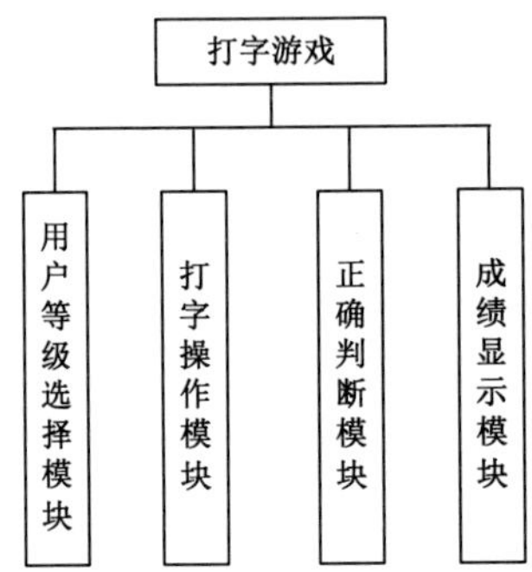

图 5.1 系统模块组成

各个模块的功能描述如下。

- 用户等级选择模块：游戏开始前，提示用户选择玩家难度等级(1~3)，其中 1 为简单模式、2 为一般难度模式、3 为较大难度模式。
- 打字操作模块：该模块是系统的核心，主要是实现按键 ASCII 码的获取、创建字符、显示字符、移动字符、删除字符、隐藏字符、定时器启动与关闭功能。
- 正确判断模块：该模块用于检测按键是否与屏幕上出现的字符一致。
- 成绩显示模块：该模块主要用于显示状态栏图、击键总次数以及正确个数的显示。

(2) 任务执行流程图

游戏程序首先执行系统初化工作，包括定义数据结构及变量、初始化随机数种子、设置图形模式参数、选择等级、显示状态栏及初始成绩；然后启动两个定时器，分别为移动字符定时器、产生字符定时器，定时器一旦启动，则按照规定的时间间隔进行字符的产生、显示及移动等；接着，读取用户的按键值并进行定时器的更新，系统针对用户的按键进行相关操作，若为 Esc 键，则退出系统，若为 Space 键，则暂停游戏操作，若为其他键，则进行击键的正确检测及结果显示，计时器继续在屏幕上产生和移动字符。具体任务的执行流程如图 5.2 所示。

(3) 用户等级选择模块

用户等级选择模块由 SelectLevel()函数来实现，它首先显示图形化等级选择界面 welcome.bmp 文件，由 fopen、fseek、fgetc、putpixel、fclose 函数结合实现，有三个等级可以选择，其中，1 为简单模式、2 为一般难度模式、3 为较大难度模式；然后根据用户选择的等级不同，确定字符的下降步长 Steps 和字符出现的间隔 Intervals，等级越高，步长越大且字符出现的时间间隔越小，也就是说，字符下降的速度越快且出现字符的频率越高。

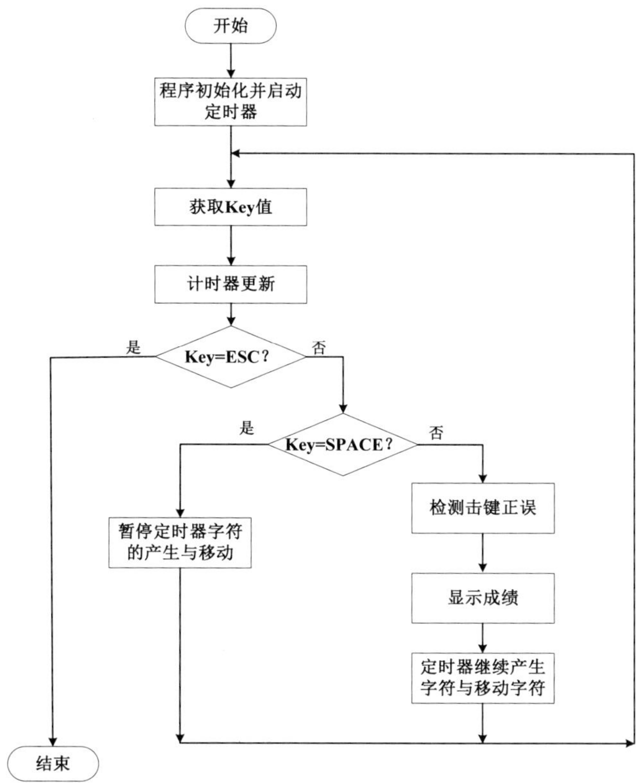

图 5.2　任务执行流程

(4) 打字操作模块

打字操作模块包括按键 ASCII 码的获取、创建字符、显示字符、移动字符、删除字符、隐藏字符、定时器启动与关闭等功能。其中，ASCII 码的获取由 AscIIKey()函数实现，BIOS 程序驻留在 ROM 中，但它使用了 256 个字节的 RAM 作为数据区，因此，可以从内存的键盘缓冲区中直接读出 ASCII 码，绝对地址在 0x0400-0x04FF 中，主要使用 peek()与 poke()函数实现；创建字符由 CreateLetter()函数实现，当找到第一个空闲的字符对象后，则随机产生一个 A~Z 之间的字符对象；显示字符由 ShowLetter()函数实现，主要使用 outtextxy()函数在指定位置显示字符；移动字符由 MoveLetter()函数实现，其原理为隐藏当前字符，并在步长规定的行重新显示该字符，直至程序规定的屏幕底部消失；隐藏字符由 HideLetter()函数实现，其原理为先画一个以(x1，y1)为左上角、(x2，y2)为右下角的矩形窗口，再按规定模式和颜色填充；删除字符由 KillLetter()函数实现，调用了 HideLetter()函数和 CreateLetter()函数。

另外，定时器也是实现本游戏的关键技术，主要包括事件定时器的启动、事件定时器的超时更新和事件定时器的删除。其中，事件定时器的启动由 CreateTimer(DWORD Interval, void (*Pointer)())函数实现，其中，Interval 为定时器的指定时间时隔，Pointer 为规定时间到达后需要执行的事件；事件定时器的超时更新由 TimerEvent()函数来实现，主要完成定时器各参数值的更新；事件定时器的删除由 KillTimer(int *TimerID)和 KillAllTimer()来实现，用来删除指定定时器或所有定时器。

(5) 正确判断模块

正确判断模块由 Check(BYTE Key)函数实现。

首先，对总击键数进行加 1 累加，然后对屏幕上出现的每个字符进行比较，若相同，则启动扬声器 10 毫秒，正确计数器加 1，并在屏幕上消除该字符；若不相同，则不执行相应的操作。最后，调用成绩显示功能。

(6) 成绩显示模块

成绩显示模块由 ShowBar()和 Check(BYTE Key)函数联合实现，ShowBar()用于显示状态栏条，Check(BYTE Key)显示实时的击键数和正确数。

5.3.2 数据结构设计

本程序不但有自定义结构体，而且定义了一些全局变量和数组。

(1) 定时器结构

结构体 TIMER 的具体定义如下：

```
struct TIMER
{
    DWORD Interval;                /*  间隔  */
    DWORD LastTimer;               /* 上次事件发生时间*/
    BOOL  Enable;                  /*  活动状态变量 */
    BOOL  Used;                    /*  是否已在使用状态变量 */
    void  (*Pointer)();            /* 用于指定具体的事件*/
};
```

其中，DWORD、BOOL 为程序定义的宏类型，具体为#define BOOL BYTE、#define WORD unsigned int、#define DWORD unsigned long。

(2) 字符对象结构

结构体对象 LETTER 的定义如下：

```
typedef struct
{
    int  x;              /*  字符出现的坐标 X    */
    int  y;              /*  字符出现的坐标 Y    */
    BYTE val;            /*  字符 ASCII 码        */
    BOOL Used;           /* 当前字符是否已经使用  */
} LETTER;
```

其中，LETTER 为自定义的字符对象结构名，BYTE 等同于 unsigned char。

(3) 全局数组

① struct TIMER tmTM[MAXTIMER+1]：用于表示存储定时器的个数。

② LETTER Letter[MAX_LETTER]：用于保存字符对象。

(4) 全局变量

int Step 表示字符下落步长，DWORD Hits 表示击键次数，DWORD Right 表示正确个数，int Interval 表示字符产生间隔，int LetterUsed 表示已用的字符个数，int TimerUsed 表示存储定时器当前已用个数。

5.3.3　函数功能描述

(1)　main()
函数原型：

```
main();
```

main()函数是程序的主函数，实现了游戏各模块的调度控制功能。
(2)　BiosTimer()
函数原型：

```
DWORD BiosTimer(void);
```

BiosTimer()函数用于获取 BIOS 计数器数值。
(3)　TimerEvent()
函数原型：

```
void TimerEvent();
```

TimerEvent()用于事件计时器超时更新。
(4)　CreateTimer()
函数原型：

```
int CreateTimer(DWORD Interval, void (*Pointer)());
```

CreateTimer()函数用于创建一个定时器。
(5)　KillTimer
函数原型：

```
void KillTimer(int *TimerID);
```

KillTimer()函数用于删除一个定时器。
(6)　KillAllTimer()
函数原型：

```
void KillAllTimer();
```

KillAllTimer()函数用于删除所有定时器。
(7)　AscIIKey()
函数原型：

```
BYTE AscIIKey();
```

AscIIKey()函数用于取按键的 ASCII 码。
(8)　ShowBar()
函数原型：

```
void ShowBar();
```

ShowBar()函数用于显示状态栏条。

(9) SelectLevel()
函数原型：

```
void SelectLevel();
```

SelectLevel()函数用于用户选择难度等级。

(10) CreateLetter()
函数原型：

```
void CreateLetter();
```

CreateLetter()函数用于创建字符。

(11) ShowLetter()
函数原型：

```
void ShowLetter(int ID);
```

ShowLetter()函数用于显示字符。

(12) HideLetter()
函数原型：

```
void HideLetter(int ID);
```

HideLetter()函数用于隐藏字符。

(13) MoveLetter()
函数原型：

```
void MoveLetter(void);
```

MoveLetter()函数用于移动字符。

(14) KillLetter()
函数原型：

```
void KillLetter();
```

KillLetter()函数用于删除字符。

(15) Check()
函数原型：

```
void Check(BYTE Key);
```

Check()函数用于检测是否命中。

(16) SetGraphMode()
函数原型：

```
void SetGraphMode();
```

SetGraphMode()函数用于设置图形模式。

(17) CloseGraphMode()
函数原型：

```
void CloseGraphMode();
```

CloseGraphMode()函数用于关闭图形模式。

5.4 程序实现

5.4.1 源码分析

1. 程序预处理

程序预处理部分包括加载头文件，定义按键码，定义数据结构、常量和变量，并对它们进行初始化工作。具体代码如下：

```
/*加载头文件*/
# include <stdlib.h>
# include <stdio.h>
# include <graphics.h>
# include <dos.h>

/* 定义一些通用的宏*/
# define  BYTE        unsigned char
# define  BOOL        BYTE
# define  WORD        unsigned int
# define  DWORD       unsigned long

# define  TRUE        1
# define  FALSE       !TRUE

# define  KEY_ESC      27
# define  KEY_SPACE    32

# define  MAX_LETTER   30     /* 最大的字符数目 */
# define  MAX_HEIGHT   400    /* 字符下落的最大高度 */

# define  MAXTIMER     10    /* 系统可用定时器的最大数目 */
# ifndef  NULL
#   define NULL       0
# endif

/*****************定时器相关数据结构与函数定义*********************/
struct TIMER   /* 定时器结构 */
{
  DWORD Interval;              /*     间隔      */
  DWORD LastTimer;             /* 上次事件发生时间*/
  BOOL  Enable;               /*     活动      */
  BOOL  Used;                 /*     可用      */
  void  (*Pointer)();          /* 计算器 void 类型指针，用于指向系统时间的句柄 */
};
struct TIMER tmTM[MAXTIMER+1]; /*全局结构数据，存储定时器个数*/
int    TimerUsed=0; /*全局变量，存储定时器当前已用个数*/
```

```
/*处理定时器相关的函数*/
DWORD BiosTimer(void);       /* 获取 BIOS 计数器数值 */
void TimerEvent();           /* 事件定时器超时更新*/
int CreateTimer(DWORD Interval,void (*Pointer)());
/* 创建一个定时器(若成功返回时钟的句柄，否则返回 NULL) */
void KillTimer(int *TimerID);  /* 删除一个定时器 */
void KillAllTimer();  /* 删除所有定时器 */

/************************************************************/
/****************字符对象数据结构及处理函数定义****************/
/* 定义字符对象结构*/
typedef struct
{
    int  x;              /*  字符出现的坐标 X    */
    int  y;              /*  字符出现的坐标 Y    */
    BYTE val;            /*  字符 ASCII 码        */
    BOOL Used;           /* 当前字符是否已经使用  */
} LETTER;

LETTER Letter[MAX_LETTER];     /* 字符对象数组 */
int    Step=1;                /* 字符下落步长 */
DWORD  Hits=0;                /* 击键次数 */
DWORD  Right=0;               /* 正确个数 */
int    Interval=18;           /* 字符产生间隔，系统时钟中断大约每秒钟发生 18.2 次*/
int    LetterUsed=0;          /* 已用的字符个数 */

/*处理字符相关的函数*/
BYTE AscIIKey();              /* 取按键的 ASCII 码(不等待) */
void ShowBar();             /* 显示状态栏图 */
void KillLetter();          /* 删除字符 */
void SelectLevel();         /* 选择难度 */
void CreateLetter();        /* 创建字符 */
void SetGraphMode();        /* 设置图形模式 */
void Check(BYTE Key);       /* 检测是否击中 */
void CloseGraphMode();      /* 关闭图形模式 */
void MoveLetter(void);      /* 移动字符 */
void HideLetter(int ID);    /* 隐藏字符*/
void ShowLetter(int ID);    /* 显示字符 */
/************************************************************/
```

2. 主函数

主函数 main()是程序首先被执行的部分。具体代码如下：

```
void main()
{
   BOOL bQuit = FALSE;                     /* 是否退出变量初始化为假 */
   BOOL bPause = FALSE;                    /* 是否暂停变量初始化为假 */
   int  tm1, tm2;
   BYTE Key;
   randomize();                        /* 初始化随机数种子 */
```

```
    SetGraphMode();                    /* 设置图形模式参数*/
    SelectLevel();                     /* 选择等级*/
    ShowBar();                         /*显示状态栏及成绩*/
    tm1 = CreateTimer(1, MoveLetter);          /* 创建移动字符定时器 */
    tm2 = CreateTimer(Interval, CreateLetter);   /* 创建产生字符定时器*/
    CreateLetter(); /*创建字符*/
    /*读取按键值*/
    Key = AscIIKey();
    while (!bQuit)   /*若没有按下 Esc 键退出*/
    {
        TimerEvent(); /* 事件定时器超时更新 */
        switch (Key)  /* 判定键值 */
        {
        case NULL:  /* 若为 0 则跳出 switch 语句*/
            break;
        case KEY_ESC: /*若为 Esc 键，退出游戏*/
            bQuit = TRUE;
            break;
        case KEY_SPACE: /*若为 Space 键，暂停游戏*/
            bPause = !bPause;
            tmTM[tm1].Enable = !bPause;
            tmTM[tm2].Enable = !bPause;
            break;
        default: /*若上述都不满足，则进行击中判断处理*/
            if (!bPause) Check(Key);
        }
        Key = AscIIKey(); /*继续读按键*/
    }
    CloseGraphMode(); /*关键图形模式退出*/
}
```

3. 定时器处理

定时器主要包括事件定时器的启动、事件定时器的超时更新和事件定时器的删除。事件定时器的启动由 CreateTimer(DWORD Interval, void (*Pointer)())函数来实现，其中，Interval 为定时器的指定时间时隔，Pointer 为规定时间到达后需要执行的事件；事件定时器的超时更新由 TimerEvent()函数来实现，主要完成定时器各参数值的更新；事件定时器的删除由 KillTimer(int *TimerID)和 KillAllTimer()来实现，用来删除指定定时器或所有定时器。具体代码如下：

```
/* 获取 BIOS 计数器数值 */
DWORD BiosTimer(void)
{
    DWORD BIOSTIMER = 0;
    /*dos.h 中的 peek 函数用于读取指定存储单元中的内容*/
    /*原型：int peek(int segment, unsigned offset)*/
    BIOSTIMER = peek(0x0, 0x46e);
    BIOSTIMER <<= 8; /*左移 8 位，空出位置用于拼接下一个数值*/
    BIOSTIMER += peek(0x0, 0x46c);
```

```
    /*先从 0x46e 处读出一个字节，然后从 0x46c 处读一个字节，
    然后拼成一个 16 位的数(系统时间)*/
    /*注：DOS 系统中，规定此处固定地存放系统时间*/
    return (BIOSTIMER);
}

/* 事件定时器超时更新 */
void TimerEvent()
{
    int i;
    DWORD TimerDiff;
    for (i=1; i<=MAXTIMER; i++) /*遍历每一个事件定时器*/
    {
        if (tmTM[i].Used&&tmTM[i].Enable) /*若定时器可用且是可活动的*/
        {
            TimerDiff = BiosTimer() - tmTM[i].LastTimer;
              /*计算单个事件发生时间与当前系统的时间间隔*/
            if (tmTM[i].Interval <= TimerDiff) /*若此事件定时器超时*/
            {
                tmTM[i].Pointer(); /*更新指向系统时间的句柄*/
                tmTM[i].LastTimer = BiosTimer(); /*更新事件发生时间为当前时间*/
            }
        }
    }
}

/* 启动一个定时器(若成功，返回时钟的句柄，否则返回 NULL) */
int CreateTimer(DWORD Interval, void (*Pointer)())
{
    int i = 0;
    if (TimerUsed==MAXTIMER) return NULL; /*定时器个数已用完*/
    while (tmTM[++i].Used); /*检测可用定时器，某定时器可用时退出循环*/
    /*更新定时器各参数值*/
    tmTM[i].Pointer = Pointer;
    tmTM[i].Interval = Interval;
    tmTM[i].Enable = TRUE;
    tmTM[i].Used = TRUE;
    tmTM[i].LastTimer = BiosTimer();
    TimerUsed++; /*已用定时器个数增加 1*/
    return i;
}

/* 删除一个定时器 */
void KillTimer(int *TimerID)
{
    if (tmTM[*TimerID].Used)
    {
        TimerUsed--; /*已用定时器个数减 1*/
        tmTM[*TimerID].Used = FALSE;
    }
```

```
    *TimerID = 0;
}

/* 删除所有定时器 */
void KillAllTimer()
{
    int i;
    for (i=0; i<=MAXTIMER; i++) tmTM[i].Used = FALSE;
    TimerUsed = 0;
}
```

4. 字符处理

字符处理包括按键 ASCII 码的获取、创建字符、显示字符、移动字符、删除字符、隐藏字符等功能。其中，ASCII 码的获取由 AscIIKey()函数来实现，BIOS 程序驻留在 ROM 中，但它使用了 256 个字节的 RAM 作为数据区，因此，可以从内存中的键盘缓冲区中直接读出 ASCII 码，绝对地址在 0x0400~0x04FF 中，主要使用 peek()与 poke()函数来实现；创建字符由 CreateLetter()函数来实现，当找到第一个空闲的字符对象后，则随机产生一个 A~Z 之间的字符对象；显示字符由 ShowLetter()函数来实现，主要使用 outtextxy()函数在指定位置显示字符；移动字符由 MoveLetter()函数来实现，其原理为隐藏当前字符，并在步长规定的行重新显示该字符，直至程序规定的屏幕底部消失；隐藏字符由 HideLetter()函数来实现，其原理为先画一个以(x1，y1)为左上角、(x2，y2)为右下角的矩形窗口，再按规定模式和颜色填充；删除字符由 KillLetter()函数来实现，调用了 HideLetter()和 CreateLetter()函数。具体代码如下：

```
/* 创建一个字符*/
void CreateLetter()
{
    int  i = 0;
    int  x;
    BYTE val;
    if (LetterUsed == MAX_LETTER) return;    /* 无字符可用则返回 */
    while (Letter[++i].Used);  /* 找到第一个空闲的字符对象，产生一个字符对象 */
    x = i;
    Letter[i].x = x*640/MAX_LETTER; /*x 表示字符出现的列位置*/
    Letter[i].y = 0;                /*y 表示在第 0 行出现*/
    Letter[i].val = random(26)+'A'; /*random(26)随机产生一个 0~25 之间的数*/
    Letter[i].Used = TRUE; /*标记该字符已经被使用*/
    LetterUsed++; /*使用的字符总数加 1*/
}

/* 隐藏一个字符*/
void HideLetter(int ID)
{
    /* 用填充矩形来消隐字符 */
    bar(Letter[ID].x, Letter[ID].y, Letter[ID].x+16, Letter[ID].y+20);
    /*先画一个以(x，y)为左上角、(x+16，y+20)为右下角的矩形窗口，
    再按规定模式和颜色填充*/
```

```
}

/*显示一个字符*/
void ShowLetter(int ID)
{
    char str[2] = {0, 0};
    str[0] = Letter[ID].val;
    setcolor(15);
    outtextxy(Letter[ID].x, Letter[ID].y, str);
}

/* 检测是否击中 */
void Check(BYTE Key)
{
    int  i;
    char str[6];
    Hits++; /*击键总次数加 1*/
    for (i=0; i<MAX_LETTER; i++)
        /* 击中判断，toupper()把字符转换成大写字母 */
        if (Letter[i].Used&&Letter[i].val == toupper(Key))
        {
            sound(1000); /*以指定频率 1000 打开 PC 扬声器*/
            delay(10); /*将程序的执行暂停 10 毫秒，即扬声器发声 10ms*/
            KillLetter(i); /* 删除该字符*/
            Right++; /*总正确数增加 1*/
            nosound();
        }
    /* 显示击键总次数及正确数*/
    setfillstyle(SOLID_FILL, 5);
    bar(260,430,320,450);
    bar(410,430,470,450);
    setcolor(13);
    sprintf(str," %4ld", Hits);
    outtextxy(260,432,str);
    sprintf(str," %4ld",Right);
    outtextxy(410, 432, str);
    setcolor(7);
    setfillstyle(SOLID_FILL, 0);
}

/* 字符向下移动*/
void MoveLetter(void)
{
    int  i;
    /*遍历每个字符*/
    for (i=0; i<MAX_LETTER; i++)
    {
        if (Letter[i].Used)  /*若该字符已经使用*/
        {
            HideLetter(i); /* 隐藏该字符*/
```

```
            Letter[i].y += Step; /*y控制行，增加一个步长*/
            ShowLetter(i); /*在新位置重新显示*/
            /* 字符对象下落到最底部时，该字符消失*/
            if (Letter[i].y > MAX_HEIGHT) KillLetter(i);
        }
    }
}

/*字符删除*/
void KillLetter(int LetterID)
{
    if (Letter[LetterID].Used)
    {
        Letter[LetterID].Used = FALSE; /*字符变为当前没有被使用状态*/
        LetterUsed--; /*已经字符数减 1*/
        HideLetter(LetterID);
        /*隐藏该字符*/
    }
    /* 删除字符后马上再创建一个 */
    CreateLetter();
}

/*显示分数状态栏条*/
void ShowBar()
{
    FILE *bmp;
    BYTE r,g,b,t;
    int  i,x,y;
    bmp = fopen("bar.bmp", "rb");
    /*以只读的方式打一个二进制图像文件 bar.bmp*/
    fseek(bmp, 54, SEEK_SET);
    /*fseek()函数用以实现改变位置指针所指向的位置，其调用一般形式为
    fseek(文件类型指针，位移量，起始点)
    起始点有三个值，分别是文件开始(名字 SEEK_SET，用数字 0 表示)、
    文件当前位置(名字 SEEK_CUR，用数字 1 表示)
    和文件末尾(名字 SEEK_END，用数字 2 表示)*/
    for (i=0; i<16; i++)
    {
        setpalette(i, i); /*改变调色板的颜色*/
        b = fgetc(bmp)>>2; /*fgetc()函数用于从一个指定的文件中读出一个字符*/
        g = fgetc(bmp)>>2;
        r = fgetc(bmp)>>2;
        t = fgetc(bmp)>>2;
        setrgbpalette(i,r,g,b); /*定义 IBM8514 图形卡的颜色*/
    }
    for (y=0; y<80; y++)
        for (x=0; x<320; x++)
        {
            t = fgetc(bmp);
            putpixel(x*2, 479-y, t>>4); /*putpixel在指定位置画一像素*/
```

```
            putpixel(x*2+1, 479-y, t&15);
        }
    fclose(bmp); /*关闭文件*/
}

/*选择等级界面*/
void SelectLevel()
{
    int  Steps[3] = {1,2,4}; /*根据等级不同，字符的下降步长不同*/
    int  Intervals[3] = {18,9,5}; /*根据等级不同，字符的出现的时间间隔不同*/
    int  Sel = 0;
    FILE *bmp;
    BYTE r,g,b,t,Key;
    int  i,x,y;
    /*显示图形界面，与 ShowBar 类同*/
    bmp = fopen("welcome.bmp", "rb");
    fseek(bmp, 54, SEEK_SET);
    for (i=0; i<16; i++)
    {
        setpalette(i, i);
        b = fgetc(bmp)>>2;
        g = fgetc(bmp)>>2;
        r = fgetc(bmp)>>2;
        t = fgetc(bmp)>>2;
        setrgbpalette(i,r,g,b);
    }
    for (y=0; y<200; y++)
        for (x=0; x<160; x++)
        {
            t = fgetc(bmp);
            putpixel(x*2+160, 339-y, t>>4);
            putpixel(x*2+161, 339-y, t&15);
        }
    fclose(bmp);
    /*根据用户按键，确定玩家等级*/
    while (TRUE)
    {
        Key = toupper(AscIIKey());
        if (Key=='1') Sel=1;
        if (Key=='2') Sel=2;
        if (Key=='3') Sel=3;
        if (Sel) break;
    }
    Step = Steps[Sel-1];
    Interval = Intervals[Sel-1];
    cleardevice();
}
/* 从内存中的键盘缓冲区中直接读出 ASCII 码(不等待) */
/* BIOS 程序驻留在 ROM 中，但它使用了 256 个字节的 RAM 作为数据区*/
/* 绝对地址在 0x0400~0x04FF 中*/
```

```
BYTE AscIIKey(void)
{
    int  start, end;
    WORD key = 0;
    start = peek(0, 0x41a); /*0 表示参考点，0x41a 为偏移值*/
    /*0x41a 即十进制的 1050，表示从内存单元 1050(0x41a)中读入一个字节的按键码值*/
    /*按键码值的高四位为扫描码，低四位为对应的 ASCII 码*/
    end = peek(0, 0x41c); /*0x41c 即 1052*/
    /*一般最后一个按键保存在 1052 处*/
    if (start==end) return(0); /*表示当前没有新的按键*/
    else
    {
        key = peek(0x40, start);  /*0x40 即十进制 64*/
        start += 2;
        if (start==0x3e) start=0x1e;
        poke(0x40, 0x1a, start); /*将 start 的值写回指定内存区域 0x40+0x1a 处*/
        return(key&0xff);
    }
}
```

5. 图形化处理

图形化操作包括设置系统图形模式与关闭系统图形模式两部分。具体代码如下：

```
void SetGraphMode()
{
    int Device=VGA, Mode=VGAHI;
    initgraph(&Device, &Mode, "");
      /*初始化屏幕为图形模式，表示图形驱动器和模式分别为 VGA 与 VGAHI*/
    settextstyle(TRIPLEX_FONT, HORIZ_DIR, 1);
      /*设置输出字符的字型为 TRIPLEX_FONT、方向为 HORIZ_DIR 和字体大小为 1*/
      /*其中 TRIPLEX_FONT 为三倍比画字体。HORIZ_DIR 表示从左向右输出字符*/
    setfillstyle(SOLID_FILL, 0);
      /*设定填充方式：填充模式为 SOLID_FILL 实填充，填充颜色为 0*/
    setcolor(7);
      /*设置输出文本的颜色，color 表示要设置的颜色，此处为 7*/
}

void CloseGraphMode()
{
    restorecrtmode();
      /*将屏幕模式恢复为先前默认的 initgraph 设置，一般为文本模式*/
}
```

5.4.2　运行结果

(1) 用户游戏难度等级选择如图 5.3 所示，其中 1 为简单模式、2 为一般难度模式、3 为较大难度模式。

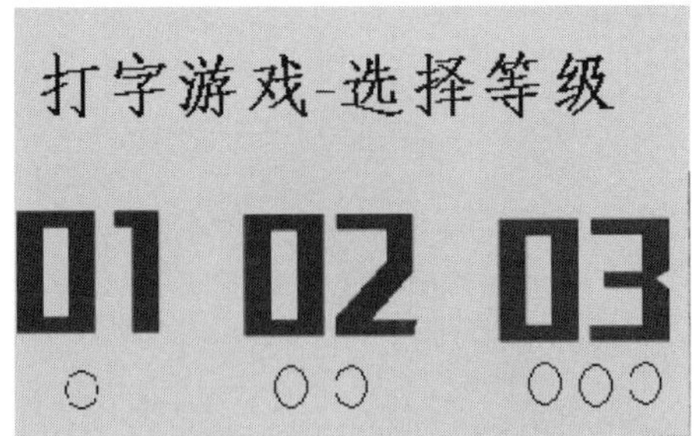

图 5.3　游戏难度等级选择

(2) 游戏操作界面如图 5.4 所示，用户可从键盘输入屏幕上出现的任意字符，若正确，则击键数加 1 且正确数加上匹配的字符个数。

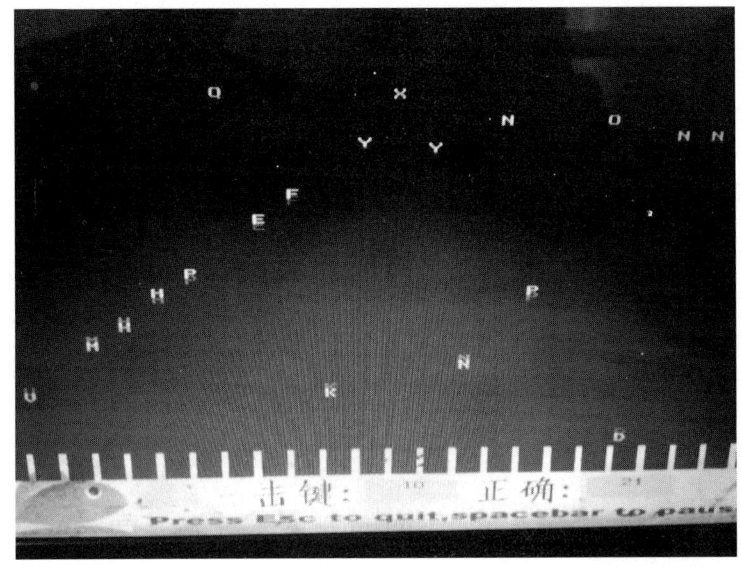

图 5.4　操作界面

第三篇 文件操作

在当今信息爆炸的时代，利用信息管理系统实现信息资源的管理和调试已经成为一种需要。

在本篇中，我们将介绍学生选课管理系统、图书管理系统、教师人事管理系统这三个管理系统的设计和实现，帮助读者理解管理系统开发的原理及流程，并帮助读者加深对C语言文件操作、数据结构等知识的了解。

第 6 章　学生选课管理系统

本章利用 C 语言结构数组、单链表等数据结构及图形化界面设计思想，编程实现一个图形化界面的学生选课管理系统。在此管理系统中，用户通过登录认证后，可以使用快捷键选择菜单命令，完成基本的课程信息管理、学生信息管理、选课等工作。

相对于传统的手工档案管理，数字化的选课管理系统具有检索方便、存储量大、效率高以及成本低等特点，是体现一个教育单位信息化水平的重要方面。

6.1 设 计 目 的

本程序旨在帮助读者了解信息管理系统的开发流程，掌握文本模型下图形化界面的开发技巧，熟悉 C 语言的指针、结构体数组和单链表的各种基本操作，为进一步开发出高质量的信息管理系统打下坚实的基础。

6.2 功 能 描 述

学生选课管理系统以图形化界面的形式实现，由六大功能模块组成：用户登录与主界面模块、输入模块、查询模块、更新模块、统计模块、选课与退出模块，如图 6.1 所示。

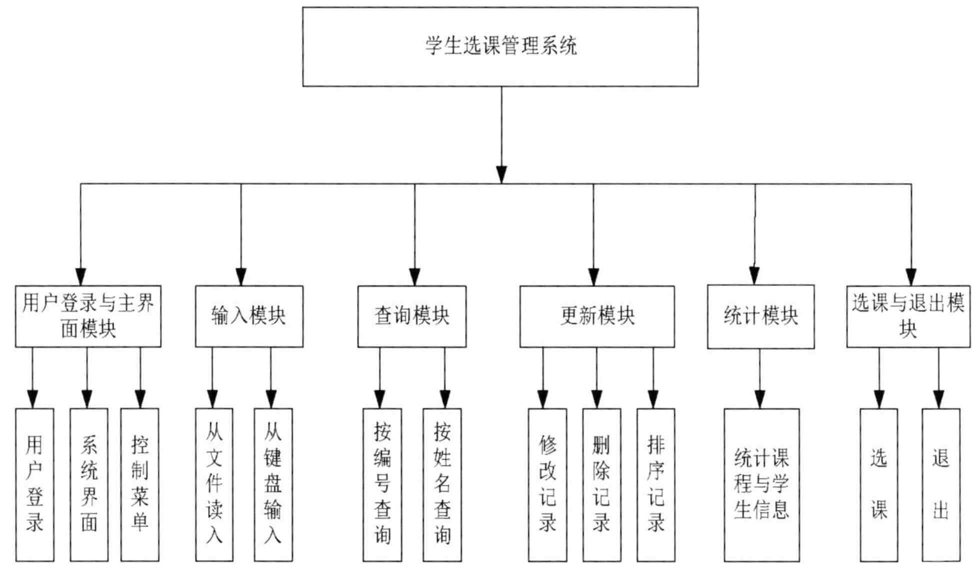

图 6.1　学生选课管理系统的功能模块

(1)　用户登录与主界面模块。此模块主要包括用户登录与图形化界面两大部分。用户登录子模块主要负责用户登录窗口的生成、用户名及口令的输入与确认。图形化界面模块主要包括系统界面设计和菜单选项控制两大部分。系统界面主要由菜单栏、显示编辑区、状态栏三大部分构成，菜单栏用来显示菜单项，显示编辑区主要用来完成信息的显示和录入等操作，状态栏主要用来显示管理系统名称及版本信息。另外，菜单选项控制是图形化界面的灵魂，它需要根据用户对菜单项的选择来调用相关函数，完成相应的功能。

(2) 输入模块。输入模块涉及课程信息、学生信息的输入，其工作分三步来完成。第一步，将课程信息添加到相应的结构数组中；第二步，将学生信息添加到相应的单链表中；第三步，当学生选课后，更新相应的选课记录。在学生选课管理系统中，记录可以从文本数据文件中读入，也可从键盘逐个记录地输入。当从数据文件中读入记录时，就是从以记录为单位存储的数据文件中，将记录逐条复制到结构数组或单链表中。

(3) 查询模块。查询模块主要完成在课程信息和学生信息中查找满足相关条件的记录。在学生选课管理系统中，用户可以按照课程编号和学生的学号进行查找。若找到相应的记录，则进行相关记录的显示工作。否则，打印出未找到该记录的提示信息。

(4) 更新模块。更新模块主要完成对记录的维护。在学生选课管理系统中，该模块主要实现了对记录的修改、删除和排序操作。另外，当完成选课和退选操作时，相应的课程信息也需要更新。一般而言，系统进行了这些操作后，需要将修改的信息存入原始的数据文件中。

(5) 统计模块。统计模块主要完成对课程及学生有关信息的统计。例如，统计还未选课学生的人数、当前未被选的必修课程的编号等。

(6) 选课与退出模块。该模块主要完成选课与退出系统两个功能。

6.3 总 体 设 计

6.3.1 功能模块设计

1. 主控 main()函数的执行流程

学生选课管理系统的执行主流程如图 6.2 所示。

它首先调用 drawmain()函数来显示主界面，主界面涉及菜单栏、显示编辑区和状态栏，其中，菜单栏包括 Course、Student 和 E&E 三个菜单项。

接着，调用用户登录模块，进行用户名和口令的认证，一共有 3 次认证机会，若用户名和口令任意一项不正确且输入次数超过 3 次，那么，管理系统就会自动关闭。

若用户名和口令正确，系统以可读写的方式打开课程文件和学生文件，文件默认为 c:\course 和 c:\student，若某文件不存在，则新建相关文件。

当打开某文件操作成功后，则从文件中一次读出一条记录，写入添加到新建的数组或单链表中，然后进入主循环操作，等待用户按键，并进行按键判断。

若用户按键为 F1、F2、F3 中的任意键，则调用菜单控制函数 menuctrl()，进行菜单项的显示和控制。

系统根据用户选择的菜单项结果，调用相应的函数，完成相应的功能。若返回结果为 EXIT，系统在执行相应的数据存盘操作后，将会退出系统。

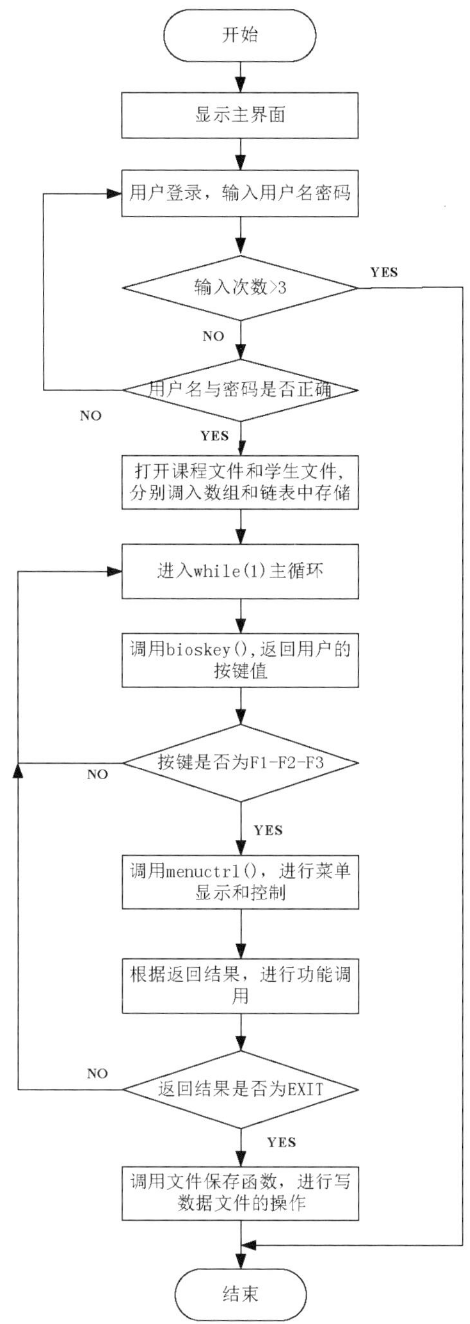

图 6.2　主控函数的执行流程

在主循环中进行键值判断时，当前有效的按键为 F1、F2、F3，其他都被视为无效按键。若用户按键为 F1、F2、F3 中的任意键，则调用菜单控制函数 menuctrl()进行菜单项的显示和控制。在菜单控制中，若用户按键为 F1，则显示 Course 菜单中的 6 个子菜单项，并用黑色透明光带标记当前的子菜单项，用户可以按光标上移(↑)和下移(↓)键，在各子菜单项之间进行选择；若用户按键为 F2，则显示 Student 菜单中的 6 个子菜单项；按键为

F3，则显示 E&E 菜单项下的 3 个子菜单项，其中第一个 E 表示 Elective course(选课)，第二个 E 表示 Exit(退出系统)。同时，用户可以按光标左移键(←)在菜单项之间循环左移选择，可以按光标右移键(→)在菜单项之间循环左移选择，也可按 Esc 键返回没有调用子菜单项的主界面。另外，用户在移动光带到相应子菜单项后，按 Enter 键进行功能选择。系统根据用户选择的菜单项结果，调用相应的函数，完成相应功能。

若选择 Course 下的子菜单项，系统则返回 ADD_COURSE、QUERY_COURSE、MODIFY_COURSE、DEL_COURSE、SORT_COURSE、COUNT_COURSE 中的某个值，然后根据这些返回值，调用相应的函数，分别完成增加课程记录、查询课程记录、删除课程记录、排序课程记录和统计课程记录的功能。

若选择 Student 的子菜单项，系统则返回 ADD_STUDENT、QUERY_STUDENT、MODIFY_STUDENT、DEL_STUDENT、SORT_STUDENT、COUNT_STUDENT 中的某个值，然后根据这些返回值，调用相应的函数，完成增加学生记录、查询学生记录、删除学生记录、学生记录排序和统计学生记录等功能。

若选择 E&E 的子菜单项，系统则返回 ELECTIVE、EXIT 中的某个值，根据返回结果，分别完成选课和退出系统功能。在退出系统时，系统会提示用户进行确认，确认完成后，执行相应的数据存盘操作，然后退出系统。

2. 用户登录和图形化界面模块

此模块主要包括用户登录与图形化界面两大部分。用户登录子模块主要负责用户登录窗口的生成、用户名及口令的输入与确认。在图形化界面模块中，主要完成了系统界面显示和菜单选项控制两大部分。系统界面主要由菜单栏、显示编辑区、状态栏三大部分构成，菜单选项控制包括子菜单的显示、光带条在子菜单之间的上下移动或菜单之间的左右移动、子菜单项的选取。

(1) 用户登录

与 Windows 等操作系统的用户和口令类似，用户只有在输入正确的用户名和口令之后，才允许使用管理系统。用户有三次输入用户名和口令的机会。系统初始设置的用户名为 user，口令为 123456。与 Windows 等操作系统中丰富的用户管理功能不同，这里的用户名和口令对所有的用户都是一样的。因此，读者可以进一步丰富此部分的功能。

(2) 系统界面

学生选课管理系统界面由菜单栏、显示编辑区、状态栏三大部分构成。这些区域的绘制主要由 drawmain()函数完成。

不同于图形模式下的画线和画框操作，文本模式下的图形界面主要利用在指定位置输出特殊字符和不同前景、背景颜色来实现，其中，指定位置可通过 gotoxy()函数来实现，特殊字符可通过 cprintf()函数指定字符的 ASCII 码来获得，背景颜色可通过 textbackground()函数来指定，文本颜色可通过 textcolor()函数来实现。学生选课管理系统共有 Course、Student、E&E 三个菜单项，用户可分别按 F1、F2、F3 功能键来完成这三个菜单项的调用，即显示某项菜单。用户可按光标上移或下移键，在某菜单项的子菜单之间循环移动，也可使用光标的左移或右移键，在三个菜单项之间循环移动。当光带移动到某个子菜单项上时，用户此时可使用回车键(Enter)来选取相关的菜单选项。

(3) 菜单控制

在菜单控制模块中，主要完成了子菜单的显示、光带条在子菜单之间的上下移动或菜单之间的左右移动、子菜单项的选取。菜单显示控制的关键，在于根据用户按键来生成相应的菜单选项，当用户将光带选择条置于某个菜单选项上时，可按 Enter 键来选取该菜单选项。选取菜单操作主要利用 a=(value%3)*10+flag%b 来计算出选择的菜单选项的编号。不同菜单选项选取后，a 的值不同。这样，程序可根据 a 的值，来返回给 main()函数不同的标记，在 main()函数中，可根据标记的不同，来执行相关的功能。

3. 添加记录模块

学生选课管理系统中，课程记录使用结构数组来存储，学生记录使用单链表来存储。这些记录的添加，可以从以文本形式存储的数据文件中读入，也可从键盘逐个记录地输入。当从数据文件中读入记录时，它就是在以记录为单位存储的数据文件中，调用 fread()文件读取函数，将记录逐条复制到结构数组和单链表中。并且这个操作在 main()中执行，即当学生选课管理系统进入显示菜单界面时，该操作已经执行了。若该文件中没有数据，系统会提示记录为空，此时，用户应可通过选择 Course 菜单或 Student 菜单下的添加记录选项，调用 AddCourse()或 AddStudent()函数，进行记录的输入，即完成在数组中增加新元素和在单链表中添加新节点的操作。

4. 查询记录模块

查询模块主要实现了学生选课管理系统中按编号或名称查找满足相关条件的记录。课程和学生的查询分别通过调用 QueryCourse()和 QueryStudent()来实现。

另外，查找定位操作由 LocateCourse()和 LocateStudent()两个独立的函数来完成，若找到记录，则返回数组元素的下标值，或返回指向相应节点的指针。

最后，在记录查询函数中，显示相应的记录内容。

5. 更新记录模块

更新记录模块主要实现了对记录的修改、删除和排序操作，课程记录和学生记录是分别以结构数组和单链表的结构形式存储的，这里只重点介绍有关结构数组实现课程更新的操作。

(1) 修改记录

修改记录操作需要对结构数组中的目标元素的值进行修改，它分两步完成。

第一步，输入要修改的课程编号，输入后，调用定位函数 LocateCourse()在结构数组中逐个对元素中的编号字段的值进行比较，直到找到该编号的记录。

第二步，若找到该记录，修改相应字段的值，并将存盘标记变量 saveflag 置 1，表示已经对记录进行了修改，但还未执行存盘操作。

(2) 删除记录

删除记录操作完成删除指定课程编号的记录，它也分两步完成。

第一步，输入要修改的编号，输入后，调用定位函数 LocateCourse()在结构数组中逐个对元素中的编号字段的值进行比较，直到找到该编号的记录，返回目标元素的下标值。

第二步，若找到该记录，将该记录从所在元素的后续元素起，依次向前移一个元素位置，数组元素个数也相应减 1，具体过程如图 6.3 所示，在删除了数组元素 A2 后，数组元素 A3 和 A4 向前移动一个位置。

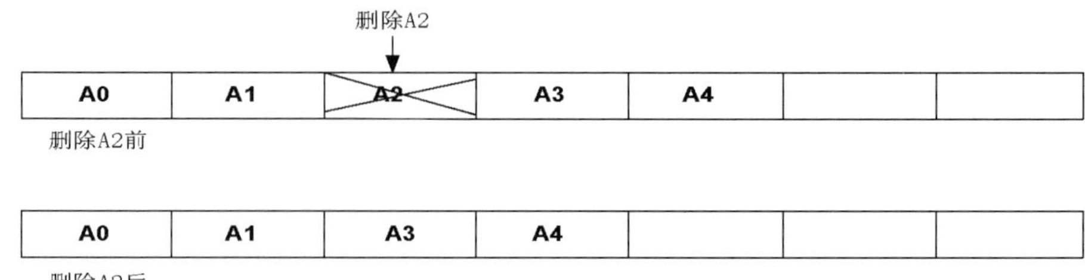

图 6.3　在数组中删除记录

(3) 记录排序

这里我们采用冒泡排序法对课程记录按编号字段进行升序排序，采用直接选择排序法对学生记录按学号进行升序排序。

采用冒泡排序法进行升序排序的基本思想为：对相邻的两个数组元素的课程编号字段的值进行比较，若左边的值大于右边的值，则将这两个元素的值进行交换；若左边的值小于等于右边的值，则这两个值的位置不变，右边的值继续与下一个值做比较，重复此动作，直到比较到最后一个值。用伪代码描述如下：

```
IF(左边的值 > 右边的值) THEN
   这两个元素的位置互换;
ELSE /*左边的值 <= 右边的值*/
   这两个元素的位置不变;
ENDIF
```

如图 6.4 所示，假设共有 n 个 COURSE 结构数组元素 GR[0]至 GR[n−1]，其具体比较过程如下。

第 1 轮：从 GR[0]比较到 GR[n−1]，课程编号字段值最小的元素存放在 GR[0]中。

第 2 轮：从 GR[1]比较到 GR[n−2]，课程编号字段值次小的元素存放在 GR[1]中。

……

第 n−1 轮：从 GR[n−2]比较到 GR[n−1]，课程编号字段值较小的元素存入 GR[n−2]中。

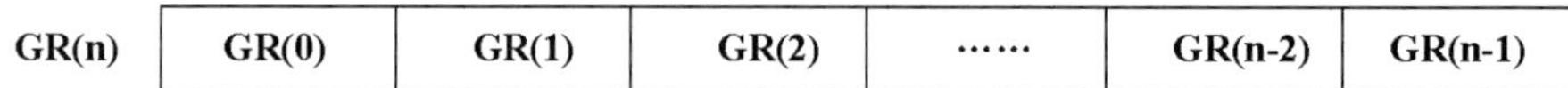

图 6.4　在数组中对记录排序

直接选择排序法的基本思想：从欲排序的 n 个元素中，以线性查找的方式找出最小的元素，与第一个元素交换，再从剩下的(n−1)个元素中，找出最小的元素与第二个元素交换，以此类推，直到所有元素均已排序完成。

6. 统计记录模块

统计模块主要完成对课程及学生有关信息的统计。

7. 选课与退出模块

(1) 选课模块

学生完成选课操作后，课程记录中有该学生学号的选课信息，学生记录中有该课程的被选信息，即实现了课程与学生之间的关联。

(2) 退出模块

提示用户是否在存盘后退出系统。

6.3.2 数据结构设计

1. 与课程有关的数据结构

结构 course 用于保存课程相关的基本信息：

```
typedef struct course    /*标记为 course*/
{
    char  c_num[15];
    char  c_name[20];
    int   c_type;
    int   c_period;
    char  student_num[200];
} COURSE;
```

其各字段的值的含义如下。

- c_num[15]：保存课程的编号。
- c_name：保存课程的名称。
- c_type：保存课程的类型，其中 1 表示必修课，2 表示选修课。
- c_period：保存课程的学时。
- student_num[200]：保存当前已选该门课程的学生的学号，如 S001+ S002+ S003。

2. 与学生有关的数据结构

结构 student 用于存储学生相关的基本信息，它将作为单链表的数据域。这里只选取了与学生有关的基本信息：

```
typedef struct student       /*标记为 student*/
{
    char s_num[15];
    char s_name[15];
    char s_sex[4];
    int  s_age;
    char course_num[100];
};
```

其各字段的值的含义如下。

- s_num[15]：保存学生的学号。
- s_name[15]：保存学生的姓名。
- s_sex[4]：保存学生的性别，用 M 或 F 表示，M(Male)代表男性，F(Female)代表

女性。

- s_age：保存学生的年龄。
- course_num[100]：保存当前学生已选课程的编号列表，如 C01+C02+C03+C04 等。

3. 单链表 student_node 结构体

在单链表 student_node 结构体中，data 为 student 结构类型的数据，作为单链表结构中的数据域，next 为单链表中的指针域，用来存储其直接后继节点的地址：

```
typedef struct student_node
{
   struct student data;          /*数据域*/
   struct student_node *next;    /*指针域*/
} Student_Node, *Student_Link;
```

Student_Node 为 student_node 类型的结构变量，Student_Link 为 student_node 类型的指针变量。

6.3.3 函数功能描述

1. drawmain()

函数原型：

```
void drawmain();
```

drawmain()函数用于在程序中绘制包括菜单栏、显示编辑区、状态栏在内的主窗口。

2. drawmenu()

函数原型：

```
void drawmenu(int m, int n);
```

drawmenu()函数用于画菜单，m 表示第几项菜单，n 表示第 m 项的第 n 个子菜单项。

3. menuctrl()

函数原型：

```
int menuctrl(Hnode *Hhead, int A);
```

menuctrl()函数用于菜单控制。

4. stringinput()

函数原型：

```
void stringinput(char *t, int lens, char *notice);
```

stringinput()函数用于输入字符串，并进行字符串长度验证(长度<lens)，t 用于保存输入的字符串，因为是以指针形式传递的，所以 t 相当于该函数的返回值。notice 用于保存 printf()函数输出的提示信息。

5. LocateCourse()

函数原型：

```
int LocateCourse(COURSE tp[], int n, char findmess[], char nameornum[]);
```

LocateCourse()函数用于定位课程结构数组中符合要求的元素，并返回目标元素的下标。参数 findmess[]保存要查找的具体内容，nameornum[]保存按哪种字段类型进行查找。

6. LocateStudent()

函数原型：

```
Student_Node* LocateStudent(
  Student_Link l, char findmess[], char nameornum[]);
```

LocateStudent()用于定位链表中符合要求的节点，并返回指向该节点的指针。参数 findmess[]保存要查找的具体内容，nameornum[]保存按什么字段在单链表 l 中查找。

7. AddCourse()

函数原型：

```
int AddCourse(COURSE tp[], int n);
```

AddCourse()函数用于在结构数组 tp 中增加与课程有关的记录。

8. QueryCourse()

函数原型：

```
void QueryCourse(COURSE tp[], int n);
```

QueryCourse()函数在结构数组 tp 中按课程编号查找满足条件的记录。

9. DelCourse()

函数原型：

```
int DelCourse(COURSE tp[], int n);
```

DelCourse()函数先在结构数组 tp 中找到满足条件的记录，然后删除该记录。

10. ModifyCourse()

函数原型：

```
void ModifyCourse(COURSE tp[], int n);
```

ModifyCourse()函数先按输入的课程编号查询到记录，然后提示用户修改记录。

11. CountCourse()

函数原型：

```
void CountCourse(COURSE tp[], int n);
```

CountCourse()函数用于统计课程被选情况。

12. SortCourse()

函数原型：

```
void SortCourse(COURSE tp[], int n);
```

SortCourse()函数利用冒泡排序法实现按课程编号的升序排序，从低到高。

13. SaveCourse()

函数原型：

```
void SaveCourse(COURSE tp[], int n);
```

SaveCourse()函数用于将结构数组 tp 中的课程记录写入磁盘中的数据文件。

14. AddStudent()

函数原型：

```
void AddStudent(Student_Link l);
```

AddStudent()函数用于在单链表 l 中增加与学生有关的节点。

15. QueryStudent()

函数原型：

```
void QueryStudent(Student_Link l);
```

QueryStudent()函数用于在单链表 l 中按学生编号或学生姓名查找满足条件的记录。

16. DelStudent()

函数原型：

```
void DelStudent(Student_Link l);
```

DelStudent()函数先在单链表 l 中找到满足条件的节点，然后删除该节点。

17. ModifyStudent()

函数原型：

```
void ModifyStudent(Student_Link l);
```

ModifyStudent()函数先按输入的学生编号查询到记录，然后提示用户修改记录。

18. CountStudent()

函数原型：

```
void CountStudent(Student_Link l);
```

CountStudent()函数用于统计学生的选课情况。

19. SortStudent()

函数原型：

```
void SortStudent(Student_Link l);
```

SortStudent()函数利用直接选择排序法实现按学生编号字段的升序排序，从低到高。

20. SaveStudent()

函数原型：

```
void SaveStudent(Student_Link l);
```

SaveStudent()函数用于将单链表 l 中的学生数据写入磁盘中的数据文件。

21. ElectiveCourse()

函数原型：

```
void ElectiveCourse(COURSE tp[], int n, Student_Link ll);
```

ElectiveCourse()函数实现学生的选课登记工作。

22. Help()

函数原型：

```
Help();
```

Help()函数实现系统的简要介绍。

23. logging()

函数原型：

```
void logging(int left, int top, int right, int bottom);
```

logging()实现用户登录，left、top、right、bottom 为登录窗口左上角和右下角的坐标。

24. 主函数 main()

主函数 main()就是整个学生选课管理系统的主要控制部分。

6.4　程 序 实 现

6.4.1　源码分析

1. 程序预处理

包括加载头文件，定义结构体、常量和变量，并对它们进行初始化工作。
具体代码如下：

```
#include "bios.h"      /*基本输入输出系统函数库*/
#include "math.h"      /*数学运算函数库*/
#include "stdio.h"    /*标准输入输出函数库*/
#include "stdlib.h"   /*标准函数库*/
#include "string.h"   /*字符串函数库*/
#include "conio.h"     /*屏幕操作函数库*/
```

```
#include "dos.h"      /*与日期获得有关*/

/*与按键有关的宏定义*/
#define LEFT 0x4b00    /*←：光标左移*/
#define RIGHT 0x4d00  /*→：光标右移*/
#define DOWN 0x5000    /*↓键：光标下移*/
#define UP 0x4800     /*↑键：光标上移*/
#define ESC 0x011b    /*Esc 键：取消菜单打开操作*/
#define F1 15104     /*F1 键：打开文件菜单*/
#define F2 15360     /*F2 键：打开编辑菜单*/
#define F3 15616     /*F3 键：打开帮助菜单*/
#define ENTER 0x1c0d  /*回车键：换行*/

/*与 Course 菜单选项有关的宏定义*/
#define ADD_COURSE 100
#define QUERY_COURSE 101
#define MODIFY_COURSE 102
#define DEL_COURSE 103
#define SORT_COURSE 104
#define COUNT_COURSE 105

/*与 Student 菜单选项有关的宏定义*/
#define ADD_STUDENT 200
#define QUERY_STUDENT 201
#define MODIFY_STUDENT 202
#define DEL_STUDENT 203
#define SORT_STUDENT 204
#define COUNT_STUDENT 205

/*与 E&E 菜单选项有关的宏定义*/
#define ELECTIVE_COURSE 300
#define HELP           301
#define EXIT           302

/*与课程记录格式化输出有关的宏定义*/
#define HEADER1 "|  Number  |  Name  |Type|Period|  Student_Number  | \n"
#define FORMAT1 "|%-10s|%-8s|%4d|%-6d|%-30s|\n"
#define DATA1  lll->c_num,lll->c_name,lll->c_type,
  lll->c_period,lll->student_num

/*与学生记录格式输出有关的宏定义*/
#define HEADER2 "|  Number  |  Name  | Sex|Age |  Course_Number  | \n"
#define FORMAT2 "|%-12s|%-10s|%-4s|%4d|%-30s|\n"
#define DATA2  lll->data.s_num,lll->data.s_name,lll->data.s_sex,
  lll->data.s_age,lll->data.course_num

#define N 200      /*定义课程的最大数量，用户可自行设置*/
int saveflag = 0;  /*是否需要存盘的全局标志变量*/
struct date sysTime;
  /*系统结构体，用于存储系统日期。该结构体有三个成员，即 a_year、da_mon 和 da_day*/
```

```
int currentYear;  /*保存当前年份*/
int currentMonth; /*保存当前月份*/
int currentDay;   /*保存当前日期*/
/*****************************/

/*定义与课程有关的数据结构*/
typedef struct course      /*标记为 course*/
{
   char   c_num[15];          /*课程编号*/
   char   c_name[15];         /*课程名称*/
   int    c_type;            /*保存课程的类型，其中 1 表示必修课，2 表示选修课*/
   int    c_period;          /*保存课程的学时*/
   char   student_num[200];   /*保存当前已选该门课程的学生的学号*/
} COURSE;
/*****************************/

/*定义与学生有关的数据结构*/
typedef struct student      /*标记为 student*/
{
   char s_num[15];      /*学生编号*/
   char s_name[15];     /*学生姓名*/
   char s_sex[4];      /*学生性别 M 或 F，Male:男性，Female:女性*/
   int  s_age;          /*学生年龄*/
   char course_num[100]; /*保存当前学生已选课程的编号列表*/
};
/*****************************/

/*定义每条学生记录的数据结构，标记为：student_node*/
typedef struct student_node
{
   struct student data;         /*数据域*/
   struct student_node *next;    /*指针域*/
} Student_Node,*Student_Link;
/*Student_Node 为 student_node 类型的结构变量，
Student_Link 为 student_node 类型的指针变量*/
```

2. 主函数 main()

main()函数主要实现了对整个程序的运行控制，以及相关功能模块的调用，详细分析可参考图 6.2。具体代码如下：

```
void main()
{
   COURSE GR[N];        /*定义课程结构数组*/
   Student_Link ll;    /*定义学生链表指针*/
   FILE *fp1, *fp2;    /*fp 为指向课程的文件指针，fp2 为指向学生的文件指针*/
   int i;
   char ch;       /*保存(y,Y,n,N)*/
   int count1=0, count2=0;  /*分别保存课程文件或学生文件中的记录条数*/
   Student_Node *p2, *r2;   /*定义学生记录指针变量*/
   /*****************************/
```

```
int A;  /*保存用户的按键值*/
char a; /*保存用户的按键值*/
int B;  /*保存用户选择的子菜单项*/
/****************************/
drawmain();     /*显示主窗口*/
window(2, 2, 79, 23); /*定义活动文本模式窗口*/
textbackground(0); /*区分登录前后的系统背景色*/
for(i=0; i<24; i++) insline(); /*输出空行*/
window(3, 3, 78, 23);
textcolor(4);
/****************************/
logging(20,5,50,15); /*用户登录*/
/****************************/
drawmain();     /*显示主窗口*/
window(2,2,79,23); /*定义活动文本模式窗口*/
textbackground(9); /*区分登录前后的系统背景色*/
for(i=0; i<24; i++) insline(); /*输出空行*/
window(3,3,78,23);
textcolor(10);
/************打开课程文件 course,
 将其调入数组中存储*************************/
fp1 = fopen("C:\\course", "at+");
  /*以追加方式打开一个文本文件，可读可写，若此文件不存在，会创建此文件*/
if(fp1 == NULL)
{
   clrscr(); gotoxy(2,3);
   printf("\n=====>can not open file!\n");
   exit(0);
}
while(!feof(fp1))
{
   if(fread(&GR[count1],sizeof(COURSE),1,fp1)==1)
     /*一次从文件中读取一条课程记录*/
   {
      count1++;
   }
}
fclose(fp1); /*关闭文件*/
/***************************************************************/
/************打开课程文件 student，将其调入链表中存储*****************/
l1 = (Student_Node*)malloc(sizeof(Student_Node));
if(!l1)
{
   printf("\n allocate memory failure "); /*如没有申请到，打印提示信息*/
   return;           /*返回主界面*/
}
l1->next = NULL;
r2 = l1;
fp2 = fopen("C:\\student", "at+");
  /*以追加方式打开一个文本文件，可读可写，若此文件不存在，会创建此文件*/
```

```
if(fp2 == NULL)
{
    printf("\n=====>can not open file!\n");
    exit(0);
}
while(!feof(fp2))
{
    p2 = (Student_Node*)malloc(sizeof(Student_Node));
    if(!p2)
    {
        printf(" memory malloc failure!\n");    /*没有申请成功*/
        exit(0);       /*退出*/
    }
    if(fread(p2,sizeof(Student_Node),1,fp2)==1)
      /*一次从文件中读取一条课程记录*/
    {
        p2->next = NULL;
        r2->next = p2;
        r2 = p2;                          /*r2 指针向后移一个位置*/
        count2++;
    }
}
fclose(fp2); /*关闭文件*/
p2 = r2;
/***************************************************************/
/****************************/
while(1)
{
    while(bioskey(1)==0) continue; /*等待用户按键*/
    a = A = bioskey(0);  /*返回用户的按键值*/
    if((A==F1) || (A==F2) || (A==F3))
    {
        B = menuctrl(A);
        switch(B)
        {
        case ADD_COURSE: /*增加课程记录*/
            count1 = AddCourse(GR,count1); break;
        case QUERY_COURSE: /*查询课程记录*/
            QueryCourse(GR,count1); break;
        case MODIFY_COURSE: /*修改课程记录*/
            ModifyCourse(GR,count1); break;
        case DEL_COURSE: /*删除课程记录*/
            count1 = DelCourse(GR,count1); break;
        case SORT_COURSE: /*课程记录排序*/
            SortCourse(GR,count1); break;
        case COUNT_COURSE: /*统计课程记录*/
            CountCourse(GR,count1); break;
        case ADD_STUDENT: /*增加学生记录*/
            AddStudent(ll); break;
        case QUERY_STUDENT: /*查询学生记录*/
```

```
            QueryStudent(ll); break;
        case MODIFY_STUDENT: /*修改学生记录*/
            ModifyStudent(ll); break;
        case DEL_STUDENT: /*删除学生记录*/
            DelStudent(ll); break;
        case SORT_STUDENT: /*学生记录排序*/
            SortStudent(ll); break;
        case COUNT_STUDENT: /*统计学生记录*/
            CountStudent(ll); break;
        case ELECTIVE_COURSE: /*选课*/
            ElectiveCourse(GR,count1,ll); break;
        case HELP: /*帮助*/
            Help(); break;
        case EXIT:
        {
            clrscr(); gotoxy(3,3);
            cprintf("\n=====>Are you really exit this  Course
                      Management System?(y/n):");
            scanf("%c", &ch);
            if(ch=='y'||ch=='Y')
            {SaveCourse(GR,count1); SaveStudent(ll); exit(0);}
        }
      }
   }
   clrscr();
}
```

3. 绘制系统主界面

学生选课管理系统界面由菜单栏、显示编辑区、状态栏三大部分构成。这些区域的绘制主要由 drawmain()函数完成。不同于图形模式下的画线和画框操作，文本模式下的图形界面主要通过在指定位置输出特殊字符和不同前背景颜色来实现，其中指定位置可通过 gotoxy()函数来实现，特殊字符可通过 cprintf()函数指定字符的 ASCII 码来获得，背景颜色可通过 textbackground()函数来指定，文本颜色可通过 textcolor()函数来实现。

具体代码如下：

```
void drawmain() /*画主窗口函数*/
{
    int i, j;
    gotoxy(1, 1);           /*在文本窗口中设置光标至(1,1)处*/
    textbackground(7); /*选择新的文本背景颜色，7 为 LIGHTGRAY(淡灰色)*/
    textcolor(4);          /*在文本模式中选择新的字符颜色 4 为 RED(红)*/
    insline();            /*在文本窗口的(1,1)位置处中插入一个空行*/
    for(i=1; i<=24; i++)
    {
        gotoxy(1, 1+i);       /*(x,y)中 x 不变，y++*/
        cprintf("%c", 196); /*在窗口左边输出-，即画出主窗口的左边界*/
        gotoxy(80, 1+i);
        cprintf("%c", 196); /*在窗口右边，输出-，即画出主窗口的右边界*/
```

```
    }
    for(i=1; i<=79; i++)
    {
        gotoxy(1+i, 2);     /*在第 2 行，第 2 列开始*/
        cprintf("%c", 196); /*在窗口顶端，输出-*/
        gotoxy(1+i, 25);    /*在第 25 行，第 2 列开始*/
        cprintf("%c", 196); /*在窗口底端，输出-*/
    }
    gotoxy(1, 1);
    cprintf("%c", 196); /*在窗口左上角，输出-*/
    gotoxy(1, 24);
    cprintf("%c", 196); /*在窗口左下角，输出-*/
    gotoxy(80, 1);
    cprintf("%c", 196); /*在窗口右上角，输出-*/
    gotoxy(80, 24);
    cprintf("%c", 196); /*在窗口右下角，输出-*/
    gotoxy(7, 1);
    cprintf("%c  %c Course %c  %c", 179,17,16,179);  /* | < > |*/
    gotoxy(27, 1);
    cprintf("%c  %c Student %c  %c", 179,17,16,179); /* | < > |*/
    gotoxy(47, 1);
    cprintf("%c  %c E&E %c  %c", 179,17,16,179); /* | < > |*/
    gotoxy(5, 25); /*跳至窗口底端*/
    textcolor(4);
    cprintf(" Student Elective Course Management System");
    gotoxy(68, 25);
    getdate(&sysTime);
    currentYear = sysTime.da_year;
    currentMonth = sysTime.da_mon;
    currentDay = sysTime.da_day ;
    cprintf("%4d-%d-%d", currentYear, currentMonth, currentDay);
}
```

4. 菜单控制

菜单控制的工作由 menuctrl(int A)函数和 drawmenu(int m, int n)函数配合完成。

(1) 通过 drawmenu(int m, int n)函数，可完成第 m%3 项菜单的绘制，并将光带置于第 m%3 项的第 n%b 个菜单选项上，b 为相应菜单所拥有的菜单选项个数。

(2) 通过 int menuctrl(int A)函数，可完成调用菜单、移动菜单光带条和选取菜单选项的任务，并将选择的结果以宏定义的整数形式返回给 main()函数。

具体代码如下：

```
void drawmenu(int m, int n) /*画菜单，m：第几项菜单，n：第 m 项的第 n 个子菜单*/
{
    int i;
    if(m%3 == 0) /*画 Course 菜单项*/
    {
        window(8,2,19,9);
        textcolor(4);
```

```
    textbackground(7);
    for(i=0; i<7; i++) /*在上面定义的文本窗口中先输出 7 个空行*/
    {
        gotoxy(1, 1+i);
        insline();
    }
    window(1, 1, 80, 25);
    gotoxy(7, 1);
    for(i=1; i<=7; i++)
    {
        gotoxy(8, 1+i);
        cprintf("%c", 179); /*窗口内文本的输出函数，在窗口左边输出 | */
        gotoxy(19, 1+i);
        cprintf("%c", 179); /*窗口内文本的输出函数，在窗口右边输出 | */
    }
    for(i=1; i<=11; i++)
    {
        gotoxy(8+i, 2);
        cprintf("%c", 196);  /*窗口内文本的输出函数，在窗口上边输出 - */
        gotoxy(8+i, 9);
        cprintf("%c", 196);  /*窗口内文本的输出函数，在窗口下边输出 - */
    }
    textbackground(0);
    gotoxy(10,10); cprintf("           "); /*输出下边的阴影效果*/
    for(i=0; i<9; i++)
    {
        gotoxy(20, 2+i);
        cprintf("  "); /*输出右边的阴影效果*/
    }
    /*以上为显示菜单项的外观*/
    textbackground(7);
    gotoxy(8,2);  cprintf("%c", 218); /*输出四个边角表格符*/
    gotoxy(8,9);  cprintf("%c", 192);
    gotoxy(19,2); cprintf("%c", 191);
    gotoxy(19,9); cprintf("%c", 217);
    gotoxy(9,3);  cprintf(" Add      ");
    gotoxy(9,4);  cprintf(" Query    ");
    gotoxy(9,5);  cprintf(" Modify   ");
    gotoxy(9,6);  cprintf(" Delete   ");
    gotoxy(9,7);  cprintf(" Sort     ");
    gotoxy(9,8);  cprintf(" Count    ");
    textcolor(15);  textbackground(0);
    gotoxy(7, 1);
    cprintf("%c  %c Course %c  %c", 179,17,16,179);
    switch(n%6)
    {
        case 0: gotoxy(9,3);  cprintf(" Add      "); break;
        case 1: gotoxy(9,4);  cprintf(" Query    "); break;
        case 2: gotoxy(9,5);  cprintf(" Modify   "); break;
        case 3: gotoxy(9,6);  cprintf(" Delete   "); break;
```

```
        case 4: gotoxy(9,7);  cprintf(" Sort      "); break;
        case 5: gotoxy(9,8);  cprintf(" Count     "); break;
    }
}
/*********************************************************/
if(m%3 == 1) /*画 Student 菜单项*/
{
    window(28, 2, 39, 9);
    textcolor(4);
    textbackground(7);
    for(i=0; i<7; i++) /*在上面定义的文本窗口中先输出 6 个空行*/
    {
        gotoxy(1, 1+i);
        insline();
    }
    window(1, 1, 80, 25);
    gotoxy(27, 1);
    for(i=1; i<=7; i++)
    {
        gotoxy(28, 1+i);
        cprintf("%c", 179); /*窗口内文本的输出函数，在窗口左边输出 | */
        gotoxy(39, 1+i);
        cprintf("%c", 179);  /*窗口内文本的输出函数，在窗口右边输出 | */
    }
    for(i=1; i<=11; i++)
    {
        gotoxy(28+i, 2);
        cprintf("%c", 196); /*窗口内文本的输出函数，在窗口上边输出 - */
        gotoxy(28+i, 9);
        cprintf("%c", 196); /*窗口内文本的输出函数，在窗口下边输出 - */
    }
    textbackground(0);
    gotoxy(30,10); cprintf("            ");
    for(i=0; i<9; i++)    /*输出右边的阴影效果*/
    {
        gotoxy(40, 2+i);
        cprintf("  ");
    }
    textbackground(7);
    gotoxy(28,2);  cprintf("%c", 218);
    gotoxy(28,9);  cprintf("%c", 192);
    gotoxy(39,2);  cprintf("%c", 191);
    gotoxy(39,9);  cprintf("%c", 217);
    gotoxy(29,3);  cprintf(" Add       ");
    gotoxy(29,4);  cprintf(" Query     ");
    gotoxy(29,5);  cprintf(" Modify    ");
    gotoxy(29,6);  cprintf(" Delete    ");
    gotoxy(29,7);  cprintf(" Sort      ");
    gotoxy(29,8);  cprintf(" Count     ");
    textcolor(15); textbackground(0);
```

```
    gotoxy(27, 1);
    cprintf("%c  %c Student %c  %c", 179,17,16,179);
    switch(n%6)
    {
       case 0: gotoxy(29,3);  cprintf(" Add     "); break;
       case 1: gotoxy(29,4);  cprintf(" Query   "); break;
       case 2: gotoxy(29,5);  cprintf(" Modify  "); break;
       case 3: gotoxy(29,6);  cprintf(" Delete  "); break;
       case 4: gotoxy(29,7);  cprintf(" Sort    "); break;
       case 5: gotoxy(29,8);  cprintf(" Count   "); break;
    }
}
/*********************************************************/
if(m%3 == 2) /*画 E&E 菜单项 3*/
{
    window(48,2,59,8);
    textcolor(4);
    textbackground(7);
    for(i=0; i<7; i++)
    {
       gotoxy(1, 1+i);
       insline();
    }
    window(1,1,80,25);
    gotoxy(47, 1);
    for(i=1; i<=7; i++)
    {
       gotoxy(48, 1+i);
       cprintf("%c", 179);   /*窗口内文本的输出函数，在窗口左边输出 | */
       gotoxy(59, 1+i);
       cprintf("%c", 179);   /*窗口内文本的输出函数，在窗口右边输出 | */
    }
    for(i=1; i<=11; i++)
    {
       gotoxy(48+i, 2);   /*窗口内文本的输出函数，在窗口上边输出 - */
       cprintf("%c", 196);
       gotoxy(48+i, 8);
       cprintf("%c", 196);  /*窗口内文本的输出函数，在窗口下边输出 - */
    }

    textbackground(0);
    gotoxy(50,9); cprintf("            "); /*输出下边的阴影效果*/
    for(i=0; i<8; i++)       /*输出右边的阴影效果*/
    {
       gotoxy(60, 2+i);
       cprintf("  ");
    }
    textbackground(7);
    gotoxy(48,2);   cprintf("%c", 218);
    gotoxy(48,8);   cprintf("%c", 192);
```

```
        gotoxy(59,2);   cprintf("%c", 191);
        gotoxy(59,8);   cprintf("%c", 217);
        gotoxy(49,3);   cprintf(" Elective ");
        gotoxy(49,5);   cprintf(" Help    ");
        gotoxy(49,7);   cprintf(" Exit     ");
        for(i=1; i<=10; i++)
        {
            gotoxy(48+i, 4);
            cprintf("%c", 196);
        }
        for(i=1; i<=10; i++)
        {
            gotoxy(48+i, 6);
            cprintf("%c", 196);
        }
        textcolor(15);  textbackground(0);
        gotoxy(47, 1);
        cprintf("%c  %c R&R %c  %c", 179,17,16,179);
        switch(n%3)
        {
            case 0: gotoxy(49,3);  cprintf(" Elective  "); break;
            case 1: gotoxy(49,5);  cprintf(" Help     "); break;
            case 2: gotoxy(49,7);  cprintf(" Exit      "); break;
        }
    }
}
int menuctrl(int A) /*菜单控制*/
{
    int x, y, i, B, value, flag=36, a, b;
    x=wherex();  y=wherey();
    if(A==F1) {  drawmenu(0,flag);   value=300;  }
      /*显示 Course 及其子菜单，并将光带显示在第一个子菜单上*/
    if(A==F2) {  drawmenu(1,flag);   value=301;  }
      /*显示 Student 及其子菜单，并将光带显示在第一个子菜单上*/
    if(A==F3) {  drawmenu(2,flag);   value=302;  }
      /*显示 E&E 及其子菜单，并将光带显示在第一个子菜单上*/

    if(A==F1||A==F2||A==F3)
    {
        while((B=bioskey(0)) != ESC) /*选择用户按键*/
        {
            if(flag==0)   flag=36;
            if(value==0)  value=300;  /*此 value 为局部变量*/

            if(B==UP)    drawmenu(value, --flag); /*循环上下移*/
            if(B==DOWN)  drawmenu(value, ++flag); /*循环上下移*/

            if(B == LEFT) /*菜单项之间循环选择(左移)*/
            {
                flag = 36;
```

```
        drawmain();
        window(2, 2, 79, 23);
        textbackground(9);
        for(i=0; i<24; i++)
            insline();
        window(3, 3, 78, 23);
        textcolor(10);
        drawmenu(--value, flag);
    }
    if(B == RIGHT) /*菜单项之间循环选择(右移)*/
    {
        flag = 36;
        drawmain();
        window(2, 2, 79, 23);
        textbackground(9);
        for(i=0; i<24; i++)
            insline();
        window(3, 3, 78, 23);
        textcolor(10);
        drawmenu(++value, flag);
    }
    if(B == ENTER) /*选中某主菜单项的子菜单项(选中某项)*/
    {
        if(value%3==0)  b=6; /*Course 下有 6 个子菜单项*/
        if(value%3==1)  b=6; /*Student 下有 6 个子菜单项*/
        if(value%3==2)  b=3; /*E&E 下有 3 个子菜单项*/
        a = (value%3)*10 + flag%b; /*a 表示选择子菜单的编号*/
        drawmain();
        window(2, 2, 79, 23);
        textbackground(9);
        for(i=0; i<24; i++)
            insline();
        window(3, 3, 78, 23);
        textcolor(10);
        gotoxy(x, y);
        if(a==0)   return ADD_COURSE;
        if(a==1)   return QUERY_COURSE;
        if(a==2)   return MODIFY_COURSE;
        if(a==3)   return DEL_COURSE;
        if(a==4)   return SORT_COURSE;
        if(a==5)   return COUNT_COURSE;

        if(a==10)   return ADD_STUDENT;
        if(a==11)   return QUERY_STUDENT;
        if(a==12)   return MODIFY_STUDENT;
        if(a==13)   return DEL_STUDENT;
        if(a==14)   return SORT_STUDENT;
        if(a==15)   return COUNT_STUDENT;
        if(a==20)   return ELECTIVE_COURSE;
        if(a==21)   return HELP;
```

```
            if(a==22)   return EXIT;
        }
        gotoxy(x+2, y+2);
    }

    /*若按键非 F1、F2、F3*/
    drawmain();
    window(2, 2, 79, 23);
    textbackground(9);
    for(i=0; i<24; i++)
        insline();
    window(3, 3, 78, 23);
    textcolor(10);
    gotoxy(x, y);
  }
  return A;
}
```

5. 记录查找定位

用户进行课程管理时，对某个记录处理前，需要按照条件找到这条记录，此函数完成了数组元素节点定位的功能。查找定位功能由 LocateCourse()函数与 LocateStudent()函数实现，其中，LocateCourse()用于定位数组中符合要求的记录，并返回保存该记录的数组元素下标值，LocateStudent()函数用于定位学生链表中符合要求的节点，并返回指向该节点的指针。具体代码如下：

```
/********************************************************************
作用：用于定位数组中符合要求的记录，并返回保存该记录的数组元素下标值。
参数：findmess[]保存要查找的具体内容；nameornum[]保存按什么在数组中查找
********************************************************************/
int LocateCourse(COURSE tp[], int n, char findmess[], char nameornum[])
{
    int i = 0;
    if(strcmp(nameornum,"num") == 0) /*按课程编号查询*/
    {
        while(i < n)
        {
            if(strcmp(tp[i].c_num,findmess) == 0)
              /*若找到 findmess 课程编号的课程记录*/
                return i;
            i++;
        }
    }
    else if(strcmp(nameornum,"name") == 0)  /*按课程名称查询课程*/
    {
        while(i < n)
        {
            if(strcmp(tp[i].c_name,findmess) == 0)
              /*若找到 findmess 的课程记录*/
                return i;
```

```
            i++;
        }
    }
    return -1; /*若未找到，返回一个整数-1*/
}

/**************************************************************
作用：用于定位学生链表中符合要求的节点，并返回指向该节点的指针。
参数：findmess[]保存要查找的具体内容；nameornum[]保存按什么查找。
      在单链表 l 中查找
**************************************************************/
Student_Node* LocateStudent(
  Student_Link l, char findmess[], char nameornum[])
{
    Student_Node *r;
    if(strcmp(nameornum,"num") == 0) /*按学生学号查询*/
    {
        r = l->next;
        while(r)
        {
            if(strcmp(r->data.s_num,findmess) == 0)
              /*若找到 findmess 值的学生编号*/
                return r;
            r = r->next;
        }
    }
    else if(strcmp(nameornum,"name") == 0)  /*按学生姓名查询*/
    {
        r = l->next;
        while(r)
        {
            if(strcmp(r->data.s_name,findmess) == 0)
              /*若找到 findmess 值的学生姓名*/
                return r;
            r = r->next;
        }
    }
    return 0; /*若未找到，返回一个空指针*/
}
```

6. 格式化输入数据

在学生选课管理系统中，我们设计了下面的函数来单独处理字符串的格式化输入，并对输出的数据进行检验。程序代码如下：

```
/*输入字符串，并进行长度验证(长度<lens)*/
void stringinput(char *t, int lens, char *notice)
{
    char n[255];
    int x, y;
    do {
```

```
        printf(notice);  /*显示提示信息*/
        scanf("%s", n);  /*输入字符串*/
        if(strlen(n) > lens)
        {
            x=wherex();  y=wherey();
            gotoxy(x+2,y+1); printf("exceed the required length! \n");
        } /*进行长度校验，超过 lens 值重新输入*/
    } while(strlen(n) > lens);
    strcpy(t, n); /*将输入的字符串拷贝到字符串 t 中*/
}
```

7. 增加记录

课程记录或学生记录可以从以二进制形式存储的数据文件中读入，也可从键盘逐个记录地输入。当从某数据文件中读入记录时，它就是在以记录为单位存储的数据文件中，调用 fread()文件读取函数，将记录逐条复制到结构数组和单链表中。并且这个操作在 main()中执行，即当学生选课管理系统进入显示菜单界面时，该操作已经执行了。当文件中没有数据时，系统会提示单链表为空，没有任何记录可操作，此时，用户应可通过选择 Course 菜单下的添加记录选项，调用 AddCourse(COURSE tp[], int n)，进行课程记录的输入，即完成在结构数组 tp 中添加元素的操作。AddStudent()用于在单链表中增加学生记录。

具体代码如下：

```
/*增加课程记录*/
int AddCourse(COURSE tp[], int n)
{
    char ch, flag=0, num[15];
    int i;
    clrscr();
    while(1) /*一次可输入多条记录，直至输入课程编号为 00 的记录，结束添加操作*/
    {
        while(1)
          /*输入课程编号，保证该课程编号没有被使用，
            若输入课程编号为 00，则退出添加记录操作*/
        {
            clrscr();
            gotoxy(2, 2);
            stringinput(num, 15,
              "Please input course number(press '00'return menu):");
              /*格式化输入课程编号并检验*/
            flag = 0;
            if(strcmp(num,"00") == 0) /*输入为 00，则退出添加操作，返回主界面*/
            { return n; }
            i = 0;
            while(i < n)
              /*查询该课程编号是否已经存在，若存在，
                则要求重新输入一个未被占用的课程编号*/
            {
                if(strcmp(tp[i].c_num,num) == 0)
                {
```

```
                flag = 1;
                break;
            }
            i++;
        }

        if(flag == 1) /*提示用户是否重新输入*/
        {
            gotoxy(2, 3);
            getchar();
            printf("=====>The number %s is existing,
              please try again(y/n)?", num);
            scanf("%c", &ch);
            if(ch=='y' || ch=='Y')
                continue;
            else
                return n;
        }
        else
        { break; }
    }

    /*给课程记录赋值*/
    strcpy(tp[n].c_num, num); /*将字符串 num 拷贝到 tp[n].c_num 中*/
    gotoxy(2, 3);
    printf("Course name:");
    scanf("%s", tp[n].c_name);
    gotoxy(2, 4);
    printf("Course type(1,2):");
    scanf("%d", &tp[n].c_type);
    gotoxy(2, 5);
    printf("Course period(1-4):");
    scanf("%d", &tp[n].c_period);
    strcpy(tp[n].student_num, "");
    saveflag = 1; /*标记有新的修改，需要存盘*/
    n++;
    gotoxy(2,6); printf(">>>>press any key to start next record!");
    getchar(); getchar();
  }
  return n;
}
/*增加学生记录*/
void AddStudent(Student_Link l)
{
  Student_Node *p, *r, *s;  /*实现添加操作的临时的结构体指针变量*/
  char ch, flag=0, num[10];
  int temp;
  r = l;
  s = l->next;
  clrscr();
```

```
while(r->next != NULL)
    r = r->next;  /*将指针移至于链表最末尾，准备添加记录*/
while(1)  /*一次可输入多条记录，直至输入学生编号为 00 的记录节点添加操作*/
{
    while(1)
      /*输入学生编号，保证该学生编号没有被使用，
        若输入学生编号为 00，则退出添加记录操作*/
    {
        clrscr();
        gotoxy(2, 2);
        stringinput(num, 12,
          "Input Student Number(press '00'return menu):");
          /*格式化输入学生编号并检验*/
        flag = 0;

        if(strcmp(num,"00") == 0)  /*输入为 00，则退出添加操作，返回主界面*/
        { return; }
        s = l->next;
        while(s)
          /*查询该学生编号是否已经存在，
            若存在，则要求重新输入一个未被占用的学生编号*/
        {
            if(strcmp(s->data.s_num,num) == 0)
            {
                flag = 1;
                break;
            }
            s = s->next;
        }
        if(flag == 1)  /*提示用户是否重新输入*/
        {
            gotoxy(2, 3);
            getchar();
            printf("=====>The number %s is existing,
                      please try again(y/n)?", num);
            scanf("%c", &ch);
            if(ch=='y' || ch=='Y')
                continue;
            else
                return;
        }
        else
        { break; }
    }
    p = (Student_Node*)malloc(sizeof(Student_Node));  /*申请内存空间*/
    if(!p)
    {
        printf("\n allocate memory failure ");
          /*如没有申请到，打印提示信息*/
        return;                /*返回主界面*/
```

```
        }
        /*给学生记录赋值*/
        strcpy(p->data.s_num, num); /*将字符串num拷贝到p->data.s_num中*/
        gotoxy(2,3); stringinput(p->data.s_name,15,"Student Name:");
        gotoxy(2,4); stringinput(p->data.s_sex,4,"Student Sex(M or F)):");
        gotoxy(2,5); printf("Student Age:");
        scanf("%d",&temp); p->data.s_age=temp;
        strcpy(p->data.course_num, "");
        gotoxy(2,6); printf(">>>>press any key to start next record!");
        getchar(); getchar();
        /********************/
        p->next = NULL; /*表明这是链表的尾部节点*/
        r->next = p;  /*将新建的节点加入链表尾部中*/
        r = p;
        saveflag = 1;
    }
    return;
}
```

8. 查询记录

课程的查询由 QueryCourse()函数来实现。当用户执行此查询任务时，系统会提示用户进行查询字段的选择，即按课程编号或课程名称进行查询。若此记录存在，则会显示此课程记录的信息。同样，学生记录查询函数 QueryStudent()的实现与之类似，只不过采用单链表实现。具体代码如下：

```
void QueryCourse(COURSE tp[], int n) /*按课程编号或课程名称查询*/
{
    int select; /*1：按课程编号查，2：按课程名称查，其他：返回主界面(菜单)*/
    char searchinput[20]; /*保存用户输入的查询内容*/
    int p = 0;
    if(n <= 0) /*若课程记录为空*/
    {
        clrscr();
        gotoxy(2, 2);
        printf("\n=====>No Course Record!\n");
        getchar(); getchar();
        return;
    }
    clrscr();
    gotoxy(2, 2);
    cprintf(
      "=====>1 Search by course number  =====>2 Search by course name");
    gotoxy(2,3);
    cprintf("please choice[1,2]:");
    scanf("%d", &select);
    if(select == 1)  /*按课程编号查询*/
    {
        gotoxy(2, 4);
        stringinput(searchinput, 15, "input the existing course number:");
```

```
    p = LocateCourse(tp, n, searchinput, "num");
      /*在数组 tp 中查找编号为 searchinput 值的元素，并返回该数组元素的下标值*/
    if(p != -1) /*若 p!=-1*/
    {
        gotoxy(2,5); printf("------------------------------------");
        gotoxy(2,6); printf("Course Number:%s", tp[p].c_num);
        gotoxy(2,7); printf("Course Name:%s", tp[p].c_name);
        gotoxy(2,8); printf("Course Type:%d", tp[p].c_type);
        gotoxy(2,9); printf("Course Period:%d", tp[p].c_period);
        gotoxy(2,10); printf("Student Number:%s", tp[p].student_num);
        gotoxy(2,11); printf("-----------------------------------");
        gotoxy(2,12); printf("press any key to return");
        getchar(); getchar();
    }
    else
    {
        gotoxy(2,5); printf("=====>Not find this course!\n");
        getchar(); getchar();
    }
}
else if(select == 2) /*按课程名称查询*/
{
    gotoxy(2, 4);
    stringinput(searchinput, 15, "input the existing client name:");
    p = LocateCourse(tp, n, searchinput, "name");
    if(p != -1)
    {
        gotoxy(2,5); printf("------------------------------------");
        gotoxy(2,6); printf("Course Number:%s", tp[p].c_num);
        gotoxy(2,7); printf("Course Name:%s", tp[p].c_name);
        gotoxy(2,8); printf("Course Type:%d", tp[p].c_type);
        gotoxy(2,9); printf("Course Period:%d", tp[p].c_period);
        gotoxy(2,10); printf("Student Number:%s", tp[p].student_num);
        gotoxy(2,11); printf("-----------------------------------");
        gotoxy(2,12); printf("press any key to return");
        getchar(); getchar();
    }
    else
    {
        gotoxy(2,5);
        printf(
          "=====>Not find this course registered by %s!",searchinput);
        getchar(); getchar();
    }
}
else
{
    gotoxy(2, 5);
    printf(
      "*****Error:input has wrong! press any key to continue******");
```

```
        getchar(); getchar();
    }
}
void QueryStudent(Student_Link l) /*按学生编号或学生姓名查询*/
{
    int select; /*1：按学生学号查，2：按学生姓名查，其他：返回主界面(菜单)*/
    char searchinput[20]; /*保存用户输入的查询内容*/
    Student_Node *p;
    if(!l->next) /*若链表为空*/
    {
        clrscr();
        gotoxy(2, 2);
        printf("\n=====>No Student Record!\n");
        getchar(); getchar();
        return;
    }
    clrscr();
    gotoxy(2, 2);
    cprintf(
      "=====>1 Search by Student number =====>2 Search by Student name");
    gotoxy(2, 3);
    cprintf("please choice[1,2]:");
    scanf("%d", &select);
    if(select == 1)   /*按学生编号查询*/
    {
        gotoxy(2, 4);
        stringinput(searchinput, 15, "input the existing Student number:");
        p = LocateStudent(l, searchinput, "num");
          /*在 l 中查找学生编号为 searchinput 值的节点，并返回节点的指针*/
        if(p) /*若 p!=NULL*/
        {
            gotoxy(2,5); printf("--------------------------------------");
            gotoxy(2,6); printf("Student Number:%s", p->data.s_num);
            gotoxy(2,7); printf("Student Name:%s", p->data.s_name);
            gotoxy(2,8); printf("Student Sex:%s", p->data.s_sex);
            gotoxy(2,9); printf("Student Age:%d", p->data.s_age);
            gotoxy(2,10); printf("Course Number:%s", p->data.course_num);
            gotoxy(2,11); printf("-------------------------------------");
            gotoxy(2,12); printf("press any key to return");
            getchar(); getchar();
        }
        else
        {
            gotoxy(2,5); printf("=====>Not find this Student!\n");
            getchar(); getchar();
        }
    }
    else if(select == 2) /*按学生姓名查询*/
    {
        gotoxy(2, 4);
```

```
        stringinput(searchinput, 15, "input the existing Student name:");
        p = LocateStudent(l, searchinput, "name");
        if(p) /*若 p!=NULL*/
        {
            gotoxy(2,5); printf("------------------------------------");
            gotoxy(2,6); printf("Student Number:%s", p->data.s_num);
            gotoxy(2,7); printf("Student Name:%s", p->data.s_name);
            gotoxy(2,8); printf("Student Sex:%s", p->data.s_sex);
            gotoxy(2,9); printf("Student Age:%d", p->data.s_age);
            gotoxy(2,10); printf("Course Number:%s", p->data.course_num);
            gotoxy(2,11); printf("------------------------------------");
            gotoxy(2,12); printf("press any key to return");
            getchar(); getchar();
        }
        else
        {
            gotoxy(2,5); printf("=====>Not find this Student!\n");
            getchar(); getchar();
        }
    }
    else
    {
        gotoxy(2,5);
        printf(
          "*****Error:input has wrong! press any key to continue******");
        getchar(); getchar();
    }
}
```

9. 删除记录

课程删除记录操作由 DelCourse()函数来实现。在删除操作中，系统会按用户要求，先找到该课程记录的节点，然后，从结构数组中删除该记录。

同样，学生记录删除函数 DelStudent()的实现与之类似，只不过采用单链表来实现。

具体代码如下：

```
/*删除课程记录：先找到保存该课程记录的数组元素，然后删除该元素*/
int DelCourse(COURSE tp[], int n)
{
    int i=0, p=0;
    char findmess[20];
    if(n <= 0)
    {
        clrscr();
        gotoxy(2, 2);
        printf("\n=====>No course record!\n");
        getchar();
        return 0;
    }
    clrscr();
```

```
    gotoxy(2, 2);
    stringinput(findmess, 10, "input the existing course number:");
    p = LocateCourse(tp, n, findmess, "num");
    if(p != -1)
    {
        for(i=p+1; i<n; i++) /*删除此记录，后面记录向前移*/
        {
            strcpy(tp[i-1].c_num, tp[i].c_num);
            strcpy(tp[i-1].c_name, tp[i].c_name);
            tp[i-1].c_type = tp[i].c_type;
            tp[i-1].c_period = tp[i].c_period;
            strcpy(tp[i-1].student_num, tp[i].student_num);
        }
        gotoxy(2, 6);
        printf("=====>delete success!");
        getchar(); getchar();
        saveflag = 1;
        n--;
    }
    else
    {
        gotoxy(2,6); printf("=====>Not find this course!\n");
        getchar(); getchar();
    }
    return n;
}
/*删除学生记录：先找到保存该学生记录的节点，然后删除该节点*/
void DelStudent(Student_Link l)
{
    int sel;
    Student_Node *p, *r;
    char findmess[20];
    if(!l->next)
    {
        clrscr();
        gotoxy(2, 2);
        printf("\n=====>No Student record!\n");
        getchar();
        return;
    }
    clrscr();
    gotoxy(2, 2);
    printf(
      "=====>1 Delete by Student number  =====>2 Delete by Student name");
    gotoxy(2, 3);
    printf("please choice[1,2]:");
    scanf("%d", &sel);
    if(sel == 1)
    {
        gotoxy(2, 4);
```

```
        stringinput(findmess, 10, "input the existing Student number:");
        p = LocateStudent(l, findmess, "num");
        if(p)  /*p!=NULL*/
        {
            r = l;
            while(r->next != p)
                r = r->next;
            r->next = p->next; /*将 p 所指节点从链表中去除*/
            free(p); /*释放内存空间*/
            gotoxy(2, 6);
            printf("=====>delete success!");
            getchar(); getchar();
            saveflag = 1;
        }
        else
        {
            gotoxy(2,6); printf("=====>Not find this Student!\n");
            getchar(); getchar();
        }
    }
    else if(sel == 2) /*先按学生姓名查询到该记录所在的节点*/
    {
        stringinput(findmess, 15, "input the existing Student name:");
        p = LocateStudent(l, findmess, "name");
        if(p)
        {
            r = l;
            while(r->next != p)
            r = r->next;
            r->next = p->next;
            free(p);
            gotoxy(2, 6);
            printf("=====>delete success!\n");
            getchar(); getchar();
            saveflag = 1;
        }
        else
        {
            gotoxy(2,6); printf("=====>Not find this Student!\n");
            getchar(); getchar();
        }
    }
    else
    {
        gotoxy(2,6);
        printf(
          "*****Error:input has wrong! press any key to continue******");
        getchar(); getchar();
    }
}
```

10. 修改记录

课程修改记录操作由 ModifyCourse()函数来实现。在修改课程记录操作中，系统会先按输入的编号查询到该记录，然后提示用户修改编号之外的相关字段值。同样，学生记录修改函数 ModifyStudent()的实现与之类似。

具体代码如下：

```
/*修改课程记录。先按输入的课程编号查询到该记录，
  然后提示用户修改课程编号之外的用户输入字段*/
void ModifyCourse(COURSE tp[], int n)
{
    int p = 0;
    char findmess[20];
    if(n <= 0)
    {
        clrscr();
        gotoxy(2, 1);
        printf("\n=====>No course record!\n");
        getchar();
        return;
    }
    clrscr();
    gotoxy(2, 1);
    stringinput(findmess, 10, "input the existing course number:");
      /*输入并检验该课程编号*/
    p = LocateCourse(tp, n, findmess, "num"); /*查询到该节点*/
    if(p != -1) /*表明已经找到该记录*/
    {
        gotoxy(2,2); printf("----------------------------------------");
        gotoxy(2,3); printf("Course Number:%s", tp[p].c_num);
        gotoxy(2,4); printf("Course Name:%s", tp[p].c_name);
        gotoxy(2,5); printf("Course Type:%d", tp[p].c_type);
        gotoxy(2,6); printf("Course Period:%d", tp[p].c_period);
        gotoxy(2,7); printf("Student Number:%s", tp[p].student_num);
        gotoxy(2,8); printf("----------------------------------------");
        gotoxy(2,9); printf("please modify course recorder:");
        gotoxy(2,10); printf(" Course Number:%s", tp[p].c_num);
        gotoxy(2,11); printf(" Course Name:"); scanf("%s", tp[p].c_name);
        gotoxy(2,12);
        printf(" Course Type(1,2):"); scanf("%d", &tp[p].c_type);
        gotoxy(2,13);
        printf(" Course Period(1-4):"); scanf("%d", &tp[p].c_period);
        gotoxy(2,14); printf("----------------------------------------");
        gotoxy(2,15); printf("=====>modify success!");
        getchar(); getchar();
        saveflag = 1;
    }
    else
    {
```

```
        gotoxy(2,4); printf("=====>Not find this course!\n");
        getchar(); getchar();
    }
}

/*修改学生记录。先按输入的学生编号查询到该记录，
  然后提示用户修改学生编号之外的用户输入字段*/
void ModifyStudent(Student_Link l)
{
    Student_Node *p;
    char findmess[20];
    int temp;
    if(!l->next)
    {
        clrscr();
        gotoxy(2, 1);
        printf("\n=====>No Student record!\n");
        getchar();
        return;
    }
    clrscr();
    gotoxy(2, 1);
    stringinput(findmess, 10, "input the existing Student Num:");
      /*输入并检验该学生编号*/
    p = LocateStudent(l, findmess, "num"); /*查询到该节点*/
    if(p) /*若p!=NULL,表明已经找到该节点*/
    {
        gotoxy(2,2); printf("----------------------------------------");
        gotoxy(2,3); printf("Student Number:%s", p->data.s_num);
        gotoxy(2,4); printf("Student Name:%s", p->data.s_name);
        gotoxy(2,5); printf("Student Sex:%s", p->data.s_sex);
        gotoxy(2,6); printf("Student Age:%d", p->data.s_age);
        gotoxy(2,7); printf("Course  Number:%s", p->data.course_num);
        gotoxy(2,9); printf("----------------------------------------");
        gotoxy(2,10); printf("please modify Student recorder:");
        gotoxy(2,11); printf("Student Number:%s", p->data.s_num);
        gotoxy(2,12); stringinput(p->data.s_name, 15, "Student Name:");
        gotoxy(2,13);
        stringinput(p->data.s_sex, 4, "Student Sex(M or F)):");
        gotoxy(2,14); printf("Student Age:"); scanf("%d", &temp);
        p->data.s_age = temp;
        gotoxy(2,15); printf("----------------------------------------");
        gotoxy(2,16); printf("=====>modify success!");
        getchar(); getchar();
        saveflag = 1;
    }
    else
    {
        gotoxy(2,4); printf("=====>Not find this Student!\n");
        getchar(); getchar();
```

```
    }
}
```

11. 统计记录

课程统计由 CountCourse()函数完成，可统计总课程数、必修课门数及选修课门数。学生统计由 CountStudent()函数来完成，可统计学生总数、男生人数及女生人数。

具体代码如下：

```
/*统计总课程数，必修课门数及选修课门数*/
void CountCourse(COURSE tp[], int n)
{
    int i=0, b1=0, x1=0;
    if(n <= 0)  /*若没有课程记录*/
    {
        clrscr();
        gotoxy(2, 1);
        printf("=====>Not course record!");
        getchar();
        return;
    }
    i = 0;
    while(i < n) /*统计必修课与选修课门数*/
    {
        if(tp[i].c_type==1)  {b1++; i=i+1; continue;}   /*必修课*/
        else
        {x1++; i=i+1; continue;}    /*选修课*/
    }
    clrscr();
    gotoxy(2, 3);
    printf("-----------------the TongJi Result of Course--------------");
    gotoxy(2, 4);
    printf("Total number of courses:%d", n);
    gotoxy(2, 5);
    printf("Total total number of BiXiu:%d", b1);
    gotoxy(2, 6);
    printf("Total total number of XuanXiu:%d", x1);
    gotoxy(2, 7);
    printf("---------------------------------------------------------");
    getchar(); getchar();
}
/*统计学生的总数量，男学生和女学生的数量*/
void CountStudent(Student_Link l)
{
    Student_Node *r = l->next;
    int countc=0, countm=0, countf=0;
    char Studentname[15];
    if(!r)
    {
        clrscr();
```

```
        gotoxy(2, 1);
        printf("=====>Not Student record!");
        getchar();
        return;
    }
    while(r)
    {
        countc++; /*统计学生数量*/
        if (strcmp(r->data.s_sex,"M")==0 || strcmp(r->data.s_sex,"m")==0)
            countm++;   /*统计男性学生数*/
        else
            countf++;  /*统计女性学生数*/
        r = r->next;
    }
    clrscr();
    gotoxy(2, 3);
    printf("--------------------the TongJi result------------------");
    gotoxy(2, 4);
    printf("Total number of Students:%d", countc);
    gotoxy(2, 5);
    printf("Total number of Male:%d, Female:%d", countm, countf);
    gotoxy(2, 6);
    printf("------------------------------------------------------");
    getchar(); getchar();
}
```

12. 对记录排序

这里，我们采用冒泡排序法对课程按编号字段进行升序排序，采用直接选择排序对学生记录按学号进行升序排序。

采用冒泡排序法对课程记录进行升序排序由 SortCourse()函数来实现，它的基本思想是：将相邻的两个数组元素的编号字段的值进行比较，若左边的值大于右边的值，则对这两个元素的值进行交换；若左边的值小于等于右边的值，则两个值的位置不变。右边的值继续与下一个值做比较，重复此动作，直至比较到最后一个值。

采用直接选择法对学生记录进行排序由 SortStudent()函数来完成。它的基本思想是：从欲排序的 n 个元素中，以线性查找的方式找出最小的元素，与第一个元素交换，再从剩下的(n−1)个元素中，找出最小的元素，与第二个元素交换，以此类推，直到所有元素均已排序完成。

具体代码如下：

```
/*系统利用冒泡排序法实现数组的按课程编号字段的降序排序，从小到大*/
void SortCourse(COURSE tp[], int n)
{
    int i=0, j=0, k=0, flag=0;
    int x, y; /*保存当前光标所在位置的坐标值*/
    COURSE newinfo;
    COURSE *lll;
    clrscr();
```

```
if(n <= 0)
{
    clrscr();
    gotoxy(2, 1);
    printf("=====>Not course record!");
    getchar(); getchar();
    return;
}
/*显示排序前的所有记录*/
textcolor(10); textbackground(9);
gotoxy(2, 1);
printf(HEADER1); /*输出表格头部*/
gotoxy(2, 1);
x=wherex(); y=wherey(); k=0;
i=0;
while(i < n)    /*逐条输出数组中存储的课程信息*/
{
    k++;
    gotoxy(x, k+y);   /*换行*/
    lll = &tp[i];
    printf(FORMAT1, DATA1); /*见头部的宏定义*/
    i++;
}
getchar(); getchar();
gotoxy(2, k+2);
printf("=====>sort.............");
/******排序***************/
for(i=0; i<n; i++)
{
    flag = 0;
    for(j=0; j<n-1; j++)
        if(strcmp(tp[j].c_num, tp[j+1].c_num)>0)  /*字符串比较*/
        {
            flag = 1;
            /*利用结构变量 newinfo 实现数组元素的交换*/
            strcpy(newinfo.c_num, tp[j].c_num);
            strcpy(newinfo.c_name, tp[j].c_name);
            newinfo.c_type = tp[j].c_type;
            newinfo.c_period = tp[j].c_period;
            strcpy(newinfo.student_num, tp[j].student_num);
            strcpy(tp[j].c_num, tp[j+1].c_num);
            strcpy(tp[j].c_name, tp[j+1].c_name);
            tp[j].c_type = tp[j+1].c_type;
            tp[j].c_period = tp[j+1].c_period;
            strcpy(tp[j].student_num, tp[j+1].student_num);
            strcpy(tp[j+1].c_num, newinfo.c_num);
            strcpy(tp[j+1].c_name, newinfo.c_name);
            tp[j+1].c_type = newinfo.c_type;
            tp[j+1].c_period = newinfo.c_period;
            strcpy(tp[j+1].student_num, newinfo.student_num);
```

```
        }
        if(flag==0) break; /*若标记 flag=0，意味着没有交换了，排序已经完成*/
    }

    /*显示排序后的所有记录*/
    gotoxy(x, y+k+1);
    x=wherex(); y=wherey(); k=0;
    i = 0;
    while(i < n)     /*逐条输出数组中存储的学生信息*/
    {
        k++;
        gotoxy(x, k+y);   /*换行*/
        lll = &tp[i];
        printf(FORMAT1, DATA1); /*见头部的宏定义*/
        i++;
    }
    saveflag = 1;
    gotoxy(2, wherey()+2);
    printf("=====>sort complete!\n");
    getchar(); getchar();
    return;
}

/*利用直接选择排序法实现按学生编号字段的升序排序，从小到大*/
void SortStudent(Student_Link l)
{
    Student_Link lll; /*临时指针*/
    Student_Node *p, *q, *r, *s, *h1;  /*临时指针*/
    int x, y; /*保存当前光标所在位置的坐标值*/
    int i = 0;
    clrscr();
    if(l->next == NULL)
    {
        clrscr();
        gotoxy(2, 1);
        printf("=====>Not Student record!");
        getchar();
        return;
    }

    h1 = p =
      (Student_Node*)malloc(sizeof(Student_Node)); /*用于创建新的头节点*/
    if(!p)
    {
        gotoxy(2, 1);
        printf("allocate memory failure "); /*如没有申请到，打印提示信息*/
        return;              /*返回主界面*/
    }
    /************显示排序前的所有记录*********/
    clrscr();
```

```
gotoxy(2, 1);
printf(HEADER2);
gotoxy(2, 1);
lll = l->next;
x=wherex(); y=wherey(); i=0;
while(lll != NULL)  /*当 p 不为空时，进行下列操作*/
{
    i++;
    gotoxy(x, i+y);   /*换行*/
    printf(FORMAT2, DATA2); /*见头部的宏定义*/
    lll = lll->next;   /*指针后移*/
}
getchar(); getchar();
gotoxy(2, i+2);
printf("=====>sort.............");
/*******************排序************************/
p->next = l->next;
  /*l 所指节点为不存有任何记录的节点，下一个节点才有学生记录*/
while(p->next != NULL) /*外层循环决定待排序位置*/
{
    q = p->next;
    r = p;
    while(q->next != NULL) /*内循环找到当前关键字最小节点*/
    {
        if (strcmp(q->next->data.s_num, r->next->data.s_num) < 0)
            r = q; /*r 为记录当前最小节点的前驱节点的指针变量*/
        q = q->next; /*移至下一个节点*/
    }

    if (r != p)
    /*表示原来的第 1 个节点不是关键字最小的节点，改变指针的关系，
    将关键字最小的节点与本轮循环的首节点进行位置互换*/
    {
        s = r->next; /*s 指向最小节点*/
        r->next = s->next; /*r 的指针域指向最小节点的下一个节点*/
        s->next = p->next; /*s 的指针域指向当前 p 指针所指的下一个节点*/
        p->next = s; /*p 的指针域指向本次循环结束后关键字最小的节点*/
    }
    p = p->next; /*移至下一个节点，进行外循环控制*/
} /*外层 while*/
/*******************************************/
l->next = h1->next; /*将排序好的链表首节点地址赋给原来链表的指针域*/

/*显示排序后的所有学生记录*/
lll = l->next;
gotoxy(x, y+i+1);
x=wherex(); y=wherey(); i=0;
while(lll != NULL)  /*不为空时，进行下列操作*/
{
    i++;
```

```
        gotoxy(x, i+y);
        printf(FORMAT2, DATA2);
        lll = lll->next;    /*指针后移*/
    }
    free(h1);
    saveflag = 1;
    gotoxy(2, wherey()+2);
    printf("=====>sort complete!\n");
    getchar(); getchar();
    return;
}
```

13. 存储记录

在存储记录操作中，系统会将结构数组和单链表中的数据写入磁盘数据文件中，若用户对数据有修改，那么，在退出系统时，系统会自动进行存盘操作。对于课程与学生的记录，分别由 SaveCourse()函数和 SaveStudent()函数来实现。

具体代码如下：

```
/*数据存盘，若用户对数据有修改，在退出系统时，系统会自动存盘*/
void SaveCourse(COURSE tp[], int n)
{
    FILE *fp;
    int i = 0;
    int count = 0;
    fp = fopen("c:\\course", "wt"); /*以只写方式打开文本文件*/
    if(fp == NULL) /*打开文件失败*/
    {
        clrscr();
        gotoxy(2, 2);
        printf("=====>open file error!\n");
        getchar();
        return;
    }
    i = 0;
    while(i < n)
    {
        if(fwrite(&tp[i], sizeof(COURSE), 1, fp) == 1)
          /*每次写一条记录或一个节点信息至文件*/
        {
            count++;
            i++;
            continue;
        }
        else
        {
            break;
        }
    }
    if(count > 0)
```

```
    {
        clrscr();
        gotoxy(4, 8);
        printf(
          "=====>save course,total saved's record number is:%d\n", count);
        getchar();
        saveflag = 0;
    }
    else
    {
        clrscr();
        gotoxy(2, 3);
        printf("the current is empty,no record is saved!\n");
        getchar();
    }
    fclose(fp); /*关闭 course 文件*/
}
/*数据存盘，若用户对数据有修改，在退出系统时，系统会自动存盘*/
void SaveStudent(Student_Link l)
{
    FILE *fp;
    Student_Node *p;
    int count = 0;
    fp = fopen("c:\\student", "wt"); /*以只写方式打开二进制文件*/
    if(fp == NULL) /*打开文件失败*/
    {
        clrscr();
        gotoxy(2, 2);
        printf("=====>open file error!\n");
        getchar();
        return;
    }
    p = l->next;
    while(p)
    {
        if(fwrite(p,sizeof(Student_Node),1,fp) == 1)
          /*每次写一条记录或一个节点信息至文件*/
        {
            p = p->next;
            count++;
        }
        else
        {
            break;
        }
    }
    if(count > 0)
    {
        gotoxy(4, 9);
        printf(
```

```
        "=====>save student,total saved's record number is:%d\n", count);
      gotoxy(4, 14);
      printf("***********Thank you for your useness!*************");
      getchar();
      saveflag = 0;
   }
   else
   {
      clrscr();
      gotoxy(2, 3);
      printf("the current link is empty, no record is saved!\n");
      getchar();
   }
   fclose(fp); /*关闭 student 文件*/
}
```

14. 选课

选课由 ElectiveCourse(COURSE tp[], int n, Student_Link ll)函数来实现，选课的主要工作，是建立课程与学生之间的关联。需要注意的是，本系统在实现选课关联前，实现了对学生是否重复选课的检测。具体代码如下：

```
/*************************选课*********************************/
void ElectiveCourse(COURSE tp[], int n, Student_Link ll)
{
   Student_Node *p;   /*定义学生记录指针变量*/
   int p1; /*定位课程记录的下标*/
   char studentnum[15], coursenum[15], ch;
   /*输入学号，定位学生记录*/
   clrscr();
   gotoxy(2, 1);
   stringinput(studentnum, 15, "input the existing Student Number:");
     /*输入并检验该学生编号*/
   p = LocateStudent(ll, studentnum, "num"); /*查询到该节点*/
   if(!p) /*若 p==NULL，表明未找到该节点*/
   {
      clrscr(); gotoxy(2,4);
      printf("=====>Not find this Student!\n");
      getchar(); getchar();
      return;
   }
   /*输入课程号，定位课程记录*/
   gotoxy(2, 5);
   stringinput(coursenum, 15, "input the existing course Number:");
   p1 = LocateCourse(tp, n, coursenum, "num");
     /*在数组 tp 中查找编号为 coursenum 值的元素，并返回该数组元素的下标值*/
   if(p1 != -1) /*若 p1!=-1，表示已经找到相应的记录*/
   {
      if(!strstr(tp[p1].student_num, p->data.s_num))
        /*检测该学生是否已经选了此课，若还没有，则执行选课操作*/
```

```
        {
            strcat(tp[p1].student_num, " ");
            strcat(tp[p1].student_num, p->data.s_num);
              /*以追加方式，在课程记录中添加已选课学生的学号*/
            strcat(p->data.course_num, " ");
            strcat(p->data.course_num, tp[p1].c_num);
              /*以追加方式，在学生记录中添加已选课程的编号*/
            gotoxy(2, 7);
            printf("Success!! Student Number:%s,Student Name:%s\n",
              p->data.s_num, p->data.s_name);
            gotoxy(2, 8);
            printf(">>>>Course Number:%s,Course Name:%s\n",
              tp[p1].c_num, tp[p1].c_name);
            getchar(); getchar();
            saveflag = 1;
        }
        else /*若该学生已经选了该课*/
        {
            gotoxy(2,8);
            printf("=====>This student already selected this course!\n");
            getchar(); getchar();
            return;
        }
    }
    else  /*若 p1==-1，表示没有找到相应的记录*/
    {
        gotoxy(2, 9);
        printf("=====>Not find this course!\n");
        getchar(); getchar();
        return;
    }

    return;
}
```

15. 帮助

帮助功能由 Help()函数来实现。这里，读者可以进一步进行扩展。

代码如下：

```
void Help()
{
    clrscr();
    gotoxy(2, 1);
    printf("Welcome using this system, Design:Qiwu,wu;
             E_mail:bookforc@163.com\n");
    getchar();
    getchar();
    return;
}
```

16. 用户登录

用户登录管理由 logging()函数来实现。用户只有在输入正确的用户名和口令之后，才允许使用管理系统。用户有三次输入用户名和口令的机会。系统初始设置的用户名为“user”，口令为“123”。与 Windows 等操作系统中丰富的用户管理功能不同，这里的用户名和口令对所有的用户都是一样的。因此，读者可以进一步丰富此部分的功能，例如，可根据用户的等级进行系统权限设置。

需要注意的是，输入完用户名后，需要回车，然后再输入口令。在输入口令时，所输入的字符系统将用“*”字符代替。

具体代码如下：

```
void logging(int left, int top, int right, int bottom)
{
    int i, ii, jj, chint;
    char name[12], pass[12], passtemp[12], ch;
    for(i=top+1; i<bottom; i++)
    {
        gotoxy(left, i);
        cprintf("%c", 179); /*窗口内文本的输出函数，在窗口左边输出 | */
        gotoxy(right, i);
        cprintf("%c", 179); /*窗口内文本的输出函数，在窗口右边输出 | */
    }
    for(i=left+1; i<right; i++)
    {
        gotoxy(i, top);
        cprintf("%c", 196); /*窗口内文本的输出函数，在窗口上边输出 - */
        gotoxy(i, bottom);
        cprintf("%c", 196); /*窗口内文本的输出函数，在窗口下边输出 - */
    }
    gotoxy(left, top);
    cprintf("%c", 218);
    gotoxy(right, top);
    cprintf("%c", 191);
    gotoxy(left, bottom);
    cprintf("%c", 192);
    gotoxy(right, bottom);
    cprintf("%c", 217);
    ii = 0;
    textcolor(3); textbackground(7);
    gotoxy(left+12, top+3);
    cprintf("           ");
    gotoxy(left+12, top+5);
    cprintf("           ");
    while(ii < 3)
    {
        gotoxy(left+3, top+3);
        cprintf("username");
        gotoxy(left+3, top+5);
```

```
        cprintf("password");
        gotoxy(left+12, top+3);
        scanf("%s", name);
        gotoxy(left+12, top+5);
        jj=0; strcpy(pass,""); strcpy(passtemp,"");
        while((chint=ch=getche()) != 13) /*13 为回车键的十进制值*/
        {
            if(chint == 8) /*backspace*/
            {
                jj--; gotoxy(left+12+jj,top+5);
                printf("%c",' '); gotoxy(left+12+jj,top+5);
                strcpy(passtemp, pass);
                passtemp[strlen(pass)-1]='\0'; /*删除一个字符*/
                strcpy(pass, passtemp);
                continue;
            }
            sprintf(passtemp, "%c", ch);
            strcat(pass, passtemp);
            gotoxy(left+12+jj,top+5); printf("%c",'*');
            jj++;
        }
        if(strcmp("user",name)==0 && strcmp(pass,"123")==0)
        { clrscr(); return; }
        else
        {
            gotoxy(left+12, top+3);
            cprintf("            ");
            gotoxy(left+12, top+5);
            cprintf("            ");
        }
        ii++;
    }

    clrscr();
    printf("the user or password is not right!");

    getchar();
    exit(0);
}
```

6.4.2 运行结果

1. 用户登录及主界面

如图 6.5 所示，当用户刚进入学生选课管理系统时，会提示用户输入用户名和口令。用户名为“user”，口令为“123”。

当用户名和口令输入正确后，用户可按 F1、F2、F3 功能键，来分别调用 Course、Student、E&E 三个菜单的子菜单项(命令)，主界面如图 6.6 所示。

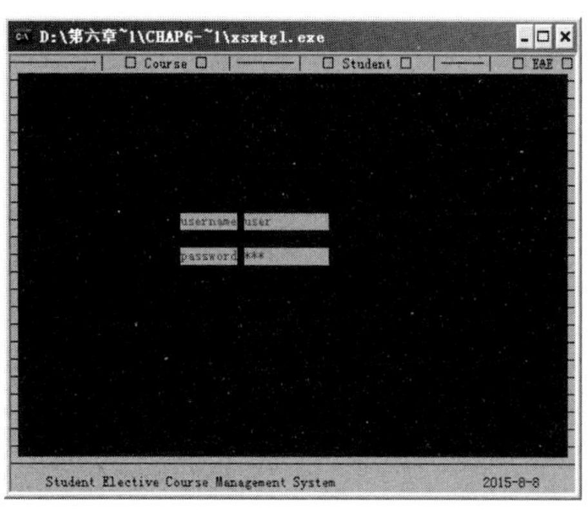

图 6.5　学生选课管理系统用户登录

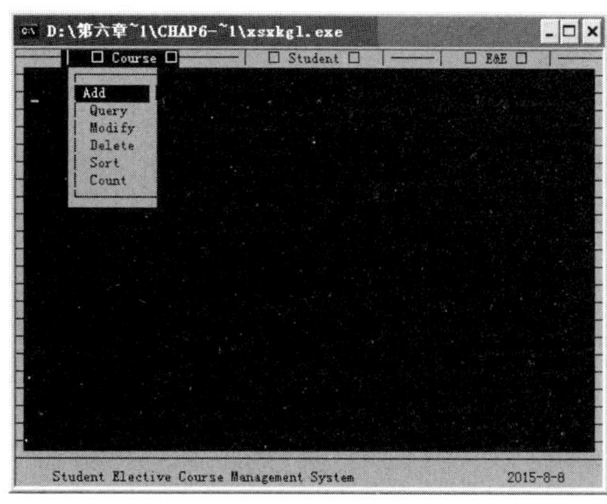

图 6.6　学生选课管理系统的主界面

2. 添加记录

当用户选择 Course 或 Student 菜单中的 Add 选项并按 Enter 键后，即可进行记录添加工作。其输入记录过程如图 6.7 和 6.8 所示。当前输入了一个编号为 007 的课程和学号为 05 的学生记录。

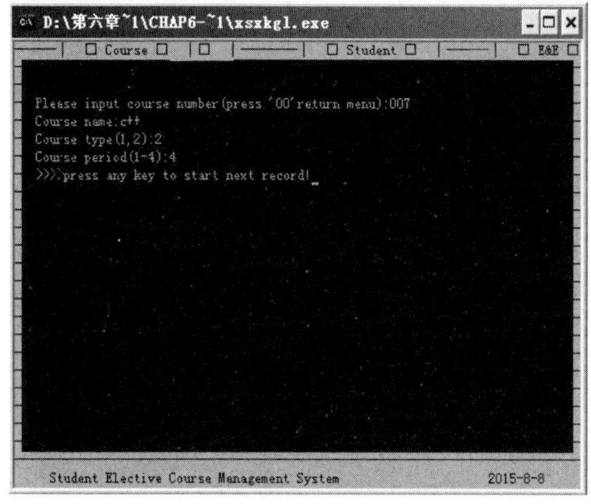

图 6.7　课程记录的添加

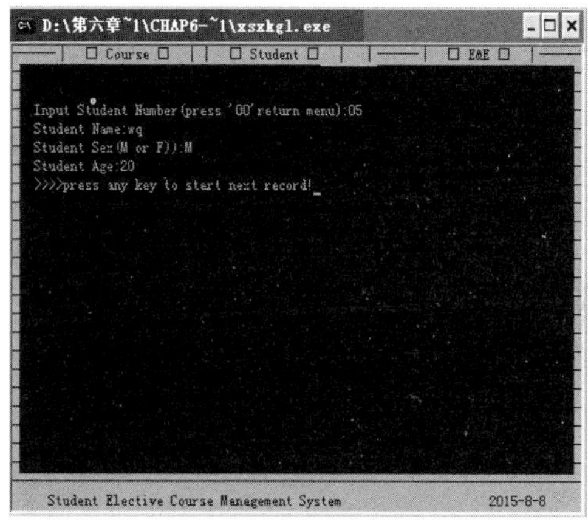

图 6.8　学生记录的添加

3. 查找记录

当用户选择 Course 或 Student 菜单中的 Query 选项，并按 Enter 键后，即可进入记录查找界面。

如图 6.9 所示，用户可按编号或名称进行记录查找，并将查找结果返回给用户。

4. 修改记录

当用户选择 Course 或 Student 菜单中的 Modify 选项，并按 Enter 键后，即可进行记录修改工作。

如图 6.10 所示，用户已经成功地修改了一条编号为 001 的课程记录。

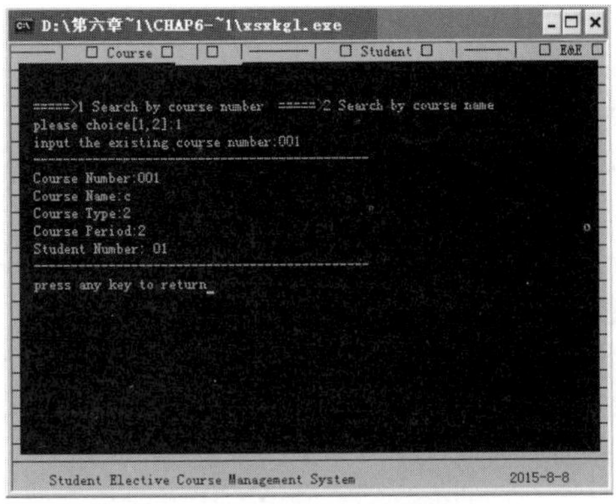

图 6.9　课程信息查询

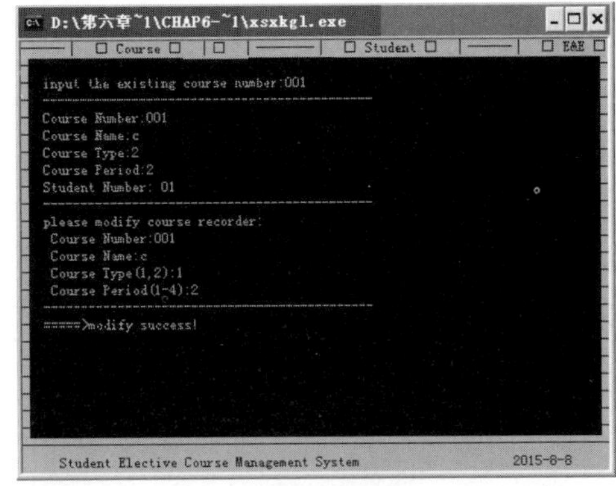

图 6.10　修改课程记录

5. 删除记录

当用户选择 Course 或 Student 菜单中的 Delete 选项，并按 Enter 键后，即可进行记录删除操作。如图 6.11 所示，用户已经成功地删除了一条编号为 003 的课程记录。

6. 排序记录

当用户选择 Course 或 Student 菜单中的 Sort 选项并按 Enter 键后，即可进行记录排序操作。课程记录采用冒泡法进行排序，学生记录采用直接选择法进行排序。

图 6.12 所示为课程记录按编号排序后的结果。

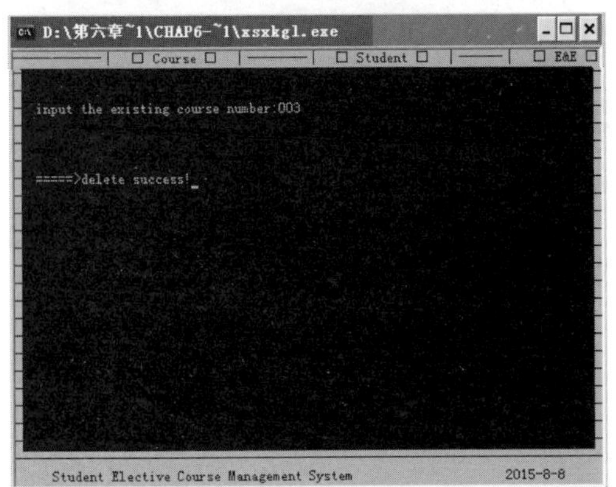

图 6.11　删除课程记录

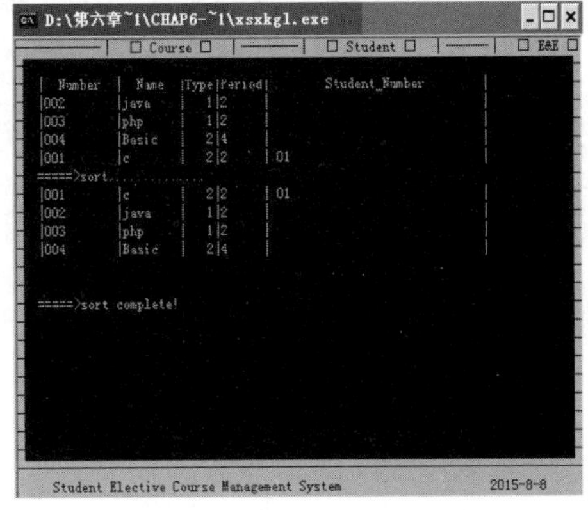

图 6.12　课程按编号排序

图 6.13 所示为学生记录按学号排序后的结果。

7. 统计记录

当用户选择 Course 或 Student 菜单中的 Count 选项并按 Enter 键后，即可进行记录统计操作。图 6.14 所示为课程信息统计结果，图 6.15 所示为学生信息统计结果。

8. 选课

当用户选择 E&E 菜单中的 Elective 选项并按 Enter 键后，即可进行选课操作。

其中，图 6.16 所示为选课过程，图 6.17 所示为选课后的查询结果。

9. 退出

用户选择 E&E 下的 Exit 并按 Enter 键后，如图 6.18 所示，即可完成退出系统的操作。

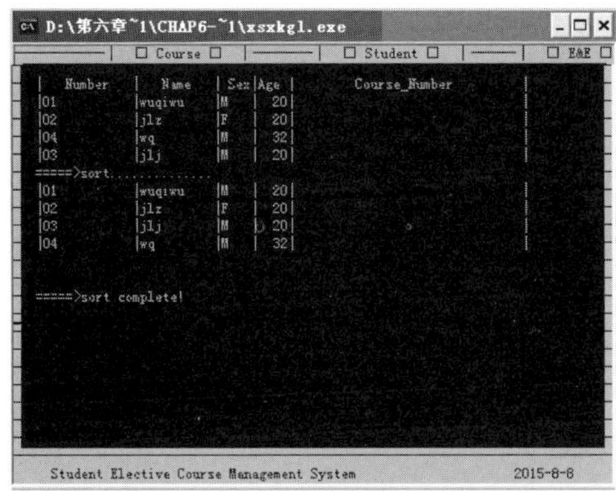

图 6.13　学生记录按学号排序

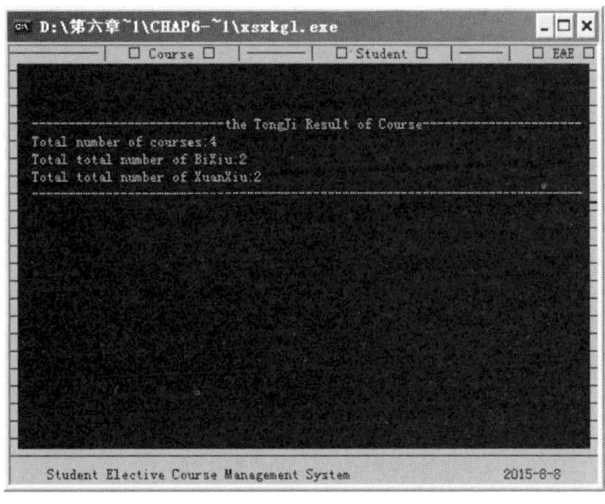

图 6.14　课程信息统计结果

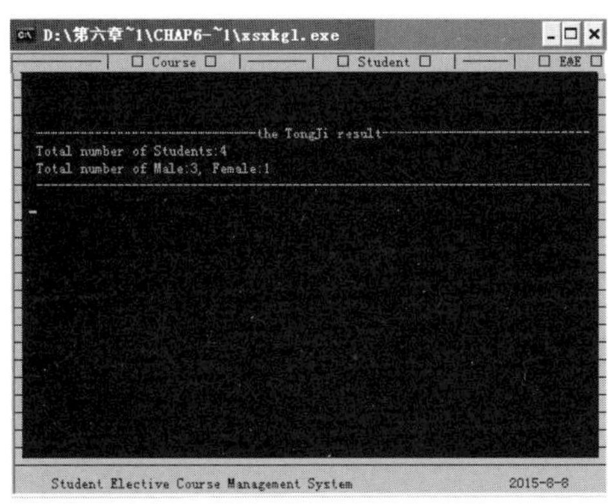

图 6.15　学生信息统计结果

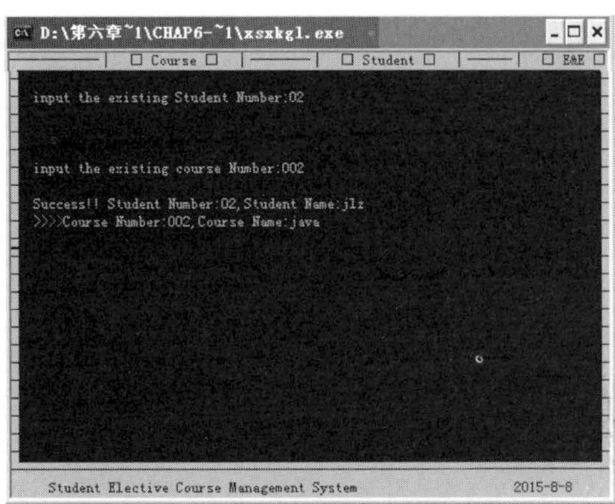

图 6.16　学生选课成功

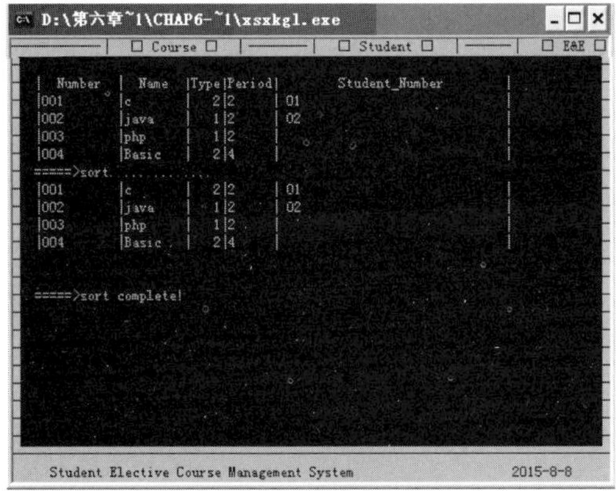

图 6.17　查看选课结果

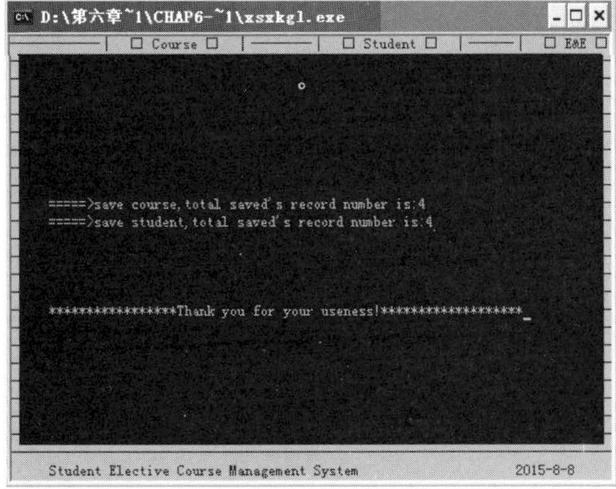

图 6.18　退出系统

6.5 小　　结

一般来说，变化的是信息系统需求，不变的是编程思想。本章介绍了学生选课管理系统的设计思路及其编码实现，重点介绍了各功能模块的设计原理、文本模式下图形化界面的设计、用户登录窗口设计、菜单的灵活控制，综合利用结构数组和单链表存储数据的方法，以及冒泡排序与直接选择排序的思想。

通过本章的学习，学生应该掌握以下知识点。

(1) 用户登录的设计。读者可进一步优化程序，增加用户管理，可根据用户权限来分配相应的系统功能。

(2) 文本窗口大小的设定、窗口颜色的设置、窗口文本的清除和输入输出等。

(3) 对结构数组和单链表的各种基本操作。

(4) 对文件的打开、关闭、读取、写入操作。

(5) 冒泡排序方法与直接选择排序方法。

本章案例中提供的图形化菜单等功能，可稍做修改后，应用于其他管理系统，为使用 C 语言进行高级系统的开发奠定了基础。

第 7 章　图书管理系统

随着信息技术的发展和图书数量的增加，实现图书的自动化管理是大势所趋。目前，图书管理系统是实现图书管理工作系统化、规范化和自动化的有力工具，可大大提高人员的工作效率。

本章利用 C 语言中单链表等数据结构及图形化界面设计思想，编程实现一个图形化界面的图书管理系统。在此管理系统中，用户可以通过快捷键来激活菜单项，完成图书信息管理、读者信息管理、图书借阅和图书归还处理工作。

7.1　设 计 目 的

本程序旨在帮助读者进一步了解管理信息系统的开发流程，掌握文本模型下图形化界面的开发技巧，熟悉 C 语言的指针、结构体和单链表的各种基本操作，为开发出更优秀的信息管理系统打下坚实的基础。

7.2　功 能 描 述

图书管理系统以图形化界面的形式实现，如图 7.1 所示，它由如下六大功能模块组成：图形化界面模块、输入记录模块、查询记录模块、更新记录模块、统计记录模块、图书借阅归还模块。

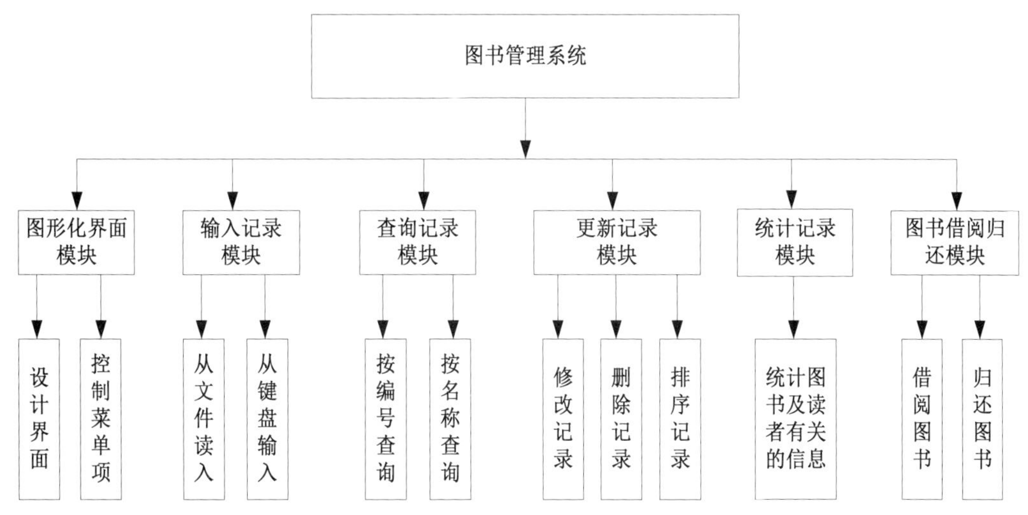

图 7.1　图书管理系统的功能模块

(1)　图形化界面模块。图形化界面模块主要包括系统界面设计和菜单选项控制两大部分。系统界面主要由菜单栏、显示编辑区、状态栏三大部分构成，菜单栏用来显示菜单项，编辑区主要用来完成信息的显示和录入等操作，状态栏主要用来显示管理系统名称及版本信息。需要说明的是，图形化界面是在文本模式下实现的，在很大程度上降低了图形化模式下编程的复杂性，提高了移植的灵活性。另外，菜单选项控制是图形化界面的灵魂，需要根据用户对菜单项的选择来调用相关的函数，完成相应的功能。

(2) 输入记录模块。输入记录模块涉及图书信息和读者信息的输入，其工作分两步完成。第一步，将图书和读者有关的信息添加到相应的单链表中；第二步，在系统退出前，系统自动保存至不同的文件中。在图书管理系统中，记录可以从以二进制形式存储的数据文件中读入，也可从键盘逐个记录。当从数据文件中读入记录时，就是在以记录为单位存储的数据文件中，将记录逐条复制到单链表中。

(3) 查询记录模块。查询模块主要完成在图书信息和读者信息中查找满足相关条件的记录。在图书管理系统中，用户可以按照图书编号或名称进行查找，也可按照读者编号或姓名进行查找。若找到相应的记录，则进行相关记录的显示工作。否则，打印出未找到该记录的提示信息。

(4) 更新记录模块。更新模块主要完成对记录的维护。在图书管理系统中，该模块主要实现了对记录的修改、删除和排序操作。另外，当完成借阅和归还处理时，相应的图书信息和读者信息也需要更新。一般而言，系统进行了这些操作后，需要将修改的信息存入原始的数据文件中。

(5) 统计记录模块。统计模块主要完成了对图书及读者有关信息的统计。例如，已借出图书数、借出次数最多的图书名、统计读者的总数量、男性读者及女性读者的数量、借书数量最多的读者名等。

(6) 图书借阅与归还模块。该模块主要完成图书借阅和归还两个功能。第一，在确定借阅者为注册读者和读者借阅数量没有超过借阅数量上限，并且需借阅图书当前为可借状态时，才执行相应的图书借阅工作。第二，图书归还在根据用户输入的读者编号和图书名找到相关的记录后，对相应的字段进行更新，例如可借状态、借阅的读者编号等。

7.3 总 体 设 计

7.3.1 功能模块设计

1. 主控 main()函数执行流程

图书管理系统的执行主流程如图 7.2 所示。它首先调用 drawmain()函数来显示主界面，主界面涉及菜单栏、显示编辑区和状态栏，其中，菜单栏包括 Book、Reader 和 B&R 三个菜单项。接着，以可读写的方式打开图书文件和读者文件，文件默认为 c:\book 和 c:\reader，若某文件不存在，则新建相关的文件。当打开某文件的操作成功后，则从文件中一次读出一条记录，写入到新建的单链表中，然后进入主循环操作，等待用户按键，并进行按键判断。若用户按键为 F1、F2、F3 中的任意一键，则调用菜单控制函数 menuctrl()，进行菜单项的显示和控制。系统根据用户选择的菜单项结果，调用相应的函数来完成相应功能。若返回结果为 EXIT，系统将在执行相应的数据存盘操作后退出。

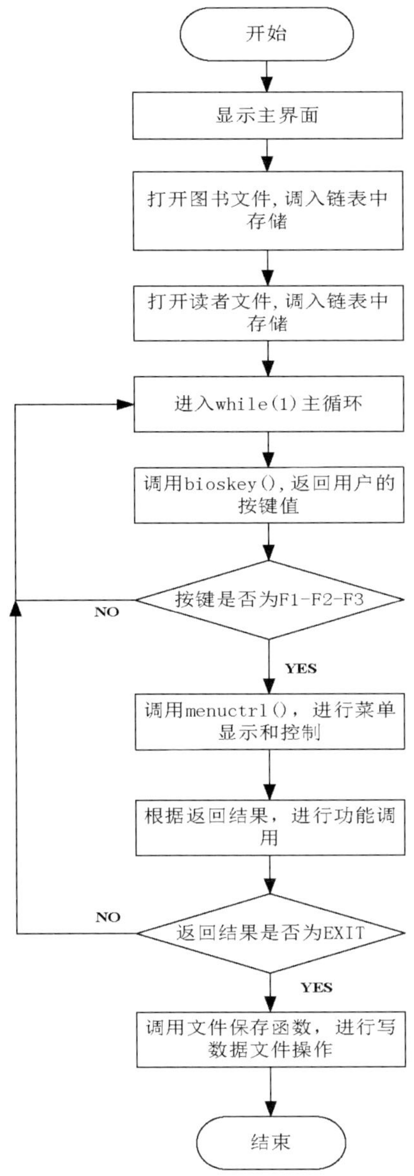

图 7.2　主控函数的执行流程

在主循环中进行按键值判断时，有效的按键为 F1、F2、F3，其他都被视为无效按键。若用户按键为 F1、F2、F3 中的任意键，则调用菜单控制函数 menuctrl()，进行菜单项的显示和控制。在菜单控制中，若用户按键为 F1，则显示 Book 菜单项下的 6 个子菜单项，并用黑色透明光带标记当前的子菜单项，用户可以按光标上移(↑)和下移(↓)键，在各子菜单项之间进行选择；若用户按键为 F2，则显示 Reader 菜单项下的 6 个子菜单项；按键为 F3，则显示 B&R 菜单项下的 3 个子菜单项，其中，B 表示 Borrow(借书)，R 表示 Return(还书)。同时，可以按光标左移键(←)在菜单项之间循环左移选择，可以按光标右移键(→)在菜单项之间循环右移选择，也可按 Esc 键返回没有调用子菜单项的主界面。用户在移动光带到相应的子菜单项后，按 Enter 键选中功能，系统根据用户选择的菜单项结果，调用相应的函数，来完成相应的功能。

若选择 Book 下的子菜单项，系统则返回 ADD_BOOK、QUERY_BOOK、MODIFY_BOOK、DEL_BOOK、SORT_BOOK、COUNT_BOOK 中的某个值，然后，根据这些返回值，调用相应的函数，分别完成增加图书记录、查询图书记录、删除图书记录、排序图书记录和统计图书记录功能。

若选择 Reader 的子菜单项，则返回 ADD_READER、QUERY_READER、MODIFY_READER、DEL_READER、SORT_READER、COUNT_READER 中的某个值，然后根据这些返回值，调用相应的函数，来完成增加读者记录、查询读者记录、删除读者记录、排序读者记录和统计读者记录等功能。

若选择 B&R 的子菜单项，系统则返回 BORROW_BOOK、RETURN_BOOK、EXIT 中的某个值，根据返回的结果，分别完成借书、还书和退出系统的功能。在退出系统时，系统会提示用户进行确认，确认完成后，执行相应的数据存盘操作，然后退出系统。

2. 图形化界面模块

在图形化界面模块中，主要完成了系统界面显示和菜单选项控制两大部分。系统界面主要由菜单栏、显示编辑区、状态栏三大部分构成，菜单选项控制包括子菜单的显示、光带条在子菜单之间的上下移动或菜单之间的左右移动、子菜单项的选取。

(1) 系统界面

图书管理系统界面由菜单栏、显示编辑区、状态栏三大部分构成。这些区域的绘制主要由 drawmain()函数来完成。不同于图形模式下的画线和画框操作，文本模式下的图形界面主要通过在指定位置输出特殊字符和不同前背景颜色来实现，其中，指定位置可通过 gotoxy()函数来实现，特殊字符可通过 cprintf()函数指定字符的 ASCII 码来获得，背景颜色可通过 textbackground()函数来指定，文本颜色可通过 textcolor()函数来实现。

图书管理系统共有 Book、Reader、B&R 三个菜单项，用户可分别按 F1、F2、F3 功能键来完成这三个菜单项的调用，即显示某项菜单。用户可按光标上移或下移键，在某菜单项的子菜单之间循环移动，也可使用光标的左移或右移键，在三个菜单项之间循环移动。当光带移动到某个子菜单项上时，用户可使用回车键(Enter)来选取相关的菜单选项。

需要注意的是，Win-TC 和 Turbo C 默认定义的文本窗口为整个屏幕，共有 80 列(或 40 列)25 行的文本单元，每个单元包括一个字符和一个属性，字符即 ASCII 码字符，属性规定该字符的颜色和强度。同时，它还规定整个屏幕的左上角坐标为(1，1)，右下角坐标为(80，25)。并规定沿水平方向为 X 轴，方向朝右；沿垂直方向为 Y 轴，方向朝下。

(2) 菜单控制

在菜单控制模块中，主要完成了子菜单的显示、光带条在子菜单之间的上下移动或菜单之间的左右移动、子菜单项的选取。下面分别介绍这三项功能的具体实现。

① 显示子菜单项。用户可按 F1、F2、F3 功能键，来分别调用 Book、Reader、B&R 三个菜单的子菜单项，即完成子菜单项的显示。当按下这三个中的某个功能键时，程序会调用 menuctrl()函数来完成菜单的调用操作。在 menuctrl()函数中，它会根据功能键的键值调用 drawmenu(value, flag)函数，参数 value、flag 都为局部变量，分别用来保存调用某个菜单、某个菜单下的第几个菜单选项。例如，按 F1 后，它的默认值为 drawmenu(0, 0)，表

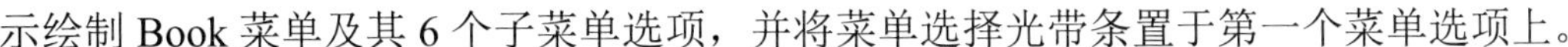

示绘制 Book 菜单及其 6 个子菜单选项，并将菜单选择光带条置于第一个菜单选项上。

下面简要描述一下 drawmenu(value, flag)函数的操作过程。

先取 value 除以 3 的余数 m(因为有 3 个菜单项，所以除数选择 3)，根据 m 的值来绘制不同的菜单。m 的取值为 0、1、2。当 m 等于 0 时，表示绘制 Book 菜单；其余类推。

然后绘制菜单的边框及菜单选项值。

然后取 flag 除以 x 的余数 t，x 的取值视 m 的取值而定，如当 m=6 时，x=6，因为 Book 菜单下有 6 个选项。

最后，根据 t 的值，用不同的前景色和背景色在原来的位置重新显示菜单选项，以实现光带条的效果。

② 移动菜单光带条。当用户按 F1、F2、F3 中的某个功能键调用了某个菜单后，可继续按光标左移、右移、上移和下移键，来实现菜单之间的切换和菜单选项之间的切换。若为左移键，它将调用 drawmenu(--value, flag)函数，将切换至某个菜单的左边邻居菜单。若当前菜单为最左边的 Book 菜单，将切换至最右边的 B&R 菜单。若为右移键，将调用 drawmenu(++value, flag)函数。若为上移键，将调用 drawmenu(value, --flag)函数；若为下移键，将调用 drawmenu(value, ++flag)函数。

③ 选取菜单。

当用户将光带选择条置于某个菜单选项上时，可按 Enter 键，来选取该菜单选项。选取菜单操作的实现比较简单，它主要利用 a=(value%3)*10+flag%b 来计算出选择的菜单选项的编号。

不同菜单选项选取后，a 的值不同。这样，程序可根据 a 的值，来返回给 main()函数不同的标记，在 main()函数中，可根据标记的不同，来执行相关的功能。

3. 添加记录模块

添加记录模块涉及图书信息和读者信息的输入，记录可以从以二进制形式存储的数据文件中读入，也可从键盘逐个记录。当从某数据文件中读入记录时，它就是在以记录为单位存储的数据文件中，调用 fread(p, sizeof(Node), 1, fp)文件读取函数，将记录逐条复制到单链表中。并且，这个操作在 main()中执行，即当图书管理系统进入显示菜单界面时，该操作已经执行了。若该文件中没有数据，系统会提示单链表为空，没有任何记录可操作，此时，用户应可通过选择 Book 菜单或 Reader 菜单下的添加记录选项，调用 AddBook(l)或 AddReader(ll)函数，进行记录的输入，即完成在单链表 l 中添加节点的操作。值得一提的是，这里的字符串采用了独立的函数来实现，在函数中完成输入数据任务，并对输入进行条件判断，直到满足条件为止，这样可以减少代码的冗余。

4. 查询记录模块

查询模块主要实现了在图书管理系统中按编号或名称查找满足相关条件的记录。

图书和读者的查询，分别通过调用 QueryBook(l)和 QueryReader(ll)来实现。其中，l 为 Book_Link 类型的指针变量，ll 为 Read_Link 类型的指针变量。另外，查找定位操作由 Book_Node* Locate(Book_Link l, char findmess[], char nameornum[])和 Reader_Node* LocateReader(Reader_Link l, char findmess[], char nameornum[])两个函数完成，其中，参数

findmess[]保存要查找的具体内容，nameornum[]保存要查找的字段(值为字符串类型的 num 或者 name)，若找到该记录，则返回指向该节点的指针，否则，返回一个空指针。

5. 更新记录模块

更新记录模块主要实现了对记录的修改、删除和排序操作，由于图书记录和读者记录是以单链表的结构形式存储的，所以，这些操作都在单链表中完成。下面分别介绍这些功能模块。

(1) 修改记录

修改记录操作需要对单链表中的目标节点的数据域中的值进行修改，它分两步完成。第一步，输入要修改的编号，输入后，调用定位函数 Locate()或 LocateReader()在单链表中逐个对节点数据域中的编号字段的值进行比较，直到找到该编号的记录；第二步，若找到该记录，修改除编号之外的相应字段的值，并将存盘标记变量 saveflag 置 1，表示已经对记录进行了修改，但还未执行存盘操作。

(2) 删除记录

删除记录操作完成删除指定编号或名称的记录，它也分两步完成。第一步，输入要修改的编号或名称，输入后，调用定位函数 Locate()或 LocateReader()在单链表中逐个对节点数据域中的编号或名称字段的值进行比较，直到找到该编号或名称的记录，返回指向该记录的指针；第二步，若找到该记录，将该记录所在节点的前驱节点的指针域指向目标节点的后继节点。

具体执行过程如图 7.3 所示。

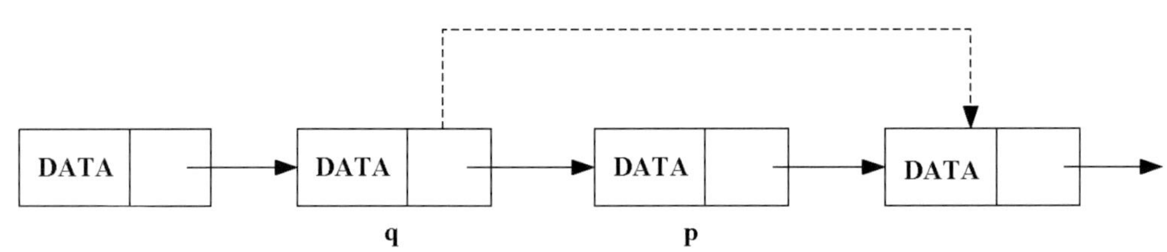

图 7.3 单链表中删除节点示意图

图 7.3 中，p 为指向需要删除节点的指针变量，q 为 p 所指节点的前驱节点的指针变量，删除节点 p 执行的操作为：q->next=p 或者 q->next=q->next->next。

(3) 记录排序

排序是指对记录按某关键字段进行顺序的重新排列。最常见的有“由小到大”的“递增顺序”和“由大到小”的“递减顺序”。目前，排序的分类大致可分为两种：内部排序和外部排序。内部排序是指将要处理的数据整个存放到内部存储器中所进行的排序，如冒泡排序、快速排序、直接选择排序、插入排序和堆排序等。外部排序是指由于需处理的数据量很大，无法全部存放到内存中，必须借助外存的排序，如合并排序、直接合并排序等。在前面的章节中，我们已经掌握了有关单链表的插入排序方法。这里，我们采用直接选择法，对图书记录和读者记录进行排序。

直接选择排序的基本思想是：从欲排序的 n 个元素中，以线性查找的方式找出最小的元素，与第一个元素进行交换，再从剩下的 n-1 个元素中，找出最小的元素，与第二个元素交换。以此类推，直到所有元素均已排序完成。

在单链表中，实现直接选择排序的基本步骤如下。

① 外层循环决定每次排序的开始位置，以及需交换节点之间指针关系的改变。

② 内层循环负责在单链表中找到当前关键字最小的节点。

③ 重复上面两步，直到从待排序链表取出的节点的指针域为 NULL，即此节点为链表的尾部节点后，排序完成。

6. 统计记录模块

统计模块主要完成了对图书及读者有关信息的统计。例如，已借出图书数、借出次数最多的图书名、统计读者的总数量、男性读者和女性读者的数量、目前借书数量最多的读者名等。它的实现相对简单，主要通过循环读取指针变量所指的当前的节点的数据域中的各字段的值，并对各个字段进行逐个判断或累加的形式实现，使用户对当前的图书情况和读者情况有一个宏观的了解。

7. 图书借阅与归还模块

(1) 图书借阅模块

图书借阅模块只要在确认满足相应条件时，才执行相应的图书借阅工作。这些条件包括：借阅者为注册读者、读者借阅数量没有超过借阅数量上限、需借阅图书当前处于可借状态。需要说明的是，本程序中，设定的上限为每人最多借 20 本。

图书借阅工作包括通过 p1->data.borrow_flag=1 操作标记此图书已借出，通过 strcpy(p1->data.reader, readernum)操作填写借阅人编号，通过 p1->data.total_num++操作增加图书被借次数，通过 p2->data.total_num++增加读者目前已借图书册数。其中，p1 为 Book_Node 类型的指针变量，p2 为 Reader_Node 类型的指针变量。

(2) 图书归还模块

与图书借阅模块类似，图书归还模块首先提示用户输入读者编号，系统查询该读者编号是否已经存在，若不存在，则不允许执行还书操作。然后，提示用户输入归还图书的名称，查询该图书是否为已借状态，同时，与输入的读者编号一致，若任意条件不满足，则不允许执行还书操作。若条件满足，才执行相应的图书归还工作。

这些工作包括通过 p1->data.borrow_flag=0;操作标记此图书已还，通过 strcpy(p1->data.reader, " ");操作将借阅人编号置空，通过 p2->data.total_num--;操作将读者目前已借图书册数减 1。

7.3.2 数据结构设计

1. 与图书有关的数据结构

结构 book 用于存储图书相关的基本信息，它将作为单链表的数据域：

```
typedef struct book
{
   char  num[15];
```

```
    char   name[15];
    char   author[15];
    char   publish[15];
    float  price;
    int    borrow_flag;
    char   reader[12];
    int    total_num;
};
```

为了简化程序，这里只选取了与图书有关的基本信息。其各字段的值的含义如下。

- num[15]：保存图书编号。
- name[15]：保存图书名。
- author[15]：保存图书作者。
- publish[15]：保存出版社。
- price：保存图书定价。
- borrow_flag：图书是否借出标记。1 表示借出，0 表示未借出。
- reader[12]：保存借阅人编号。
- total_num：保存图书被借次数。

2. 与读者有关的数据结构

结构 reader 用于存储读者相关的基本信息，它将作为单链表的数据域：

```
typedef struct reader      /*标记为 reader*/
{
    char num[12];
    char name[15];
    char sex[4];
    int  age;
    char tele[15];
    int  total_num;
};
```

这里只选取了与读者有关的基本信息，其各字段的值的含义如下。

- num[12]：保存读者编号，如可按注册日期中的顺序，如 2010-10-10-1。
- name[15]：保存读者姓名。
- sex[4]：保存读者性别，使用 M(Male)或 F(Female)表示，其中，Male 代表男性，Female 代表女性。
- age：保存读者年龄。
- tele[15]：保存读者的联系电话。
- total_num：保存读者目前已借图书册数，每人可借册数为 20。

3. 单链表 book_node 结构体

单链表 book_node 结构体的定义如下：

```
typedef struct book_node
{
```

```
    struct book data;
    struct book_node *next;
} Book_Node, *Book_Link;
```

在单链表 book_node 结构体中，data 为 book 结构类型的数据，作为单链表结构中的数据域，next 为单链表中的指针域，用来存储其直接后继节点的地址。Book_Node 为 book_node 类型的结构变量，Book_Link 为 book_node 类型的指针变量。

4. 单链表 reader_node 结构体

单链表 reader_node 结构体的定义如下：

```
typedef struct reader_node
{
    struct reader data;          /*数据域*/
    struct reader_node *next;    /*指针域*/
} Reader_Node, *Reader_Link;
```

在单链表 reader_node 结构体中，data 为 reader 结构类型的数据，作为单链表结构中的数据域，next 为单链表中的指针域，用来存储其直接后继节点的地址。Reader_Node 为 reader_node 类型的结构变量，Reader_Link 为 reader_node 类型的指针变量。

7.3.3　函数功能描述

1. drawmain()

函数原型：

```
void drawmain();
```

drawmain()函数用于在程序中绘制包括菜单栏、显示编辑区、状态栏在内的主窗口。

2. drawmenu()

函数原型：

```
void drawmenu(int m, int n);
```

drawmenu()函数用于画菜单，m 表示第几项菜单，n 表示第 m 项的第 n 个子菜单项。

3. menuctrl()

函数原型：

```
int menuctrl(Hnode *Hhead, int A);
```

menuctrl()函数用于菜单控制。

4. stringinput()

函数原型：

```
void stringinput(char *t, int lens, char *notice);
```

stringinput()函数用于输入字符串，并进行字符串长度验证(长度<lens)，t 用于保存输入

的字符串，因为是以指针形式传递的，所以，t 相当于该函数的返回值。notice 用于保存 printf()中输出的提示信息。

5. Locate()

函数原型：

```
Book_Node* Locate(Book_Link l, char findmess[], char nameornum[]);
```

Locate()函数用于定位链表中符合要求的节点，并返回指向该节点的指针。参数 findmess[]保存要查找的具体内容，nameornum[]保存按什么字段在单链表 l 中查找。

6. LocateReader()

函数原型：

```
Reader_Node* LocateReader(
  Reader_Link l, char findmess[], char nameornum[]);
```

LocateReader()的作用类似于 Locate()函数。

7. AddBook()

函数原型：

```
void AddBook(Book_Link l);
```

AddBook()函数用于在单链表 l 中增加与图书有关的节点。

8. QueryBook()

函数原型：

```
void QueryBook(Book_Link l);
```

QueryBook()函数用于在单链表 l 中按图书编号或图书名查找满足条件的记录。

9. DelBook()

函数原型：

```
void DelBook(Book_Link l);
```

DelBook()函数用于先在单链表 l 中找到满足条件的节点，然后删除该节点。

10. ModifyBook()

函数原型：

```
void ModifyBook(Book_Link l);
```

ModifyBook()函数先按输入的图书编号查询到记录，然后提示用户修改记录。

11. CountBook()

函数原型：

```
void CountBook(Book_Link l);
```

CountBook()函数用于统计图书数量、已借出图书数、借出次数最多的图书名。

12. SortBook()

函数原型：

```
void SortBook(Book_Link l);
```

SortBook()函数利用直接选择排序法实现按图书价格字段的升序排序，从低到高。

13. SaveReader()

函数原型：

```
void SaveReader(Reader_Link l);
```

SaveReader()函数用于将单链表 l 中的数据写入磁盘中的数据文件。

14. AddReader()

函数原型：

```
void AddReader(Reader_Link l);
```

AddReader()函数用于在单链表 l 中增加与读者有关的节点。

15. QueryReader()

函数原型：

```
void QueryReader(Reader_Link l);
```

QueryReader()函数用于在单链表 l 中按读者编号或读者名查找满足条件的记录。

16. DelReader()

函数原型：

```
void DelReader(Reader_Link l);
```

DelReader()函数用于先在单链表 l 中找到满足条件的节点，然后删除该节点。

17. ModifyReader()

函数原型：

```
void ModifyReader(Reader_Link l);
```

ModifyReader()函数先按输入的读者编号查询到记录，然后提示用户修改记录。

18. CountReader()

函数原型：

```
void CountReader(Reader_Link l);
```

CountReader()函数用于统计读者的总数量、男性读者和女性读者的数量，并列出目前借书数最多的读者名。

19. SortReader()

函数原型：

```
void SortReader(Reader_Link l);
```

SortReader()函数利用直接选择排序法实现按读者编号字段的升序排序，从低到高。

20. SaveReader()

函数原型：

```
void SaveReader(Reader_Link l);
```

SaveReader()函数用于将单链表 l 中的数据写入磁盘的数据文件中。

21. BorrowBook()

函数原型：

```
void BorrowBook(Book_Link l, Reader_Link ll);
```

BorrowBook()实现图书借阅工作。

22. ReturnBook()

函数原型：

```
void ReturnBook (Book_Link l, Reader_Link ll);
```

ReturnBook()实现图书归还工作。

23. 主函数 main()

整个图书管理系统的主要控制部分。

7.4 程序实现

7.4.1 源码分析

1. 程序预处理

包括加载头文件，定义结构体、常量和变量，并对它们进行初始化工作：

```
#include "bios.h"     /*基本输入输出系统函数库*/
#include "math.h"     /*数学运算函数库*/
#include "stdio.h"    /*标准输入输出函数库*/
#include "stdlib.h"   /*标准函数库*/
#include "string.h"   /*字符串函数库*/
#include "conio.h"    /*屏幕操作函数库*/

/*与按键有关的宏定义*/
#define LEFT 0x4b00   /*←：光标左移*/
#define RIGHT 0x4d00  /*→：光标右移*/
```

```
#define DOWN 0x5000   /*↓键：光标下移*/
#define UP 0x4800     /*↑键：光标上移*/
#define ESC 0x011b    /*Esc 键：取消菜单打开操作*/
#define F1 15104      /*F1 键：打开文件菜单*/
#define F2 15360      /*F2 键：打开编辑菜单*/
#define F3 15616      /*F3 键：打开帮助菜单*/
#define ENTER 0x1c0d  /*回车键：换行*/

/*与 Book 菜单选项有关的宏定义*/
#define ADD_BOOK 100
#define QUERY_BOOK 101
#define MODIFY_BOOK 102
#define DEL_BOOK 103
#define SORT_BOOK 104
#define COUNT_BOOK 105

/*与 Reader 菜单选项有关的宏定义*/
#define ADD_READER 200
#define QUERY_READER 201
#define MODIFY_READER 202
#define DEL_READER 203
#define SORT_READER 204
#define COUNT_READER 205

/*与 B&R 菜单选项有关的宏定义*/
#define BORROW_BOOK 300
#define RETURN_BOOK 301
#define EXIT        302

/*与 book 记录格式化输出有关的宏定义*/
#define HEADER1
  "|Number   |Name    |Author   |Publish   |Price| F|Reader    |Tota| \n"
#define FORMAT1  "|%-10s|%-10s|%-10s|%-10s|%.2f|%2d|%-10s|%4d|\n"
#define DATA1  lll->data.num,lll->data.name,lll->data.author,
  lll->data.publish,lll->data.price, lll->data.borrow_flag,
  lll->data.reader,lll->data.total_num

/*与 reader 记录格式输出有关的宏定义*/
#define HEADER2 "|Number    |Name    |Sex |Age |Tele        |Tota| \n"
#define FORMAT2  "|%-12s|%-10s|%-4s|%4d|%15s|%4d|\n"
#define DATA2  lll->data.num,lll->data.name,lll->data.sex,
  lll->data.age,lll->data.tele,lll->data. total_num
int saveflag = 0;  /*是否需要存盘的全局标志变量*/

/*定义与图书有关的数据结构*/
typedef struct book      /*标记为 book*/
{
char   num[15];       /*图书编号*/
char   name[15];      /*图书名  */
char   author[15];    /*图书作者*/
```

```
char   publish[15];  /*出版社  */
float  price;        /*图书定价*/
int    borrow_flag;  /*图书是否借出，1 表示借出，0 表示未借出*/
char   reader[12];   /*借阅人编号*/
int    total_num;    /*图书被借次数*/
};

/*定义与读者有关的数据结构*/
typedef struct reader      /*标记为 reader*/
{
char num[12];       /*读者编号，如可按注册日期中的顺序，如 2010-10-10-1*/
char name[15];      /*读者姓名*/
char sex[4];        /*读者性别，M 或 F, M:男性，F:女性*/
int  age;           /*读者年龄*/
char tele[15];      /*读者联系电话*/
int  total_num;     /*读者目前已借图书册数*/
};

/*定义每条图书记录的数据结构，标记为：book_node*/
typedef struct book_node
{
struct book data;        /*数据域*/
struct book_node *next;  /*指针域*/
} Book_Node, *Book_Link;
  /*Book_Node 为 book_node 类型的结构变量，Book_Link 为 book_node 类型的指针变量*/

/*定义每条读者记录的数据结构，标记为：reader_node*/
typedef struct reader_node
{
struct reader data;          /*数据域*/
struct reader_node *next;    /*指针域*/
} Reader_Node, *Reader_Link;   /*Reader_Node 为 reader_node 类型的结构变量，
                                 Reader_Link 为 reader_node 类型的指针变量*/
```

2. 主函数 main()

main()函数主要实现对整个程序的运行控制，及相关功能模块的调用。代码如下：

```
void main()
{
    Book_Link l;        /*定义图书有关的指针*/
    Reader_Link ll;     /*定义读者有关的指针*/
    FILE *fp1, *fp2;    /*fp 为指向图书的文件指针，fp2 为指向读者的文件指针*/
    int i;
    char ch;       /*保存(y,Y,n,N)*/
    int count1=0, count2=0;  /*分别保存图书文件或读者文件中的记录条数*/
    Book_Node *p, *r;    /*定义图书记录指针变量*/
    Reader_Node *p2, *r2;   /*定义读者记录指针变量*/
    int A;  /*保存用户的按键值*/
    char a; /*保存用户的按键值*/
    int B;  /*保存用户选择的子菜单项*/
```

```
drawmain();      /*显示主窗口*/
window(2, 2, 79, 23); /*定义活动文本模式窗口*/
textbackground(9);
for(i=0; i<24; i++) insline(); /*输出空行*/
window(3, 3, 78, 23);
textcolor(10);

/************打开图书文件 book，将其调入链表中存储******************/
l = (Book_Node*)malloc(sizeof(Book_Node));
if(!l)
{
    clrscr(); gotoxy(2,3);
    printf("\n allocate memory failure "); /*如没有申请到，打印提示信息*/
    return;             /*返回主界面*/
}
l->next = NULL;
r = l;
fp1 = fopen("C:\\book", "ab+");
  /*以追加方式打开一个二进制文件，可读可写，若此文件不存在，会创建此文件*/
if(fp1 == NULL)
{
    clrscr(); gotoxy(2,3);
    printf("\n=====>can not open file!\n");
    exit(0);
}
while(!feof(fp1))
{
    p = (Book_Node*)malloc(sizeof(Book_Node));
    if(!p)
    {
        clrscr(); gotoxy(2,3);
        printf(" memory malloc failure!\n");    /*没有申请成功*/
        exit(0);       /*退出*/
    }
    if(fread(p,sizeof(Book_Node),1,fp1) == 1)
      /*一次从文件中读取一条图书记录*/
    {
        p->next = NULL;
        r->next = p;
        r = p;                         /*r 指针向后移一个位置*/
        count1++;
    }
}
fclose(fp1); /*关闭文件*/
printf("\n===>open file success,the total records number is : %d.\n",
        count1);
p = r;
/*****************************************************************/
/************打开图书文件 reader，将其调入链表中存储******************/
ll = (Reader_Node*)malloc(sizeof(Reader_Node));
```

```
if(!ll)
{
    printf("\n allocate memory failure "); /*如没有申请到，打印提示信息*/
    return;             /*返回主界面*/
}
ll->next = NULL;
r2 = ll;
fp2 = fopen("C:\\reader", "ab+");
  /*以追加方式打开一个二进制文件，可读可写，若此文件不存在，会创建此文件*/
if(fp2 == NULL)
{
    printf("\n=====>can not open file!\n");
    exit(0);
}
while(!feof(fp2))
{
    p2 = (Reader_Node*)malloc(sizeof(Reader_Node));
    if(!p2)
    {
        printf(" memory malloc failure!\n");    /*没有申请成功*/
        exit(0);        /*退出*/
    }
    if(fread(p2,sizeof(Reader_Node),1,fp2) == 1)
      /*一次从文件中读取一条图书记录*/
    {
        p2->next = NULL;
        r2->next = p2;
        r2 = p2;                            /*r 指针向后移一个位置*/
        count2++;
    }
}
fclose(fp2); /*关闭文件*/
printf("\n====>open file success,the total records number is : %d.\n",
         count2);
p2 = r2;
/*****************************************************************/
while(1)
{
    while(bioskey(1)==0) continue; /*等待用户按键*/
    a = A = bioskey(0); /*返回用户的按键值*/
    if((A==F1) || (A==F2) || (A==F3))
    {
        B = menuctrl(A);
        switch(B)
        {
        case ADD_BOOK: AddBook(l); break;   /*增加图书记录*/
        case QUERY_BOOK: QueryBook(l); break; /*查询图书记录*/
        case MODIFY_BOOK: ModifyBook(l); break; /*修改图书记录*/
        case DEL_BOOK: DelBook(l); break; /*删除图书记录*/
        case SORT_BOOK: SortBook(l); break; /*排序图书记录*/
```

```
            case COUNT_BOOK: CountBook(l); break; /*统计图书记录*/
            case ADD_READER: AddReader(ll); break; /*增加读者记录*/
            case QUERY_READER: QueryReader(ll); break; /*查询读者记录*/
            case MODIFY_READER: ModifyReader(ll); break; /*修改读者记录*/
            case DEL_READER: DelReader(ll); break; /*删除读者记录*/
            case SORT_READER: SortReader(ll); break; /*排序读者记录*/
            case COUNT_READER: CountReader(ll); break; /*统计读者记录*/
            case BORROW_BOOK: BorrowBook(l,ll); break; /*借书*/
            case RETURN_BOOK: ReturnBook(l,ll); break; /*还书*/
            case EXIT: /*退出系统*/
               {
               clrscr(); gotoxy(3,3);
               cprintf("\n=====>Are you really exit the Book
                       Management System?(y/n):");
               scanf("%c", &ch);
               if(ch=='y' || ch=='Y')
               {SaveBook(l); SaveReader(ll); exit(0);}
               }
         }
      }
      clrscr();
   }
}
```

3. 绘制系统主界面

图书管理系统界面由菜单栏、显示编辑区、状态栏三大部分构成。这些区域的绘制主要由 drawmain()函数来完成。不同于图形模式下的画线和画框操作，文本模式下的图形界面主要通过在指定位置输出特殊字符和不同的前景和背景颜色来实现，其中，指定位置可通过 gotoxy()函数来实现，特殊字符可通过 cprintf()函数指定字符的 ASCII 码来获得，背景颜色可通过 textbackground()函数来指定，文本颜色可通过 textcolor()函数来实现。

具体代码如下：

```
void drawmain()
{
   int i, j;
   gotoxy(1, 1);         /*在文本窗口中设置光标至(1,1)处*/
   textbackground(7); /*选择新的文本背景颜色，7 为 LIGHTGRAY(淡灰色)*/
   textcolor(0);        /*在文本模式中选择新的字符颜色，0 为 BLACK(黑)*/
   insline();           /*在文本窗口的(1,1)位置处插入一个空行*/
   for(i=1; i<=24; i++)
   {
      gotoxy(1, 1+i);      /*(x,y)中 x 不变，y++*/
      cprintf("%c", 196); /*在窗口左边输出-，即画出主窗口的左边界 */
      gotoxy(80, 1+i);
      cprintf("%c", 196); /*在窗口右边输出-，即画出主窗口的右边界*/
   }
   for(i=1; i<=79; i++)
   {
```

```
        gotoxy(1+i, 2);      /*在第 2 行，第 2 列开始*/
        cprintf("%c", 196); /*在窗口顶端，输出-*/
        gotoxy(1+i, 25);     /*在第 25 行，第 2 列开始*/
        cprintf("%c", 196); /*在窗口底端，输出-*/
    }
    gotoxy(1,1);   cprintf("%c",196); /*在窗口左上角，输出-*/
    gotoxy(1,24);  cprintf("%c",196); /*在窗口左下角，输出-*/
    gotoxy(80,1);  cprintf("%c",196); /*在窗口右上角，输出-*/
    gotoxy(80,24); cprintf("%c",196); /*在窗口右下角，输出-*/
    gotoxy(7,1); cprintf("%c  %c Book %c  %c",179,17,16,179);
      /* | < > |*/
    gotoxy(27,1); cprintf("%c  %c Reader %c  %c",179,17,16,179);
      /* | < > |*/
    gotoxy(47,1); cprintf("%c  %c B&R %c  %c",179,17,16,179);
      /* | < > |*/
    gotoxy(5, 25); /*跳至窗口底端*/
    textcolor(1);
    cprintf(" Book Management System");
    gotoxy(68, 25);
    cprintf("Version 2.0");
}
```

4. 菜单控制

菜单控制的工作由 menuctrl(int A)函数和 drawmenu(int m, int n)函数配合完成。

(1) 通过 drawmenu(int m, int n)函数，可完成第 m%3 项菜单的绘制，并将光带置于第 m%3 项的第 n%b 个菜单选项上，b 为相应菜单所拥有的菜单选项个数。

(2) 通过 int menuctrl(int A)函数，可完成调用菜单、移动菜单光带条和选取菜单选项的任务，并将选择的结果以宏定义的整数形式返回给 main()函数。

具体代码如下：

```
void drawmenu(int m, int n) /*画菜单，m：第几项菜单，n：第 m 项的第 n 个子菜单*/
{
    int i;
    if(m%3 == 0) /*画 Book 菜单项*/
    {
        window(8, 2, 19, 9);
        textcolor(0);
        textbackground(7);
        for(i=0; i<7; i++) /*在上面定义的文本窗口中先输出 7 个空行*/
        {
            gotoxy(1, 1+i);
            insline();
        }
        window(1, 1, 80, 25);
        gotoxy(7, 1);
        for(i=1; i<=7; i++)
        {
            gotoxy(8, 1+i);
```

```
        cprintf("%c", 179); /*窗口内文本的输出函数，在窗口左边输出 | */
        gotoxy(19, 1+i);
        cprintf("%c", 179); /*窗口内文本的输出函数，在窗口右边输出 | */
    }
    for(i=1; i<=11; i++)
    {
        gotoxy(8+i, 2);
        cprintf("%c", 196);  /*窗口内文本的输出函数，在窗口上边输出 - */
        gotoxy(8+i, 9);
        cprintf("%c", 196);  /*窗口内文本的输出函数，在窗口下边输出 - */
    }
    textbackground(0);
    gotoxy(10,10); cprintf("            ");  /*输出下边的阴影效果*/
    for(i=0; i<9; i++)
    {
        gotoxy(20, 2+i);
        cprintf("  "); /*输出右边的阴影效果*/
    }
    /*以上为显示菜单项的外观*/
    textbackground(7);
    gotoxy(8,2);  cprintf("%c",218); /*输出四个边角表格符*/
    gotoxy(8,9);  cprintf("%c",192);
    gotoxy(19,2); cprintf("%c",191);
    gotoxy(19,9); cprintf("%c",217);
    gotoxy(9,3);  cprintf(" Add      ");
    gotoxy(9,4);  cprintf(" Query    ");
    gotoxy(9,5);  cprintf(" Modify   ");
    gotoxy(9,6);  cprintf(" Delete   ");
    gotoxy(9,7);  cprintf(" Sort     ");
    gotoxy(9,8);  cprintf(" Count    ");
    textcolor(15);  textbackground(0);
    gotoxy(7, 1);
    cprintf("%c  %c Book %c  %c", 179,17,16,179);
    switch(n%6)
    {
        case 0: gotoxy(9,3);  cprintf(" Add       "); break;
        case 1: gotoxy(9,4);  cprintf(" Query     "); break;
        case 2: gotoxy(9,5);  cprintf(" Modify    "); break;
        case 3: gotoxy(9,6);  cprintf(" Delete    "); break;
        case 4: gotoxy(9,7);  cprintf(" Sort      "); break;
        case 5: gotoxy(9,8);  cprintf(" Count     "); break;
    }
}
/*****************************************************************/
if(m%3 == 1) /*画 Reader 菜单项*/
{
    window(28, 2, 39, 9);
    textcolor(0);
    textbackground(7);
    for(i=0; i<7; i++) /*在上面定义的文本窗口中先输出 6 个空行*/
```

```
    {
        gotoxy(1, 1+i);
        insline();
    }
    window(1, 1, 80, 25);
    gotoxy(27, 1);
    for(i=1; i<=7; i++)
    {
        gotoxy(28, 1+i);
        cprintf("%c", 179); /*窗口内文本的输出函数，在窗口左边输出 | */
        gotoxy(39, 1+i);
        cprintf("%c", 179);  /*窗口内文本的输出函数，在窗口右边输出 | */
    }
    for(i=1; i<=11; i++)
    {
        gotoxy(28+i, 2);
        cprintf("%c", 196); /*窗口内文本的输出函数，在窗口上边输出 - */
        gotoxy(28+i, 9);
        cprintf("%c", 196); /*窗口内文本的输出函数，在窗口下边输出 - */
    }
    textbackground(0);
    gotoxy(30,10); cprintf("            ");
    for(i=0; i<9; i++)     /*输出右边的阴影效果*/
    {
        gotoxy(40, 2+i);
        cprintf("  ");
    }
    textbackground(7);
    gotoxy(28,2);  cprintf("%c",218);
    gotoxy(28,9);  cprintf("%c",192);
    gotoxy(39,2);  cprintf("%c",191);
    gotoxy(39,9);  cprintf("%c",217);
    gotoxy(29,3);  cprintf(" Add      ");
    gotoxy(29,4);  cprintf(" Query    ");
    gotoxy(29,5);  cprintf(" Modify   ");
    gotoxy(29,6);  cprintf(" Delete   ");
    gotoxy(29,7);  cprintf(" Sort     ");
    gotoxy(29,8);  cprintf(" Count    ");
    textcolor(15);  textbackground(0);
    gotoxy(27, 1);
    cprintf("%c  %c Reader %c  %c", 179, 17, 16, 179);
    switch(n % 6)
    {
        case 0: gotoxy(29,3);  cprintf(" Add      "); break;
        case 1: gotoxy(29,4);  cprintf(" Query    "); break;
        case 2: gotoxy(29,5);  cprintf(" Modify   "); break;
        case 3: gotoxy(29,6);  cprintf(" Delete   "); break;
        case 4: gotoxy(29,7);  cprintf(" Sort     "); break;
        case 5: gotoxy(29,8);  cprintf(" Count    "); break;
    }
```

```
}
/*********************************************************/
if(m%3 == 2) /*画 B&R 菜单项 3*/
{
    window(48, 2, 59, 8);
    textcolor(0);
    textbackground(7);
    for(i=0; i<7; i++)
    {
       gotoxy(1, 1+i);
       insline();
    }
    window(1, 1, 80, 25);
    gotoxy(47, 1);
    for(i=1; i<=7; i++)
    {
       gotoxy(48, 1+i);
       cprintf("%c", 179);    /*窗口内文本的输出函数，在窗口左边输出 | */
       gotoxy(59, 1+i);
       cprintf("%c", 179);    /*窗口内文本的输出函数，在窗口右边输出 | */
    }
    for(i=1; i<=11; i++)
    {
       gotoxy(48+i, 2);    /*窗口内文本的输出函数，在窗口上边输出 - */
       cprintf("%c", 196);
       gotoxy(48+i, 8);
       cprintf("%c", 196);    /*窗口内文本的输出函数，在窗口下边输出 - */
    }

    textbackground(0);
    gotoxy(50,9); cprintf("            "); /*输出下边的阴影效果*/
    for(i=0; i<8; i++)       /*输出右边的阴影效果*/
    {
       gotoxy(60, 2+i);
       cprintf("  ");
    }
    textbackground(7);
    gotoxy(48,2);   cprintf("%c",218);
    gotoxy(48,8);   cprintf("%c",192);
    gotoxy(59,2);   cprintf("%c",191);
    gotoxy(59,8);   cprintf("%c",217);
    gotoxy(49,3);   cprintf(" Borrow   ");
    gotoxy(49,5);   cprintf(" Return   ");
    gotoxy(49,7);   cprintf(" Exit     ");
    for(i=1; i<=10; i++)
    {
       gotoxy(48+i, 4);
       cprintf("%c", 196);
    }
    for(i=1; i<=10; i++)
```

```
        {
            gotoxy(48+i, 6);
            cprintf("%c", 196);
        }
        textcolor(15);  textbackground(0);
        gotoxy(47, 1);
        cprintf("%c  %c B&R %c  %c", 179, 17, 16, 179);
        switch(n % 3)
        {
            case 0: gotoxy(49,3);  cprintf(" Borrow  "); break;
            case 1: gotoxy(49,5);  cprintf(" Return  "); break;
            case 2: gotoxy(49,7);  cprintf(" Exit    "); break;
        }
    }
}

int menuctrl(int A) /*菜单控制*/
{
    int x, y, i, B, value, flag=36, a, b;
    x=wherex();  y=wherey();
    if(A==F1) {  drawmenu(0,flag);   value=300;  }
      /*显示 Book 及其子菜单，并将光带显示在第一个子菜单上*/
    if(A==F2) {  drawmenu(1,flag);   value=301;  }
      /*显示 Reader 及其子菜单，并将光带显示在第一个子菜单上*/
    if(A==F3) {  drawmenu(2,flag);   value=302;  }
      /*显示 B&R 及其子菜单，并将光带显示在第一个子菜单上*/
    if(A==F1 || A==F2 || A==F3)
    {
        while((B=bioskey(0)) != ESC) /*选择用户按键*/
        {
            if(flag==0)   flag=36;
            if(value==0)  value=300;  /*此 value 为局部变量*/
            if(B==UP)     drawmenu(value,--flag); /*循环上移*/
            if(B==DOWN)   drawmenu(value,++flag); /*循环下移*/
            if(B == LEFT) /*菜单项之间循环选择(左移)*/
            {
                flag = 36;
                drawmain();
                window(2, 2, 79, 23);
                textbackground(9);
                for(i=0; i<24; i++)
                    insline();
                window(3, 3, 78, 23);
                textcolor(10);
                drawmenu(--value, flag);
            }
            if(B == RIGHT) /*菜单项之间循环选择(右移)*/
            {
                flag = 36;
                drawmain();
```

```
        window(2, 2, 79, 23);
        textbackground(9);
        for(i=0; i<24; i++)
            insline();
        window(3, 3, 78, 23);
        textcolor(10);
        drawmenu(++value, flag);
    }
    if(B == ENTER) /*选中某主菜单项的子菜单项(选中某项)*/
    {
        if(value%3==0)  b=6; /*Book 下有 6 个子菜单项*/
        if(value%3==1)  b=6; /*Reader 下有 6 个子菜单项*/
        if(value%3==2)  b=3; /*B&R 下有 3 个子菜单项*/
        a = (value%3)*10 + flag%b; /*a 表示选择子菜单的编号*/
        drawmain();
        window(2, 2, 79, 23);
        textbackground(9);
        for(i=0; i<24; i++)
            insline();
        window(3, 3, 78, 23);
        textcolor(10);
        gotoxy(x, y);
        if(a==0)   return ADD_BOOK;
        if(a==1)   return QUERY_BOOK;
        if(a==2)   return MODIFY_BOOK;
        if(a==3)   return DEL_BOOK;
        if(a==4)   return SORT_BOOK;
        if(a==5)   return COUNT_BOOK;
        if(a==10)   return ADD_READER;
        if(a==11)   return QUERY_READER;
        if(a==12)   return MODIFY_READER;
        if(a==13)   return DEL_READER;
        if(a==14)   return SORT_READER;
        if(a==15)   return COUNT_READER;
        if(a==20)   return BORROW_BOOK;
        if(a==21)   return RETURN_BOOK;
        if(a==22)   return EXIT;
    }
    gotoxy(x+2, y+2);
}

/*若按键非 F1、F2、F3*/
drawmain();
window(2, 2, 79, 23);
textbackground(9);
for(i=0; i<24; i++)
    insline();
window(3, 3, 78, 23);
textcolor(10);
gotoxy(x, y);
```

```
    }
    return A;
}
```

5. 记录查找定位

用户进行图书管理时，对某个记录处理前，需要按照条件找到这条记录，此函数完成了节点定位的功能。由于 LocateReader()函数与 Locate()函数类似，因此，这里此列出 Locate()函数的源码说明：

```
/*************************************************************
作用：用于定位链表中符合要求的节点，并返回指向该节点的指针。
参数：findmess[]保存要查找的具体内容；nameornum[]保存按什么查找；
      在单链表 l 中查找
*************************************************************/
Book_Node* Locate(Book_Link l, char findmess[], char nameornum[])
{
    Book_Node *r;
    if(strcmp(nameornum,"num") == 0) /*按图书编号查询*/
    {
        r = l->next;
        while(r)
        {
            if(strcmp(r->data.num,findmess) == 0)
              /*若找到 findmess 值的图书编号*/
                return r;
            r = r->next;
        }
    }
    else if(strcmp(nameornum,"name") == 0)  /*按图书名查询*/
    {
        r = l->next;
        while(r)
        {
            if(strcmp(r->data.name,findmess) == 0)
              /*若找到 findmess 值的图书名*/
                return r;
            r = r->next;
        }
    }
    return 0; /*若未找到，返回一个空指针*/
}
```

6. 格式化输入数据

在图书管理系统中，我们设计了下面的函数，来单独处理字符串的格式化输入，并对输出的数据进行检验：

```
/*输入字符串，并进行长度验证(长度<lens)*/
void stringinput(char *t, int lens, char *notice)
{
```

```
    char n[255];
    int x, y;
    do {
        printf(notice);  /*显示提示信息*/
        scanf("%s", n);  /*输入字符串*/
        if(strlen(n) > lens)
        {
            x=wherex();  y=wherey();
            gotoxy(x+2,y+1); printf("exceed the required length! \n");
        } /*进行长度校验，超过 lens 值重新输入*/
    } while(strlen(n) > lens);
    strcpy(t, n); /*将输入的字符串拷贝到字符串 t 中*/
}
```

7. 增加记录

图书记录或读者记录可以从以二进制形式存储的数据文件中读入，也可从键盘逐个记录。当从某数据文件中读入记录时，它就是在以记录为单位存储的数据文件中，调用 fread(p, sizeof(Node), 1, fp)文件读取函数，将记录逐条复制到单链表中。并且这个操作在 main()中执行，即当图书管理系统进入显示菜单界面时，该操作已经执行了。若文件中没有数据时，系统会提示单链表为空，没有任何记录可操作，此时，用户应可通过选择 Book 菜单下的添加记录选项，调用 AddBook(l)，进行图书记录的输入，即完成在单链表 1 中添加节点的操作。由于读者记录增加函数 AddReader(l)的实现与 AddBook(l)类似，因此这里不再给出源码说明。AddBook 函数的具体代码如下：

```
void AddBook(Book_Link l)
{
    Book_Node *p, *r, *s;  /*实现添加操作的临时的结构体指针变量*/
    char ch, flag=0, num[10];
    float temp;
    r = l;
    s = l->next;
    clrscr();
    while(r->next != NULL)
        r = r->next; /*将指针移至链表最末尾，准备添加记录*/
    while(1) /*一次可输入多条记录，直至输入图书编号为 0 的记录节点添加操作*/
    {
        while(1)
          /*输入图书编号，保证该图书编号没有被使用，
            若输入图书编号为 0，则退出添加记录操作*/
        {
            clrscr();
            gotoxy(2, 2);
            stringinput(
              num, 15, "input book number(press '0'return menu):");
              /*格式化输入图书编号并检验*/
            flag = 0;
            if(strcmp(num,"0") == 0) /*输入为 0，则退出添加操作，返回主界面*/
            { return; }
```

```
        s = l->next;
        while(s)
          /*查询该图书编号是否已经存在，
            若存在，则要求重新输入一个未被占用的图书编号*/
        {
            if(strcmp(s->data.num,num) == 0)
            {
                flag = 1;
                break;
            }
            s = s->next;
        }
        if(flag == 1) /*提示用户是否重新输入*/
        {
            gotoxy(2, 3);
            getchar();
            printf(
              "=====>The number %s is existing,please try again(y/n)?",
              num);
            scanf("%c", &ch);
            if(ch=='y' || ch=='Y')
                continue;
            else
                return;
        }
        else
        { break; }
    }

    p = (Book_Node *)malloc(sizeof(Book_Node)); /*申请内存空间*/
    if(!p)
    {
        printf("\n allocate memory failure ");
          /*如没有申请到，打印提示信息*/
        return;             /*返回主界面*/
    }
    /*给图书记录赋值*/
    strcpy(p->data.num, num); /*将字符串 num 拷贝到 p->data.num 中*/
    gotoxy(2,3); stringinput(p->data.name,15,"Book Name:");
    gotoxy(2,4); stringinput(p->data.author,15,"Book Author:");
    gotoxy(2, 5);
    stringinput(p->data.publish, 15, "Book Publishing Company:");
    gotoxy(2,6); printf("Book Price:"); scanf("%f",&temp);
    p->data.price = temp;
    p->data.borrow_flag = 0; /*图书初始为未借出，1 表示借出*/
    strcpy(p->data.reader, "");
    p->data.total_num = 0; /*图书被借次数初始为 0*/
    gotoxy(2,8); printf(">>>>press any key to start next record!");
    getchar(); getchar();
    /********************/
```

```
        p->next = NULL; /*表明这是链表的尾部节点*/
        r->next = p;  /*将新建的节点加入链表尾部中*/
        r = p;
        saveflag = 1;
    }
    return;
}
```

8. 查询记录

图书的查询由 QueryBook()函数来实现。当用户执行此查询任务时，系统会提示用户进行查询字段的选择，即按图书编号或图书名进行查询。若此记录存在，则会显示此图书记录的信息。同样，读者记录查询函数 QueryReader()的实现与之类似，这里不再给出代码说明。QueryBook()函数的具体代码如下：

```
void QueryBook(Book_Link l) /*按图书编号或图书名查询*/
{
    int select; /*1：按图书编号查，2：按图书名查，其他：返回主界面(菜单)*/
    char searchinput[20]; /*保存用户输入的查询内容*/
    Book_Node *p;
    if(!l->next) /*若链表为空*/
    {
        clrscr();
        gotoxy(2, 2);
        printf("\n=====>No Book Record!\n");
        getchar(); getchar();
        return;
    }
    clrscr();
    gotoxy(2, 2);
    cprintf("=====>1 Search by book number =====>2 Search by book name");
    gotoxy(2, 3);
    cprintf("please choice[1,2]:");
    scanf("%d", &select);
    if(select == 1)   /*按图书编号查询*/
    {
        gotoxy(2, 4);
        stringinput(searchinput, 15, "input the existing book number:");
        p = Locate(l, searchinput, "num");
        /*在 l 中查找图书编号为 searchinput 值的节点，并返回节点的指针*/
        if(p) /*若 p!=NULL*/
        {
            gotoxy(2,5); printf("--------------------------------------");
            gotoxy(2,6); printf("Book Number:%s", p->data.num);
            gotoxy(2,7); printf("Book Name:%s", p->data.name);
            gotoxy(2,8); printf("Book Author:%s", p->data.author);
            gotoxy(2,9);
            printf("Book Publishing Company:%s", p->data.publish);
            gotoxy(2,10); printf("Book Price:%.2f",p->data.price);
            gotoxy(2, 11);
```

```
        printf("Book Borrow_Flag(1:borrowed,0:un-borrowed):%d",
          p->data.borrow_flag);
        gotoxy(2,12); printf("Book Current Reader:%s",p->data.reader);
        gotoxy(2, 13);
        printf("Total Number of Book Borrowed:%d", p->data.total_num);
        gotoxy(2,14); printf("-----------------------------------");
        gotoxy(2,16); printf("press any key to return");
        getchar(); getchar();
    }
    else
    {
        gotoxy(2,5); printf("=====>Not find this book!\n");
        getchar(); getchar();
    }
}
else if(select == 2) /*按图书名查询*/
{
    gotoxy(2, 4);
    stringinput(searchinput, 15, "input the existing book name:");
    p = Locate(l, searchinput, "name");
    if(p)
    {
        gotoxy(2,5); printf("------------------------------------");
        gotoxy(2,6); printf("Book Number:%s",p->data.num);
        gotoxy(2,7); printf("Book Name:%s",p->data.name);
        gotoxy(2,8); printf("Book Author:%s",p->data.author);
        gotoxy(2, 9);
        printf("Book Publishing Company:%s", p->data.publish);
        gotoxy(2,10); printf("Book Price:%.2f",p->data.price);
        gotoxy(2, 11);
        printf("Book Borrow_Flag(1:borrowed,0:un-borrowed):%d",
          p->data.borrow_flag);
        gotoxy(2,12); printf("Book Current Reader:%s",p->data.reader);
        gotoxy(2, 13);
        printf("Total Number of Book Borrowed:%d", p->data.total_num);
        gotoxy(2,14); printf("-----------------------------------");
        gotoxy(2,16); printf("press any key to return");
        getchar(); getchar();
    }
    else
    {
        gotoxy(2,5); printf("=====>Not find this book!\n");
        getchar(); getchar();
    }
}
else
{
    gotoxy(2, 5);
    printf("****Error:input has wrong! press any key to continue****");
    getchar(); getchar();
```

```
    }
}
```

9. 删除记录

图书删除记录操作由 DelBook()函数来实现。在删除操作中，系统会按用户要求，先找到该图书记录的节点，然后从单链表中删除该节点。同样，读者记录删除函数 DelReader()的实现与之类似，这里不再给出相应的代码说明。

DelBook()函数的具体代码如下：

```
void DelBook(Book_Link l)
{
    int sel;
    Book_Node *p, *r;
    char findmess[20];
    if(!l->next)
    {
        clrscr();
        gotoxy(2, 2);
        printf("\n=====>No book record!\n");
        getchar();
        return;
    }
    clrscr();
    gotoxy(2, 2);
    printf("=====>1 Delete by book number  =====>2 Delete by book name");
    gotoxy(2, 3);
    printf("please choice[1,2]:");
    scanf("%d", &sel);
    if(sel == 1)
    {
        gotoxy(2, 4);
        stringinput(findmess, 10, "input the existing book number:");
        p = Locate(l, findmess, "num");
        if(p)  /*p!=NULL*/
        {
            r = l;
            while(r->next != p)
                r = r->next;
            r->next = p->next; /*将p所指节点从链表中去除*/
            free(p); /*释放内存空间*/
            gotoxy(2, 6);
            printf("=====>delete success!");
            getchar(); getchar();
            saveflag = 1;
        }
        else
        {
            gotoxy(2,6); printf("=====>Not find this book!\n");
            getchar(); getchar();
```

```
        }
    }
    else if(sel == 2) /*先按图书名查询到该记录所在的节点*/
    {
        stringinput(findmess, 15, "input the existing book name:");
        p = Locate(l, findmess, "name");
        if(p)
        {
            r = l;
            while(r->next != p)
                r = r->next;
            r->next = p->next;
            free(p);
            gotoxy(2, 6);
            printf("=====>delete success!\n");
            getchar(); getchar();
            saveflag = 1;
        }
        else
        {
            gotoxy(2,6); printf("=====>Not find this book!\n");
            getchar(); getchar();
        }
    }
    else
    {
        gotoxy(2,6);
        printf("****Error:input has wrong! press any key to continue***");
        getchar(); getchar();
    }
}
```

10. 修改记录

图书修改记录操作由 ModifyBook()函数来实现。在修改图书记录操作中，系统会先按输入的编号查询到该记录，然后提示用户修改编号之外的相关字段值。同样，读者记录修改函数 ModifyReader()的实现与之类似，这里不再给出相应的代码说明。

ModifyBook()函数的具体代码如下：

```
void ModifyBook(Book_Link l)
{
    Book_Node *p;
    char findmess[20];
    float temp;
    if(!l->next)
    {
        clrscr();
        gotoxy(2, 1);
        printf("\n=====>No book record!\n");
        getchar();
```

```
        return;
    }
    clrscr();
    gotoxy(2, 1);
    stringinput(findmess, 10, "input the existing book number:");
      /*输入并检验该图书编号*/
    p = Locate(l, findmess, "num"); /*查询到该节点*/
    if(p) /*若 p!=NULL，表明已经找到该节点*/
    {
        gotoxy(2,2); printf("----------------------------------------");
        gotoxy(2,3); printf("Book Number:%s", p->data.num);
        gotoxy(2,4); printf("Book Name:%s", p->data.name);
        gotoxy(2,5); printf("Book Author:%s", p->data.author);
        gotoxy(2,6); printf("Book Publishing Company:%s", p->data.publish);
        gotoxy(2,7); printf("Book Price:%.2f", p->data.price);
        gotoxy(2, 8);
        printf("Book Borrow_Flag(1:borrowed,0:un-borrowed):%d",
          p->data.borrow_flag);
        gotoxy(2,9); printf("Book Current Reader:%s",p->data.reader);
        gotoxy(2, 10);
        printf("Total Number of Book Borrowed:%d", p->data.total_num);
        gotoxy(2,11); printf("----------------------------------------");
        gotoxy(2,12); printf("please modify book recorder:");
        gotoxy(2,13); stringinput(p->data.name,15,"Book Name:");
        gotoxy(2,14); stringinput(p->data.author,15,"Book Author:");
        gotoxy(2, 15);
        stringinput(p->data.publish, 15, "Book Publishing Company:");
        gotoxy(2,16); printf("Book Price:"); scanf("%f",&temp);
        p->data.price = temp;
        gotoxy(2,17); printf("----------------------------------------");
        gotoxy(2,18); printf("====>modify success!");
        getchar(); getchar();
        saveflag = 1;
    }
    else
    {
        gotoxy(2,4); printf("=====>Not find this book!\n");
        getchar(); getchar();
    }
}
```

11. 统计记录

图书统计由 CountBook()函数来完成，可统计出图书总数量，已借出图书数，借出次数最多的图书名，使图书管理员对图书有一个宏观的了解。

另外，读者信息统计由 CountReader()函数来实现，可统计出目前读者的总数量，男性读者和女性读者的数量，统计目前借书数最多的读者名。由于其实现与 CountBook()类似，这里不再给出源码分析。

CountBook()函数的具体代码如下：

```
void CountBook(Book_Link l)
{
    Book_Node *r = l->next;
    int countc=0, countm=0, counte=0;
    char bookname[15];
    if(!r)
    {
        clrscr();
        gotoxy(2, 1);
        printf("=====>Not book record!");
        getchar();
        return;
    }
    counte = r->data.total_num;
    strcpy(bookname, r->data.name);
    while(r)
    {
        countc++; /*统计图书数量*/
        if (r->data.borrow_flag==1) countm++;  /*统计已借出图书数*/
        /*保存借出次数最多的图书名*/
        if(r->data.total_num > counte)
        {
            counte = r->data.total_num;
            strcpy(bookname, r->data.name);
        }
        r = r->next;
    }
    clrscr();
    gotoxy(2, 3);
    printf("-------------------the TongJi result--------------------");
    gotoxy(2, 4);
    printf("Total number of books:%d", countc);
    gotoxy(2, 5);
    printf("Total number of borrowed books:%d", countm);
    gotoxy(2, 6);
    printf("Book name of maximum borrowed number:%s", bookname);
    gotoxy(2, 7);
    printf("--------------------------------------------------------");
    getchar(); getchar();
}
```

12. 排序图书记录

这里采用直接选择法对图书记录和读者记录进行排序。

直接选择排序的基本思想是：从欲排序的 n 个元素中，以线性查找的方式找出最小的元素与第一个元素交换，再从剩下的(n−1)个元素中，找出最小的元素与第二个元素交换，以此类推，直到所有元素均已排序完成。

在本程序中，图书的直接选择排序由 SortBook()函数来完成，包括 3 个主要过程。第一，外层循环决定每次排序的开始位置，以及需交换节点之间指针关系的改变；第二，内层循环负责在单链表中找到当前图书价格关键字最小的节点；第三，重复前面两项，直到从待排序链表取出的节点的指针域为 NULL，即此节点为链表的尾部节点后，排序完成。

读者信息的直接选择排序由 SortReader()函数来完成。它按照读者编号的值从低到高对记录进行升序排序。对按照读者编号排序方式而言，通过使用 strcmp()函数，系统将按其字符 ASCII 码的大小来进行排序。由于 SortReader()函数与 SortBook()函数类似，这里也不再给出源码说明。

SortBook()函数的代码如下：

```
/*利用直接选择排序法实现按图书价格字段的升序排序，从低到高*/
void SortBook(Book_Link l)
{
    Book_Link lll; /*临时指针*/
    Book_Node *p, *q, *r, *s, *h1;  /*临时指针*/
    int x, y; /*保存当前光标所在位置的坐标值*/
    int i = 0;
    if(l->next == NULL)
    {
        clrscr();
        gotoxy(2, 1);
        printf("=====>Not book record!");
        getchar();
        return;
    }
    h1 = p = (Book_Node*)malloc(sizeof(Book_Node)); /*用于创建新的头节点*/
    if(!p)
    {
        gotoxy(2, 1);
        printf("allocate memory failure "); /*如没有申请到，打印提示信息*/
        return;             /*返回主界面*/
    }
    /************显示排序前的所有记录*********/
    clrscr();
    gotoxy(2, 1);
    printf(HEADER1);
    gotoxy(2, 1);
    lll = l->next;
    x=wherex(); y=wherey(); i=0;
    while(lll != NULL)  /*当p不为空时，进行下列操作*/
    {
        i++;
        gotoxy(x, i+y);   /*换行*/
        printf(FORMAT1, DATA1); /*见头部的宏定义*/
        lll = lll->next;   /*指针后移*/
    }
    getchar(); getchar();
    gotoxy(2, i+2);
    printf("=====>sort.............");
```

```
    /********************排序**************************/
    p->next = l->next;
      /*l 所指节点为不存有任何记录的节点，下一个节点才有图书记录*/
    while(p->next != NULL) /*外层循环决定待排序位置*/
    {
        q = p->next;
        r = p;
        while(q->next != NULL) /*内循环找到当前关键字最小节点*/
        {
            if (q->next->data.price < r->next->data.price) r=q;
              /*r 为记录当前最小节点的前驱节点的指针变量*/
            q = q->next; /*移至下一个节点*/
        }
        if (r != p)
        /*表示原来的第 1 个节点不是关键字最小的节点，改变指针的关系，
          将关键字最小的节点与本轮循环的首节点进行位置互换*/
        {
            s = r->next; /*s 指向最小节点*/
            r->next = s->next; /*r 的指针域指向最小节点的下一个节点*/
            s->next = p->next; /*s 的指针域指向当前 p 指针所指的下一个节点*/
            p->next = s; /*p 的指针域指向本次循环结束后关键字最小的节点*/
        }
        p = p->next; /*移至下一个节点*/
    } /*外层 while*/
    /*********************************************/
    l->next = h1->next; /*将排序好的链表首节点地址赋给原来链表的指针域*/
    /*显示排序后的所有图书记录*/
    lll = l->next;
    gotoxy(x, y+i+1);
    x=wherex(); y=wherey(); i=0;
    while(lll != NULL)  /*当 p 不为空时，进行下列操作*/
    {
        i++;
        gotoxy(x, i+y);
        printf(FORMAT1, DATA1);
        lll = lll->next;   /*指针后移*/
    }
    free(h1);
    saveflag = 1;
    gotoxy(2, wherey()+2);
    printf("=====>sort complete!\n");
    getchar(); getchar();
    return;
}
```

13. 存储记录

在存储记录操作中，系统会将单链表中的数据写入到磁盘中的数据文件中，若用户对数据有修改，那么，在退出系统时，系统会自动进行存盘操作。

具体代码如下：

```
void SaveBook(Book_Link l)
{
   FILE *fp;
   Book_Node *p;
   int count = 0;
   fp = fopen("c:\\book", "wb"); /*以只写方式打开二进制文件*/
   if(fp == NULL) /*打开文件失败*/
   {
      clrscr();
      gotoxy(2, 2);
      printf("=====>open file error!\n");
      getchar();
      return;
   }
   p = l->next;
   while(p)
   {
      if(fwrite(p,sizeof(Book_Node),1,fp)==1)
        /*每次写一条记录或一个节点信息至文件*/
      {
         p = p->next;
         count++;
      }
      else
      {
         break;
      }
   }
   if(count > 0)
   {
      clrscr();
      gotoxy(4, 8);
      printf(
        "=====>save book,total saved's record number is:%d\n", count);
      getchar();
      saveflag = 0;
   }
   else
   {
      clrscr();
      gotoxy(2, 3);
      printf("the current link is empty, no record is saved!\n");
      getchar();
   }
   fclose(fp); /*关闭 book 文件*/
}
```

14. 借阅图书

图书归还由 BorrowBook()函数来实现。首先，系统提示用户输入读者编号，在确认借阅者为注册读者、读者借阅数量没有超过借阅数量上限、需借阅图书当前处于可借状态后，才进行相应的图书借阅工作。图书借阅工作包括通过 p1->data.borrow_flag=1 操作标记此图书已借出，通过 strcpy(p1->data.reader, readernum)操作填写借阅人编号，通过 p1->data.total_num++操作增加图书被借次数，通过 p2->data.total_num++增加读者目前已借图书册数。其中，p1 为 Book_Node 类型的指针变量，p2 为 Reader_Node 类型的指针变量。

该函数的具体代码如下：

```
void BorrowBook(Book_Link l, Reader_Link ll)
{
    Book_Node *p1;    /*定义图书记录指针变量*/
    Reader_Node *p2;   /*定义读者记录指针变量*/
    char readernum[15], bookname[15];
    int flag = 0;
    p1 = l->next;
    p2 = ll->next;
    clrscr();
    gotoxy(2,2); stringinput(readernum,15,"Reader Number:");
    while(p2) /*查询该读者编号是否已经存在，若不存在，则不允许执行借书操作*/
    {
        if(strcmp(p2->data.num,readernum) == 0)
        {
            flag = 1;
            break;
        }
        p2 = p2->next;
    }
    if (flag == 0)
    {
        gotoxy(2, 3);
        printf("The Reader Number %s is not existing!", readernum);
        getchar(); getchar();
        return;
    }
    if (p2->data.total_num >= 19) /*每人限借 20 本*/
    {
        gotoxy(2, 3);
        printf("The number of reader allowed borrowed book
                can't be more than 20!", readernum);
        getchar(); getchar();
        return;
    }

    gotoxy(2,3); stringinput(bookname,15,"Book Name:");
    while(p1)
      /*查询该图书编号是否存在且该图书是否为可借状态，
        若任意条件不成立，则不允许执行借书操作*/
    {
        if(strcmp(p1->data.name,bookname) == 0)
        {
```

```
            if(p1->data.borrow_flag == 0) /*0 表示未借出，1 表示已借出*/
            {
                p1->data.borrow_flag = 1; /*标记此图书已借出*/
                strcpy(p1->data.reader, readernum); /*借阅人编号*/
                p1->data.total_num++;  /*图书被借次数*/
                p2->data.total_num++;  /*读者目前已借图书册数增 1*/
                gotoxy(2, 4);
                printf(
                  "The book %s is borrowed by %s (Num:%s) Successfully!",
                  bookname, p2->data.name, p2->data.num);
                getchar(); getchar();
                return;
            }
            else
            {
                gotoxy(2, 3);
                printf(
                  "The book %s can't be borrowed currently!", bookname);
                getchar(); getchar();
                return;
            }
        }
        else { p1 = p1->next; }
    }
    gotoxy(2, 3);
    printf("The book %s is not existing !", bookname);
    getchar(); getchar();
    return;
}
```

15. 归还图书

图书归还由 ReturnBook()函数来实现。与图书借阅类似，系统首先提示用户输入读者编号，系统查询该读者编号是否已经存在，若不存在，则不允许执行还书操作。然后，提示用户输入归还图书的名称，查询该图书是否为已借状态，同时与输入的读者编号一致，若任意条件不满足，则不允许执行还书操作。若条件满足，才执行相应的图书归还工作。

这些工作包括通过 p1->data.borrow_flag=0;操作标记此图书已还，通过 strcpy(p1->data.reader, “”);操作将借阅人编号置空，通过 p2->data.total_num--;操作将读者目前已借图书册数减 1。

ReturnBook()函数的具体代码如下：

```
void ReturnBook(Book_Link l, Reader_Link ll)
{
    Book_Node *p1;   /*定义图书记录指针变量*/
    Reader_Node *p2;   /*定义读者记录指针变量*/
    char readernum[15], bookname[15];
    int flag = 0;
    p1 = l->next;
    p2 = ll->next;
```

```
clrscr();
gotoxy(2,2); stringinput(readernum,15,"Reader Number:");
while(p2) /*查询该读者编号是否已经存在，若不存在，则不允许执行还书操作*/
{
    if(strcmp(p2->data.num,readernum) == 0)
    {
        flag=1; break;
    }
    p2 = p2->next;
}
if (flag == 0)
{
    gotoxy(2, 3);
    printf("The Reader Number %s is not existing!", readernum);
    getchar(); getchar();
    return;
}
gotoxy(2,3); stringinput(bookname,15,"Book Name:");
while(p1)
  /*查询该图书编号是否存在，且该图书是否为已借状态，同时读者编号一致，
    若任意条件不满足，则不允许执行还书操作*/
{
    if(strcmp(p1->data.name,bookname) == 0)
    {
        if(p1->data.borrow_flag==1
          && strcmp(p1->data.reader,readernum)==0)
            /*0 表示未借出，1 表示已借出*/
        {
            p1->data.borrow_flag = 0; /*标记此图书已还*/
            strcpy(p1->data.reader, ""); /*在 book 文件中借阅人编号置空*/
            p2->data.total_num--;  /*读者目前已借图书册数减 1*/
            gotoxy(2, 4);
            printf(
              "The book %s is returned by %s (Num:%s) Successfully!",
              bookname, p2->data.name, p2->data.num);
            getchar(); getchar();
            return;
        }
        else
        {
            gotoxy(2, 3);
            printf("The book %s is not borrowed,
                    or the number of reader is different!", bookname);
            getchar(); getchar();
            return;
        }
    }
    else
    { p1 = p1->next; }
}
```

```
    gotoxy(2, 3);
    printf("The book %s is not existing !", bookname);
    getchar(); getchar();
    return;
}
```

7.4.2　运行结果

1. 主界面

当用户刚进入图书管理系统时，用户可按 F1、F2、F3 功能键，来分别调用 Book、Reader、B&R 三个菜单的子菜单项。主界面及各子菜单项分别如图 7.4、7.5 和 7.6 所示。

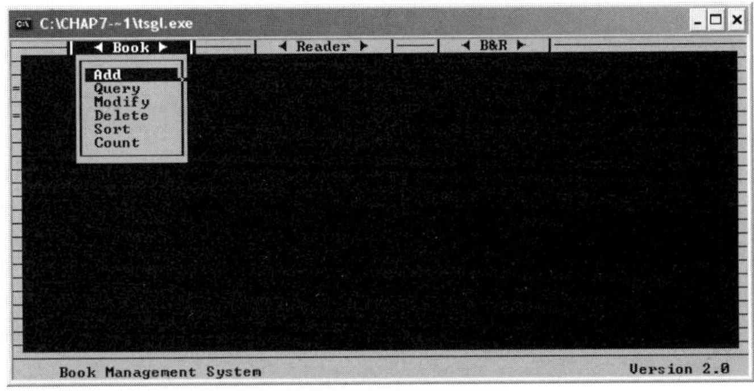

图 7.4　图书管理系统的 Book 菜单及其选项

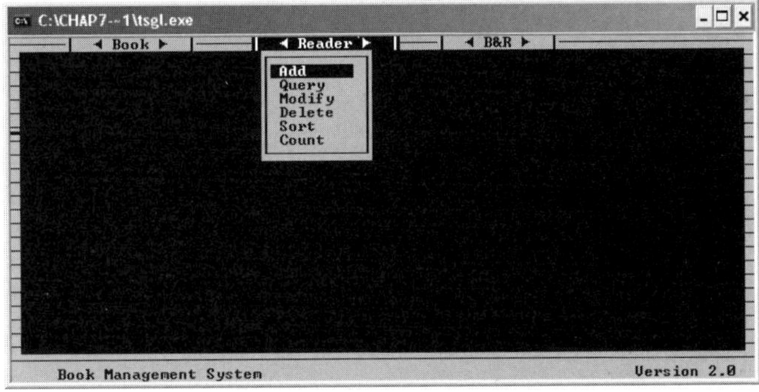

图 7.5　图书管理系统的 Reader 菜单及其选项

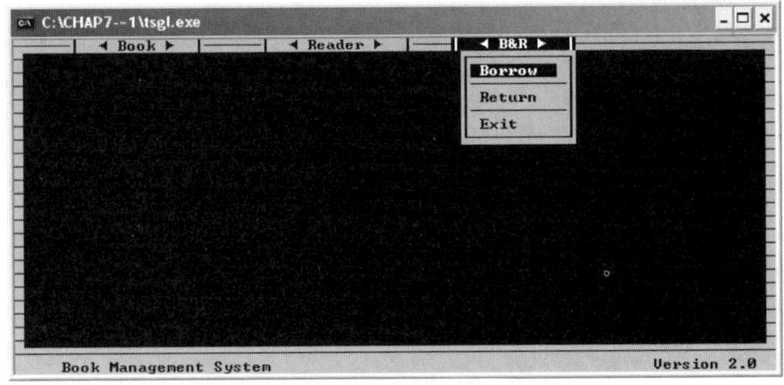

图 7.6　图书管理系统的 B&R 菜单及其选项

2. 添加记录

当用户选择 Book 或 Reader 下的 Add 选项并按 Enter 键后，即可进行记录添加工作。其输入记录过程如图 7.7 和 7.8 所示。

当前输入了一本编号为 0004 的 C 语言书和编号为 0001 的读者记录。当用户再次输入 0001 编号的新记录时，系统的提示结果如图 7.9 所示。

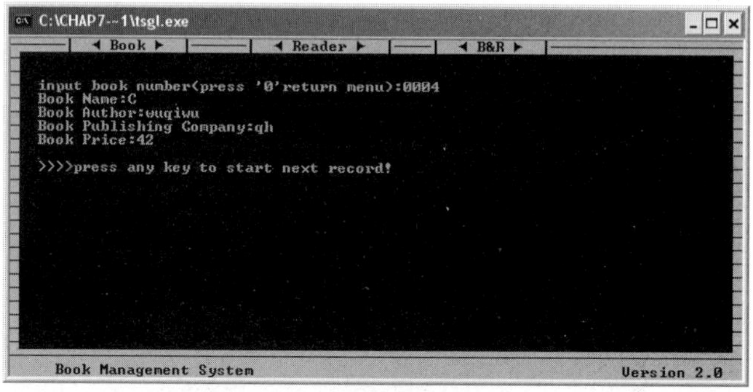

图 7.7　图书记录的添加

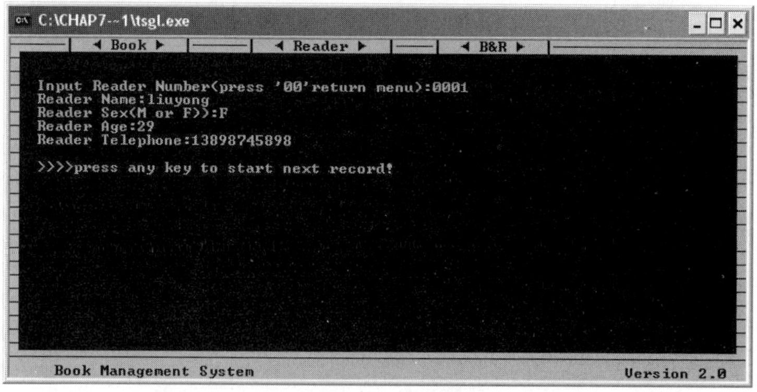

图 7.8　读者记录的添加

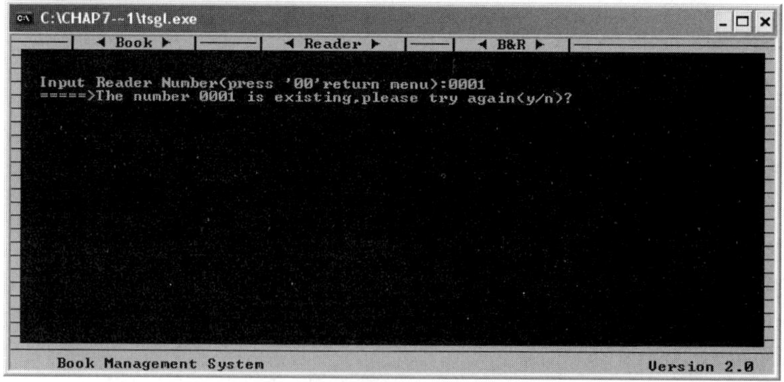

图 7.9　相同读者编号的处理

3. 查找记录

当用户选择 Book 或 Reader 下的 Query 选项并按 Enter 键后，即可进入记录查找界面。如图 7.10、7.11 和 7.12 所示，用户可按编号或名称进行记录查找，并返回查找结果。

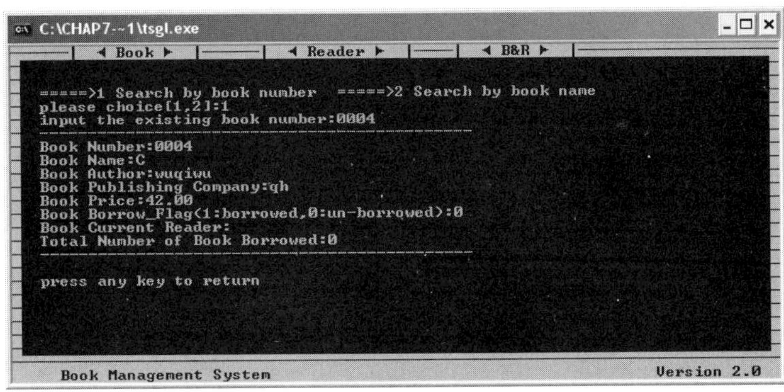

图 7.10　按图书编号查询图书记录

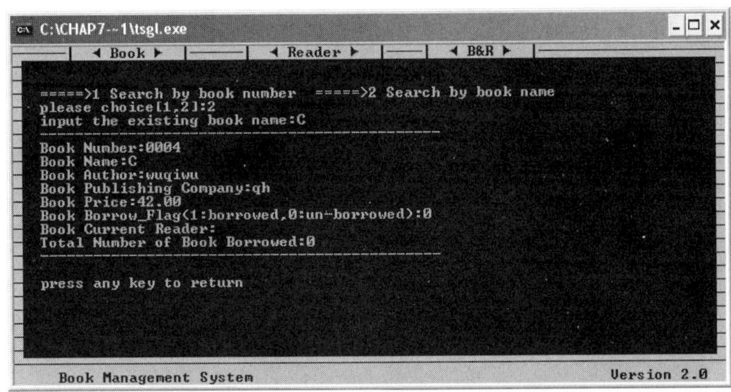

图 7.11　按图书名查询图书记录

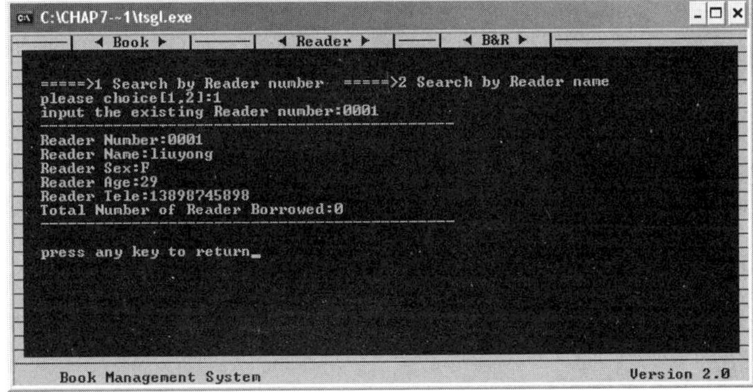

图 7.12　按读者编号查询读者记录

4. 修改记录

当用户选择 Book 或 Reader 下的 Modify 选项(命令)并按 Enter 键后，即可进行记录修改工作。

如图 7.13 所示，用户已经成功地修改了一条编号为 0004 的图书记录。

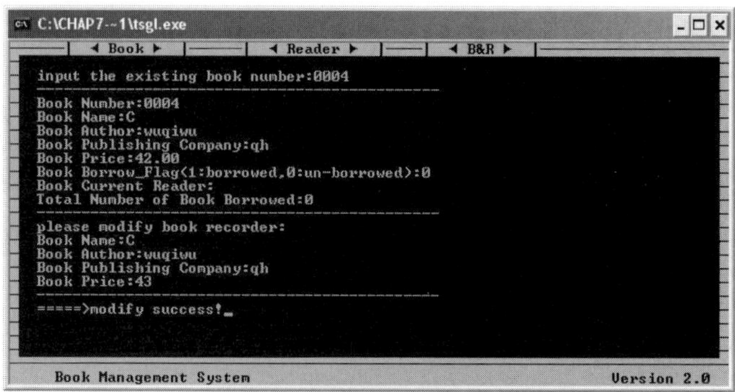

图 7.13　修改图书记录

5. 删除记录

当用户选择 Book 或 Reader 下的 Delete 选项并按 Enter 键后，即可进行记录删除操作。如图 7.14 所示，用户已经成功地删除了一条编号为 0003 的图书记录。

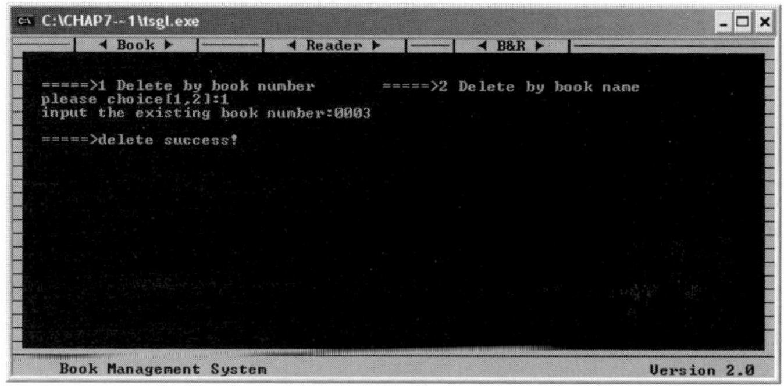

图 7.14　删除图书记录

6. 排序记录

当用户选择 Book 或 Reader 下的 Sort 选项并按 Enter 键后，即可进行记录排序操作。记录采用直接选择方法进行排序。图 7.15 为图书记录按价格排序后的结果，图 7.16 为读者记录按编号排序后的结果。

```
C:\CHAP7~1\tsgl.exe
      ◄ Book ►          ◄ Reader ►        ◄ B&R ►
|Number   |Name     |Author   |Publish  |Price| F|Reader      |Tota|
|0001     |php      |jd       |qh       |32.00| 0|            |   1|
|0002     |xml      |ly       |jx       |54.00| 0|            |   1|
|0004     |C        |wuqiwu   |qh       |43.00| 0|            |   0|
=====>sort...............
|0001     |php      |jd       |qh       |32.00| 0|            |   1|
|0004     |C        |wuqiwu   |qh       |43.00| 0|            |   0|
|0002     |xml      |ly       |jx       |54.00| 0|            |   1|

=====>sort complete!

 Book Management System                                Version 2.0
```

图 7.15　图书记录按价格排序

```
C:\CHAP7~1\tsgl.exe
◄ Book ►   ◄ Reader ►   ◄ B&R ►
|Number       |Name        |Sex |Age |Tele          |Total|
|0003         |xiaoyu      |F   |  18|   13625847526|    0|
|0005         |zhangfei    |M   |  48|   13478542635|    0|
|0001         |liuyong     |F   |  29|   13898745898|    0|
=====>sort............
|0001         |liuyong     |F   |  29|   13898745898|    0|
|0003         |xiaoyu      |F   |  18|   13625847526|    0|
|0005         |zhangfei    |M   |  48|   13478542635|    0|

=====>sort complete!
Book Management System                          Version 2.0
```

图 7.16　读者记录按编号排序

7. 统计记录

当用户选择 Book 或 Reader 下的 Count 选项并按 Enter 键后，即可进行记录统计操作。图 7.17 为图书信息统计结果，图 7.18 为读者信息统计结果。

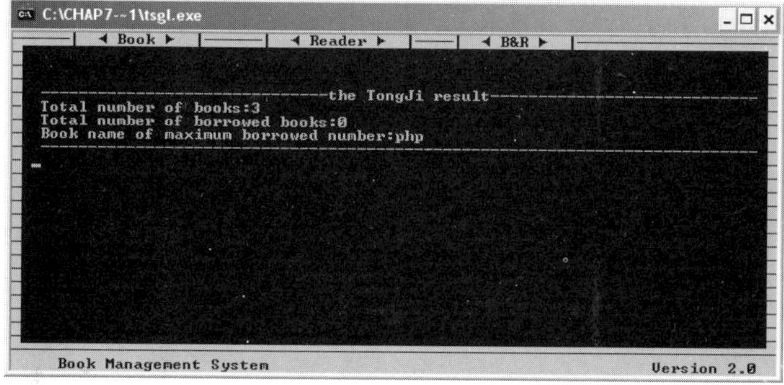

图 7.17　图书信息统计结果

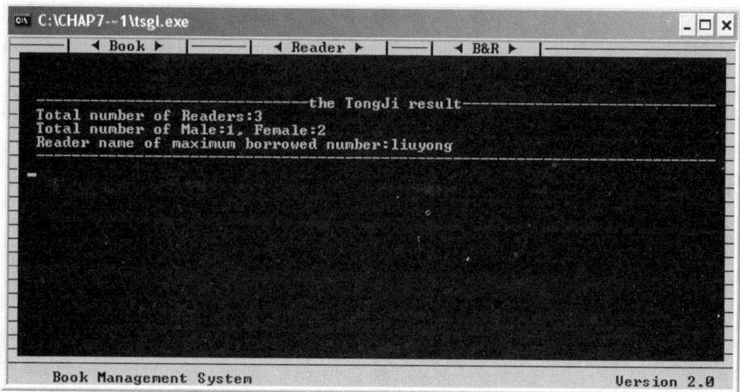

图 7.18　读者信息统计结果

8. 借阅图书

当用户选择 B&R 下的 Borrow 选项并按 Enter 键后，即可进行借书操作。图 7.19 所示是编号为 0001 的读者成功借阅了一本编号为 0004 的 C 语言图书。图 7.20 为借书后图书信息的查询结果，结果表示编号为 0004 的图书当前借阅给了编号为 0001 的读者。图 7.21 为借书后读者信息查询的结果，结果表明编号为 0001 的读者正借阅一本书。

```
C:\CHAP7~1\tsgl.exe
| ◄ Book ► |        | ◄ Reader ► |     | ◄ B&R ► |

Reader Number:0001
Book Name:C
The book C is borrowed by liuyong (Num:0001) Successfully!_

Book Management System                                Version 2.0
```

图 7.19　图书借阅

```
C:\CHAP7~1\tsgl.exe
| ◄ Book ► |        | ◄ Reader ► |     | ◄ B&R ► |

=====>1 Search by book number   =====>2 Search by book name
please choice[1,2]:1
input the existing book number:0004
------------------------------------------------------------
Book Number:0004
Book Name:C
Book Author:wuqiwu
Book Publishing Company:qh
Book Price:43.00
Book Borrow_Flag(1:borrowed,0:un-borrowed):1
Book Current Reader:0001
Total Number of Book Borrowed:1
------------------------------------------------------------

press any key to return_

Book Management System                                Version 2.0
```

图 7.20　借书后的图书信息查询

```
C:\CHAP7~1\tsgl.exe
| ◄ Book ► |        | ◄ Reader ► |     | ◄ B&R ► |

=====>1 Search by Reader number   =====>2 Search by Reader name
please choice[1,2]:1
input the existing Reader number:0001
------------------------------------------------------------
Reader Number:0001
Reader Name:liuyong
Reader Sex:F
Reader Age:29
Reader Tele:13898745898
Total Number of Reader Borrowed:1
------------------------------------------------------------

press any key to return_

Book Management System                                Version 2.0
```

图 7.21　借书后的读者信息查询

9. 归还图书

当用户选择 B&R 下的 Return 选项并按 Enter 键后，即可进行还书操作。图 7.22 所示是编号为 0001 的读者成功归还了一本编号为 0004 的 C 语言图书。图 7.23 和 7.24 为还书后图书信息和读者信息的查询结果，结果表明，编号为 0001 的读者成功归还了编号为

0004 的图书。

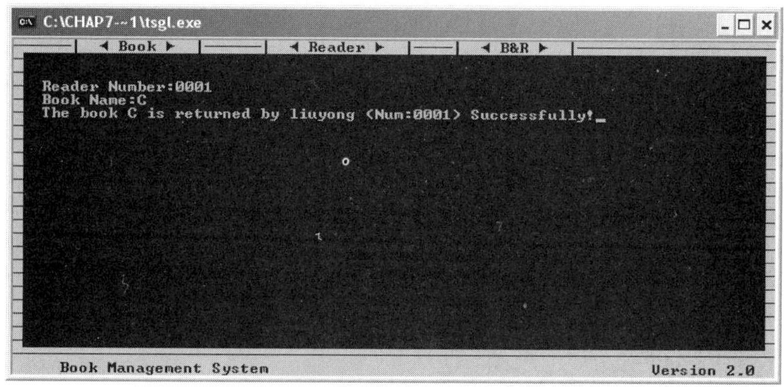

图 7.22　归还图书

```
C:\CHAP7~1\tsgl.exe
  Book    Reader    B&R

=====>1 Search by book number   =====>2 Search by book name
please choice[1,2]:1
input the existing book number:0004
--------------------------------------------------------
Book Number:0004
Book Name:C
Book Author:wuqiwu
Book Publishing Company:qh
Book Price:43.00
Book Borrow_Flag(1:borrowed,0:un-borrowed):0
Book Current Reader:
Total Number of Book Borrowed:1
--------------------------------------------------------

press any key to return

Book Management System                               Version 2.0
```

图 7.23　还书后的图书信息查询

```
C:\CHAP7~1\tsgl.exe
  Book    Reader    B&R

=====>1 Search by Reader number   =====>2 Search by Reader name
please choice[1,2]:1
input the existing Reader number:0001
--------------------------------------------------------
Reader Number:0001
Reader Name:liuyong
Reader Sex:F
Reader Age:29
Reader Tele:13898745898
Total Number of Reader Borrowed:0
--------------------------------------------------------

press any key to return_

Book Management System                               Version 2.0
```

图 7.24　还书后的读者信息查询

10. 保存记录

如图 7.25 所示，当用户选择 B&R 下的 Exit 选项并按 Enter 键后，会提示用户是否退出系统，当用户选择 Y 或 y 后，系统会自动将图书记录和读者记录分别存入 C:\book 和 C:\reader 文件中，最后执行系统退出工作。

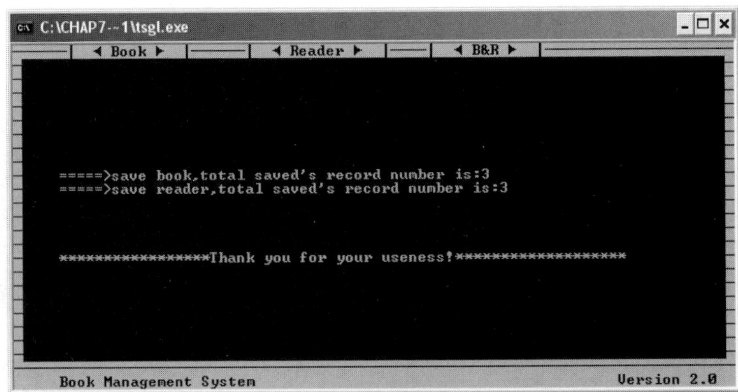

图 7.25　退出系统

7.5　小　　结

本章介绍了图书管理系统的设计思路及其编码实现。重点介绍了各功能模块的设计原理、文本模式下图形化界面的设计、菜单的灵活控制，以及利用单链表进行直接选择排序的方法。通过本章的学习，读者应该掌握以下知识点。

(1) 文本窗口大小的设定、窗口颜色的设置、窗口文本的清除和输入输出等。

(2) 基于单链表实现的直接选择排序方法。

(2) 对单链表的各种基本操作。

(3) 对文件的打开、关闭、读取、写入操作。

(4) 功能菜单的显示、调用、选取等各种操作。

第 8 章　教师人事管理系统

随着大数据时代的来临，数字化成为这个时代的主要特征。教师人事管理系统是一个教育单位的得力助手，它利用计算机对与教师人事相关的工作进行统一管理，实现人事档案、工资等信息管理工作流程的系统化、规范化和自动化，提高了学校管理的工作效率。因此，教师人事管理系统在教育部门或单位起着越来越重要的作用。本程序中涉及到结构体、单链表、文件等方面的知识。

通过本程序的训练，使读者能对 C 语言的文件操作有一个更深刻的了解，掌握利用单链表存储结构实现对教师进行人事管理的原理，为进一步开发出高质量的信息管理系统打下坚实的基础。

8.1　设 计 目 的

本程序旨在训练读者的基本编程能力，了解管理信息系统的开发流程，熟悉 C 语言的文件和单链表的各种基本操作。

8.2　功 能 描 述

教师人事管理系统的功能模块如图 8.1 所示。

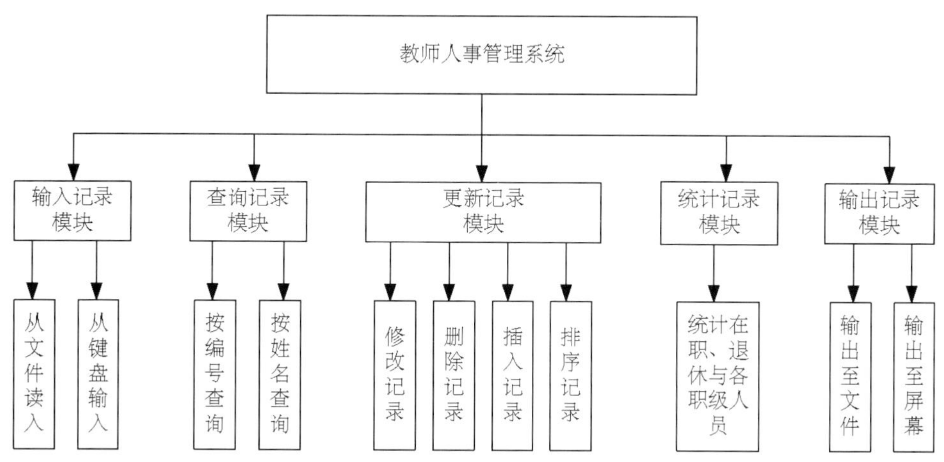

图 8.1　教师人事管理系统的功能模块

该人事管理系统主要利用单链表实现，它由如下五大功能模块组成。

(1) 输入记录模块。输入记录模块主要完成将数据存入单链表中的工作。在此人事管理系统中，记录可以从以二进制形式存储的数据文件中读入，也可从键盘逐个输入教师人事记录。

教师人事记录由教师的基本信息和人事信息字段构成。当从数据文件中读入记录时，它就是在以记录为单位存储的数据文件中，将记录逐条复制到单链表中。

(2) 查询记录模块。查询模块主要完成在单链表中查找满足相关条件的教师人事记录。在此人事管理系统中，用户可以按照教师的编号或姓名在单链表中进行查找。若找到该教师的记录，则返回指向该教师人事记录的指针。否则，它返回一个值为 NULL 的空指针，并打印出未找到该教师人事记录的提示信息。

(3) 更新记录模块。更新模块主要完成对教师人事记录的维护。在该人事管理系统中，实现了对教师人事记录的修改、删除、插入和排序操作。一般而言，系统进行了这些操作后，需要将修改的数据存入源数据文件。

(4) 统计记录模块。统计模块主要完成在职退休、各职级人员的统计。

(5) 输出记录模块。输出模块主要完成两个任务。

第一，它实现了对教师人事记录的存盘操作，即把单链表中的各节点中存储的教师人事记录信息写入数据文件中。第二，它实现了将单链表中存储的教师人事记录信息以表格的形式在屏幕上打印出来。

8.3 总 体 设 计

8.3.1 功能模块设计

1. 主控 main()函数的执行流程

此人事管理系统的执行主流程如图 8.2 所示。它先以可读写的方式打开数据文件，此文件默认为 c:\teacher，若该文件不存在，则新建此文件。当打开文件操作成功后，则从文件中一次读出一条记录，写入到新建的单链表中，然后执行显示主菜单和进入主循环操作，进行按键判断。

在判断键值时，有效的输入为 0~9 之间的任意数值，其他输入都被视为错误按键。若输入为 0(即变量 select=0)，会继续判断是否在对记录进行了更新操作之后进行了存盘操作，若未存盘，则全局变量 saveflag=1，系统会提示用户是否需要进行数据存盘操作，用户输入 Y 或 y，系统会进行存盘操作。最后，系统执行退出人事管理系统的操作。

若选择 1，则调用 Add()函数，执行增加教师人事记录操作；若选择 2，则调用 Del()函数，执行删除教师人事记录操作；若选择 3，则调用 Qur()函数，执行查询教师人事记录操作；若选择 4，则调用 Modify()函数，执行修改教师人事记录操作；若选择 5，则调用 Insert()函数，执行插入教师人事记录操作；若选择 6，则调用 Tongji()函数，执行统计教师人事记录操作；若选择 7，则调用 Sort()函数，执行按降序来排序教师人事记录的操作；若选择 8，则调用 Save()函数，执行将教师人事记录存入磁盘数据文件中的操作；若选择 9，则调用 Disp()函数，执行将教师人事记录以表格形式打印输出至屏幕的操作；若输入为 0~9 之外的值，则调用 Wrong()函数，给出按键错误的提示。

2. 输入记录模块

输入记录模块主要实现将数据存入单链表中。这部分的操作较为简单。当从数据文件中读出记录时，调用了 fread(p, sizeof(Node), 1, fp)文件读取函数，执行一次从文件中读取一条教师人事记录信息并存入指针变量 p 所指的节点中的操作，并且这个操作在 main()中执行，即当人事管理系统进入显示菜单界面时，该操作已经执行了。若该文件中没有数据，系统会提示单链表为空，没有任何教师人事记录可操作，此时，用户应选择 1，调用 Add(l)函数，进行教师人事记录的输入，即完成在单链表 l 中添加节点的操作。

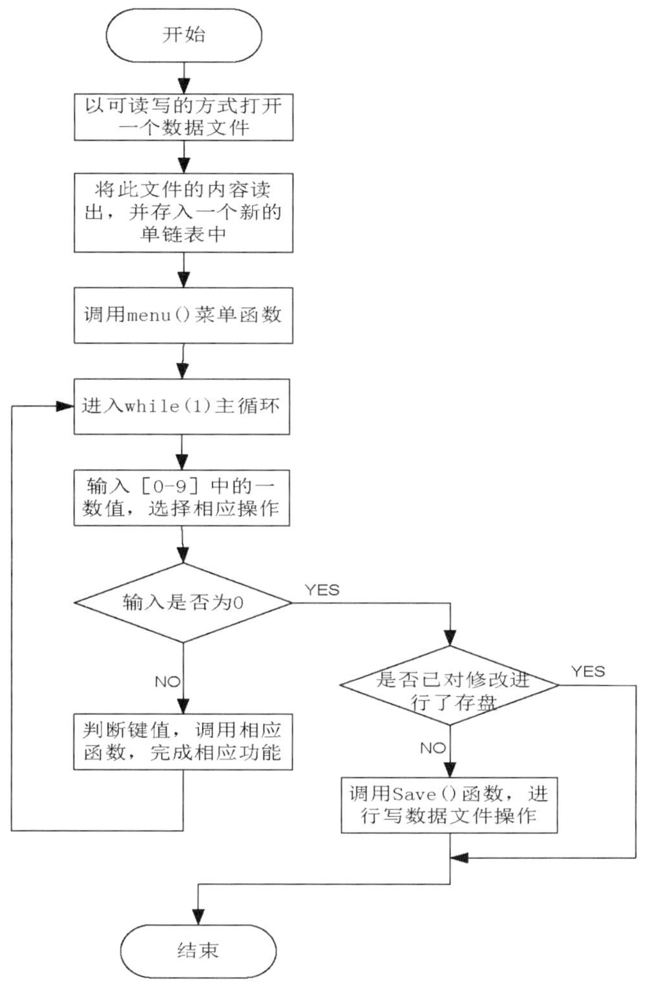

图 8.2　主控函数的执行流程

值得一提的是，这里的字符串和数值的输入分别采用了函数来实现，在函数中完成输入数据任务，并对数据进行条件判断，直到满足条件为止，这样就大大减少了代码的重复和冗余，符合模块化程序设计的特点。

3. 查询记录模块

查询模块主要实现了在单链表中按编号或姓名查找满足相关条件的教师人事记录。在查询函数 Qur(l)中，l 为指向保存了教师人事信息的单链表首地址的指针变量。为了遵循模块化编码的原则，我们把在单链表中进行的指针定位操作设计成了一个单独的函数 Node* Locate(Link l, char findmess[], char nameornum[])，参数 findmess[]保存要查找的具体内容，

nameornum[]保存要查找的字段(值为字符串类型的 num 或 name)，若找到该记录，则返回指向该节点的指针，否则，返回一个空指针。

4. 更新记录模块

此模块主要实现了对教师人事记录的修改、删除、插入和排序操作，因此，教师人事记录是以单链表的结构形式存储的，所以这些操作都在单链表中完成。

下面分别介绍这 4 个功能模块。

(1) 修改记录

修改记录操作需要对单链表中的目标节点的数据域中的值进行修改，它分两步完成。第一步，输入要修改的编号，输入后，调用定位函数 Locate()在单链表中逐个对节点数据域中的编号字段的值进行比较，直到找到该编号的教师人事记录；第二步，若找到该教师的人事记录，修改除编号之外的各字段的值，并将存盘标记变量 saveflag 置 1，表示已经对记录进行了修改，但还未执行存盘操作。

(2) 删除记录

删除记录操作完成删除指定编号或姓名的教师人事记录，它也分两步完成。第一步，输入要修改的编号或姓名，输入后，调用定位函数 Locate()，在单链表中逐个对节点数据域中的编号或姓名字段的值进行比较，直到找到该编号或姓名的教师人事记录，返回指向该教师人事记录的节点指针；第二步，若找到该教师的人事记录，将该教师人事记录所在节点的前驱节点的指针域指向目标节点的后继节点。

(3) 插入记录

插入记录操作完成在指定编号的随后位置插入新的教师人事记录。首先，它要求用户输入某个教师的编号，新的记录将插入在该教师人事记录之后；然后，提示用户输入一条新的教师人事记录的信息，这些信息保存在新节点的数据域中；最后，将该节点插入在位置编号之后。

它的具体插入执行过程如图 8.3 所示，图中 q 为位置编号所在的节点的指针变量，其中，p 为 q 所指节点的后继节点的指针变量，其中 q->next=p，指针变量 i 指向新记录所在的节点，为插入节点 i，依次执行的操作为：i->next=q->next; q->next=i。

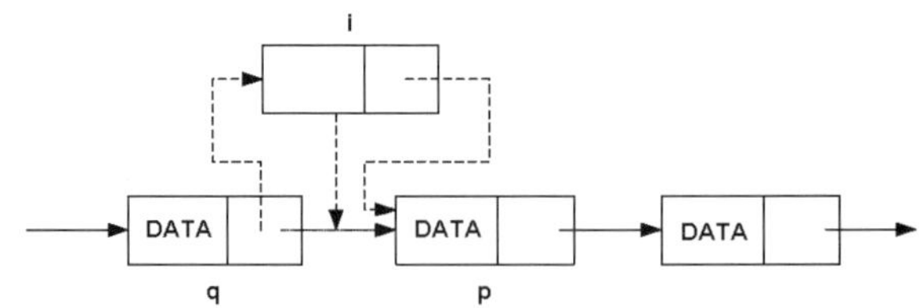

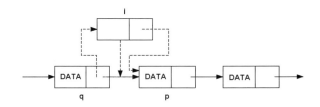

图 8.3　在单链表中插入教师人事记录节点

(4) 记录排序

有关排序的算法有很多，如冒泡排序、插入排序等。针对单链表结构的特点，我们采用插入排序算法，来实现按总分的从高到低对教师人事记录进行排序，排序完成后，即可按顺序给名次字段赋值。

在单链表中，实现插入排序的基本步骤如下。

① 新建一个单链表1，用来保存排序结果，其初始值为待排序单链表中的头节点。

② 从待排序链表中取出下一个节点，将其总分字段值与单链表 1 中的各节点中的总分字段的值进行比较，直到在链表 1 中找到总分小于它的节点。若找到如此节点，系统将待排序链表中取出的节点插入此节点前，作为其前驱。否则，将取出的节点放在单链表 1 的尾部。

③ 重复上一步，直到从待排序链表取出的节点的指针域为 NULL，即此节点为链表的尾部节点后，排序完成。

5. 统计记录模块

实现比较简单，它主要通过循环读取指针变量 p 所指的当前的节点的数据域中的各字段的值，并对各个字段进行逐个判断的形式，统计在职教师人数、退休教师人数、不同职称级别的教师人数。

6. 输出记录模块

当把记录输出至文件时，调用 fwrite(p, sizeof(Node), 1, fp)函数，将 p 指针所指节点中的各字段值，写入文件指针 fp 所指的文件。把记录输出至屏幕时，调用 void Disp(Link l)函数，将单链表 l 中存储的教师人事记录信息以表格的形式在屏幕上打印出来。

8.3.2　数据结构设计

1. 教师人事信息结构体

结构 teacher 用于存储教师的基本信息，它将作为单链表的数据域：

```
typedef struct teacher
{
   char num[10];
   char name[15];
   int zc;
   int status;
   float yfgz;
   float kkgz;
   float sfgz;
};
```

为了简化程序，我们只取了主要的教师人事信息。其各字段的值的含义如下。

- num[10]：保存教师编号。
- name[15]：保存教师姓名。
- zc：保存教师职称信息，用 1、2、3、4 分别表示助教、讲师、副教授、教授。
- status：保存教师状态信息，用 1、2 分别表示在职、退休。
- yfgz：保存教师每月应发工资。
- kkgz：保存教师每月工资扣款。
- sfgz：保存教师每月实发工资。

2. 单链表 node 结构体

定义一个单链表的结构 node：

```
typedef struct node
{
    struct teacher data;
    struct node *next;
} Node, *Link;
```

data 为 teacher 结构类型的数据，作为单链表结构中的数据域，next 为单链表中的指针域，用来存储其直接后继节点的地址。Node 为 node 类型的结构变量，Link 为 node 类型的指针变量。

8.3.3 函数功能描述

1. printheader()

函数原型：

```
void printheader();
```

printheader()函数用于在以表格形式显示教师人事记录时，打印输出表头信息。

2. printdata()

函数原型：

```
void printdata(Node *pp);
```

printdata()函数用于在以表格形式显示教师人事记录时，打印输出单链表 pp 中的教师信息。

3. stringinput()

函数原型：

```
void stringinput(char *t, int lens, char *notice);
```

stringinput()函数用于输入字符串，并进行字符串长度验证(长度<lens)，t 用于保存输入的字符串，因为是以指针形式传递的，所以 t 相当于该函数的返回值。notice 用于保存 printf()中输出的提示信息。

4. Disp()

函数原型：

```
void Disp(Link l);
```

Disp()函数用于显示单链表 l 中存储的教师人事记录，内容就是 student 结构中所定义的内容。

5. Locate()

函数原型：

```
Node* Locate(Link l, char findmess[], char nameornum[]);
```

Locate()函数用于定位链表中符合要求的节点，并返回指向该节点的指针。参数 findmess[]保存要查找的具体内容，nameornum[]保存按什么字段在单链表 l 中查找。

6. Add()

函数原型：

```
void Add(Link l);
```

Add()函数用于在单链表 l 中增加教师人事记录的节点。

7. Qur()

函数原型：

```
void Qur(Link l);
```

Qur()函数用于在单链表 l 中按编号或姓名查找满足条件的教师人事记录并显示出来。

8. Del()

函数原型：

```
void Del(Link l);
```

Del()函数用于在单链表 l 中找到满足条件的教师人事记录的节点，并删除该节点。

9. Modify()

函数原型：

```
void Modify(Link l);
```

Modify()函数用于在单链表 l 中修改教师人事记录。

10. Insert()

函数原型：

```
void Insert(Link l);
```

Insert()函数在单链表 l 中插入教师人事记录。

11. Tongji()

函数原型：

```
void Tongji(Link l);
```

Tongji()函数在单链表 l 中完成教师人事记录的统计工作，统计在职教师人数、退休教师人数、不同职称级别的教师人数。

12. Sort()

函数原型：

```
void Sort(Link l);
```

Sort()函数在单链表 l 中完成利用插入排序算法实现单链表的按总分字段的降序排序。

13. Save()

函数原型：

```
void Save(Link l);
```

Save()函数用于将单链表 l 中的数据写入磁盘数据文件中。

14. 主函数 main()

main 函数是整个人事管理系统的控制部分。其详细说明可参考图 8.2。

8.4 程 序 实 现

8.4.1 源码分析

1. 程序预处理

包括加载头文件，定义结构体、常量和变量，并对它们进行初始化工作。代码如下：

```
#include "stdio.h"    /*标准输入输出函数库*/
#include "stdlib.h"   /*标准函数库*/
#include "string.h"   /*字符串函数库*/
#include "conio.h"    /*屏幕操作函数库*/
#define HEADER1 "     ---------------------TEACHER-----------------  \n"
#define HEADER2 "     | NUMBER |  NAME  |STATUS| ZC  | YFGZ  | KKGZ  |
SFGZ  | \n"
#define HEADER3 "     |------|-----|-----|------|------|-----|-----| \n"
#define FORMAT  "    |%-10s|%-10s|%6d|%6d|%8d|%8d|%8d|\n"
#define DATA  p->data.num,p->data.name,p->data.zc,p->data.status,
  p->data.yfgz,p->data.kkgz,p->data.sfgz
#define END     "     ---------------------------------------------  \n"
/******************************************************************/
int saveflag = 0;  /*是否需要存盘的标志变量*/

/*定义与教师人事有关的数据结构*/
typedef struct teacher     /*标记为 teacher*/
{
    char num[10];  /*教师编号*/
    char name[15]; /*教师姓名*/
    int zc;        /*职称，1 为助教，2 为讲师，3 为副教授，4 为教授*/
    int status;     /*状态：1 为在职，2 为退休*/
    int yfgz;       /*应发工资*/
    int kkgz;       /*扣留款*/
```

```
    int sfgz;       /*实发工资*/
};

/*定义每条记录或节点的数据结构，标记为 node*/
typedef struct node
{
    struct teacher data;  /*数据域*/
    struct node *next;    /*指针域*/
} Node, *Link;    /*Node 为 node 类型的结构变量，*Link 为 node 类型的指针变量*/
```

2. 主函数 main()

main()函数主要实现了对整个程序的运行控制，及相关功能模块的调用，代码如下：

```
void main()
{
    Link l;       /*定义链表*/
    FILE *fp;     /*文件指针*/
    int select;     /*保存选择结果变量*/
    char ch;      /*保存(y,Y,n,N)*/
    int count = 0; /*保存文件中的记录条数(或节点个数)*/
    Node *p, *r;   /*定义记录指针变量*/
    l = (Node*)malloc(sizeof(Node));
    if(!l)
    {
        printf("\n allocate memory failure "); /*如没有申请到，打印提示信息*/
        return;             /*返回主界面*/
    }
    l->next = NULL;
    r = l;
    fp = fopen("C:\\teacher", "ab+");
      /*以追加方式打开一个二进制文件，可读可写，若此文件不存在，会创建此文件*/
    if(fp == NULL)
    {
        printf("\n=====>can not open file!\n");
        exit(0);
    }
    while(!feof(fp))
    {
        p = (Node*)malloc(sizeof(Node));
        if(!p)
        {
            printf(" memory malloc failure!\n");    /*没有申请内存成功*/
            exit(0);       /*退出*/
        }

        if(fread(p,sizeof(Node),1,fp) == 1)
          /*一次从文件中读取一条教师人事记录*/
        {
            p->next = NULL;
            r->next = p;
```

```
            r = p;                       /*r 指针向后移一个位置*/
            count++;
        }
    }
    fclose(fp); /*关闭文件*/
    printf("\n====>open file success,the total records number is : %d.\n",
             count);
    menu();
    while(1)
    {
        system("cls");
        menu();
        p = r;
        printf("\n     Please Enter your choice(0~9):");     /*显示提示信息*/
        scanf("%d", &select);
        if(select == 0)
        {
            if(saveflag == 1)/*若对链表的数据有修改且未进行存盘操作，则此标志为1*/
            {
                getchar();
                printf(
                  "\n===>Whether save the modified record to file?(y/n):");
                scanf("%c", &ch);
                if(ch=='y' || ch=='Y')
                    Save(l);
            }
            printf("=====>thank you for useness!");
            getchar();
            break;
        }
        switch(select)
        {
            case 1: Add(l); break;             /*增加教师人事记录*/
            case 2: Del(l); break;             /*删除教师人事记录*/
            case 3: Qur(l); break;             /*查询教师人事记录*/
            case 4: Modify(l); break;          /*修改教师人事记录*/
            case 5: Insert(l); break;          /*插入教师人事记录*/
            case 6: Tongji(l); break;          /*统计教师人事记录*/
            case 7: Sort(l); break;            /*排序教师人事记录*/
            case 8: Save(l); break;            /*保存教师人事记录*/
            case 9: system("cls");Disp(l);break;         /*显示教师记录*/
            default: Wrong(); getchar(); break;  /*按键有误，必须为数值0~9*/
        }
    }
}
```

3. 主菜单界面

用户进入人事管理系统时，需要显示主菜单，提示用户进行选择，完成相应的任务。此代码被 main()函数调用。具体代码如下：

```
void menu()  /*主菜单*/
{
    system("cls");     /*调用 DOS 命令，清屏。与 clrscr()功能相同*/
    textcolor(10);     /*在文本模式中选择新的字符颜色*/
    gotoxy(10, 5);     /*在文本窗口中设置光标*/
    cprintf("                The Teachers' RenShi Management System \n");
    textcolor(13);     /*在文本模式中选择新的字符颜色*/
    gotoxy(10, 8);
    cprintf("  **********************Menu*************************\n");
    gotoxy(10, 9);
    cprintf("   *  1 input   record          2 delete record          *\n");
    gotoxy(10, 10);
    cprintf("   *  3 search  record          4 modify record          *\n");
    gotoxy(10,11);
    cprintf("   *  5 insert  record          6 count  record          *\n");
    gotoxy(10, 12);
    cprintf("   *  7 sort    record          8 save   record          *\n");
    gotoxy(10, 13);
    cprintf("   *  9 display record          0 quit   system          *\n");
    gotoxy(10, 14);
    cprintf("     **************************************************\n");
      /*cprintf()送格式化输出至文本窗口屏幕中*/
}
void printheader() /*格式化输出表头*/
{
    printf(HEADER1);
    printf(HEADER2);
    printf(HEADER3);
}
void printdata(Node *pp) /*格式化输出表中的数据*/
{
    Node *p;
    p = pp;
    printf(FORMAT, DATA);
}
```

4. 以表格形式显示记录

由于记录显示操作经常进行，所以我们将这部分由独立的函数来实现，减少代码的重复。它将显示单链表 l 中存储的教师人事记录，内容为 teacher 结构中定义的内容。

具体代码如下：

```
void Disp(Link l)
  /*显示单链表 l 中存储的教师记录，内容为 teacher 结构中定义的内容*/
{
    Node *p;
    p = l->next;
      /*l 存储的是单链表中头节点的指针，该头节点没有存储教师信息，
        指针域指向的后继节点才有教师信息*/
    if(!p)  /*p==NULL，NUll 在 stdlib 中定义为 0*/
```

```
    {
        printf("\n=====>Not teacher record!\n");
        getchar();
        return;
    }
    printf("\n\n");
    printheader(); /*输出表格头部*/

    while(p)     /*逐条输出链表中存储的教师信息*/
    {
        printdata(p);
        p = p->next;  /*移动直下一个节点*/
        printf(HEADER3);
    }
    getchar();
}
void Wrong()  /*输出按键错误信息*/
{
    printf("\n\n\n\n\n**********Error:input has wrong!
            press any key to continue**********\n");
    getchar();
}
void Nofind()  /*输出未查找到此教师的信息*/
{
    printf("\n=====>Not find this teacher!\n");
}
```

5. 记录查找定位

用户进入人事管理系统时，对某个教师人事记录处理前，需要按照条件找到这条记录，此函数完成了节点定位的功能。具体代码如下：

```
/*************************************************************
作用：用于定位链表中符合要求的节点，并返回指向该节点的指针
参数：findmess[]保存要查找的具体内容；nameornum[]保存按什么查找；
      在单链表 l 中查找
*************************************************************/
Node* Locate(Link l, char findmess[], char nameornum[])
{
    Node *r;
    if(strcmp(nameornum,"num") == 0) /*按编号查询*/
    {
        r = l->next;
        while(r)
        {
            if(strcmp(r->data.num,findmess) == 0) /*若找到 findmess 值的编号*/
                return r;
            r = r->next;
        }
    }
    else if(strcmp(nameornum,"name") == 0)  /*按姓名查询*/
```

```
    {
        r = l->next;
        while(r)
        {
            if(strcmp(r->data.name,findmess) == 0)
              /*若找到 findmess 值的教师姓名*/
                return r;
            r = r->next;
        }
    }
    return 0; /*若未找到，返回一个空指针*/
}
```

6. 格式化输入数据

在该人事管理系统中，设计了单独的字符型数据输入函数来处理，并对输入的数据进行检验。代码如下：

```
/*输入字符串，并进行长度验证(长度<lens)*/
void stringinput(char *t, int lens, char *notice)
{
    char n[255];
    do {
        printf(notice);  /*显示提示信息*/
        scanf("%s", n);  /*输入字符串*/
        if(strlen(n)>lens) printf("\n exceed the required length! \n");
          /*进行长度校验，超过 lens 值重新输入*/
    } while(strlen(n) > lens);
    strcpy(t, n); /*将输入的字符串拷贝到字符串 t 中*/
}
```

7. 增加教师人事记录

进入人事管理系统时，若数据文件为空，它将从单链表的头部开始，增加教师人事记录节点，否则，将该教师人事记录节点添加在单链表的尾部。

具体代码如下：

```
/*增加教师记录*/
void Add(Link l)
{
    Node *p, *r, *s;  /*实现添加操作的临时的结构体指针变量*/
    char ch, flag=0, num[10];
    r = l;
    s = l->next;
    system("cls");
    Disp(l); /*先打印出已有的教师信息*/
    while(r->next != NULL)
        r = r->next; /*将指针移至于链表最末尾，准备添加记录*/
    while(1) /*一次可输入多条记录，直至输入编号为 0 的记录节点添加操作*/
    {
```

```
while(1)
  /*输入编号，保证该编号没有被使用，
    若输入编号为 0，则退出添加记录操作*/
{
    stringinput(num, 10, "input number(press '0'return menu):");
      /*格式化输入编号并检验*/
    flag = 0;
    if(strcmp(num,"0") == 0) /*输入为 0，则退出添加操作，返回主界面*/
    { return; }
    s = l->next;
    while(s)
      /*查询该编号是否已经存在，若存在，则要求重新输入一个未被占用的编号*/
    {
        if(strcmp(s->data.num,num) == 0)
        {
            flag = 1;
            break;
        }
        s = s->next;
    }
    if(flag == 1) /*提示用户是否重新输入*/
    {
        getchar();
        printf(
          "=====>The number %s is not existing,try again?(y/n):",
          num);
        scanf("%c", &ch);
        if(ch=='y' || ch=='Y')
            continue;
        else
            return;
    }
    else
    { break; }
}
p = (Node*)malloc(sizeof(Node)); /*申请内存空间*/
if(!p)
{
    printf("\n allocate memory failure ");
      /*如没有申请到，打印提示信息*/
    return ;             /*返回主界面*/
}
strcpy(p->data.num, num); /*将字符串 num 拷贝到 p->data.num 中*/
stringinput(p->data.name, 15, "Name:");
printf("Please input status[1,2]:");
scanf("%d", &p->data.status);
printf("Please input zc[1,2,3,4]:");
scanf("%d", &p->data.zc);
printf("Please input yfgz:");
scanf("%d", &p->data.yfgz);
```

```
        printf("Please input kkgz:");
        scanf("%d", &p->data.kkgz);
        p->data.sfgz = (p->data.yfgz)-(p->data.kkgz); /*计算实发工资*/
        printf("sfgz:%d\n", p->data.sfgz);
        p->next = NULL; /*表明这是链表的尾部节点*/
        r->next = p;  /*将新建的节点加入链表尾部中*/
        r = p;
        saveflag = 1;
    }
    return;
}
```

8. 删除教师人事记录

删除教师人事记录由 Del()函数来实现，先找到保存该教师记录的节点，然后删除该节点。具体代码如下：

```
void Del(Link l)
{
    int sel;
    Node *p, *r;
    char findmess[20];
    if(!l->next)
    {
        system("cls");
        printf("\n=====>No teacher record!\n");
        getchar();
        return;
    }
    system("cls");
    Disp(l);
    printf(
      "\n ===>1 Delete by Teacher Number ===>2 Delete by Teacher Name\n");
    printf("      please choice[1,2]:");
    scanf("%d", &sel);
    if(sel == 1)
    {
        stringinput(findmess, 10, "input the existing teacher number:");
        p = Locate(l, findmess, "num");
        if(p)  /*p!=NULL*/
        {
            r = l;
            while(r->next != p)
                r = r->next;
            r->next = p->next; /*将 p 所指节点从链表中去除*/
            free(p); /*释放内存空间*/
            printf("\n=====>delete success!\n");
            getchar();
            saveflag = 1;
        }
        else
```

```
            Nofind();
        getchar();
    }
    else if(sel == 2) /*先按姓名查询到该记录所在的节点*/
    {
        stringinput(findmess, 15, "input the existing teacher name");
        p = Locate(l, findmess, "name");
        if(p)
        {
            r = l;
            while(r->next != p)
                r = r->next;
            r->next = p->next;
            free(p);
            printf("\n=====>delete success!\n");
            getchar();
            saveflag = 1;
        }
        else
            Nofind();
        getchar();
    }
    else
        Wrong();
    getchar();
}
```

9. 查询教师人事记录

当用户执行此查询任务时，系统会提示用户进行查询字段的选择，即按编号或姓名进行查询。若该教师人事记录存在，则会打印输出该教师人事记录的信息。代码如下：

```
void Qur(Link l)
{
    int select; /*1：按编号查，2：按姓名查，其他：返回主界面(菜单)*/
    char searchinput[20]; /*保存用户输入的查询内容*/
    Node *p;
    if(!l->next) /*若链表为空*/
    {
        system("cls");
        printf("\n=====>No teacher record!\n");
        getchar();
        return;
    }
    system("cls");
    printf("\n   =====>1 Search by number  =====>2 Search by name\n");
    printf("     please choice[1,2]:");
    scanf("%d", &select);
    if(select == 1)   /*按编号查询*/
    {
        stringinput(searchinput, 10, "input the existing teacher number:");
```

```
        p = Locate(l, searchinput, "num");
          /*在 l 中查找编号为 searchinput 值的节点，并返回节点的指针*/
        if(p) /*若 p!=NULL*/
        {
            printheader();
            printdata(p);
            printf(END);
            printf("press any key to return");
            getchar();
        }
        else
            Nofind();
        getchar();
    }
    else if(select == 2) /*按姓名查询*/
    {
        stringinput(searchinput, 15, "input the existing teacher name:");
        p = Locate(l, searchinput, "name");
        if(p)
        {
            printheader();
            printdata(p);
            printf(END);
            printf("press any key to return");
            getchar();
        }
        else
            Nofind();
        getchar();
    }
    else
        Wrong();
    getchar();
}
```

10. 修改教师人事记录

在修改教师人事记录操作中，系统会先按输入的编号查询到该记录，然后提示用户修改编号之外的值，但编号不能修改。代码如下：

```
void Modify(Link l)
{
    Node *p;
    char findmess[20];
    if(!l->next)
    {
        system("cls");
        printf("\n=====>No teacher record!\n");
        getchar();
        return;
    }
```

```
    system("cls");
    printf("modify teacher recorder");
    Disp(l);
    stringinput(findmess, 10, "input the existing teacher number:");
      /*输入并检验该编号*/
    p = Locate(l, findmess, "num"); /*查询到该节点*/
    if(p) /*若 p!=NULL，表明已经找到该节点*/
    {
        printf("number:%s\n", p->data.num);
        printf("name:%s\n", p->data.name);
        stringinput(p->data.name, 15, "input new name:");
        /******************************************/
        printf("status:%d", p->data.status);
        printf("\nPlease input new status[1,2]:");
        scanf("%d", &p->data.status);
        /******************************************/
        printf("zc:%d", p->data.zc);
        printf("\nPlease input new zc[1,2,3,4]:");
        scanf("%d", &p->data.zc);
        /******************************************/
        printf("yfgz:%d", p->data.yfgz);
        printf("\nPlease input new yfgz:"); scanf("%d",&p->data.yfgz);
        /******************************************/
        printf("kkgz:%d\n", p->data.kkgz);
        printf("Please input new kkgz:"); scanf("%d",&p->data.kkgz);
        /******************************************/
        p->data.sfgz = p->data.yfgz-p->data.kkgz; /*计算实发工资*/
        printf("sfgz:%d", p->data.sfgz);
        /******************************************/
        printf("\n=====>modify success!\n");
        Disp(l);
        saveflag = 1;
    }
    else
        Nofind();
    getchar();
}
```

11. 插入教师人事记录

在插入教师人事记录操作中，系统会按编号查询到要插入的节点的位置，然后在该编号之后插入一个新节点。代码如下：

```
void Insert(Link l)
{
    Link p, v, newinfo; /*p 指向插入位置，newinfo 指新插入记录*/
    char ch, num[10], s[10];
      /*s[]保存插入点位置之前的编号，num[]保存输入的新记录的编号*/
    int flag = 0;
    v = l->next;
    system("cls");
```

```
Disp(l);
while(1)
{
    stringinput(s, 10,
      "please input insert location  after the Number:");
    flag=0; v=l->next;
    while(v) /*查询该编号是否存在，flag=1 表示该编号存在*/
    {
        if(strcmp(v->data.num,s)==0) { flag=1; break; }
        v = v->next;
    }
    if(flag == 1)
        break; /*若编号存在，则进行插入之前的新记录的输入操作*/
    else
    {
        getchar();
        printf(
          "\n=====>The number %s is not existing,try again?(y/n):", s);
        scanf("%c", &ch);
        if(ch=='y' || ch=='Y')
        { continue; }
        else
        { return; }
    }
}
/*以下新记录的输入操作与 Add()相同*/
stringinput(num, 10, "input new teacher Number:");
v = l->next;
while(v)
{
    if(strcmp(v->data.num,num) == 0)
    {
        printf("====>Sorry,the new number:'%s' is existing !\n", num);
        printheader();
        printdata(v);
        printf("\n");
        getchar();
        return;
    }
    v = v->next;
}
newinfo = (Node*)malloc(sizeof(Node));
if(!newinfo)
{
    printf("\n allocate memory failure "); /*如没有申请到，打印提示信息*/
    return;              /*返回主界面*/
}
strcpy(newinfo->data.num, num);
stringinput(newinfo->data.name, 15, "Name:");
/****************************************/
```

```
    printf("Please input status[1,2]:");
    scanf("%d", &newinfo->data.status);
    /****************************************/
    printf("Please input zc[1,2,3,4]:"); scanf("%d",&newinfo->data.zc);
    /****************************************/
    printf("Please input yfgz:"); scanf("%d",&newinfo->data.yfgz);
    /****************************************/
    printf("Please input kkgz:"); scanf("%d",&newinfo->data.kkgz);
    /****************************************/
    newinfo->data.sfgz = (newinfo->data.yfgz) - (newinfo->data.kkgz);
      /*计算实发工资*/
    /****************************************/
    newinfo->next = NULL;
    saveflag = 1; /*在 main()有对该全局变量的判断，若为 1，则进行存盘操作*/
    /*将指针赋值给 p，因为 l 中的头节点的下一个节点才实际保存着教师的记录*/
    p = l->next;
    while(1)
    {
        if(strcmp(p->data.num,s) == 0) /*在链表中插入一个节点*/
        {
            newinfo->next = p->next;
            p->next = newinfo;
            break;
        }
        p = p->next;
    }
    Disp(l);
    printf("\n\n");
    getchar();
}
```

12. 统计教师人事记录

在统计教师人事记录的操作中，系统将统计在职与退休状态人数，以及各职级人数。具体代码如下：

```
void Tongji(Link l)
{
    Node *r = l->next;
    int counts1=0, counts2=0; /*分别保存在职、退休状态人数*/
    int countz1=0, countz2=0, countz3=0, countz4=0;
      /*分别保存助教、讲师、副教授、教授的人数*/
    if(!r)
    {
        system("cls");
        printf("\n=====>Not teacher record!\n");
        getchar();
        return;
    }
    system("cls");
    Disp(l);
```

```
    while(r)
    {
        if(r->data.status==1) counts1++;
        if(r->data.status==2) counts2++;
        if(r->data.zc==1) countz1++;
        if(r->data.zc==2) countz2++;
        if(r->data.zc==3) countz3++;
        if(r->data.zc==4) countz4++;
        r = r->next;
    }
    printf("\n------------------the TongJi result-----------------\n");
    printf("Number of ZZ:%d (ren)\n", counts1);
    printf("Number of TX:%d (ren)\n", counts2);
    printf("-------------------------------------------------------\n");
    printf("Number of ZJ:%d (ren)\n", countz1);
    printf("Number of ZS:%d (ren)\n", countz2);
    printf("Number of FG:%d (ren)\n", countz3);
    printf("Number of ZG:%d (ren)\n", countz4);
    printf("-------------------------------------------------------\n");
    printf("\n\npress any key to return");
    getchar();
}
```

13. 排序教师人事记录

在排序教师人事记录的操作中，系统会利用插入排序法实现单链表的按实发工资的降序排序，从高到低，并打印出排序前和排序后的结果。具体代码如下：

```
void Sort(Link l)
{
    Link ll;
    Node *p, *rr, *s;
    int i = 0;
    if(l->next == NULL)
    {
        system("cls");
        printf("\n=====>Not teacher record!\n");
        getchar();
        return;
    }

    ll = (Node*)malloc(sizeof(Node)); /*用于创建新的节点*/
    if(!ll)
    {
        printf("\n allocate memory failure "); /*如没有申请到，打印提示信息*/
        return;              /*返回主界面*/
    }
    ll->next = NULL;
    system("cls");
    Disp(l);  /*显示排序前的所有教师记录*/
    p = l->next;
```

```
    while(p) /*p!=NULL*/
    {
        s = (Node*)malloc(sizeof(Node));
          /*新建节点，用于保存从原链表中取出的节点信息*/
        if(!s) /*s==NULL*/
        {
            printf("\n allocate memory failure ");
              /*如没有申请到，打印提示信息*/
            return;              /*返回主界面*/
        }
        s->data = p->data; /*填数据域*/
        s->next = NULL;    /*指针域为空*/
        rr = ll;
        /*rr 链表在存储插入单个节点后保持排序的链表，
          ll 是这个链表的头指针，每次从头开始查找插入位置*/

        while(rr->next!=NULL && rr->next->data.sfgz>=p->data.sfgz)
        { rr = rr->next; }/*指针移至实发工资比 p 所指的节点的实发工资小的节点位置*/
        if(rr->next == NULL)
          /*若新链表 ll 中的所有节点的实发工资值都比 p->data.total 大时，
            就将 p 所指节点加入链表尾部*/
            rr->next = s;
        else /*否则，将该节点插入到第一个实发工资字段比它小的节点的前面*/
        {
            s->next = rr->next;
            rr->next = s;
        }
        p = p->next; /*原链表中的指针下移一个节点*/
    }
    l->next = ll->next; /*ll 中存储的是已排序的链表的头指针*/
    p = l->next;          /*已排好序的头指针赋给 p，准备填写名次*/
    while(p != NULL)  /*当 p 不为空时，进行下列操作*/
    {
        i++;        /*节点序号*/
        p = p->next;   /*指针后移*/
    }
    Disp(l);
    saveflag = 1;
    printf("\n    =====>sort complete!\n");
}
```

14. 存储教师人事记录

在存储教师人事记录操作中，系统会将单链表中的数据写入到磁盘数据文件中，若用户对数据修改后没有专门进行此操作，则在退出系统时，系统会提示用户是否存盘。

代码如下：

```
void Save(Link l)
{
    FILE *fp;
```

```
    Node *p;
    int count = 0;
    fp = fopen("c:\\teacher", "wb"); /*以只写方式打开二进制文件*/
    if(fp == NULL) /*打开文件失败*/
    {
        printf("\n=====>open file error!\n");
        getchar();
        return;
    }
    p = l->next;

    while(p)
    {
        if(fwrite(p,sizeof(Node),1,fp) == 1)
          /*每次写一条记录或一个节点信息至文件*/
        {
            p = p->next;
            count++;
        }
        else
        {
            break;
        }
    }
    if(count > 0)
    {
        getchar();
        printf("\n\n\n\n\n=====>save file complete,
                total saved's record number is:%d\n", count);
        getchar();
        saveflag = 0;
    }
    else
    {
        system("cls");
        printf("the current link is empty, no teacher record is saved!\n");
        getchar();
    }
    fclose(fp); /*关闭此文件*/
}
```

8.4.2　运行结果

1. 主界面

当用户刚进入人事管理系统时，其主界面如图 8.4 所示。此时，系统已经将 c:\teacher 文件打开，若文件不为空，则将数据从文件中逐条记录读出，并写入单链表中。用户可选择 0~9 之间的数值，调用相应的功能进行操作。当输入为 0 时，退出此管理系统。

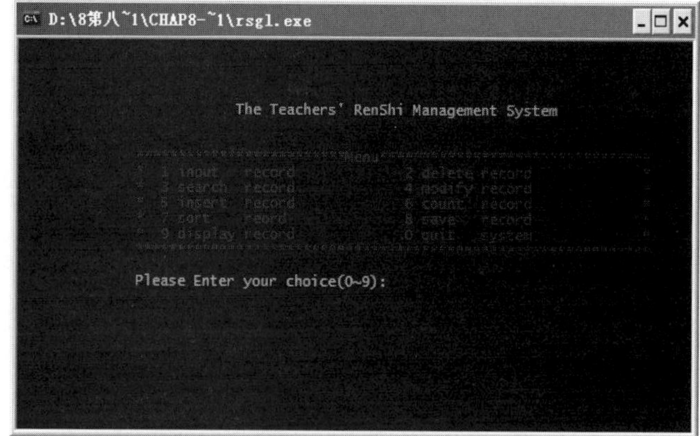

图 8.4　教师人事管理系统主菜单

2. 输入记录

当用户输入 1 并按 Enter 键后，即可进入数据输入界面。其输入记录过程如图 8.5 所示，这里已经输入了 4 条教师人事记录，当用户输入为 0 的编号时，会结束输入过程，返回到主菜单界面。

```
D:\8第八~1\CHAP8-~1\rsgl.exe
 -----------------------------TEACHER----------------------------------
 | NUMBER    |   NAME    |STATUS| ZC |  YFGZ  |  KKGZ  |  SFGZ  |
 |1          |wuqiwu     |     1|   2|   32111|     321|   31790|
 |3          |jlz        |     1|   2|    3322|      22|    3300|
 |2          |zjj        |     4|   2|    3299|      33|    3266|
 |4          |wq         |     2|   1|    3222|      23|    3199|
input number(press '0'return menu):6
Name:ww
Please input status[1,2]:1
Please input zc[1,2,3,4]:3
Please input yfgz:5800
Please input kkgz:800
sfgz:5000
input number(press '0'return menu):_
```

图 8.5　输入教师人事记录

3. 显示记录

当用户执行了输入记录或从已经从数据文件中读取了教师人事记录后，即可输入 9 并按 Enter 键后，查看当前单链表中的教师人事记录情况，如图 8.6 所示。

```
D:\8第八~1\CHAP8-~1\rsgl.exe
 -----------------------------TEACHER----------------------------------
 | NUMBER    |   NAME    |STATUS| ZC |  YFGZ  |  KKGZ  |  SFGZ  |
 |1          |wuqiwu     |     1|   2|   32111|     321|   31790|
 |3          |jlz        |     1|   2|    3322|      22|    3300|
 |2          |zjj        |     4|   2|    3299|      33|    3266|
 |4          |wq         |     2|   1|    3222|      23|    3199|
 |6          |ww         |     3|   1|    5800|     800|    5000|
```

图 8.6　教师人事记录显示

4. 删除记录

当用户输入 2 并按 Enter 键后，即可进入记录删除界面。其删除记录过程如图 8.7 所示，这里，按编号删除了一条编号为 02 的记录。

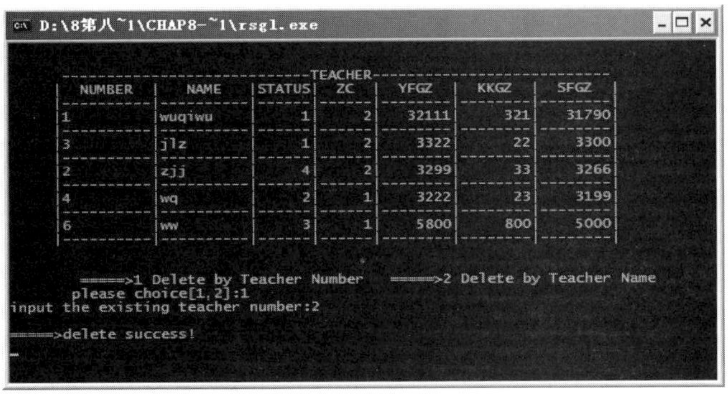
D:\8第八~1\CHAP8-~1\rsgl.exe
TEACHER
NUMBER | NAME | STATUS | ZC | YFGZ | KKGZ | SFGZ
1 | wuqiwu | 1 | 2 | 32111 | 321 | 31790
3 | jlz | 1 | 2 | 3322 | 22 | 3300
2 | zjj | 4 | 2 | 3299 | 33 | 3266
4 | wq | 2 | 1 | 3222 | 23 | 3199
6 | ww | 3 | 1 | 5800 | 800 | 5000
=====>1 Delete by Teacher Number =====>2 Delete by Teacher Name
please choice[1,2]:1
input the existing teacher number:2
=====>delete success!

图 8.7　教师人事记录删除

5. 查找记录

当用户输入 3 并按 Enter 键后，即可进入记录查找界面。其查找记录过程如图 8.8 所示，可按编号或姓名进行记录查找。

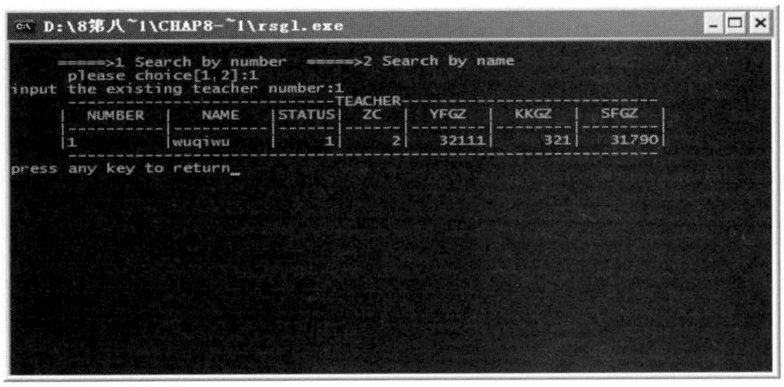
D:\8第八~1\CHAP8-~1\rsgl.exe
=====>1 Search by number =====>2 Search by name
please choice[1,2]:1
input the existing teacher number:1
TEACHER
NUMBER | NAME | STATUS | ZC | YFGZ | KKGZ | SFGZ
1 | wuqiwu | 1 | 2 | 32111 | 321 | 31790
press any key to return

图 8.8　教师人事记录查找

6. 修改记录

当用户输入 4 并按 Enter 键后，即可进入记录修改界面。修改记录过程如图 8.9 所示。

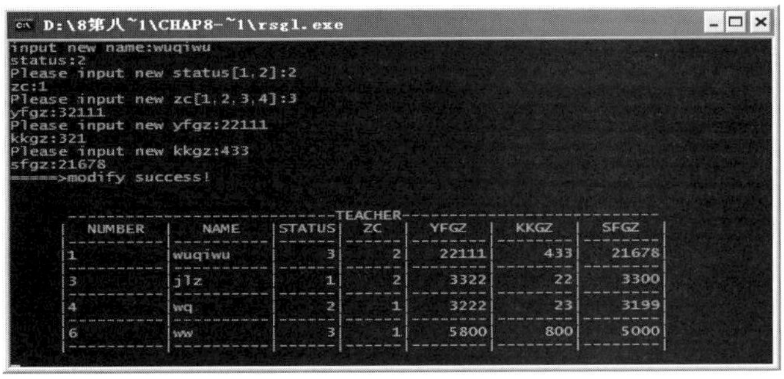
D:\8第八~1\CHAP8-~1\rsgl.exe
input new name:wuqiwu
status:2
Please input new status[1,2]:2
zc:1
Please input new zc[1,2,3,4]:3
yfgz:32111
Please input new yfgz:22111
kkgz:321
Please input new kkgz:433
sfgz:21678
=====>modify success!
TEACHER
NUMBER | NAME | STATUS | ZC | YFGZ | KKGZ | SFGZ
1 | wuqiwu | 3 | 2 | 22111 | 433 | 21678
3 | jlz | 1 | 2 | 3322 | 22 | 3300
4 | wq | 2 | 1 | 3222 | 23 | 3199
6 | ww | 3 | 1 | 5800 | 800 | 5000

图 8.9　教师人事记录修改

7. 插入记录

当用户输入 5 并按 Enter 键后，即可进入记录插入界面。其插入过程如图 8.10 和 8.11 所示，这里，在编号为 01 的记录后插入了一条编号为 02 的记录。

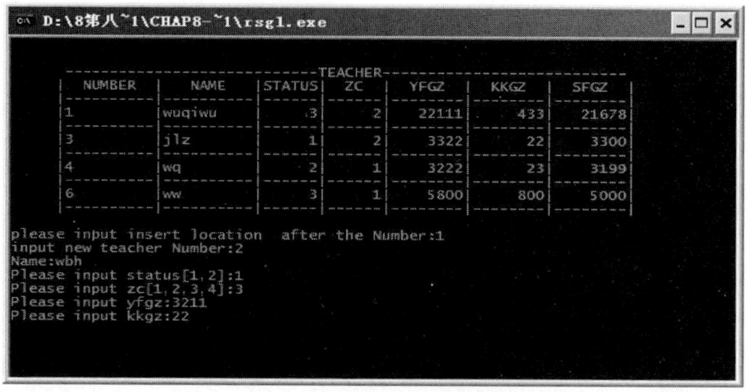

```
D:\8第八~1\CHAP8-~1\rsgl.exe
-----------------------------TEACHER------------------------------
| NUMBER   | NAME     |STATUS| ZC  |  YFGZ  | KKGZ |  SFGZ  |
|----------|----------|------|-----|--------|------|--------|
|1         |wuqiwu    |     3|    2|   22111|   433|   21678|
|----------|----------|------|-----|--------|------|--------|
|3         |jlz       |     1|    2|    3322|    22|    3300|
|----------|----------|------|-----|--------|------|--------|
|4         |wq        |     2|    1|    3222|    23|    3199|
|----------|----------|------|-----|--------|------|--------|
|6         |ww        |     3|    1|    5800|   800|    5000|
|----------|----------|------|-----|--------|------|--------|

please input insert location  after the Number:1
input new teacher Number:2
Name:wbh
Please input status[1,2]:1
Please input zc[1,2,3,4]:3
Please input yfgz:3211
Please input kkgz:22
```

图 8.10　教师人事记录插入前

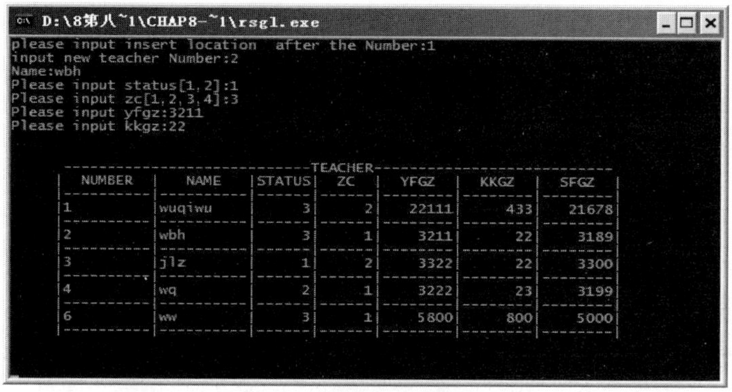

```
D:\8第八~1\CHAP8-~1\rsgl.exe
please input insert location  after the Number:1
input new teacher Number:2
Name:wbh
Please input status[1,2]:1
Please input zc[1,2,3,4]:3
Please input yfgz:3211
Please input kkgz:22


-----------------------------TEACHER------------------------------
| NUMBER   | NAME     |STATUS| ZC  |  YFGZ  | KKGZ |  SFGZ  |
|----------|----------|------|-----|--------|------|--------|
|1         |wuqiwu    |     3|    2|   22111|   433|   21678|
|----------|----------|------|-----|--------|------|--------|
|2         |wbh       |     3|    1|    3211|    22|    3189|
|----------|----------|------|-----|--------|------|--------|
|3         |jlz       |     1|    2|    3322|    22|    3300|
|----------|----------|------|-----|--------|------|--------|
|4         |wq        |     2|    1|    3222|    23|    3199|
|----------|----------|------|-----|--------|------|--------|
|6         |ww        |     3|    1|    5800|   800|    5000|
|----------|----------|------|-----|--------|------|--------|
```

图 8.11　教师人事记录插入后

8. 统计记录

当用户输入 6 并按 Enter 键后，即可进入记录统计界面。其统计结果如图 8.12 所示，分别统计出了在职与退休人数，以及各职级人数。

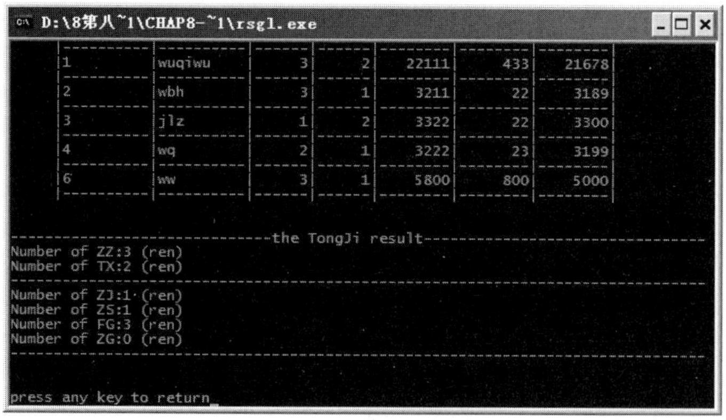

```
D:\8第八~1\CHAP8-~1\rsgl.exe
|----------|----------|------|-----|--------|------|--------|
|1         |wuqiwu    |     3|    2|   22111|   433|   21678|
|----------|----------|------|-----|--------|------|--------|
|2         |wbh       |     3|    1|    3211|    22|    3189|
|----------|----------|------|-----|--------|------|--------|
|3         |jlz       |     1|    2|    3322|    22|    3300|
|----------|----------|------|-----|--------|------|--------|
|4         |wq        |     2|    1|    3222|    23|    3199|
|----------|----------|------|-----|--------|------|--------|
|6         |ww        |     3|    1|    5800|   800|    5000|
|----------|----------|------|-----|--------|------|--------|

-----------------------------the TongJi result-----------------------------
Number of ZZ:3 (ren)
Number of TX:2 (ren)
---------------------------------------------------------------------------
Number of ZJ:1 (ren)
Number of ZS:1 (ren)
Number of FG:3 (ren)
Number of ZG:0 (ren)
---------------------------------------------------------------------------

press any key to return_
```

图 8.12　教师人事记录统计

9. 排序记录

当用户输入 7 并按 Enter 键后，即可进入记录排序界面。其排序结果如图 8.13 所示，有排序前和排序后的教师人事记录输出结果。

D:\8第八~1\CHAP8-~1\rsgl.exe

TEACHER

NUMBER	NAME	STATUS	ZC	YFGZ	KKGZ	SFGZ
1	wuqiwu	1	2	32111	321	31790
3	jlz	1	2	3322	22	3300
4	wq	1	2	8600	60	8540

TEACHER

NUMBER	NAME	STATUS	ZC	YFGZ	KKGZ	SFGZ
1	wuqiwu	1	2	32111	321	31790
4	wq	1	2	8600	60	8540
3	jlz	1	2	3322	22	3300

图 8.13　教师人事记录按实发工资排序

10. 保存记录

当用户输入 8 并按 Enter 键后，即可进入记录保存界面。保存结果提示信息如图 8.14 所示。

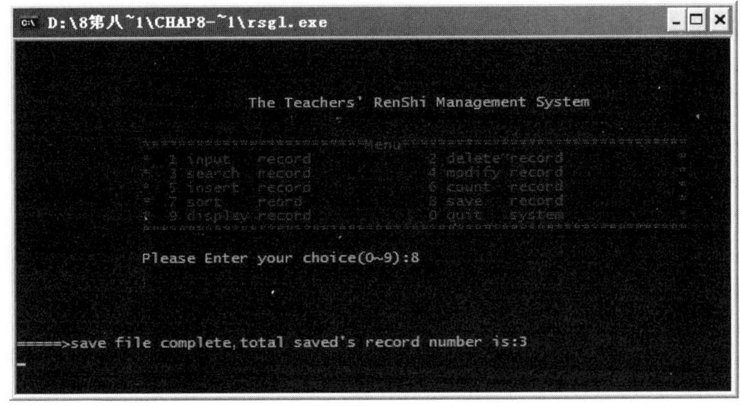

图 8.14　教师人事记录的保存

8.5　小　　结

本章是在本书第 2 版的学生成绩管理系统的基础上修改而来，读者可学习如何在现有程序的基础上扩展自己需要的系统。本章介绍了教师人事管理系统的设计思路及其编码实现。重点介绍了各功能模块的设计原理和利用单链表存储结构实现对教师进行人事管理的过程，旨在引导读者熟悉 C 语言下的文件和单链表操作。

利用本教师人事管理系统，可以对教师成绩进行日常维护和管理，希望有兴趣的读者可以对此程序进行扩展，或者使用不同的方法来实现，使程序更加优化、更加完美。

第四篇 网络编程

在网络已经成为人们生活一部分的今天，对一个网络爱好者而言，理解网络协议的原理和掌握网络编程的方法未尝不是一件好事。在本篇中，我们将通过 Ping 程序设计、TCP 程序设计、UDP 程序设计三个网络协议的设计与实现，使读者明白利用 Winsock 进行网络程序开发的原理及方法。

第 9 章　Ping 程序设计

本章分析 Ping 程序的设计原理，讲述以 C 语言实现 Ping 程序的方法，包括数据结构的设计、函数功能的描述以及源码等。通过本章的学习，读者应该掌握以下知识点。

(1)　Winsock 的初始化和注销。

(2)　socket 的创建、关闭、选项设置。

(3)　从堆中分配空间、释放空间。

(4)　主机名的获取、当前进程号的获取。

(5)　数据报的发送和接收。

Ping 命令是使用频率极高的一个网络测试命令，用以测试从一个主机到另一个主机间的网络是否可达。Windows 自带的 Ping 命令具有很强大的功能，它有很多选项，用于实现不同的测试目的。本章模仿 Windows 的 Ping 命令，用 C 语言实现一个简单的 Ping 命令。

本章重在讲述 Ping 命令的实现原理和网络编程方法，读者可以在本章的基础上，对本章实现的 Ping 命令进行扩展，开发出功能更强大、更完善的 Ping 命令，并进一步掌握网络编程的方法。

9.1　设 计 目 的

本章涉及很多网络编程函数和编程技巧。包括库文件的导入；Winsock 的初始化、注销；socket 的创建、关闭；设置 socket 选项；根据主机名获取其 IP 地址；从堆中分配一定数量的空间、释放从堆中分配的空间；获取当前进程 ID 号；数据报的发送；数据报的接收等。

通过本程序的训练，使读者对网络编程有一定的了解，掌握 Ping 程序的设计方法，掌握网络编程的方法和技巧，从而编写出功能更强大的程序。

9.2　功 能 描 述

本章用 C 语言实现的 Ping 命令，能用于测试一个主机到另一个主机之间的连通情况，程序还提供了几个选项，以实现不同的功能。

(1)　实现 Ping 功能。程序能实现基本的 Ping 操作，发送 ICMP 回显请求报文，接收 ICMP 回显应答报文。

(2)　能记录路由。程序提供了“-r”选项，用以记录源主机到目的主机之间的路由。

(3)　能输出指定条数的记录。程序提供了“-n”选项，用以输出指定条数的记录。

(4)　能按照指定大小输出每条记录。程序提供了 datasize 选项，用以指定输出的数据报大小。

(5)　能输出用户帮助。提供用户帮助，显示程序提供的选项，以及选项格式等。

9.3 总体设计

9.3.1 功能模块设计

(1) 功能模块设计

本系统共有 4 个模块，分别是初始化模块、功能控制模块、数据报解读模块和 Ping 测试模块，如图 9.1 所示。各模块功能描述如下。

- 初始化模块：该模块用于初始化各个全局变量，为全局变量赋初始值；初始化 Winsock，加载 Winsock 库。
- 功能控制模块：该模块是被其他模块调用，其功能包括获取参数、计算校验和、填充 ICMP 数据报文、释放占用的资源和显示用户帮助。
- 数据报解读模块：该模块用于解读接收到的 ICMP 报文和 IP 选项。
- Ping 测试模块：该模块是本程序的核心模块，调用其他模块实现其功能，主要是实现 Ping 的功能。

(2) 系统流程设计

系统执行的流程如图 9.2 所示。

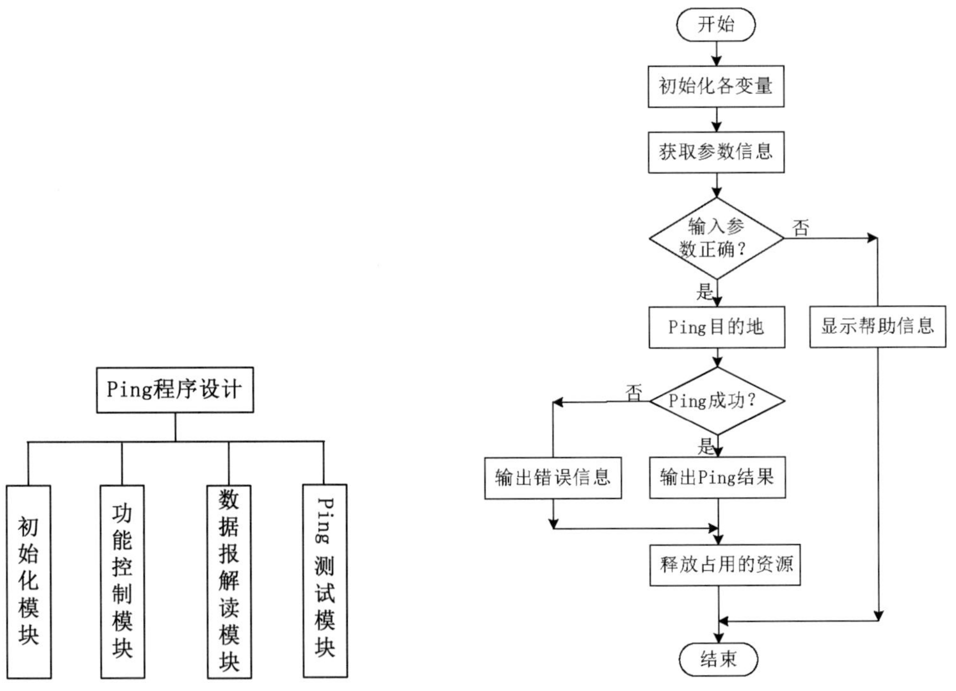

图 9.1 系统模块

图 9.2 系统流程

程序首先调用 InitPing()函数初始化各全局变量，然后用 GetArguments()函数获取用户输入的参数，检查用户输入的参数，如果参数不正确，或者没有输入参数，则显示用户帮助信息(User help)，并结束程序；如果参数正确，则对指定的目的地址执行 Ping 命令，如果 Ping 通，则显示 Ping 结果并释放占用的资源，如果没有 Ping 通，则报告错误信息，并释放占用的资源。

(3)　参数获取(GetArgements()函数)的流程

获取的参数包括“-r”(记录路由)、“-n”(记录条数，任意的整数)和 datasize(数据报大小)。程序首先判断每一个参数的第一个字符，如果第一个字符是“-”(短横线)，则认为是“-r”或者“-n”中的一个，然后做进一步判断。如果该参数的第二个字符是数字，则判断该参数为记录的条数，如果该参数的第二个字符是“r”，则判断该参数为“-r”，用于记录路由；如果参数的第一个字符是数字，则认为该参数是 IP 地址或者 datasize，然后做进一步判断，若该参数中不存在非数字的字符，则判断该参数为 datasize，如果存在非数字的字符，则判断该参数为 IP 地址；其他情况则判断为主机名。

参数获取的流程如图 9.3 所示。

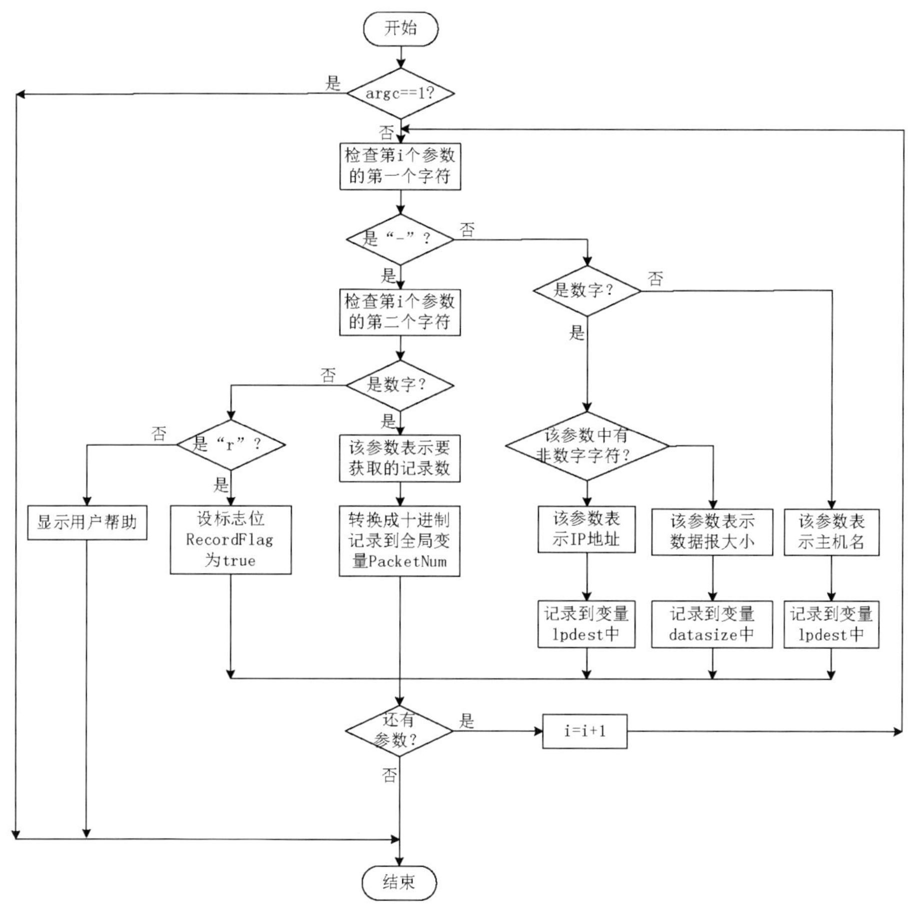

图 9.3　参数获取的流程

(4)　Ping()函数的流程

Ping()函数是本程序的核心部分，它调用其他模块的函数来实现，其主要步骤包括创建套接字、设置路由选项(如果需要的话)、设置接收和发送超时值、名字解析(如果需要的话)、分配内存、创建 ICMP 报文、发送 ICMP 请求报文、接收 ICMP 应答报文和解读 ICMP 报文。其执行流程如图 9.4 所示。

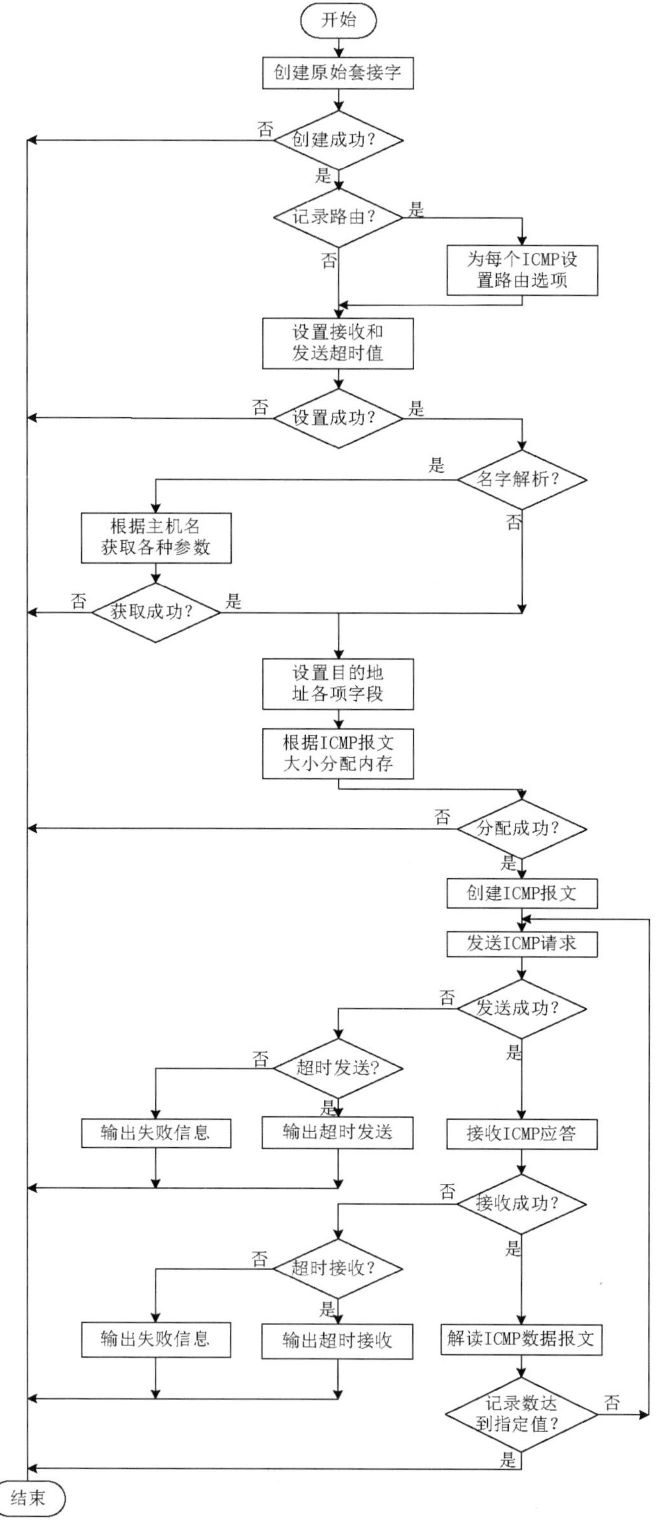

图 9.4　Ping 函数的执行流程

9.3.2　数据结构设计

本程序定义了三个结构体，即_iphdr、_icmphdr 和_ipoptionhdr，分别用于存放 IP 报头信息、ICMP 报头信息和 IP 路由选项信息。

(1)　定义 IP 报头结构体：

```
typedef struct _iphdr
{
    unsigned int   h_len:4;
    unsigned int   version:4;
    unsigned char  tos;
    unsigned short total_len;
    unsigned short ident;
    unsigned short frag_flags;
    unsigned char  ttl;
    unsigned char  proto;
    unsigned short checksum;
    unsigned int   sourceIP;
    unsigned int   destIP;
} IpHeader;
```

其中各字段表示的意义如下。

- h_len:4：表示 IP 报头长度，首部长度指的是首部占 32bit 字的数目，包括任何选项。由于它是一个 4bit 字段，因此，首部最长为 60 个字节，不包括任何选项的 IP 报头是 20 个字节。
- version:4：表示 IP 的版本号，这里表示 IPv4。
- tos：表示服务类型，可以表示最小时延、最大吞吐量、最高可靠性和最小开销。
- total_len：整个 IP 数据报的总长度。
- ident：唯一的标识符，标识主机发送的每一份数据报。
- frag_flags：分段标志，表示过长的数据报是否要分段。
- ttl：生存期，表示数据报可以经过的最多路由器数。
- proto：协议类型(TCP、UDP 等)。
- checksum：校验和。
- sourceIP：源 IP 地址。
- destIP：目的 IP 地址。

(2)　定义 ICMP 报头结构体：

```
typedef struct _icmphdr
{
    BYTE   i_type;
    BYTE   i_code;
    USHORT i_cksum;
    USHORT i_id;
    USHORT i_seq;
    ULONG  timestamp;
} IcmpHeader;
```

其中，各字段表示的意义如下。

- i_type：ICMP 报文类型。
- i_code：该类型中的代码号，一种 ICMP 报文的类型由类型号和该类型中的代码号共同决定。
- i_cksum：校验和。
- i_id：唯一的标识符，一般是把标识符字段设置成发送进程的 ID 号。
- i_seq：序列号，序列号从 0 开始，每发送一次新的回显请求，就加 1。
- timestamp：时间戳。

(3) 定义 IP 选项结构体：

```
typedef struct _ipoptionhdr
{
    unsigned char  code;
    unsigned char  len;
    unsigned char  ptr;
    unsigned long  addr[9];
} IpOptionHeader;
```

其中，各字段表示的意义如下。

- code：指明 IP 选项类型，对于路由记录选项，它的值是 7。
- len：选项头长度。
- ptr：地址指针字段，是一个基于 1 的指针，指向存放下一个 IP 地址的位置。
- addr[9]：记录的 IP 地址列表，由于 IP 首部中预留给 IP 选项的空间有限，所以可以记录的 IP 地址最多是 9 个。

9.3.3 函数功能描述

(1) InitPing()

函数原型：

```
void InitPing();
```

InitPing()函数用于初始化 Ping 所需要的全局变量，为各个变量赋初始值。

(2) UserHelp()

函数原型：

```
void UserHelp();
```

UserHelp()函数用于显示用户帮助信息。

当程序检查到参数错误或者没有提交必要的参数(如目的主机 IP 地址或者主机名)的时候，会调用此函数，显示帮助信息。

(3) GetArgments()

函数原型：

```
void GetArgments(int argc, char **argv);
```

GetArgments()函数用于获取用户提交的参数。

其中，argc 表示获取的参数个数，argv 用于存储获取的参数，这两个形参和主函数中的形参表述的意义是一样的。

(4) CheckSum()

函数原型：

```
USHORT CheckSum(USHORT *buffer, int size);
```

CheckSum()函数用于计算校验和。

计算过程是，首先把数据报头中的校验和字段设置为 0，然后对首部中每个 16bit 进行二进制反码求和(整个首部看成是由一串 16bit 的字组成)，结果存在校验和字段中。

其中，buffer 用于存放 ICMP 数据，size 表示 ICMP 报文大小。

(5) FillICMPData()

函数原型：

```
void FillICMPData(char *icmp_data, int datasize);
```

FillICMPData()函数用于填充 ICMP 数据报中的各个字段。其中，icmp_data 表示 ICMP 数据，size 表示 ICMP 报文大小。

(6) FreeRes()

函数原型：

```
void FreeRes();
```

FreeRes()函数用于释放占用的资源，包括关闭初始化 socket 调用的函数、关闭创建的 socket、释放分配的内存等。

(7) DecodeIPOptions()

函数原型：

```
void DecodeIPOptions(char *buf, int bytes);
```

DecodeIPOptions()函数用于解读 IP 选项，从中读出从源主机到目的主机经过的路由，并输出路由信息。

buf 表示存放接收到的 ICMP 报文的缓冲区，bytes 表示接收到的字节数。

(8) DecodeICMPHeader()

函数原型：

```
void DecodeICMPHeader(char *buf, int bytes, SOCKADDR_IN *from);
```

DecodeICMPHeader()函数用于解读 ICMP 报文信息。

buf 表示存放接收到的 ICMP 报文的缓冲区，bytes 表示接收到的字节数，from 表示发送 ICMP 回显应答的主机 IP 地址。

(9) PingTest()

函数原型：

```
void PingTest(int timeout);
```

PingTest()函数用于进行 Ping 操作。其中，timeout 表示设定的发送超时值。

9.4 程 序 实 现

9.4.1 源码分析

1. 程序预处理

程序预处理主要包括库文件的导入、头文件的加载、定义常量和全局变量，以及数据结构的定义。本程序需要导入库文件 ws2_32.lib，否则程序不能正常运行。此外，还需要加载头文件<winsock2.h>和<ws2tcpip.h>，这是对 socket 操作所要调用的文件。

具体代码如下：

```
/*导入库文件*/
#pragma comment(lib, "ws2_32.lib")

/*加载头文件*/
#include <winsock2.h>
#include <ws2tcpip.h>
#include <stdio.h>
#include <stdlib.h>
#include <math.h>

/*定义常量*/
/*表示要记录路由*/
#define IP_RECORD_ROUTE  0x7
/*默认数据报大小*/
#define DEF_PACKET_SIZE  32
/*最大的 ICMP 数据报大小*/
#define MAX_PACKET       1024
/*最大 IP 头长度*/
#define MAX_IP_HDR_SIZE  60
/*ICMP 报文类型，回显请求*/
#define ICMP_ECHO        8
/*ICMP 报文类型，回显应答*/
#define ICMP_ECHOREPLY   0
/*最小的 ICMP 数据报大小*/
#define ICMP_MIN         8

/*自定义函数原型*/
void InitPing();
void GetArgments(int argc, char **argv);
USHORT CheckSum(USHORT *buffer, int size);
void FillICMPData(char *icmp_data, int datasize);
void FreeRes();
void UserHelp();
void DecodeIPOptions(char *buf, int bytes);
void DecodeICMPHeader(char *buf, int bytes, SOCKADDR_IN *from);
void PingTest(int timeout);
```

```
/*IP 报头字段数据结构*/
typedef struct _iphdr
{
   unsigned int  h_len:4;
   unsigned int  version:4;
   unsigned char  tos;
   unsigned short total_len;
   unsigned short ident;
   unsigned short frag_flags;
   unsigned char  ttl;
   unsigned char  proto;
   unsigned short checksum;
   unsigned int  sourceIP;
   unsigned int  destIP;
} IpHeader;

/*ICMP 报头字段数据结构*/
typedef struct _icmphdr
{
   BYTE   i_type;
   BYTE   i_code;
   USHORT i_cksum;
   USHORT i_id;
   USHORT i_seq;
   ULONG  timestamp;
} IcmpHeader;

/*IP 选项头字段数据结构*/
typedef struct _ipoptionhdr
{
   unsigned char  code;
   unsigned char  len;
   unsigned char  ptr;
   unsigned long  addr[9];
} IpOptionHeader;

/*定义全局变量*/
SOCKET m_socket;
IpOptionHeader IpOption;
SOCKADDR_IN DestAddr;
SOCKADDR_IN SourceAddr;
char *icmp_data;
char *recvbuf;
USHORT seq_no ;
char *lpdest;
int datasize;
BOOL RecordFlag;
double PacketNum;
BOOL SucessFlag;
```

2. 初始化模块

初始化模块主要用于初始化各个全局变量，并通过 WSAStartup()加载 Winsock 库，由 InitPing()函数来实现。这里对 icmp_data、recvbuf 和 lpdest 都赋值 NULL；对 seq_no 赋值 0(因为序列号都是从 0 开始计算)；对 RecordFlag 这个路由选项标志赋值 FALSE，表示默认是不需要记录路由的；对 datasize 赋值 DEF_PACKET_SIZE，表示默认数据包大小是 32；对 PacketNum 赋值 5，表示默认记录数，即默认发送 5 条 ICMP 回显请求(收到 5 条 ICMP 回显应答)；对 SucessFlag(程序成功执行标志)赋值 FALSE，只有在程序完全成功执行后，该标志才被改为 TRUE，对于不同的标志，主程序的输出结束语也不一样。

Winsock 库的加载是通过调用 WSAStartup()函数来实现的。

使用宏 MAKEWORD(x, y)(其中 x 是高位字节，y 是低位字节)来获取准备加载的 Winsock 库的版本，wsaData 是指向 LPWSADATA 结构的指针，保存加载的库版本信息。

具体代码如下：

```
/*初始化变量函数*/
void InitPing()
{
    WSADATA wsaData;
    icmp_data = NULL;
    seq_no = 0;
    recvbuf = NULL;
    RecordFlag = FALSE;
    lpdest = NULL;
    datasize = DEF_PACKET_SIZE;
    PacketNum = 5;
    SucessFlag = FALSE;

    /*Winsock 初始化*/
    if (WSAStartup(MAKEWORD(2, 2), &wsaData) != 0)
    {
        /*如果初始化不成功，则报错，GetLastError()返回发生的错误信息*/
        printf("WSAStartup() failed: %d\n", GetLastError());
        return;
    }
    m_socket = INVALID_SOCKET;
}
```

3. 功能控制模块

功能控制模块主要是为其他模块提供调用的函数，该模块主要实现参数获取功能、校验和计算功能、ICMP 数据报填充功能、占用资源释放功能和显示用户帮助功能。该模块主要由以下几个函数来实现。

(1) void GetArgments(int argc, char **argv)：对用户提交的参数做判断，并根据不同的参数值进行标志位的设置、变量的赋值等操作。其实现流程可参见图 9.3。

(2) USHORT CheckSum(USHORT *buffer, int size)：用以计算 ICMP 报文头校验和，填充校验和字段。

(3)　void FillICMPData(char *icmp_data, int datasize)：用以填充 ICMP 报文。

(4)　void FreeRes()：释放占用的资源，包括释放创建的 socket、分配的内存等。

(5)　void UserHelp()：显示用户帮助，提示本程序所提供的选项，以及命令和选项之间的格式等。

具体代码如下：

```
/*获取 ping 选项的函数*/
void GetArgments(int argc, char** argv)
{
    int i;
    int j;
    int exp;
    /*如果没有指定目的地地址和任何选项*/
    if(argc == 1)
    {
        printf("\nPlease specify the destination IP address
                 and the ping option as follow!\n");
        UserHelp();
    }

    for(i=1; i<argc; i++)
    {
        if (argv[i][0] == '-')
        {
            /*选项指示要获取记录的条数*/
            if(isdigit(argv[i][1]))
            {
                PacketNum = 0;
                for(j=strlen(argv[i])-1,exp=0; j>=1; j--,exp++)
                  /*根据 argv[i][j]中的 ASCII 值计算要获取的记录条数(十进制数)*/
                    PacketNum += ((double)(argv[i][j]-48))*pow(10,exp);
            }
            else
            {
                switch (tolower(argv[i][1]))
                {
                    /*选项指示要获取路由信息*/
                    case 'r':
                        RecordFlag = TRUE;
                        break;
                    /*没有按要求提供选项*/
                    default:
                        UserHelp();
                        break;
                }
            }
        }
        /*参数是数据报大小或者 IP 地址*/
        else if (isdigit(argv[i][0]))
```

```
        {
            for(m=1; m<len; m++)
            {
                if(!(isdigit(argv[i][m])))
                {
                    /*是 IP 地址*/
                    lpdest = argv[i];
                    break;
                }
                /*是数据报大小*/
                else if(m == len-1)
                    datasize = atoi(argv[i]);
            }
        }
        /*参数是主机名*/
        else
            lpdest = argv[i];
    }
}

/*求校验和的函数*/
USHORT CheckSum(USHORT *buffer, int size)
{
    unsigned long cksum = 0;
    while (size > 1)
    {
        cksum += *buffer++;
        size -= sizeof(USHORT);
    }
    if (size)
    {
        cksum += *(UCHAR*)buffer;
    }
    /*对每个 16bit 进行二进制反码求和*/
    cksum = (cksum >> 16) + (cksum & 0xffff);
    cksum += (cksum >>16);
    return (USHORT)(~cksum);
}

/*填充 ICMP 数据报字段的函数*/
void FillICMPData(char *icmp_data, int datasize)
{
    IcmpHeader *icmp_hdr = NULL;
    char *datapart = NULL;

    icmp_hdr = (IcmpHeader*)icmp_data;

    /*ICMP 报文类型设置为回显请求*/
    icmp_hdr->i_type = ICMP_ECHO;
    icmp_hdr->i_code = 0;
```

```
    /*获取当前进程 IP 作为标识符*/
    icmp_hdr->i_id = (USHORT)GetCurrentProcessId();
    icmp_hdr->i_cksum = 0;
    icmp_hdr->i_seq = 0;
    datapart = icmp_data + sizeof(IcmpHeader);

    /*以数字 0 填充剩余空间*/
    memset(datapart, '0', datasize-sizeof(IcmpHeader));
}

/*释放资源函数*/
void FreeRes()
{
    /*关闭创建的套接字*/
    if (m_socket != INVALID_SOCKET)
        closesocket(m_socket);

    /*释放分配的内存*/
    HeapFree(GetProcessHeap(), 0, recvbuf);
    HeapFree(GetProcessHeap(), 0, icmp_data);

    /*注销 WSAStartup()调用*/
    WSACleanup();
    return;
}

/*显示信息的函数*/
void UserHelp()
{
    printf("UserHelp: ping -r <host> [data size]\n");
    printf("        -r          record route\n");
    printf("        -n          record amount\n");
    printf("        host         remote machine to ping\n");
    printf("        datasize      can be up to 1KB\n");
    ExitProcess(-1);
}
```

4. 数据报解读模块

数据报解读模块提供了解读 IP 选项和解读 ICMP 报文的功能。当主机收到目的主机返回的 ICMP 回显应答后，就调用 ICMP 解读函数解读 ICMP 报文，如果需要的话(设置了路由记录选项)，ICMP 解读函数将调用 IP 选项解读函数来实现 IP 路由的输出。该模块由如下两个函数来实现。

(1) void DecodeIPOptions(char *buf, int bytes)：解读 IP 选项，读取从源主机到目的主机之间的路由记录。

(2) void DecodeICMPHeader(char *buf, int bytes, SOCKADDR_IN *from)：解读 ICMP 报文，读取 ICMP 数据。

具体代码如下：

```
/*解读 IP 选项头函数*/
void DecodeIPOptions(char *buf, int bytes)
{
    IpOptionHeader *ipopt = NULL;
    IN_ADDR inaddr;
    int i;
    HOSTENT *host = NULL;

    /*获取路由信息的地址入口*/
    ipopt = (IpOptionHeader*)(buf + 20);

    printf("RR:   ");
    for(i=0; i<(ipopt->ptr/4)-1; i++)
    {
        inaddr.S_un.S_addr = ipopt->addr[i];
        if (i != 0)
            printf("      ");
        /*根据 IP 地址获取主机名*/
        host = gethostbyaddr((char *)&inaddr.S_un.S_addr,
          sizeof(inaddr.S_un.S_addr), AF_INET);
        /*如果获取到了主机名，则输出主机名*/
        if (host)
            printf("(%-15s) %s\n", inet_ntoa(inaddr), host->h_name);
        /*否则输出 IP 地址*/
        else
            printf("(%-15s)\n", inet_ntoa(inaddr));
    }
    return;
}

/*解读 ICMP 报头函数*/
void DecodeICMPHeader(char *buf, int bytes, SOCKADDR_IN *from)
{
    IpHeader *iphdr = NULL;
    IcmpHeader *icmphdr = NULL;
    unsigned short iphdrlen;
    DWORD tick;
    static int icmpcount = 0;

    iphdr = (IpHeader *)buf;
    /*计算 IP 报头的长度*/
    iphdrlen = iphdr->h_len * 4;
    tick = GetTickCount();

    /*如果 IP 报头的长度为最大长度(基本长度是 20 字节)，
      则认为有 IP 选项，需要解读 IP 选项*/
    if ((iphdrlen==MAX_IP_HDR_SIZE) && (!icmpcount))
        /*解读 IP 选项，即路由信息*/
```

```
    DecodeIPOptions(buf, bytes);

    /*如果读取的数据太小*/
    if (bytes < iphdrlen+ICMP_MIN)
    {
        printf("Too few bytes from %s\n", inet_ntoa(from->sin_addr));
    }
    icmphdr = (IcmpHeader*)(buf + iphdrlen);

    /*如果收到的不是回显应答报文，则报错*/
    if (icmphdr->i_type != ICMP_ECHOREPLY)
    {
        printf("nonecho type %d recvd\n", icmphdr->i_type);
        return;
    }
    /*核实收到的 ID 号与发送的是否一致*/
    if (icmphdr->i_id != (USHORT)GetCurrentProcessId())
    {
        printf("someone else's packet!\n");
        return;
    }
    SucessFlag = TRUE;

    /*输出记录信息*/
    printf("%d bytes from %s:", bytes, inet_ntoa(from->sin_addr));
    printf(" icmp_seq = %d. ", icmphdr->i_seq);
    printf(" time: %d ms", tick - icmphdr->timestamp);
    printf("\n");

    icmpcount++;
    return;
}
```

5. Ping 测试模块

Ping 测试模块的功能，是执行 Ping 操作，由 PingTest()函数来实现。当程序进行完初始化全局变量、判断用户提供的参数等操作后，就执行 Ping 目的地操作。具体代码如下：

```
/*PingTest 函数*/
void PingTest(int timeout)
{
    int ret;
    int readNum;
    int fromlen;
    struct hostent *hp = NULL;
    /*创建原始套接字，该套接字用于 ICMP 协议*/
    m_socket = WSASocket(AF_INET, SOCK_RAW, IPPROTO_ICMP, NULL,
      0, WSA_FLAG_OVERLAPPED);
    /*如果套接字创建不成功*/
    if (m_socket == INVALID_SOCKET)
    {
```

```
        printf("WSASocket() failed: %d\n", WSAGetLastError());
        return;
    }

    /*若要求记录路由选项*/
    if (RecordFlag)
    {
        /*IP 选项每个字段用 0 初始化*/
        ZeroMemory(&IpOption, sizeof(IpOption));
        /*为每个 ICMP 包设置路由选项*/
        IpOption.code = IP_RECORD_ROUTE;
        IpOption.ptr  = 4;
        IpOption.len  = 39;

        ret = setsockopt(m_socket, IPPROTO_IP, IP_OPTIONS,
          (char*)&IpOption, sizeof(IpOption));
        if (ret == SOCKET_ERROR)
        {
            printf("setsockopt(IP_OPTIONS) failed: %d\n",
              WSAGetLastError());
        }
    }

    /*设置接收的超时值*/
    readNum = setsockopt(m_socket, SOL_SOCKET, SO_RCVTIMEO,
      (char*)&timeout, sizeof(timeout));
    if(readNum == SOCKET_ERROR)
    {
        printf("setsockopt(SO_RCVTIMEO) failed: %d\n", WSAGetLastError());
        return;
    }
    /*设置发送的超时值*/
    timeout = 1000;
    readNum = setsockopt(m_socket, SOL_SOCKET, SO_SNDTIMEO,
      (char*)&timeout, sizeof(timeout));
    if (readNum == SOCKET_ERROR)
    {
        printf("setsockopt(SO_SNDTIMEO) failed: %d\n", WSAGetLastError());
        return;
    }

    /*用 0 初始化目的地地址*/
    memset(&DestAddr, 0, sizeof(DestAddr));

    /*设置地址族，这里表示使用 IP 地址族*/
    DestAddr.sin_family = AF_INET;
    if ((DestAddr.sin_addr.s_addr = inet_addr(lpdest)) == INADDR_NONE)
    {
        /*名字解析，根据主机名获取 IP 地址及其他字段*/
        if ((hp = gethostbyname(lpdest)) != NULL)
```

```
        {
            /*将获取到的 IP 值赋给目的地地址中的相应字段*/
            memcpy(&(DestAddr.sin_addr), hp->h_addr, hp->h_length);
            /*将获取到的地址族值赋给目的地地址中的相应字段*/
            DestAddr.sin_family = hp->h_addrtype;
            printf("DestAddr.sin_addr = %s\n",
              inet_ntoa(DestAddr.sin_addr));
        }
        /*获取不成功*/
        else
        {
            printf("gethostbyname() failed: %d\n", WSAGetLastError());
            return;
        }
    }

    /*数据报文大小需要包含 ICMP 报头*/
    datasize += sizeof(IcmpHeader);
    /*根据默认堆句柄，从堆中分配 MAX_PACKET 内存块，新分配内存的内容将被初始化为 0*/
    icmp_data =
      (char*)HeapAlloc(GetProcessHeap(), HEAP_ZERO_MEMORY, MAX_PACKET);
    recvbuf =
      (char*)HeapAlloc(GetProcessHeap(), HEAP_ZERO_MEMORY, MAX_PACKET);

    /*如果分配内存不成功*/
    if (!icmp_data)
    {
        printf("HeapAlloc() failed: %d\n", GetLastError());
        return;
    }

    /* 创建 ICMP 报文*/
    memset(icmp_data, 0, MAX_PACKET);
    FillICMPData(icmp_data, datasize);

    while(1)
    {
        static int nCount = 0;
        int writeNum;
        /*超过指定的记录条数，则退出*/
        if (nCount++ == PacketNum)
            break;

        /*计算校验和前，要把校验和字段设置为 0*/
        ((IcmpHeader*)icmp_data)->i_cksum = 0;
        /*获取操作系统启动到现在所经过的毫秒数，设置时间戳*/
        ((IcmpHeader*)icmp_data)->timestamp = GetTickCount();
        /*设置序列号*/
        ((IcmpHeader*)icmp_data)->i_seq = seq_no++;
        /*计算校验和*/
```

```
        ((IcmpHeader*)icmp_data)->i_cksum =
         CheckSum((USHORT*)icmp_data, datasize);
        /*开始发送 ICMP 请求*/
        writeNum = sendto(m_socket, icmp_data, datasize, 0,
          (struct sockaddr*)&DestAddr, sizeof(DestAddr));

        /*如果发送不成功*/
        if (writeNum == SOCKET_ERROR)
        {
            /*如果是由于超时不成功*/
            if (WSAGetLastError() == WSAETIMEDOUT)
            {
                printf("timed out\n");
                continue;
            }
            /*其他发送不成功原因*/
            printf("sendto() failed: %d\n", WSAGetLastError());
            return;
        }

        /*开始接收 ICMP 应答 */
        fromlen = sizeof(SourceAddr);
        readNum = recvfrom(m_socket, recvbuf, MAX_PACKET, 0,
          (struct sockaddr*)&SourceAddr, &fromlen);

        /*如果接收不成功*/
        if (readNum == SOCKET_ERROR)
        {
            /*如果是由于超时不成功*/
            if (WSAGetLastError() == WSAETIMEDOUT)
            {
                printf("timed out\n");
                continue;
            }
            /*其他接收不成功原因*/
            printf("recvfrom() failed: %d\n", WSAGetLastError());
            return;
        }

        /*解读接收到的 ICMP 数据报*/
        DecodeICMPHeader(recvbuf, readNum, &SourceAddr);
    }
}
```

6. 主函数

main()函数主要实现了对整个程序的运行控制和对相关功能模块的调用。main()函数首先初始化系统变量，然后获取参数，成功获取并判断参数后，就进行 Ping 操作。具体代码如下：

```
int main(int argc, char* argv[])
{
    InitPing();
    GetArgments(argc, argv);
    PingTest(1000);

    /*延迟 1 秒*/
    Sleep(1000);

    if(SucessFlag)
        printf("\nPing end, you have got %.0f records!\n", PacketNum);
    else
        printf("Ping end, no record!");
    FreeRes();
    getchar();
    return 0;
}
```

提　示：　由于在 TC 或者 Win-TC 中没有编译套接字的头文件，所以该程序需要在 Visual C++或者具有 Winsock 头文件的编译器中编译。本程序已经在 Visual C++ 6.0 中通过编译。

9.4.2　运行结果

本程序将从错误测试、本地测试、网络测试和选项测试几个方面进行系统的测试。

1. 错误测试

错误测试主要包括不带参数进行 Ping 操作、参数不正确和错误的目的主机。

(1)　不带参数进行 Ping 操作。

只提供 Ping 命令，而没有任何选项，这时，程序将提示指定目的地地址和参数，同时，也会显示可用的参数和操作格式(用户帮助)，如图 9.5 所示。

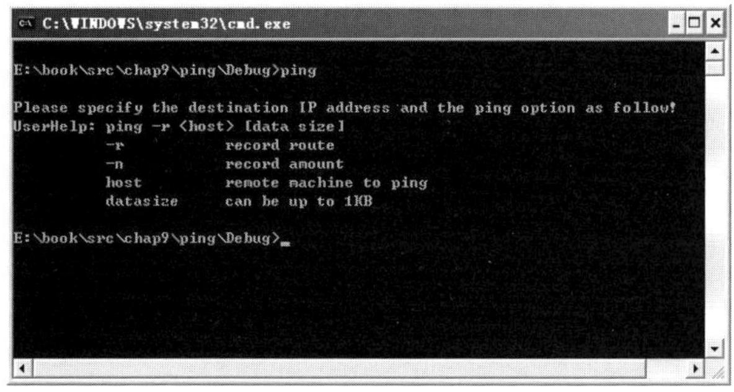

图 9.5　不带参数的 Ping 测试

(2)　带错误参数的 Ping 测试。

如果用户提供了错误的参数(程序中未指定的参数)，则程序将显示用户帮助，并终止程序。如图 9.6 所示，参数“-k”并不是程序中所允许的，所以程序在读入“-k”后，将显示用户帮助并终止。

```
C:\WINDOWS\system32\cmd.exe

E:\book\src\chap9\ping\Debug>ping -k
UserHelp: ping -r <host> [data size]
        -r          record route
        -n          record amount
        host        remote machine to ping
        datasize    can be up to 1KB

E:\book\src\chap9\ping\Debug>
```

图 9.6　带错误参数的 Ping 测试

(3) 带错误主机名的 Ping 测试。

如果主机名(目的主机)错误，程序就不能正确解析主机名，此时，程序将提示错误信息，并终止。如图 9.7 所示，这里，“kkk”不是一个真正的主机名，此时，程序不能正确解析，所以会提示错误。

```
C:\WINDOWS\system32\cmd.exe - ping kkk

E:\book\src\chap9\ping\Debug>ping kkk
gethostbyname() failed: 11001
Ping end, no record!
```

图 9.7　带错误主机名的 Ping 测试

2. 本地测试

本地测试将通过 Ping 作者主机的 IP 的地址和主机名来进行。

(1) Ping 本机 IP 测试，如图 9.8 所示。

```
C:\WINDOWS\system32\cmd.exe - ping 127.0.0.1

E:\book\src\chap9\ping\Debug>ping 127.0.0.1
64 bytes from 127.0.0.1: icmp_seq = 0.  time: 0 ms
64 bytes from 127.0.0.1: icmp_seq = 1.  time: 0 ms
64 bytes from 127.0.0.1: icmp_seq = 2.  time: 0 ms
64 bytes from 127.0.0.1: icmp_seq = 3.  time: 0 ms
64 bytes from 127.0.0.1: icmp_seq = 4.  time: 0 ms

Ping end, you have got 5 records!
```

图 9.8　Ping 本机 IP

Ping 回环地址 127.0.0.1(或者本机 IP 地址也可以)，Ping 通后，将显示 5 条(默认值)记录，序列号为 0~4，每条记录的大小是 64 字节(默认值)。程序最后还会提示“Ping end, you have got 5 records!”，表示 Ping 成功，并获取了 5 条记录。

(2) Ping 本机主机名，如图 9.9 所示。

```
C:\WINDOWS\system32\cmd.exe - ping computer

E:\book\src\chap9\ping\Debug>ping computer
DestAddr.sin_addr = 222.28.73.237
64 bytes from 222.28.73.237: icmp_seq = 0.  time: 3750 ms
64 bytes from 222.28.73.237: icmp_seq = 1.  time: 0 ms
64 bytes from 222.28.73.237: icmp_seq = 2.  time: 0 ms
64 bytes from 222.28.73.237: icmp_seq = 3.  time: 0 ms
64 bytes from 222.28.73.237: icmp_seq = 4.  time: 0 ms

Ping end, you have got 5 records!
```

图 9.9　Ping 本机主机名

Ping 作者主机的主机名，由于是用主机名表示，所以程序要根据主机名来获取主机 IP 地址，因此将会显示一行“DestAddr_addr=222.28.73.237”，其他结果与图 9.8 中所示的一样，5 条记录、0~4 的序列号、每个记录 64 字节、Ping 成功的提示信息等。

3. 网络测试

网络测试是通过 Ping Internet 上的主机来进行的。这里 Ping 的是 202.204.60.12 网络主机，如图 9.10 所示。

```
C:\WINDOWS\system32\cmd.exe - ping 202.204.60.12

E:\book\src\chap9\ping\Debug>ping 202.204.60.12
64 bytes from 202.204.60.12: icmp_seq = 0.  time: 0 ms
64 bytes from 202.204.60.12: icmp_seq = 1.  time: 0 ms
64 bytes from 202.204.60.12: icmp_seq = 2.  time: 16 ms
64 bytes from 202.204.60.12: icmp_seq = 3.  time: 0 ms
64 bytes from 202.204.60.12: icmp_seq = 4.  time: 0 ms

Ping end, you have got 5 records!
```

图 9.10　Ping 网络上的主机

如果 Ping 该主机的主机名，会在结果中输出一行“DestAddr_addr=202.204.60.12”，表示通过名字解析获取到了该主机的 IP 地址，其他的记录与 Ping 本地网络的情况一样。

4. 选项测试

本程序能提供的选项包括“-n”、“-r”和“datasize”，分别表示输出记录条数、记录路由选项和数据报大小。

(1) “-n”选项测试。如图 9.11 所示，“ping -10 202.204.60.12”命令提供了“-10”选项，表示输出 10 条记录数。从序列号 0~9 可以看出，输出的记录数是 10 条。如果不提供这个选项的话，将默认输出 5 条记录数。

```
C:\WINDOWS\system32\cmd.exe - ping -10 202.204.60.12

E:\book\src\chap9\ping\Debug>ping -10 202.204.60.12
64 bytes from 202.204.60.12: icmp_seq = 0.  time: 0 ms
64 bytes from 202.204.60.12: icmp_seq = 1.  time: 0 ms
64 bytes from 202.204.60.12: icmp_seq = 2.  time: 15 ms
64 bytes from 202.204.60.12: icmp_seq = 3.  time: 0 ms
64 bytes from 202.204.60.12: icmp_seq = 4.  time: 0 ms
64 bytes from 202.204.60.12: icmp_seq = 5.  time: 0 ms
64 bytes from 202.204.60.12: icmp_seq = 6.  time: 0 ms
64 bytes from 202.204.60.12: icmp_seq = 7.  time: 0 ms
64 bytes from 202.204.60.12: icmp_seq = 8.  time: 0 ms
64 bytes from 202.204.60.12: icmp_seq = 9.  time: 0 ms

Ping end, you have got 10 records!
```

图 9.11 “-n”选项测试

(2) “datasize”选项测试。如图 9.12 所示，“ping 900 202.204.60.12”命令提供了“900”选项，表示输出的每条数据报大小为 900 字节。如果不提供该选项的话，输出的每条数据报大小默认为 64 字节。

```
C:\WINDOWS\system32\cmd.exe - ping 900 202.204.60.12

E:\book\src\chap9\ping\Debug>ping 900 202.204.60.12
932 bytes from 202.204.60.12: icmp_seq = 0.  time: 0 ms
932 bytes from 202.204.60.12: icmp_seq = 1.  time: 0 ms
932 bytes from 202.204.60.12: icmp_seq = 2.  time: 0 ms
932 bytes from 202.204.60.12: icmp_seq = 3.  time: 0 ms
932 bytes from 202.204.60.12: icmp_seq = 4.  time: 0 ms

Ping end, you have got 5 records!
```

图 9.12 “datasize”选项测试

(3) “-r”选项测试。如图 9.13 所示，“ping -r 202.204.60.12”命令提供了“-r”选项，表示要记录从源主机到目的主机经过的路由。图中括号内的是经过的路由器地址。

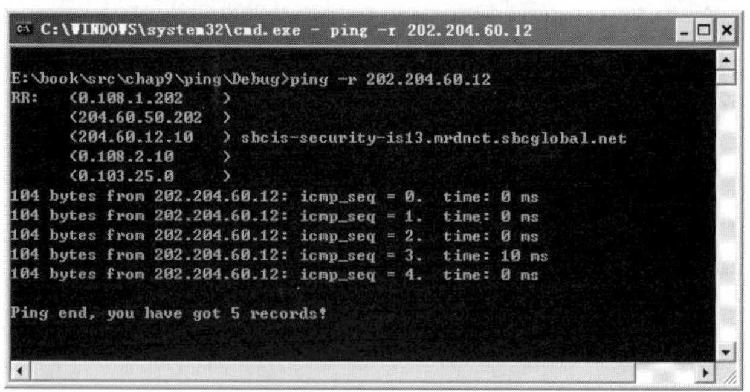

```
C:\WINDOWS\system32\cmd.exe - ping -r 202.204.60.12

E:\book\src\chap9\ping\Debug>ping -r 202.204.60.12
RR:     (0.108.1.202     )
        (204.60.50.202   )
        (204.60.12.10    ) sbcis-security-is13.mrdnct.sbcglobal.net
        (0.108.2.10      )
        (0.103.25.0      )
104 bytes from 202.204.60.12: icmp_seq = 0.  time: 0 ms
104 bytes from 202.204.60.12: icmp_seq = 1.  time: 0 ms
104 bytes from 202.204.60.12: icmp_seq = 2.  time: 0 ms
104 bytes from 202.204.60.12: icmp_seq = 3.  time: 10 ms
104 bytes from 202.204.60.12: icmp_seq = 4.  time: 0 ms

Ping end, you have got 5 records!
```

图 9.13 “-r”选项测试

(4) 同时带“-n”和“datasize”选项测试。结果如图 9.14 所示，“ping -10 900 202.204.60.12”命令提供了“-10”和“900”两个选项，表示要输出 10 条记录，每条记录的数据报大小为 900 字节。此时输出的记录可视为情况(1)和情况(2)的“并集”。

```
C:\WINDOWS\system32\cmd.exe - ping -10 900 202.204.60.12

E:\book\src\chap9\ping\Debug>ping -10 900 202.204.60.12
932 bytes from 202.204.60.12: icmp_seq = 0.  time: 0 ms
932 bytes from 202.204.60.12: icmp_seq = 1.  time: 0 ms
932 bytes from 202.204.60.12: icmp_seq = 2.  time: 0 ms
932 bytes from 202.204.60.12: icmp_seq = 3.  time: 0 ms
932 bytes from 202.204.60.12: icmp_seq = 4.  time: 0 ms
932 bytes from 202.204.60.12: icmp_seq = 5.  time: 0 ms
932 bytes from 202.204.60.12: icmp_seq = 6.  time: 0 ms
932 bytes from 202.204.60.12: icmp_seq = 7.  time: 0 ms
932 bytes from 202.204.60.12: icmp_seq = 8.  time: 0 ms
932 bytes from 202.204.60.12: icmp_seq = 9.  time: 0 ms

Ping end, you have got 10 records!
```

图 9.14　同时带“-n”和“datasize”选项测试

(5) 同时带“-n”、“-r”和“datasize”选项测试。如图 9.15 所示，“ping -r -10 900 202.204.60.12”命令同时提供了所有的选项，表示要记录从源主机到目的主机的路由、共输出 10 条记录、每条记录的数据报大小为 900 字节。此时输出的记录可视为情况(1)、情况(2)和情况(3)的“并集”。

```
C:\WINDOWS\system32\cmd.exe - ping -r -10 900 202.204.60.12

E:\book\src\chap9\ping\Debug>ping -r -10 900 202.204.60.12
RR:     (0.108.1.202     )
        (204.60.50.202   )
        (204.60.12.10    ) sbcis-security-is13.mrdnct.sbcglobal.net
        (0.108.2.10      )
        (0.103.25.0      )
972 bytes from 202.204.60.12: icmp_seq = 0.  time: 10 ms
972 bytes from 202.204.60.12: icmp_seq = 1.  time: 0 ms
972 bytes from 202.204.60.12: icmp_seq = 2.  time: 10 ms
972 bytes from 202.204.60.12: icmp_seq = 3.  time: 0 ms
972 bytes from 202.204.60.12: icmp_seq = 4.  time: 10 ms
972 bytes from 202.204.60.12: icmp_seq = 5.  time: 0 ms
972 bytes from 202.204.60.12: icmp_seq = 6.  time: 10 ms
972 bytes from 202.204.60.12: icmp_seq = 7.  time: 0 ms
972 bytes from 202.204.60.12: icmp_seq = 8.  time: 10 ms
972 bytes from 202.204.60.12: icmp_seq = 9.  time: 0 ms

Ping end, you have got 10 records!
```

图 9.15　同时带“-n”、“-r”和“datasize”选项测试

第 10 章　TCP 程序设计

TCP 协议，即传输控制协议(Transport Control Protocol)，是一种面向连接的，可靠的传输层协议。TCP 协议是在主机间实现高可靠性的包交换传输的协议。在计算机网络中用途很广泛。

本章将通过 C 语言编程，来实现一个基于 TCP 协议的程序，向读者展示一个基于 TCP 原理的服务器端和客户端程序的实现过程，分别介绍服务器端和客户端的实现方法、实现步骤

通过本章的学习，读者应该掌握以下知识点。

(1) Winsock 的相关设置。

(2) 套接字的创建、关闭。

(3) TCP 程序服务器端的操作，包括绑定、侦听、接收等操作。

(4) TCP 程序客户端的操作。

(5) 数据报的发送和接收操作。

(6) 线程的创建和设置等。

读者可以在本章的基础上加以拓展，深刻理解 TCP 原理，掌握 TCP 编程方法和技巧，开发出自己的 TCP 程序。

10.1　设 计 目 的

本程序向读者展示 TCP 的服务器端和客户端的操作流程，用以加深读者对 TCP 原理的理解。

本章的部分知识点在前面章节中也有涉及，读者可以由此加深印象。

通过本章的学习，读者应该对以下知识点有一定的了解：

- Winsock 版本的设置、Winsock 库的加载、Winsock 错误号的获取。
- 套接字的创建和关闭。
- TCP 服务器端的操作流程、客户端的操作流程，套接字的绑定、侦听、连接、接收操作。
- 数据报的发送和接收，根据地址获取主机、根据主机名获取 IP 地址等信息。
- 线程的创建和参数设置。
- 字符串比较函数的使用。

10.2　功 能 描 述

本章用 C 语言实现的基于 TCP 的服务器端和客户端程序，能实现基本的 TCP 通信，主要包括下列功能。

(1) 服务器端能以默认选项(服务器端 IP 地址或主机名、端口号)启动，提供服务功能。

(2) 服务器端能根据用户指定的选项(服务器端 IP 地址或主机名、端口号)启动，提供服务功能。

(3) 服务器以错误选项启动时，会提示错误信息，并终止程序。

(4) 客户端能连接到服务器端，发送消息到服务器端，同时，也能接收来自服务器端的响应。

(5) 客户端不能连接到服务器端时，能输出错误信息。

(6) 客户端以错误选项启动时，会提示错误信息，并终止程序。

10.3 总 体 设 计

10.3.1 功能模块设计

(1) 功能模块

本程序由两大部分构成，包括服务器端和客户端，如图 10.1 所示。服务器端包含的模块有初始化模块、功能控制模块、循环控制模块和服务模块；客户端包含的模块有初始化模块、功能控制模块和数据传输模块。

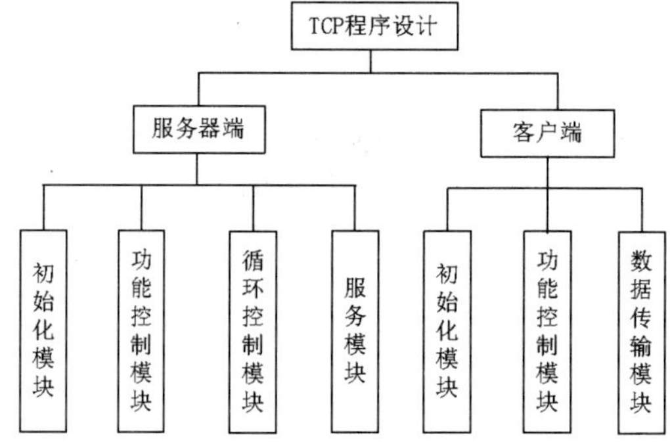

图 10.1 系统模块设计

① 服务器端：

- 初始化模块——该模块用于初始化各个全局变量，为全局变量赋初始值；初始化 Winsock，加载 Winsock 库。
- 功能控制模块——该模块为其他模块提供调用的函数，包括参数获取功能、用户帮助功能和错误输出功能。
- 循环控制模块——用于控制服务器端的服务次数，如果服务次数超过指定的值，则停止服务器。
- 服务模块——该模块为客户端提供服务功能，包括接收来自客户端的数据，并发送数据到客户端。

② 客户端：

- 初始化模块——该模块用于初始化客户端的 Winsock，加载 Winsock 库。
- 功能控制模块——与服务器端一样，该模块提供了参数获取、用户帮助和错误输出功能。

- 数据传输控制模块——该模块控制着整个客户端的数据传输，包括数据发送和接收等。

(2) 服务器端的系统流程

服务器端的系统流程如图 10.2 所示。

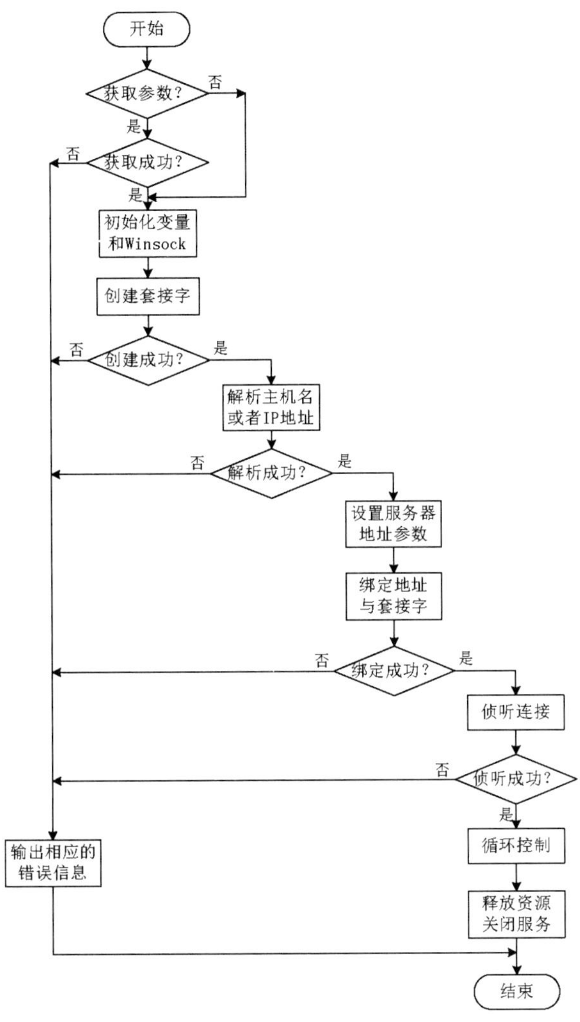

图 10.2　服务器端的系统流程

程序首先调用 GetArguments()函数获取用户提供的选项，如果没有提供选项，则直接使用默认值，如果有选项提供并成功获取(选项错误则显示用户帮助并终止程序)，则初始化变量和 Winsock，并创建 TCP 流套接字；然后解析主机名(如果选项提供的是 IP 地址，或者使用的是默认值)或者 IP 地址(如果选项提供的是主机名)，解析成功后，则设置服务器地址的各个参数，包括地址族、IP 地址项、端口号；接下来，将创建的 TCP 套接字流与设定的服务器地址绑定(调用 bind()函数)；绑定成功后，则开始侦听客户端的连接，如调用循环控制函数 LoopControl()和 Service()函数做接收客户端的连接、接收数据、发送数据等操作；当服务次数达到最多的服务次数时，则关闭服务器，并释放占用的资源。在操作过程中，有任何一步操作失败，则将退出程序，并提示错误信息(调用 ErrorPrint()函数实现)。

(3) 客户端的系统流程

客户端的系统流程如图 10.3 所示。

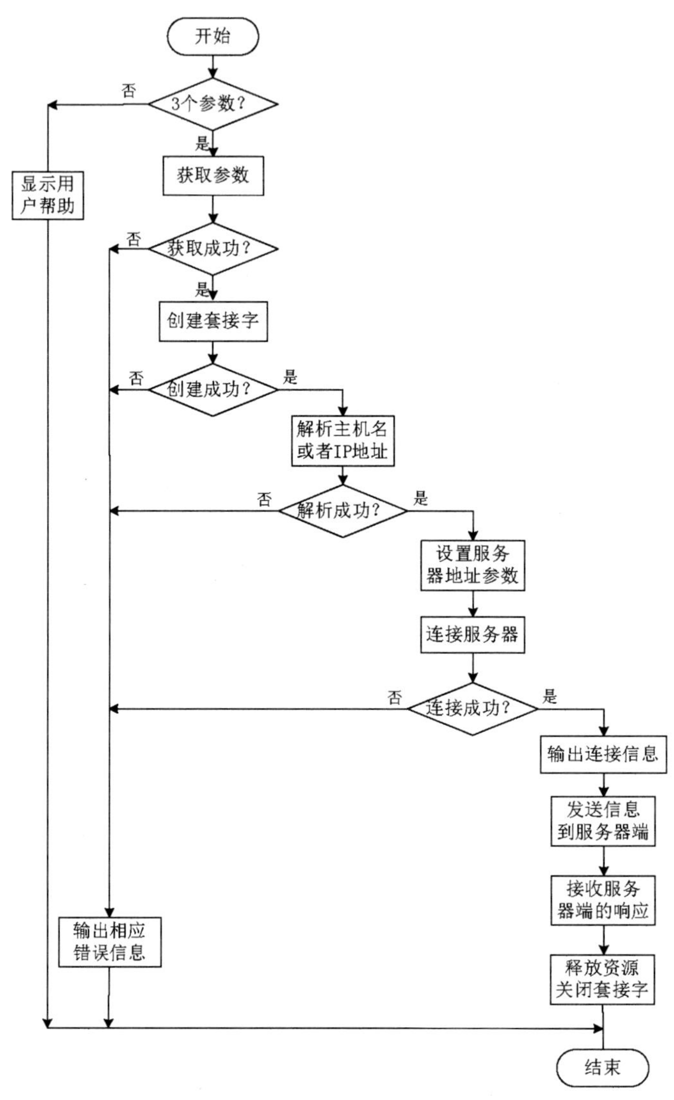

图 10.3　客户端的系统流程

客户端程序执行时，必须带选项，程序首先判断用户提供的参数个数，如果参数不等于 3 个，则表明用户没有提供正确的选项，则退出程序；如果参数等于 3 个，则将调用 GetArguments()函数获取用户提供的选项，如果获取的选项错误，则显示用户帮助并终止程序，如果选项正确，则开始创建 TCP 流套接字；成功创建 TCP 流套接字后，则做与服务器类似的操作，即解析主机名或 IP 地址、设置服务器端地址；然后进行连接服务器的操作，若能成功连接，则输出连接信息，并发送消息到服务器端；然后接收来自服务器端的响应(消息)，并将接收到的消息输出。最后关闭套接字和释放占用的资源。与服务器端一

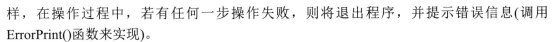

样，在操作过程中，若有任何一步操作失败，则将退出程序，并提示错误信息(调用ErrorPrint()函数来实现)。

(4) 循环控制模块(服务器端)

该模块是服务器端用于循环控制的模块，其操作流程如图 10.4 所示。当服务器端侦听到客户端连接时，调用该模块进行操作。首先接收客户端的请求，接收成功后，根据传入的参数 isMultiTasking 判断是否要创建一个线程来服务客户端，如果 isMultiTasking 是 1，则创建线程来服务客户端(创建新线程时，设置了的初始堆栈大小为 1000，线程执行函数是 Service()，传递给 Service()的参数为接收套接字)，如果 isMultiTasking 是 0，则直接调用 service()函数来服务客户端。一次服务成功后，判断循环次数是否小于最大服务次数(可使用默认值，也可以以参数形式提供)，如果已经达到最大服务次数，则关闭服务器，否则，就继续进行下一次服务。

(5) 服务模块(服务器端)

服务模块用于在服务器端为客户端服务，该模块实现较为简单，主要进行接收和发送数据操作，其实现流程如图 10.5 所示。首先用 0 初始化缓冲区 response(数组)，然后接收来自客户端的数据，判断接收到的数据是否是“HELLO SERVER”，如果不是，则表示不是对应的客户端，如果是，则发送响应数据到客户端。操作结束后关闭套接字。

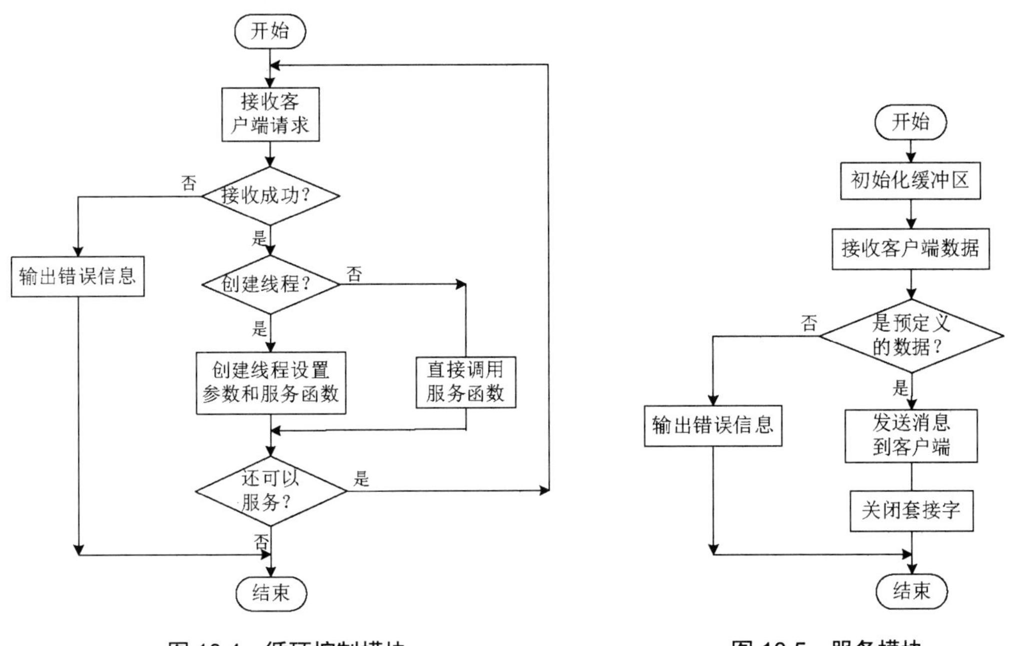

图 10.4　循环控制模块　　　　图 10.5　服务模块

10.3.2　数据结构设计

本程序没有定义结构体，在此仅讲述一下服务器端和客户端定义的全局变量。

1. 服务器端

在服务器端定义了三个全局变量，分别是指向字符的指针 hostName、无符号短整型变

量 maxService 和无符号短整型变量 port，各自表示的意义如下。

- char *hostName：该指针用于接收主机名选项，可以是 IP 地址，也可以是主机的名称。
- unsigned short maxService：用以存储服务器端最大的服务次数，如果超过了该次数，服务器端将终止服务。
- unsigned short port：用以存储服务器端提供的端口号。

这三个变量所存储的值都是表示服务器启动时提供的选项，如果服务器启动时没有提供这些选项，程序将按照默认值启动服务器。

2. 客户端

客户端提供了与服务器端类似的两个全局变量，其作用和意义都与服务器端的相同，只是这两个变量存储的值在程序中没有默认值，需要客户端启动时提供相应的选项。

- char *hostName：接收主机名选项。
- unsigned short port：用以存储客户端提供的端口号。

10.3.3 函数功能描述

1. 服务器端

(1) initial()

函数原型：

```
void initial();
```

initial()函数用于初始化服务器端的全局变量，包括 hostName、maxService 和 port，分别被初始化为“127.0.0.1”、“3”和“9999”。服务器在启动时，若没有指定这些选项，程序将使用这些默认值启动服务器。

(2) InitSockets()

函数原型：

```
int InitSockets(void);
```

InitSockets()函数用于初始化 Winsock。

(3) GetArguments()

函数原型：

```
void GetArguments(int argc, char **argv);
```

GetArguments()函数用于获取用户提供的选项，在服务器端能获取的参数包括主机名(或 IP 地址)、最多服务次数和端口号。其中，argv 的表示获取的选项个数，argv 用来存储获取的选项值，这个参数的值通过主函数的参数传递过来。

(4) ErrorPrint()

函数原型：

```
void ErrorPrint(x);
```

ErrorPrint()函数用于输出错误信息。该函数调用系统函数 WSAGetLastError()来获取错误号。其中，x 表示错误消息。

(5)　userHelp()

函数原型：

```
void userHelp();
```

userHelp()函数用于显示用户帮助。当服务器端启动时，提供的选项错误时，将调用该函数输出用户帮助信息，提供的信息包括选项的格式和类型。

(6)　LoopControl()

函数原型：

```
int LoopControl(SOCKET listenfd, int isMultiTasking);
```

LoopControl()函数用于循环控制，当服务器的服务次数在指定的范围内时，将接收客户端的请求，并创建一个线程(如果需要的话)来为客户端服务(调用 Service()函数)。

其中，listenfd 表示侦听套接字，isMultiTasking 是个标记，如果其设置为 1，则创建一个线程来服务客户端，如果其设置为 0，则直接调用服务函数来服务客户端。

(7)　Service()

函数原型：

```
void Service(LPVOID lpv);
```

Service()函数用于服务客户端。包括接收客户端的数据和发送数据到客户端。

2. 客户端

客户端的这几个函数在服务器端也出现过，其功能与服务器端的函数类似。

(1)　InitSockets()

函数原型：

```
int InitSockets(void);
```

InitSockets()函数用于初始化 Winsock。

(2)　GetArguments()

函数原型：

```
void GetArguments(int argc, char **argv);
```

GetArguments()函数用于获取用户提供的选项，在客户端能获取的参数包括主机名(或 IP 地址)和端口号。其中，argc 和 argc 值也是通过主函数的参数传递过来，表示的意义与主函数中的一样。

(3)　ErrorPrint()

函数原型：

```
void ErrorPrint(x);
```

ErrorPrint()函数用于输出错误信息。

(5) userHelp()

函数原型：

```
void userHelp();
```

userHelp()函数用于显示用户帮助。当客户端不带选项启动时，或带错误选项启动时，将调用该函数，显示用户帮助，显示选项的格式和类型。

10.4 程 序 实 现

10.4.1 源码分析

1. 服务器端(service.c)

(1) 程序预处理

程序预处理包括库文件的导入、头文件的加载、常量和全局变量的定义：

```
/*导入库文件*/
#pragma comment(lib,"wsock32.lib")

/*加载头文件*/
#include <stdio.h>
#include <winsock2.h>

/*自定义函数原型*/
void initial();
int InitSockets(void);
void GetArguments(int argc, char **argv);
void ErrorPrint(x);
void userHelp();
int LoopControl(SOCKET listenfd, int isMultiTasking);
void Service(LPVOID lpv);

/*定义常量*/
#define MAX_SER 10

/*定义全局变量*/
char *hostName;
unsigned short maxService;
unsigned short  port;
```

(2) 初始化模块

初始化模块由两部分组成，包括全局变量的初始化和 Winsock 的初始化，由两个函数来实现。

① void initial()：初始化全局变量，其中，hostName 被赋值为“127.0.0.1”这个回环地址，表明程序在运行时仅限制客户端和服务器端在同一台主机上运行，如果要改变该值，需要在服务器启动时，设置 hostName 选项，重新赋值；maxService 表示最大服务次

数，其值应该不大于常数 MAX_SER 代表的值。

② int InitSockets(void)：初始化 Winsock，包括初始化套接字版本号和加载 Winsock 库。

具体代码如下：

```
/*初始化全局变量函数*/
void initial()
{
    hostName = "127.0.0.1";
    maxService = 3;
    port = 9999;
}

/*初始化 Winsock 函数*/
int InitSockets(void)
{
    WSADATA wsaData;
    WORD sockVersion;
    int err;

    /*设置 Winsock 版本号*/
    sockVersion = MAKEWORD(2, 2);

    /*初始化 Winsock*/
    err = WSAStartup(sockVersion, &wsaData);

    /*如果初始化失败*/
    if (err != 0)
    {
        printf("Error %d: Winsock not available\n", err);
        return 1;
    }

    return 0;
}
```

(3) 功能控制模块

功能控制模块提供了参数获取功能、错误输出功能和用户帮助功能，这几个功能分别由 GetArguments()函数、ErrorPrint()函数和 userHelp()函数来实现。

① void GetArguments(int argc, char **argv)：获取用户提供的选项值。该函数首先判断每个参数的第一个字符，如果第一个字符是“-”(短横线)，则表示该参数是用户提供的选项。所提供的选项包括“-p(-P)”，表示端口号；“-h(-H)”，表示主机名(或者 IP 地址)；“-n(-N)”，表示服务器端的最多服务次数，超过该次数时，服务器将自动停止。

② void ErrorPrint(x)：错误输出函数。

③ void userHelp()：显示用户帮助函数。在 GetArguments()函数中，如果获取的选项值不是预定义的值，则调用该函数，输出用户帮助。

具体代码如下：

```
/*获取选项函数*/
void GetArguments(int argc, char **argv)
{
    int i;
    for(i=1; i<argc; i++)
    {
        /*参数的第一个字符若是“-”*/
        if (argv[i][0] == '-')
        {
            /*转换成小写*/
            switch (tolower(argv[i][1]))
            {
                /*若是端口号*/
                case 'p':
                    if (strlen(argv[i]) > 3)
                        port = atoi(&argv[i][3]);
                    break;
                /*若是主机名*/
                case 'h':
                    hostName = &argv[i][3];
                    break;
                /*最多服务次数*/
                case 'n':
                    maxService = atoi(&argv[i][3]);
                    break;
                /*其他情况*/
                default:
                    userHelp();
                    break;
            }
        }
    }
    return;
}

/*错误输出函数*/
void ErrorPrint(x)
{
    printf("Error %d: %s\n", WSAGetLastError(), x);
}

/*用户帮助函数*/
void userHelp()
{
    printf("userHelp:  -h:str -p:int -n:int\n");
    printf("           -h:str  The host name \n");
    printf("                   The default host is 127.0.0.1\n");
    printf("           -p:int  The Port number to use\n");
```

```
    printf("                    The default port is 9999\n");
    printf("            -n:int  The number of service,below MAX_SER \n");
    printf("                    The default number is 3\n");
    ExitProcess(-1);
}
```

(4) 循环控制模块

循环控制模块的功能由 LoopControl()函数来实现。具体代码如下：

```
/*循环控制函数*/
int LoopControl(SOCKET listenfd, int isMultiTasking)
{
    SOCKET acceptfd;
    struct sockaddr_in clientAddr;
    int err;
    int nSize;
    int serverNum = 0;
    HANDLE handles[MAX_SER];
    int myID;

    /*服务次数小于最大服务次数*/
    while (serverNum < maxService)
    {
        nSize = sizeof(clientAddr);
        /*接收客户端请求*/
        acceptfd =
          accept(listenfd, (struct sockaddr *)&clientAddr, &nSize);
        /*如果接收失败*/
        if (acceptfd == INVALID_SOCKET)
        {
            ErrorPrint("Error: accept failed\n");
            return 1;
        }
        /*接收成功*/
        printf("Accepted connection from client at %s\n",
          inet_ntoa(clientAddr.sin_addr));
        /*如果允许多任务执行*/
        if (isMultiTasking)
        {
            /*创建一个新线程来执行任务，新线程的初始堆栈大小为1000，线程执行函数
              是 Service()，传递给 Service()的参数为acceptfd*/
            handles[serverNum] = CreateThread(NULL, 1000,
               (LPTHREAD_START_ROUTINE)Service,
               (LPVOID) acceptfd, 0, &myID);
        }
        else
            /*直接调用服务客户端的函数*/
            Service((LPVOID)acceptfd);
        serverNum++;
```

```
    }
    if (isMultiTasking)
    {
        /*在一个线程中等待多个事件,
          当所有对象都被通知时，函数才会返回，并且等待没有时间限制*/
        err = WaitForMultipleObjects(maxService, handles, TRUE, INFINITE);
        printf("Last thread to finish was thread #%d\n", err);
    }
    return 0;
}
```

(5) 服务模块

服务模块的功能由函数 Service()来实现。其功能主要是接收、判断来自客户端的数据，以及发送数据到客户端。Service()函数首先接收客户端发送来的数据，存放到缓冲区 response 中，然后判断接收到的数据是否与预定义的数据“HELLO SERVER”相同，如果相同，则发送消息到客户端，并关闭套接字；否则，输出错误信息并关闭套接字。具体代码如下：

```
/*服务函数*/
void Service(LPVOID lpv)
{
    SOCKET acceptfd = (SOCKET)lpv;
    const char *msg = "HELLO CLIENT";
    char response[4096];

    /*用 0 初始化 response[4096]数组*/
    memset(response, 0, sizeof(response));
    /*接收数据，存入 response 中*/
    recv(acceptfd, response, sizeof(response), 0);

    /*如果接收到的数据与预定义的数据不同*/
    if (strcmp(response, "HELLO SERVER"))
    {
        printf("Application:  client not using expected "
                 "protocol %s\n", response);
    }
    else
        /*发送服务器端信息到客户端*/
        send(acceptfd, msg, strlen(msg)+1, 0);
    /*关闭套接字*/
    closesocket(acceptfd);
}
```

(6) 主函数

主函数控制着整个程序的流程，包括套接字的创建、绑定、侦听、释放，以及对各个模块中函数的调用等。具体操作流程可参见图 10.2。具体代码如下：

```
/*主函数*/
int main(int argc, char **argv)
```

```
{
    SOCKET listenfd;
    int err;
    struct sockaddr_in serverAddr;
    struct hostent *ptrHost;
    initial();
    GetArguments(argc,argv);
    InitSockets();

    /*创建 TCP 流套接字，在 domain 参数为 PF_INET 的 SOCK_STREAM 套接口中，
      protocol 参数为 0 意味着告诉内核选择 IPPRPTP_TCP，
      这也意味着套接口将使用 TCP/IP 协议*/
    listenfd = socket(PF_INET, SOCK_STREAM, 0);

    /*如果创建套接字失败*/
    if (listenfd == INVALID_SOCKET)
    {
        printf("Error: out of socket resources\n");
        return 1;
    }

    /*如果是 IP 地址*/
    if (atoi(hostName))
    {
        /*将 IP 地址转换成 32 位二进制表示法，返回 32 位二进制的网络字节序*/
        u_long ip_addr = inet_addr(hostName);
        /*根据 IP 地址找到与之匹配的主机名*/
        ptrHost = gethostbyaddr((char*)&ip_addr,
                     sizeof(u_long), AF_INET);
    }
    /*如果是主机名*/
    else
        /*根据主机名获取一个指向 hosten 的指针，该结构中包含了该主机所有的 IP 地址*/
        ptrHost = gethostbyname(hostName);

    /*如果解析失败*/
    if (!ptrHost)
    {
        ErrorPrint("cannot resolve hostname");
        return 1;
    }

    /*设置服务器地址*/

    /*设置地址族为 PF_INET*/
    serverAddr.sin_family = PF_INET;

    /*将一个通配的 Internet 地址转换成无符号长整型的网络字节序数*/
    serverAddr.sin_addr.s_addr = htonl(INADDR_ANY);
```

```
    /*将端口号转换成无符号短整型的网络字节序数*/
    serverAddr.sin_port = htons(port);

    /*将套接字与服务器地址绑定*/
    err = bind(listenfd, (const struct sockaddr *) &serverAddr,
              sizeof(serverAddr));

    /*如果绑定失败*/
    if (err == INVALID_SOCKET)
    {
       ErrorPrint("Error: unable to bind socket\n");
       return 1;
    }

    /*开始侦听，设置等待连接的最大队列长度为 SOMAXCONN，默认值为 5 个*/
    err = listen(listenfd, SOMAXCONN);

    /*如果侦听失败*/
    if (err == INVALID_SOCKET)
    {
       ErrorPrint("Error: listen failed\n");
       return 1;
    }

    LoopControl(listenfd, 1);
    printf("Server is down\n");

    /*释放 Winsocket 初始化时占用的资源*/
    WSACleanup();
    return 0;
}
```

2. 客户端(client.c)

(1) 程序预处理

与服务器端一样，客户端的预处理也包括库文件的导入、头文件的加载和全局变量的定义。具体代码如下：

```
/*导入库文件*/
#pragma comment(lib, "wsock32.lib")

/*加载头文件*/
#include <stdio.h>
#include <winsock2.h>

/*自定义函数*/
int InitSockets(void);
void GetArguments(int argc, char **argv);
void ErrorPrint(x);
void userHelp();
```

```
/*定义全局变量*/
unsigned short port;
char *hostName;
```

(2) 初始化模块

因为不存在对全局变量赋初始值，所以客户端的初始化模块仅仅初始化 Winsock，包括初始化套接字版本号和加载 Winsock 库。

具体代码如下：

```
/*初始化 Winsock 函数*/
int InitSockets(void)
{
    WSADATA wsaData;
    WORD sockVersion;
    int err;

    /*设置 Winsock 版本号*/
    sockVersion = MAKEWORD(2, 2);

    /*初始化 Winsock*/
    err = WSAStartup(sockVersion, &wsaData);

    /*如果初始化失败*/
    if (err != 0)
    {
        printf("Error %d: Winsock not available\n", err);
        return 1;
    }
    return 0;
}
```

(3) 功能控制模块

功能控制模块包括选项获取功能、错误输出功能和用户帮助功能。这几个功能分别由 GetArguments()函数、ErrorPrint()函数和 userHelp()函数来实现，这几个函数与服务器端的函数的功能、参数意义都相同，在此就不赘述了。

① void GetArguments(int argc, char **argv)：获取用户提供的选项。

② void ErrorPrint(x)：输出错误信息。

③ void userHelp()：显示用户帮助。

具体代码如下：

```
/*获取选项函数*/
void GetArguments(int argc, char **argv)
{
    int i;
    for(i=1; i < argc; i++)
    {
```

```
        /*参数的第一个字符若是“-”*/
        if (argv[i][0] == '-')
        {
            /*转换成小写*/
            switch (tolower(argv[i][1]))
            {
                /*若是端口号*/
                case 'p':
                    if (strlen(argv[i]) > 3)
                        port = atoi(&argv[i][3]);
                    break;
               /*若是主机名*/
               case 'h':
                    hostName = &argv[i][3];
                    break;
                /*其他情况*/
                default:
                    userHelp();
                    break;
            }
        }
    }
    return;
}

/*错误输出函数*/
void ErrorPrint(x)
{
     printf("Error %d: %s\n", WSAGetLastError(), x);
}

/*用户帮助函数*/
void userHelp()
{
    printf("userHelp:  -h:str -p:int\n");
    printf("           -h:str  The host name \n");
    printf("           -p:int  The Port number to use\n");
    ExitProcess(-1);
}
```

(4) 数据传输控制模块

客户端程序把数据的输入输出部分都放在主函数中执行，即数据传输控制由主函数来实现。主函数中包括套接字的创建、绑定、释放，服务器的连接，数据的发送、接收以及对各个模块中函数的调用等。具体代码如下：

```
int main(int argc, char **argv)
{
    SOCKET clientfd;
    int err;
```

```
struct sockaddr_in serverAddr;
struct hostent *ptrHost;
char response[4096];

/*发送给服务器的消息*/
char *msg = "HELLO SERVER";
GetArguments(argc, argv);

/*判断参数格式*/
if (argc != 3)
{
    userHelp();
    return 1;
}
GetArguments(argc, argv);
InitSockets();

/*创建套接字*/
clientfd = socket(PF_INET, SOCK_STREAM, 0);

/*如果创建失败*/
if (clientfd == INVALID_SOCKET)
{
    ErrorPrint("no more socket resources");
    return 1;
}

/*根据 IP 地址解析主机名*/
if (atoi(hostName))
{
    u_long ip_addr = inet_addr(hostName);
    ptrHost = gethostbyaddr((char*)&ip_addr, sizeof(u_long), AF_INET);
}
/*根据主机名解析 IP 地址*/
else
    ptrHost = gethostbyname(hostName);

/*如果解析失败*/
if (!ptrHost)
{
    ErrorPrint("cannot resolve hostname");
    return 1;
}

/*设置服务器端地址选项*/
serverAddr.sin_family = PF_INET;
memcpy((char*) &(serverAddr.sin_addr),
        ptrHost->h_addr, ptrHost->h_length);
serverAddr.sin_port = htons(port);
```

```
    /*连接服务器*/
    err = connect(clientfd,
           (struct sockaddr *) &serverAddr, sizeof(serverAddr));
    /*连接失败*/
    if (err == INVALID_SOCKET)
    {
       ErrorPrint("cannot connect to server"); return 1;
    }

    /*连接成功后，输出信息*/
    printf("You are connected to the server\n");

    /*发送消息到服务器端*/
    send (clientfd, msg, strlen(msg)+1, 0);
    memset(response, 0, sizeof(response));

    /*接收来自服务器端的消息*/
    recv(clientfd, response, sizeof(response), 0);
    printf("server says %s\n", response);

    /*关闭套接字*/
    closesocket(clientfd);

    /*释放 Winsocket 初始化时占用的资源*/
    WSACleanup();
    return 0;
}
```

提 示： 由于在 TC 或者 Win-TC 中没有编译套接字的头文件，所以，该程序需要在 Visual C++或者具有 Winsock 头文件的编译器中编译。本章的服务器端和客户端程序都已经在 Visual C++ 6.0 中通过编译。

10.4.2 运行结果

本节将对服务器端和客户端从两个大方面进行测试，包括错误测试和带选项(带正确选项值)的测试。

1. 错误测试

由于服务器端可以不带选项进行启动，所以对服务器端的错误测试主要是带错误选项的测试；而客户端的错误测试主要包括不带选项启动、带不正确的端口号或者主机名启动，以及服务器未启动时启动客户端。

(1) 服务器端选项错误

如图 10.6 所示，服务器端带错误选项(-l)启动时，会显示用户帮助信息(选项格式和类型)，并终止程序。

(2) 客户端不带选项

客户端启动时，必须带选项(服务器端 IP 地址或者主机名、端口号)，如果不带选项启动，则会出错并终止程序。如图 10.7 所示，不带选项启动客户端，将显示用户帮助信息(选项格式和类型)。

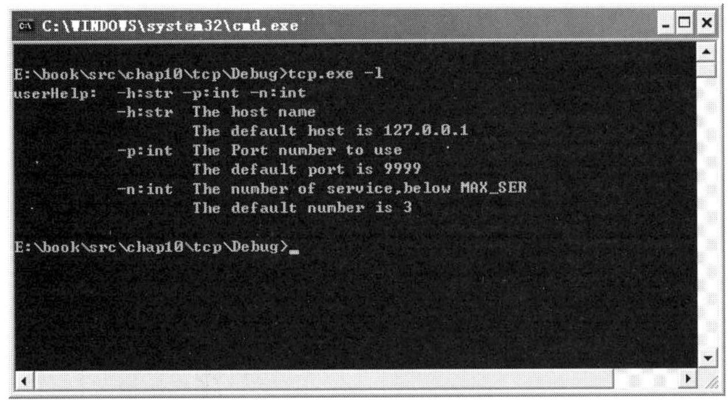

图 10.6 带错误选项的服务器端启动

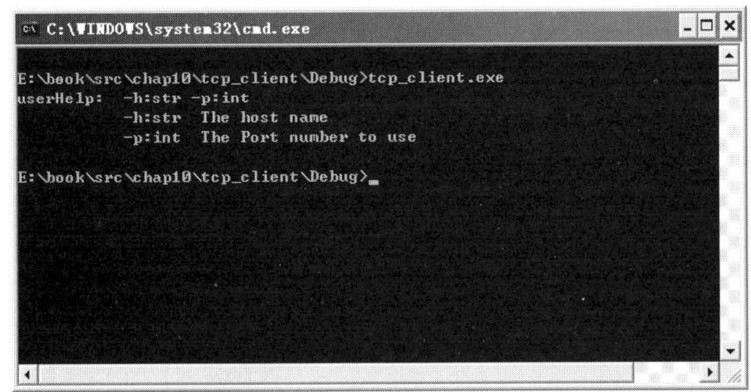

图 10.7 不带选项的客户端启动

(3) 服务器未启动时，启动客户端

如果未启动服务器时就启动客户端，将不能正确连接到服务器端。如图 10.8 所示，客户端不能连接到服务器端，并显示出错信息。

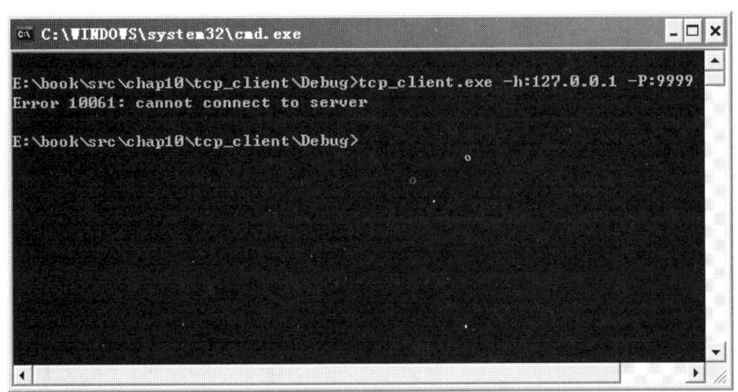

图 10.8 服务器未启动时启动客户端

(4) 客户端端口号或者主机名不正确

如果服务器端已经启动(这里已经以默认选项启动服务器端，即服务器端 IP 地址为 127.0.0.1，端口号为 9999)，但是，客户端启动时，端口号、服务器 IP 地址或主机名有一个不正确将不能正确连接到服务器端。

如图 10.9 所示，客户端以“-h:127.0.0.1 -p:888”启动，由于服务器端的端口号是 9999，所以这里不能正确连接。

C:\WINDOWS\system32\cmd.exe
E:\book\src\chap10\tcp_client\Debug>tcp_client.exe -h:127.0.0.1 -P:888
Error 10061: cannot connect to server
E:\book\src\chap10\tcp_client\Debug>_

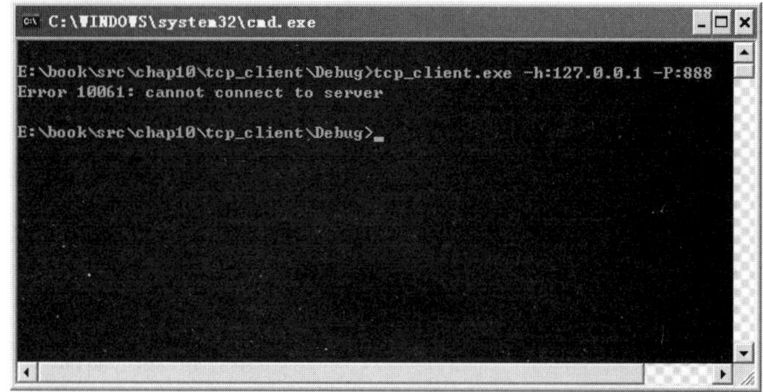

图 10.9　带不正确的端口号启动客户端

如图 10.10 所示，客户端以“-h:127.0.0.2 -p:9999”启动，虽然端口号正确，但是，服务器端的 IP 地址不正确，所以也不能正确连接。

C:\WINDOWS\system32\cmd.exe
E:\book\src\chap10\tcp_client\Debug>tcp_client.exe -h:127.0.0.2 -P:9999
Error 11004: cannot resolve hostname
E:\book\src\chap10\tcp_client\Debug>_

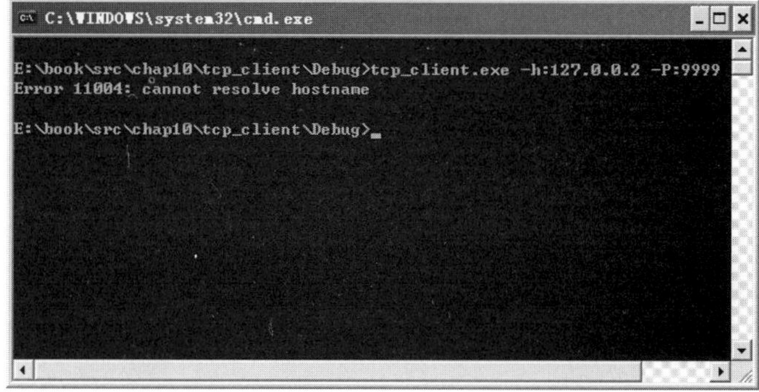

图 10.10　带不正确的 IP 地址启动客户端

如图 10.11 所示，客户端以“-h:kkk -p:9999”启动，虽然端口号正确，但是，服务器端的主机名不正确，所以仍然不能正确连接。

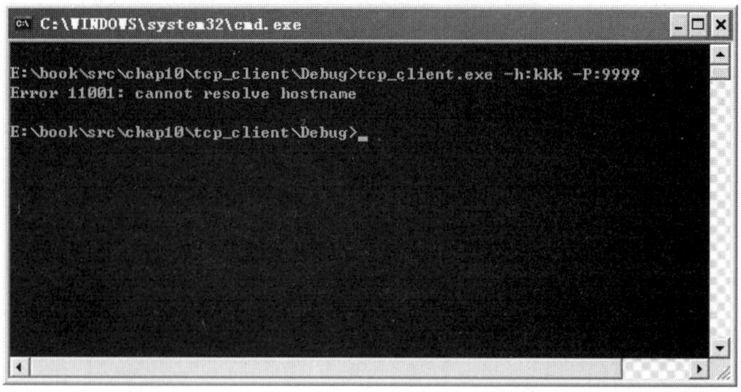

C:\WINDOWS\system32\cmd.exe
E:\book\src\chap10\tcp_client\Debug>tcp_client.exe -h:kkk -P:9999
Error 11001: cannot resolve hostname
E:\book\src\chap10\tcp_client\Debug>_

图 10.11　带不正确的主机名启动客户端

2. 带正确选项的测试

(1) 以默认主机名和端口号启动服务器

如图 10.12 所示，以默认选项启动服务器端，即服务器端 IP 地址为 127.0.0.1，端口号为 9999。如果客户端有到服务器端的连接，则在客户端会显示连接信息，信息中包括客户端的 IP 地址。

图 10.12 中显示了信息“Accepted connection from client 127.0.0.1”，由于这里是在同一台主机上运行客户端和服务器端，所以，显示的客户端 IP 地址仍然是 127.0.0.1。

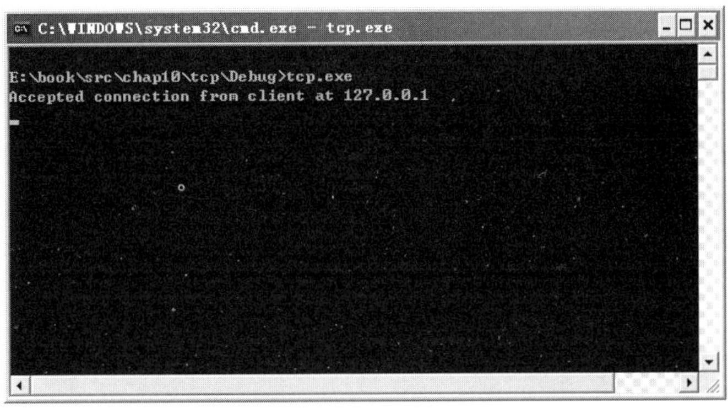

图 10.12 以默认主机名和端口号启动服务器

如果客户端与服务器端没有在同一台主机上，则这里将显示相应的客户端 IP 地址，但前提是，服务器端不是以 127.0.0.1 为地址启动，而是以相应的服务器端所在主机的 IP 地址或者主机名为地址来启动。

启动服务器端后，以正确的服务器端 IP 地址和端口号启动客户端，如图 10.13 所示。这时，将在客户端显示连接信息，并显示来自服务器端的相应“HELLO CLIENT”。而服务器端的连接信息则如图 10.12 所示。

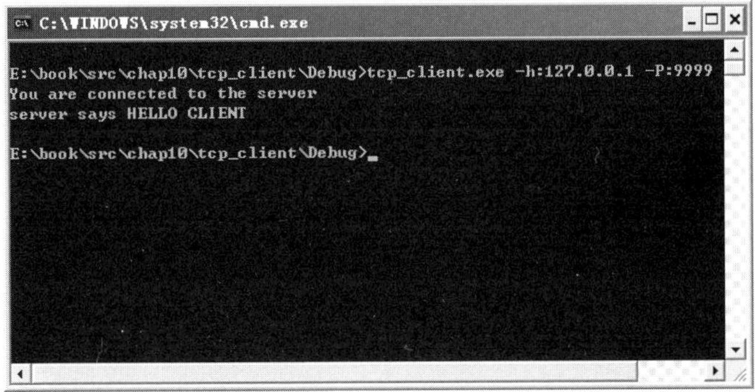

图 10.13 带正确 IP 地址和端口号启动客户端

同样地，在客户端以正确的服务器端主机名和端口号启动客户端，仍会正确连接，如图 10.14 所示。

其显示的连接信息也与图 10.13 相同。

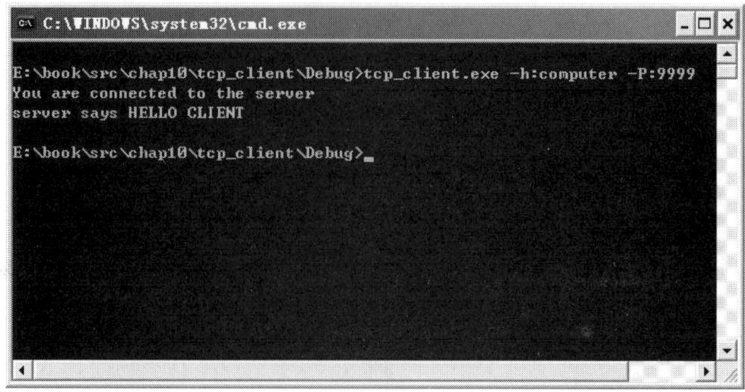

图 10.14　带正确主机名和端口号启动客户端

如果客户端连接三次到服务器端后，达到服务器端的最大服务次数(默认值为 3 次)，服务器端将会自动关闭，如图 10.15 所示。

```
C:\WINDOWS\system32\cmd.exe

E:\book\src\chap10\tcp\Debug>tcp.exe
Accepted connection from client at 127.0.0.1
Accepted connection from client at 127.0.0.1
Accepted connection from client at 127.0.0.1
Last thread to finish was thread #0
Server is down

E:\book\src\chap10\tcp\Debug>_
```

图 10.15　达到最多服务次数的服务器端

(2)　带选项启动服务器

服务器端也可以以指定选项的方式启动。

如图 10.16 所示，服务器端以命令“tcp.exe -h:127.0.0.1 -p:888 -n:4”启动，表示服务器端的 IP 地址是“127.0.0.1”，端口号是“888”，最多服务次数是 4 次。图 10.16 中显示的是服务器端在服务 4 次后关闭的情形，其客户端的连接操作与前面的一样，只是连接的端口号必须设置为“888”。

```
C:\WINDOWS\system32\cmd.exe

E:\book\src\chap10\tcp\Debug>tcp.exe -h:127.0.0.1 -P:888 -n:4
Accepted connection from client at 127.0.0.1
Accepted connection from client at 127.0.0.1
Accepted connection from client at 127.0.0.1
Accepted connection from client at 127.0.0.1
Last thread to finish was thread #0
Server is down

E:\book\src\chap10\tcp\Debug>_
```

图 10.16　带正确选项启动服务器端

第 11 章　UDP 程序设计

UDP 协议，即用户数据报协议(User Datagram Protocol)，是一个简单的面向数据报的传输层协议。它不提供可靠性，即只是把应用程序传给 IP 层的数据发送出去，但并不保证它们能到达目的地。

广播和多播是基于 UDP 协议的两种消息发送机制。广播数据就是从一个工作站发出数据，局域网内的其他所有工作站都能收到它。

在 IP 协议下，多播是广播的一种变形，IP 多播要求对收发数据感兴趣的所有主机加入到一个特定的组。

本章讲述 UDP 程序的实现方法，并用 C 语言实现一个 UDP 程序，该程序能实现广播功能和多播功能，能进行广播消息和多播消息的收发。通过本章的分析，向读者展示 UDP 程序的实现过程，了解广播和多播的区别和共同点。

读者应该能从本章中掌握以下知识点。

(1) 对前面章节知识点的巩固，如 Winsock 库的加载和卸载等。

(2) UDP 套接字的创建、绑定、关闭。

(3) 各种套接字选项的设定，如广播类型、重用类型、数据报的 TTL 值等。

(4) UDP 数据报的发送和接收方法。

(5) 在 Winsock 2 中加入多播组的方法。

读者通过本章的学习，应该能够掌握 UDP 的实现原理，了解广播消息和多播消息的实现方法，并可以在本章的基础上，开发出自己的 UDP 程序。

11.1 设计目的

本章旨在通过一个 UDP 程序向读者讲述 UDP 套接字创建的两种方法，UDP 套接字的关闭、绑定；设置套接字选项，包括设置套接字为广播类型、设置套接字为重用类型、设置数据报的 TTL 值；UDP 数据报的发送和接收方法；加入一个多播组的方法；此外，也涉及到前面章节的部分内容，如 Winsock 的加载和卸载等。

通过本章的程序讲解，向读者展示广播消息和多播消息的发送、接收机制，从而了解 UDP 协议的实现原理和方法。

11.2 功能描述

本章实现的程序既有广播的功能，又有多播的功能，能实现基本的广播和多播机制，其主要功能包括如下两个方面。

(1) 提供广播机制：

- 能设定身份，既是广播消息的发送者，也是接收者，默认是消息接收者。

- 能在默认的广播地址和端口号上发送广播消息、接收广播消息。
- 能指定广播地址、端口号、发送或接收数量选项，进行广播消息的发送和接收。

(2) 提供多播机制：

- 能设定身份，既是多播消息发送者，也是接收者，默认是消息接收者。
- 主机能加入一个指定的多播组。
- 能以默认选项发送多播消息、接收多播消息。
- 能指定多播地址、本地接口地址、端口号、发送或接收数量和数据返还标志选项，进行多播消息的发送和接收。

11.3 总 体 设 计

11.3.1 功能模块设计

1. 功能模块组成

本程序由三大部分组成，即广播模块、多播模块和公共模块部分，如图 11.1 所示。其中，公共模块是广播模块和多播模块共享的部分，包括初始化模块、参数获取模块和用户帮助模块；广播模块包括广播消息发送模块和广播消息接收模块；多播模块包括多播功能控制模块、多播消息发送模块和多播消息接收模块。

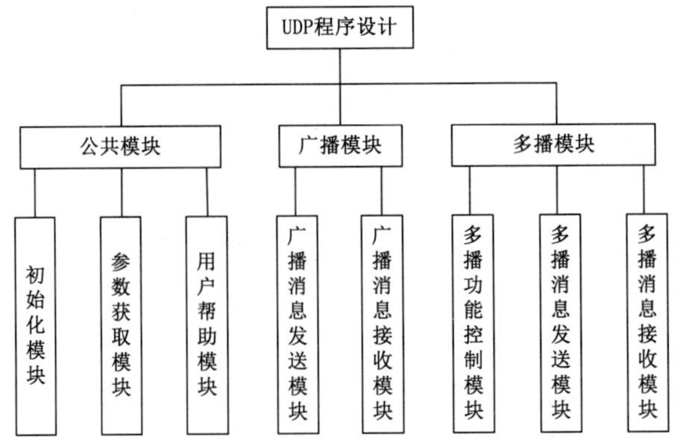

图 11.1　功能模块组成

(1) 公共模块

① 初始化模块：该模块主要用于初始化全局变量，为全局变量赋初始值。

② 参数获取模块：该模块用于获取用户提供的参数，包括获取广播参数、多播参数和区分广播与多播的公共参数等。

③ 用户帮助模块：该模块用于显示用户帮助，包括显示公共帮助、广播帮助和多播帮助。

(2) 广播模块

① 广播消息发送模块：该模块用于实现在指定广播地址和端口发送指定数量的广播消息。

② 广播消息接收模块：该模块用于实现在指定广播地址和端口接收指定数量的广播消息。

(3) 多播模块

① 多播功能控制模块：该模块用于实现多播套接字的创建和绑定、多播地址的设定、多播数据 TTL 的设置、数据返还选项的设置，以及多播组的加入等。

② 多播消息发送模块：该模块用于实现在指定多播组发送多播消息。

③ 多播消息接收模块：该模块用于实现在指定多播组接收多播消息。

2. 系统流程

系统流程如图 11.2 所示。程序首先初始化全局变量，包括广播(多播)地址、端口号、发送(接收)消息数量等，然后获取用户提供的参数，并初始化 Winsock，加载 Winsock 库，如果参数获取成功，并且 Winsock 初始化也成功，则判断是进行广播还是多播；如果是广播，则判断是发送者身份还是接收者身份，然后根据不同的身份进行相应的处理，即发送广播消息或者接收广播消息。同样地，如果是多播，也先进行身份的判断，然后做同样的处理。

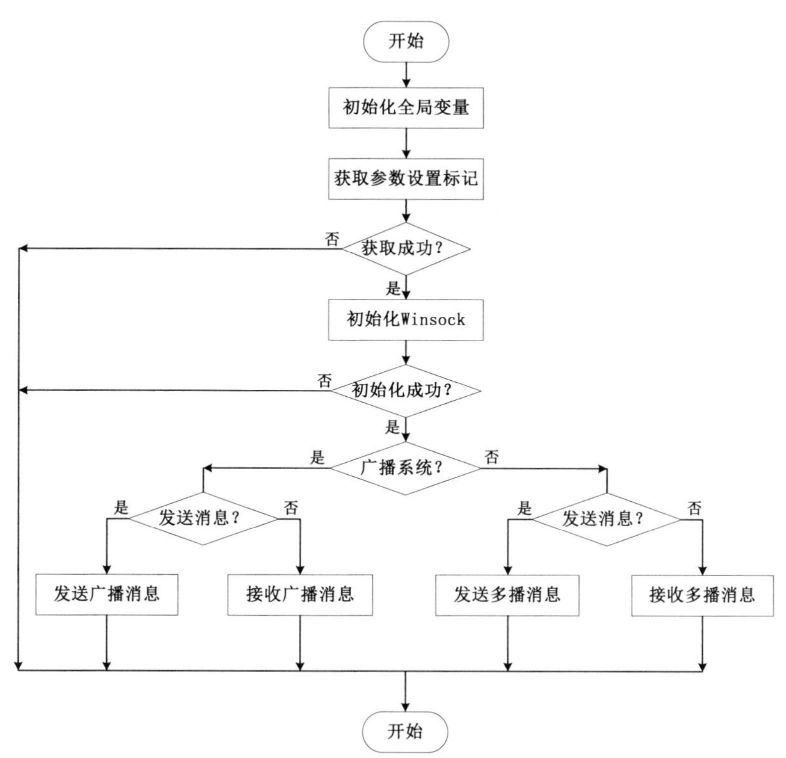

图 11.2　系统流程

3. 广播消息发送流程

广播消息发送流程如图 11.3 所示。

程序首先创建 UDP 套接字，如果创建成功，则设置广播地址；由于进行的是广播，所以要将套接字设置为广播类型，即 SO_BROADCAST，选项级别为 SOL_SOCKET；如果套接字选项设置成功，就可以向指定的广播地址广播消息了。广播结束后(即达到最多的消息条数)，关闭套接字、释放占用的资源。

4. 广播消息接收流程

广播消息的接收流程如图 11.4 所示。程序首先创建 UDP 套接字，如果创建成功，则设置本地地址和广播地址，本地地址用于绑定套接字，广播地址是广播消息接收的地址。与广播消息发送一样，接收消息的套接字也要设置选项，不同的是，这里将套接字设置成可重用类型的，即 SO_REUSEADDR，选项级别为 SOL_SOCKET。这样，在相同的本地接口及端口上可以进行多次监听，即在同一台主机上可以启动多个消息接收端来接收广播消息，如果不设置这个选项，则在同一台主机上，只能启动一个消息接收端来接收消息。套接字选项设置成功后，绑定本地地址与套接字，并可从广播地址接收广播消息，如果接收的消息条数达到最大限制，则结束程序，关闭套接字，释放占用的资源。

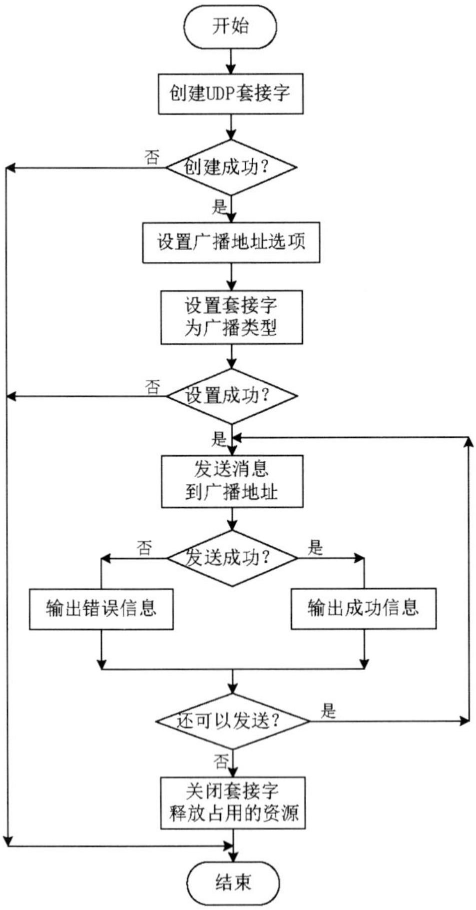

图 11.3　广播消息发送流程

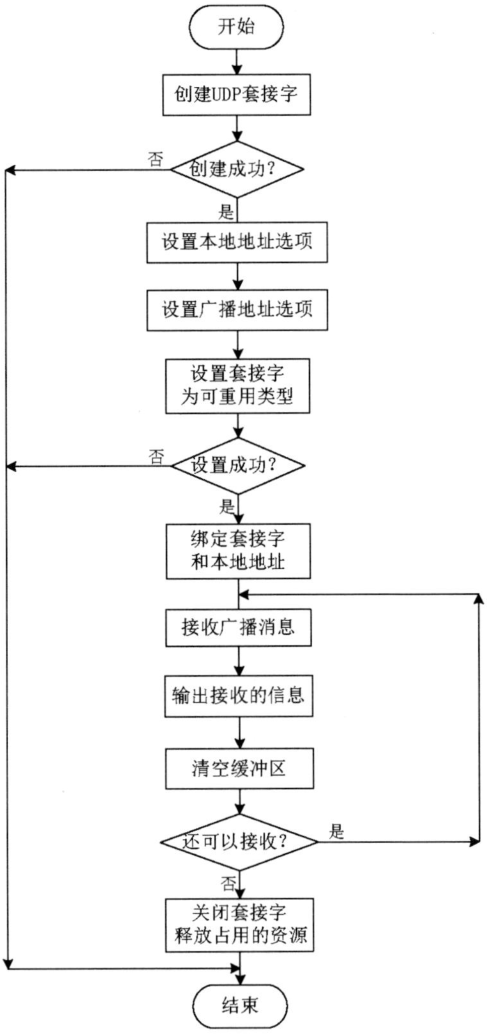

图 11.4　广播消息接收流程

5. 多播消息控制流程

多播消息控制流程如图 11.5 所示。

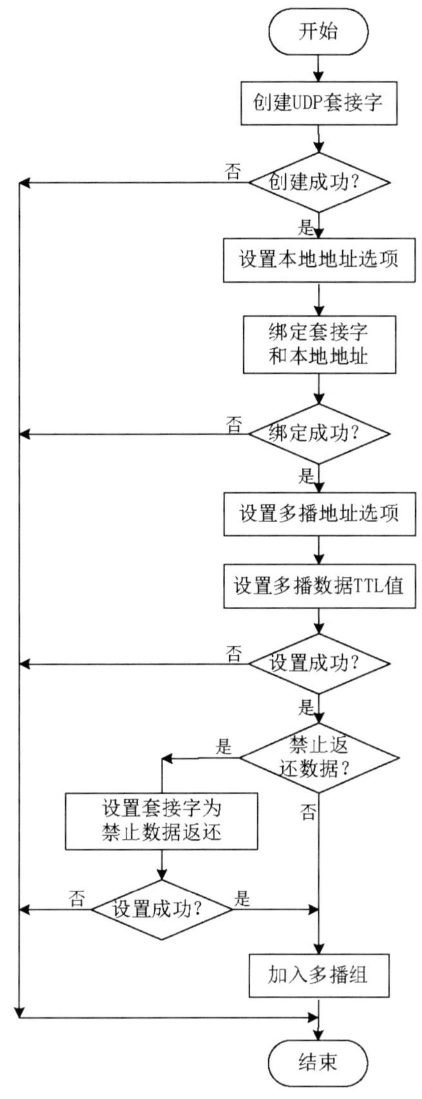

图 11.5　多播消息控制流程

该过程主要用于创建多播套接字、设置套接字、加入多播组等，服务于多播消息发送和接收模块。

程序首先创建 UDP 套接字，然后设置本地地址和多播地址，并将套接字与本地地址绑定；绑定成功后，则设置多播数据的 TTL 值，在默认情况下，TTL 的值为 1。也就是说，多播数据遇到第一个路由器，便会被它“无情”地丢弃，不允许传出本地网络之外，即只有同一个网络内的多播成员才能收到数据。如果增大 TTL 的值，多播数据就可以经历多个路由器传到其他网络。为了设置 TTL 值，需要将套接字的级别设为 IPPROTO_ IP，类型为 IP_MULTICAST_TTL；TTL 值设置成功后，程序将判断是否允许返还。这主要是针对发送者而言的，通过设置套接字的 IP_MULTICAST_LOOP 选项来实现。该选项决定了应用程序是否接收自己的多播数据。其设置级别也是 IPPROTO_IP。最后，通过调用 WSAJoinLeaf()函数加入指定的多播组。

11.3.2 数据结构设计

本程序没有定义结构体，在此仅讲述在广播和多播中定义的常量和全局变量。

1. 定义常量

(1) 广播常量

① BCASTPORT：广播的端口号，默认值是 5050。

② BCOUNT：广播的最大消息数量，用于指示发送或接收的最多消息数量，超过该值将停止发送或接收，默认值是 10。

(2) 多播常量

① MCASTADDR：多播组地址，默认值是 224.3.5.8。

② MCASTPORT：多播的端口号，默认值是 25000。

③ BUFSIZE：缓冲区大小，设定为 1024。

④ MCOUNT：多播的最大消息数量，用于指示发送或接收的最多消息数量，超过该值将停止发送或接收，默认值是 10。

2. 定义全局变量

(1) 广播全局变量

① SOCKET socketBro：广播消息发送端的 UDP 套接字。

② SOCKET socketRec：广播消息接收端的 UDP 套接字。

③ struct sockaddr_in addrBro：广播地址结构，其 IP 地址部分通过另一个全局变量 bcastAddr 转换而来。

④ struct sockaddr_in addrRec：接收广播消息的本地地址。

⑤ BOOL broadSendFlag：广播消息身份标志，如果该变量为 FALSE(默认)，表示是消息接收者，否则，表示为消息发送者。

⑥ BOOL broadFlag：广播标志，如果该标志设置为 TRUE，则表示该程序进行的是广播操作。

⑦ DWORD bCount：双字节，表示消息数量的变量，该变量被赋初值为 BCOUNT。

⑧ DWORD bcastAddr：表示广播地址参数的双字节变量，被赋初始值是 INADDR_BROADCAST，表示全 1 的广播地址，用于接收用户提供的参数。

⑨ short bPort：广播的端口号，默认是 BCASTPORT。

(2) 多播全局变量

① SOCKET socketMul：UDP 多播套接字。

② SOCKET sockJoin：加入多播组套接字。

③ struct sockaddr_in addrLocal：本地地址结构，其 IP 地址部分默认为 0，即 INADDR_ANY，通过另一个全局变量 dwInterface 获得。

④ struct sockaddr_in addrMul：多播组地址，默认为 MCASTADDR。

⑤ BOOL multiSendFlag：多播消息身份标志，如果该变量为 FALSE(默认)，表示是消息接收者，否则，表示为消息发送者。

⑥ BOOL bLoopBack：消息返还禁止标志，如果该标志设置为 TRUE，表示禁止消息返还，默认为 FALSE。

⑦ BOOL multiFlag：多播标志，如果该标志设置为 TRUE，则表示该程序进行的是多播操作，该变量和 broadFlag 变量不能同时为 TRUE。

⑧ DWORD dwInterface：表示多播本地地址参数的双字节变量，被赋初始值是 INADDR_ANY，表示 0，用于接收用户提供的参数。

⑨ DWORD dwMulticastGroup：表示多播地址参数的双字节变量，被赋初始值是 MCASTADDR，用于接收用户提供的参数。

⑩ DWORD mCount：双字节，是表示消息数量的变量，该变量初值为 MCOUNT。

⑪ short mPort：多播的端口号，默认是 MCASTPORT。

11.3.3 函数功能描述

(1) initial()

函数原型：

```
void initial();
```

initial()函数用于初始化全局变量，包括初始化广播全局变量和多播全局变量。其各变量初值的设置情况可参见 11.3.2 节。

(2) GetArguments()

函数原型：

```
void GetArguments(int argc, char **argv);
```

GetArguments()函数用于接收用户提供的参数。

该函数首先根据选项判断是广播(选项“-b”)还是多播(选项“-m”)，并设置广播或多播标志。

如果是广播，可获取的参数包括“-s”(字符串变量，表明发送者身份)、“-p”(整型变量，端口号)、“-h”(字符串变量，表示广播的 IP 地址)、“-n”(整型变量，表示消息输出数量)。

如果是多播，可获取的参数包括“-s”(字符串变量，表明发送者身份)、“-p”(整型变量，端口号)、“-h”(字符串变量，表示多播组的 IP 地址)、“-n”(整型变量，表示消息输出数量)、“-i”(字符串变量，表示本地接口地址)、“-l”(表示返还禁止表示)。

该函数中，argc 表示获取的选项个数，argv 用来存储获取的选项值，这个参数的值通过主函数的参数传递过来。

(3) userHelpAll()

函数原型：

```
void userHelpAll();
```

userHelpAll()函数用于显示全局用户帮助。当用户输入不带参数的命令时，将显示用户帮助，显示“-b”、“-m”选项及广播、多播的用户帮助等。

(4) userHelpBro()

函数原型：

```
void userHelpBro();
```

userHelpBro()函数用于显示广播用户帮助。显示广播的各个选项类型、默认值、表示符号，以及使用格式等。

(5) userHelpMul()

函数原型：

```
void userHelpMul();
```

userHelpMul()函数用于显示多播用户帮助。显示多播的各个选项类型、默认值、表示符号，以及使用格式等。

(6) broadcastSend()

函数原型：

```
void broadcastSend();
```

broadcastSend()函数用于在指定的广播地址上发送广播消息。

(7) broadcastRec()

函数原型：

```
void broadcastRec();
```

broadcastRec()函数用于在指定的广播地址上接收广播消息。

(8) mulControl()

函数原型：

```
void mulControl();
```

mulControl()函数服务于多播消息发送和接收函数，用户创建多播套接字、设置多播地址和本地地址、绑定套接字、设置套接字选项和加入指定的多播组等。

(9) multicastSend()

函数原型：

```
void multicastSend();
```

multicastSend()函数用于在指定的多播组地址上发送多播消息。

(10) multicastRec()

函数原型：

```
void multicastRec();
```

multicastRec()函数用于在指定的多播组地址上接收多播消息。

11.4　程 序 实 现

11.4.1　源码分析

1. 程序预处理

程序预处理包括库文件的导入、头文件的加载、广播常量和多播常量的定义、广播全局变量和多播全局变量的定义。具体代码如下：

```
/*加载库文件*/
#pragma comment(lib, "ws2_32.lib")

/*加载头文件*/
#include <winsock2.h>
#include <ws2tcpip.h>
#include <stdio.h>
#include <stdlib.h>

/*定义多播常量*/
#define MCASTADDR     "224.3.5.8"
#define MCASTPORT      25000
#define BUFSIZE         1024
#define MCOUNT         10

/*定义广播常量*/
#define BCASTPORT     5050
#define BCOUNT        10

/*定义广播全局变量*/
SOCKET            socketBro;
SOCKET            socketRec;
struct sockaddr_in     addrBro;
struct sockaddr_in     addrRec;
BOOL              broadSendFlag;
BOOL              broadFlag;

DWORD            bCount;
DWORD            bcastAddr;
short            bPort;

/*定义多播全局变量*/
SOCKET            socketMul;
SOCKET            sockJoin;
struct sockaddr_in     addrLocal;
struct sockaddr_in    addrMul;

BOOL              multiSendFlag;
BOOL              bLoopBack;
```

```
BOOL             multiFlag;

DWORD            dwInterface;
DWORD            dwMulticastGroup;
DWORD            mCount;
short            mPort;

/*自定义函数*/
void initial();
void GetArguments(int argc, char **argv);

void userHelpAll();
void userHelpBro();
void userHelpMul();

void broadcastSend();
void broadcastRec();

void mulControl();
void multicastSend();
void multicastRec();
```

2. 初始化模块

初始化模块用于为广播全局变量和多播全局变量赋初始值，由 initial()函数来实现。各个变量的意义可参见 11.3.2 节。具体代码如下：

```
/*初始化全局变量的函数*/
void initial()
{
    /*初始化广播全局变量*/
    bPort = BCASTPORT;
    bCount = BCOUNT;
    bcastAddr = INADDR_BROADCAST;
    broadSendFlag = FALSE;
    broadFlag = FALSE;
    multiFlag = FALSE;

    /*初始化多播全局变量*/
    dwInterface = INADDR_ANY;
    dwMulticastGroup = inet_addr(MCASTADDR);
    mPort = MCASTPORT;
    mCount = MCOUNT;
    multiSendFlag = FALSE;
    bLoopBack = FALSE;
}
```

3. 参数获取模块

参数获取模块用于获取用户提供的选项，包括全局选项(即广播和多播选择选项)、广播选项和多播选项，该模块由 GetArguments()函数来实现。具体代码如下：

```
/*参数获取函数*/
void GetArguments(int argc, char **argv)
{
    int i;

    /*如果参数个数小于 2 个*/
    if(argc <= 1)
    {
        userHelpAll();
        return;
    }
    /*获取广播选项*/
    if(argv[1][0]=='-' && argv[1][1]=='b')
    {
        /*广播标志设置为真*/
        broadFlag = TRUE;
        for(i=2; i<argc; i++)
        {
            if (argv[i][0] == '-')
            {
                switch (tolower(argv[i][1]))
                {
                    /*如果是发送者*/
                    case 's':
                        broadSendFlag = TRUE;
                        break;
                    /*广播的地址*/
                    case 'h':
                        if (strlen(argv[i]) > 3)
                            bcastAddr = inet_addr(&argv[i][3]);
                        break;
                    /*广播的端口号*/
                    case 'p':
                        if (strlen(argv[i]) > 3)
                            bPort = atoi(&argv[i][3]);
                        break;
                    /*广播(接收或者发送)的数量*/
                    case 'n':
                        bCount = atoi(&argv[i][3]);
                        break;
                    /*其他情况显示用户帮助，终止程序*/
                    default:
                        {
                            userHelpBro();
                            ExitProcess(-1);
                        }
                        break;
                }
```

```
            }
        }
        return;
    }

    /*获取多播选项*/
    if(argv[1][0]=='-' && argv[1][1]=='m')
    {
        /*多播标志设置为真*/
        multiFlag = TRUE;
        for(i=2; i<argc; i++)
        {
            if (argv[i][0] == '-')
            {
                switch (tolower(argv[i][1]))
                {
                    /*如果是发送者*/
                    case 's':
                        multiSendFlag = TRUE;
                        break;
                    /*多播地址*/
                    case 'h':
                        if (strlen(argv[i]) > 3)
                            dwMulticastGroup = inet_addr(&argv[i][3]);
                        break;
                    /*本地接口地址*/
                    case 'i':
                        if (strlen(argv[i]) > 3)
                            dwInterface = inet_addr(&argv[i][3]);
                        break;
                    /*多播端口号*/
                    case 'p':
                        if (strlen(argv[i]) > 3)
                            mPort = atoi(&argv[i][3]);
                        break;
                    /*回环标志设置为真*/
                    case 'l':
                        bLoopBack = TRUE;
                        break;
                    /*发送(接收)的数量*/
                    case 'n':
                        mCount = atoi(&argv[i][3]);
                        break;
                    /*其他情况，显示用户帮助，终止程序*/
                    default:
                        userHelpMul();
                        break;
                }
            }
        }
```

```
    }
    return;
}
```

4. 用户帮助模块

用户帮助模块包括全局用户帮助、广播用户帮助和多播用户帮助，分别由函数userHelpAll()、userHelpBro()和函数 userHelpMul()来实现。

(1) userHelpAll()：实现显示全局用户帮助的功能。

(2) userHelpBro()：实现显示广播用户帮助的功能。

(3) userHelpMul()：实现显示多播用户帮助的功能。

具体代码如下：

```
/*全局用户帮助函数*/
void userHelpAll()
{
   printf("Please choose broadcast[-b] or multicast[-m] !\n");
   printf(
     "userHelpAll: -b [-s][p][-h][-n] | -m[-s][-h][-p][-i][-l][-n]\n");
   userHelpBro();
   userHelpMul();
}

/*广播用户帮助函数*/
void userHelpBro()
{
   printf("Broadcast: -b -s:str -p:int -h:str -n:int\n");
   printf("           -b     Start the broadcast program.\n");
   printf("           -s     Act as server (send data); otherwise\n");
   printf("                  receive data. Default is receiver.\n");
   printf("           -p:int Port number to use\n ");
   printf("                  The default port is 5050.\n");
   printf("           -h:str The decimal broadcast IP address.\n");
   printf("           -n:int The Number of messages to send/receive.\n");
   printf("                  The default number is 10.\n");
}

/*多播用户帮助函数*/
void userHelpMul()
{
   printf("Multicast: -m -s -h:str -p:int -i:str -l -n:int\n");
   printf("           -m     Start the multicast program.\n");
   printf("           -s      Act as server (send data); otherwise\n");
   printf("                   receive data. Default is receiver.\n");
   printf("           -h:str  The decimal multicast IP address to join\n");
   printf("                   The default group is: %s\n", MCASTADDR);
   printf("           -p:int  Port number to use\n");
   printf("                   The default port is: %d\n", MCASTPORT);
   printf("           -i:str  Local interface to bind to; by default \n");
```

```
    printf("                 use INADDRY_ANY\n");
    printf("           -l     Disable loopback\n");
    printf("           -n:int  Number of messages to send/receive\n");
    ExitProcess(-1);
}
```

5. 广播消息发送模块

广播消息发送模块实现广播消息的发送功能，即在指定广播地址和端口上发送指定数量消息。该函数需要接收选项“-h(广播地址)”、“-p(端口号)”和“-n(发送数量)”，如果用户没有提供这些选项，函数将以默认值执行。该模块由函数 broadcastSend()来实现。具体代码如下：

```
/*广播消息发送函数*/
void broadcastSend()
{
    /*设置广播的消息*/
    char *smsg = "The message received is from sender!";
    BOOL opt = TRUE;
    int nlen = sizeof(addrBro);
    int ret;
    DWORD i = 0;

    /*创建 UDP 套接字*/
    socketBro =
     WSASocket(AF_INET, SOCK_DGRAM, 0, NULL, 0, WSA_FLAG_OVERLAPPED);
    /*如果创建失败*/
    if(socketBro == INVALID_SOCKET)
    {
        printf("Create socket failed:%d\n", WSAGetLastError());
        WSACleanup();
        return;
    }

    /*设置广播地址的各个选项*/
    addrBro.sin_family = AF_INET;
    addrBro.sin_addr.s_addr = bcastAddr;
    addrBro.sin_port = htons(bPort);

    /*设置该套接字为广播类型*/
    if (setsockopt(socketBro,SOL_SOCKET,SO_BROADCAST,(char FAR *)&opt,
      sizeof(opt)) == SOCKET_ERROR)
      /*如果设置失败*/
    {
        printf("setsockopt failed:%d", WSAGetLastError());
        closesocket(socketBro);
        WSACleanup();
        return;
    }
    /*循环发送消息*/
```

```
    while(i < bCount)
    {
        /*延迟 1 秒*/
        Sleep(1000);
        /*从广播地址发送消息*/
        ret = sendto(socketBro,smsg,256,0,(struct sockaddr*)&addrBro,nlen);
        /*如果发送失败*/
        if(ret == SOCKET_ERROR)
            printf("Send failed:%d", WSAGetLastError());
        /*如果发送成功*/
        else
        {
            printf("Send message %d!\n", i);
        }
        i++;
    }
    /*发送完毕后关闭套接字，释放占用的资源*/
    closesocket(socketBro);
    WSACleanup();
}
```

6. 广播消息接收模块

广播消息接收模块实现广播消息的发送功能，即在指定的广播地址和端口上接收指定数量的消息。与发送广播消息一样，该函数也需要接收选项“-h(广播地址)”、“-p(端口号)”和“-n(发送数量)”，如果用户没有提供这些选项，函数将以默认值执行。

需要注意的是，如果发送端不是采用默认的广播地址和端口号，则接收端也要使用相应的广播地址和端口号，即通过选项来提供和发送端相同的广播地址和端口号。该模块由函数 broadcastRec()来实现。具体代码如下：

```
/*广播消息接收函数*/
void broadcastRec()
{
    BOOL optval = TRUE;
    int addrBroLen;
    char buf[256];
    DWORD i = 0;

    /*该地址用来绑定套接字*/
    addrRec.sin_family = AF_INET;
    addrRec.sin_addr.s_addr = 0;
    addrRec.sin_port = htons(bPort);

    /*该地址用来接收网路上广播的消息*/
    addrBro.sin_family = AF_INET;
    addrBro.sin_addr.s_addr = bcastAddr;
    addrBro.sin_port = htons(bPort);

    addrBroLen = sizeof(addrBro);
```

```
    //创建 UDP 套接字
    socketRec = socket(AF_INET, SOCK_DGRAM, 0);

    /*如果创建失败*/
    if(socketRec == INVALID_SOCKET)
    {
        printf("Create socket error:%d", WSAGetLastError());
        WSACleanup();
        return;
    }

    /*设置该套接字为可重用类型*/
    if(setsockopt(socketRec,SOL_SOCKET,SO_REUSEADDR,(char FAR *)&optval,
      sizeof(optval)) == SOCKET_ERROR)
      /*如果设置失败*/
    {
        printf("setsockopt failed:%d", WSAGetLastError());
        closesocket(socketRec);
        WSACleanup();
        return;
    }

    /*绑定套接字和地址*/
    if(bind(socketRec, (struct sockaddr *)&addrRec,
      sizeof(struct sockaddr_in)) == SOCKET_ERROR)
      /*如果绑定失败*/
    {
        printf("bind failed with: %d\n", WSAGetLastError());
        closesocket(socketRec);
        WSACleanup();
        return;
    }
    /*从广播地址接收消息*/
    while(i < bCount)
    {
        recvfrom(socketRec, buf, 256, 0, (struct sockaddr FAR *)&addrBro,
          (int FAR *)&addrBroLen);
        /*延迟 2 秒钟*/
        Sleep(2000);
        /*输出接收到缓冲区的消息*/
        printf("%s\n", buf);
        /*清空缓冲区*/
        ZeroMemory(buf, 256);
        i++;
    }
    /*接收完毕后，关闭套接字，释放占用的资源*/
    closesocket(socketRec);
    WSACleanup();
}
```

7. 多播功能控制模块

多播功能控制模块是为多播发送模块和多播接收模块服务的，它实现多播的套接字创建、绑定功能，套接字选项设置功能，多播组加入功能等。该模块由 mulControl()函数来实现。具体代码如下：

```
/*多播控制函数*/
void mulControl()
{
    int optval;

    /*创建 UDP 套接字，用于多播*/
    if ((socketMul = WSASocket(AF_INET, SOCK_DGRAM, 0, NULL, 0,
      WSA_FLAG_MULTIPOINT_C_LEAF | WSA_FLAG_MULTIPOINT_D_LEAF
      | WSA_FLAG_OVERLAPPED)) == INVALID_SOCKET)
    {
        printf("socket failed with: %d\n", WSAGetLastError());
        WSACleanup();
        return;
    }

    /*设置本地接口地址*/
    addrLocal.sin_family = AF_INET;
    addrLocal.sin_port = htons(mPort);
    addrLocal.sin_addr.s_addr = dwInterface;

    /*将 UDP 套接字绑定到本地地址上*/
    if (bind(socketMul, (struct sockaddr *)&addrLocal,
      sizeof(addrLocal)) == SOCKET_ERROR)
      /*如果绑定失败*/
    {
        printf("bind failed with: %d\n", WSAGetLastError());
        closesocket(socketMul);
        WSACleanup();
        return;
    }

    /*设置多播地址的各个选项*/
    addrMul.sin_family = AF_INET;
    addrMul.sin_port = htons(mPort);
    addrMul.sin_addr.s_addr = dwMulticastGroup;

    /*重新设置 TTL 值*/
    optval = 8;

    /*设置多播数据的 TTL(存在时间)值。默认情况下，TTL 值是 1*/
    if (setsockopt(socketMul, IPPROTO_IP, IP_MULTICAST_TTL,
      (char *)&optval, sizeof(int)) == SOCKET_ERROR)
      /*如果设置失败*/
    {
```

```
        printf(
          "setsockopt(IP_MULTICAST_TTL) failed: %d\n", WSAGetLastError());
        closesocket(socketMul);
        WSACleanup();
        return;
    }

    /*如果指定了返还选项*/
    if (bLoopBack)
    {
        /*设置返还选项为假，禁止将发送的数据返还给本地接口*/
        optval = 0;
        if (setsockopt(socketMul, IPPROTO_IP, IP_MULTICAST_LOOP,
          (char *)&optval, sizeof(optval)) == SOCKET_ERROR)
          /*如果设置失败*/
        {
            printf("setsockopt(IP_MULTICAST_LOOP) failed: %d\n",
                    WSAGetLastError());
            closesocket(socketMul);
            WSACleanup();
            return;
        }
    }

    /*加入多播组*/
    if ((sockJoin = WSAJoinLeaf(socketMul, (SOCKADDR *)&addrMul,
      sizeof(addrMul), NULL, NULL, NULL, NULL,
      JL_BOTH)) == INVALID_SOCKET)
      /*如果加入不成功*/
    {
        printf("WSAJoinLeaf() failed: %d\n", WSAGetLastError());
        closesocket(socketMul);
        WSACleanup();
        return;
    }
}
```

8. 多播消息发送模块

多播消息发送模块实现多播消息的发送，即发送者(需提供“-s”选项标识)在指定的多播组、端口发送指定数量的多播消息，消息发送过程中，还可以设置是否允许消息返还(通过“-l”设置)。与广播函数一样，该函数也需要接收选项“-h(广播地址)”、“-p(端口号)”、“-i(本地接口)”和“-n(发送数量)”，如果用户没有提供这些选项，函数将以默认值执行。该模块由函数 multicastSend()来实现，其实现过程是先调用 mulControl()函数实现准备工作(多播的套接字创建、绑定功能，套接字选项设置功能，多播组加入功能等)，然后发送指定数量的消息。具体代码如下：

```
/*多播消息发送函数*/
void multicastSend()
```

```
{
    TCHAR  sendbuf[BUFSIZE];
    DWORD i;
    int ret;

    mulControl();

    /*发送 mCount 条消息*/
    for(i=0; i<mCount; i++)
    {
        /*将待发送的消息写入发送缓冲区*/
        sprintf(sendbuf, "server 1: This is a test: %d", i);
        ret = sendto(socketMul, (char *)sendbuf, strlen(sendbuf), 0,
          (struct sockaddr *)&addrMul, sizeof(addrMul));
        /*如果发送失败*/
        if(ret == SOCKET_ERROR)
        {
            printf("sendto failed with: %d\n", WSAGetLastError());
            closesocket(sockJoin);
            closesocket(socketMul);
            WSACleanup();
            return;
        }
        /*如果发送成功*/
        else
            printf("Send message %d\n", i);
        Sleep(500);
    }
    /*关闭套接字、释放占用的资源*/
    closesocket(socketMul);
    WSACleanup();
}
```

9. 多播消息接收模块

多播消息接收模块实现多播消息的接收，即接收者在指定的多播组、端口接收指定数量的多播消息。该函数也需要接收选项“-h(广播地址)”、“-p(端口号)”和“-n(发送数量)”，如果用户没有提供这些选项，函数将以默认值执行。该模块由函数 multicastRec()来实现，其实现过程是先调用 mulControl()函数实现准备工作(多播的套接字创建、绑定功能，套接字选项设置功能，多播组加入功能等)，然后接收指定数量的消息。

具体代码如下：

```
/*多播消息接收函数*/
void multicastRec()
{
    DWORD i;
    struct sockaddr_in  from;
    TCHAR recvbuf[BUFSIZE];
    int ret;
```

```
    int len = sizeof(struct sockaddr_in);

    mulControl();

    /*接收 mCount 条消息*/
    for(i=0; i<mCount; i++)
    {
        /*将接收的消息写入接收缓冲区*/
        if ((ret = recvfrom(socketMul, recvbuf, BUFSIZE, 0,
          (struct sockaddr *)&from, &len)) == SOCKET_ERROR)
          /*如果接收不成功*/
        {
            printf("recvfrom failed with: %d\n", WSAGetLastError());
            closesocket(sockJoin);
            closesocket(socketMul);
            WSACleanup();
            return;
        }

        /*接收成功，输出接收的消息*/
        recvbuf[ret] = 0;
        printf("RECV: '%s' from <%s>\n", recvbuf,
          inet_ntoa(from.sin_addr));
    }

    /*关闭套接字、释放占用的资源*/
    closesocket(socketMul);
    WSACleanup();
}
```

10. 主函数

主函数实现 Winsock 的初始化、广播与多播的选择、发送者与接收者身份选择等功能，其实现流程可参见图 11.2。

具体代码如下：

```
/*主函数*/
int main(int argc, char **argv)
{
    WSADATA wsd;

    initial();
    GetArguments(argc, argv);

    /*初始化 Winsock*/
    if (WSAStartup(MAKEWORD(2, 2), &wsd) != 0)
    {
        printf("WSAStartup() failed\n");
        return -1;
    }
```

```
    /*如果是执行广播程序*/
    if(broadFlag)
    {
        /*以发送者身份发送消息*/
        if(broadSendFlag)
        {
            broadcastSend();
            return 0;
        }
        /*以接收者身份接收消息*/
        else
        {
            broadcastRec();
            return 0;
        }
    }

    /*如果是执行多播程序*/
    if(multiFlag)
    {
        /*以发送者身份发送消息*/
        if(multiSendFlag)
        {
            multicastSend();
            return 0;
        }
        /*以接收者身份接收消息*/
        else
        {
            multicastRec();
            return 0;
        }
    }

    return 0;
}
```

提 示： 由于在 TC 或者 Win-TC 中没有编译套接字的头文件，所以该程序需要在 Visual C++或者具有 Winsock 头文件的编译器中编译。本章的程序已经在 Visual C++ 6.0 中通过编译。

11.4.2　运行结果

本小节将测试程序的运行，主要包括测试不带选项启动服务、以默认选项启动广播发送和接收端、以指定选项启动广播发送和接收端、以默认选项启动多播发送和接收端、以默认选项启动多播接收和发送接收端。

1. 不带选项启动服务

程序运行时，至少要带一个选项(“-m(指示多播)”或“-b(指示广播)”)，如果没有带选项，则程序终止并显示所有的用户帮助，如图 11.6 所示。

```
C:\WINDOWS\system32\cmd.exe

E:\book\src\chap11\udp\Debug>udp.exe
Please choose broadcast[-b] or multicast[-m] !
userHelpAll: -b [-s][p][-h][-n] | -m[-s][-h][-p][-i][-l][-n]
Broadcast: -b -s:str -p:int -h:str -n:int
           -b     Start the broadcast program.
           -s     Act as server (send data); otherwise
                  receive data. Default is receiver.
           -p:int Port number to use
                   The default port is 5050.
           -h:str The decimal broadcast IP address.
           -n:int The Number of messages to send/receive.
                  The default number is 10.
Multicast: -m -s -h:str -p:int -i:str -l -n:int
           -m     Start the multicast program.
           -s      Act as server (send data); otherwise
                   receive data. Default is receiver.
           -h:str  The decimal multicast IP address to join
                   The default group is: 224.3.5.8
           -p:int  Port number to use
                   The default port is: 25000
           -i:str  Local interface to bind to; by default
                   use INADDRY_ANY
           -l      Disable loopback
           -n:int  Number of messages to send/receive

E:\book\src\chap11\udp\Debug>
```

图 11.6　不带选项启动服务

图 11.6 中，显示了全局用户帮助、广播用户帮助和多播用户帮助。

2. 广播测试

广播测试主要包括带错误选项启动广播、以默认选项启动广播发送端和接收端和以指定选项启动广播发送端和接收端。

(1) 带错误选项启动广播

如果在广播中提供了错误的选项，则程序会终止并显示广播用户帮助，如图 11.7 所示，广播中没有提供“-a”选项，所以程序会终止并会显示广播用户帮助。

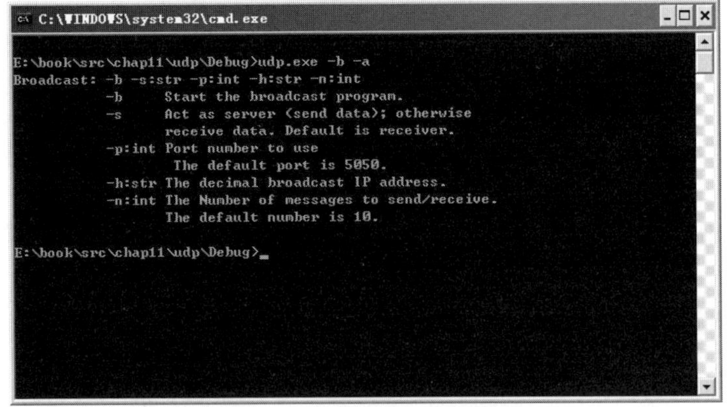

```
C:\WINDOWS\system32\cmd.exe

E:\book\src\chap11\udp\Debug>udp.exe -b -a
Broadcast: -b -s:str -p:int -h:str -n:int
           -b     Start the broadcast program.
           -s     Act as server (send data); otherwise
                  receive data. Default is receiver.
           -p:int Port number to use
                   The default port is 5050.
           -h:str The decimal broadcast IP address.
           -n:int The Number of messages to send/receive.
                  The default number is 10.

E:\book\src\chap11\udp\Debug>_
```

图 11.7　带错误选项启动广播

(2) 以默认选项启动广播

以默认选项启动广播，即广播地址是 INADDR_BROADCAST，端口号是 5050，发送 10 条消息。如图 11.8 所示，其中“-s”表示是发送者身份。

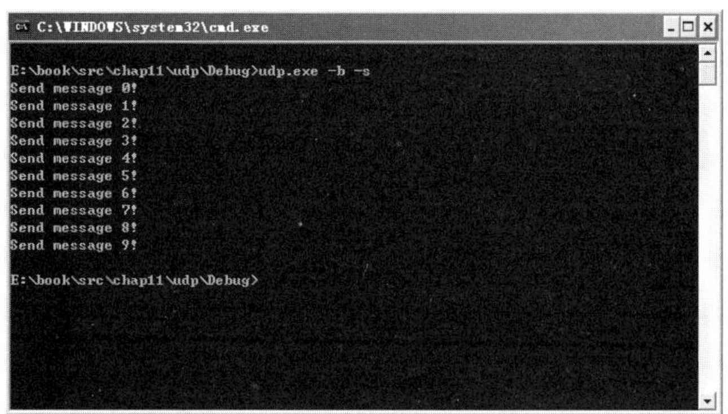

图 11.8　以默认选项启动广播发送端

在另一台主机上启动广播程序，以默认选项启动(其各个选项与发送端是一样的)，如图 11.9 所示。程序将会接收到来自发送端的消息。

```
C:\WINDOWS\system32\cmd.exe

D:\>udp.exe -b
The message received is from sender!
The message received is from sender!
The message received is from sender!
The message received is from sender!
The message received is from sender!
The message received is from sender!
The message received is from sender!
The message received is from sender!
The message received is from sender!
The message received is from sender!

D:\>
```

图 11.9　以默认选项启动广播接收端

(3)　以指定选项启动广播

以指定选项启动广播发送端，如图 11.10 所示，指定的选项是：广播地址 202.204.53.255(表示在 202.204.53 这个网段进行广播)，端口号是 9999，发送数量为 8 条。在图 11.10 中，显示了 8 条消息(消息 0~7)。

```
C:\WINDOWS\system32\cmd.exe

E:\book\src\chap11\udp\Debug>udp.exe -b -s -h:202.204.53.255 -n:8 -p:9999
Send message 0!
Send message 1!
Send message 2!
Send message 3!
Send message 4!
Send message 5!
Send message 6!
Send message 7!

E:\book\src\chap11\udp\Debug>_
```

图 11.10　以指定选项启动广播发送端

在另一台主机上以同样的选项启动广播接收端，将会接收到广播发送端发送的消息，如图 11.11 所示。

```
C:\WINDOWS\system32\cmd.exe

D:\>udp.exe -b -h:202.204.53.255 -p:9999 -n:8
The message received is from sender!
The message received is from sender!
The message received is from sender!
The message received is from sender!
The message received is from sender!
The message received is from sender!
The message received is from sender!
The message received is from sender!

D:\>
```

图 11.11　以指定选项启动广播接收端(1)

如果在另一个主机上，在全 1 的广播地址上(端口号仍是 9999)接收广播消息，仍然能收到广播发送端发送的广播消息，如图 11.12 所示。

```
C:\WINDOWS\system32\cmd.exe

D:\>udp.exe -b -p:9999 -n:8
The message received is from sender!
The message received is from sender!
The message received is from sender!
The message received is from sender!
The message received is from sender!
The message received is from sender!
The message received is from sender!
The message received is from sender!

D:\>
```

图 11.12　以指定选项启动广播接收端(2)

3. 多播测试

多播测试主要包括带错误选项启动多播、以默认选项启动多播发送端和接收端和以指定选项启动多播发送端和接收端。

(1) 带错误选项启动多播

如果在多播中提供了错误的选项，则程序会终止并显示多播用户帮助，如图 11.13 所示，多播中没有提供“-a”选项，所以程序会终止，并会显示多播用户帮助。

```
C:\WINDOWS\system32\cmd.exe

E:\book\src\chap11\udp\Debug>udp.exe -m -a
Multicast: -m -s -h:str -p:int -i:str -l -n:int
           -m      Start the multicast program.
           -s       Act as server (send data); otherwise
                    receive data. Default is receiver.
           -h:str   The decimal multicast IP address to join
                    The default group is: 224.3.5.8
           -p:int   Port number to use
                    The default port is: 25000
           -i:str   Local interface to bind to; by default
                    use INADDRY_ANY
           -l       Disable loopback
           -n:int   Number of messages to send/receive

E:\book\src\chap11\udp\Debug>
```

图 11.13　带错误选项启动多播

(2) 以默认选项启动多播

以默认选项启动多播，即多播地址是 224.3.5.8，端口号是 25000，发送 10 条消息，如图 11.14 所示，其中“-s”表示是发送者身份。

```
C:\WINDOWS\system32\cmd.exe

E:\book\src\chap11\udp\Debug>udp.exe -m -s
Send message 0
Send message 1
Send message 2
Send message 3
Send message 4
Send message 5
Send message 6
Send message 7
Send message 8
Send message 9

E:\book\src\chap11\udp\Debug>
```

图 11.14　以默认选项启动多播发送端

在另一台主机上启动多播程序，以默认选项启动(其各个选项与发送端是一样的)，如图 11.15 所示。程序将会接收到来自发送端的消息，默认接收消息是 10 条。

```
C:\WINDOWS\system32\cmd.exe

D:\>udp.exe -m
RECV: 'server 1: This is a test: 0' from <202.204.53.24>
RECV: 'server 1: This is a test: 1' from <202.204.53.24>
RECV: 'server 1: This is a test: 2' from <202.204.53.24>
RECV: 'server 1: This is a test: 3' from <202.204.53.24>
RECV: 'server 1: This is a test: 4' from <202.204.53.24>
RECV: 'server 1: This is a test: 5' from <202.204.53.24>
RECV: 'server 1: This is a test: 6' from <202.204.53.24>
RECV: 'server 1: This is a test: 7' from <202.204.53.24>
RECV: 'server 1: This is a test: 8' from <202.204.53.24>
RECV: 'server 1: This is a test: 9' from <202.204.53.24>

D:\>
```

图 11.15　以默认选项启动多播接收端

(3) 以指定选项启动多播

以指定选项启动多播发送端，如图 11.16 所示，指定的选项是：多播地址 234.5.6.7，端口号是 5555，发送数量为 12 条。

```
C:\WINDOWS\system32\cmd.exe

E:\book\src\chap11\udp\Debug>udp.exe -m -s -h:234.5.6.7 -p:5555 -n:12
Send message 0
Send message 1
Send message 2
Send message 3
Send message 4
Send message 5
Send message 6
Send message 7
Send message 8
Send message 9
Send message 10
Send message 11

E:\book\src\chap11\udp\Debug>
```

图 11.16　以指定选项启动多播发送端

在图 11.16 中，显示了 12 条消息(消息 0~11)。

在另一台主机上以同样的选项启动多播接收端，将会接收到多播发送端发送的消息，如图 11.17 所示。

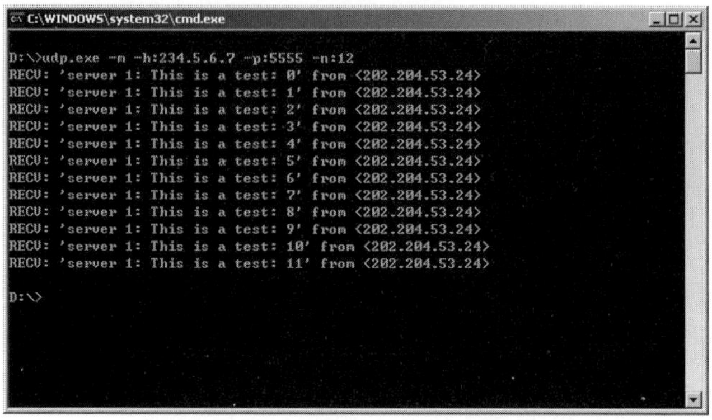

```
C:\WINDOWS\system32\cmd.exe

D:\>udp.exe -m -h:234.5.6.7 -p:5555 -n:12
RECV: 'server 1: This is a test: 0' from <202.204.53.24>
RECV: 'server 1: This is a test: 1' from <202.204.53.24>
RECV: 'server 1: This is a test: 2' from <202.204.53.24>
RECV: 'server 1: This is a test: 3' from <202.204.53.24>
RECV: 'server 1: This is a test: 4' from <202.204.53.24>
RECV: 'server 1: This is a test: 5' from <202.204.53.24>
RECV: 'server 1: This is a test: 6' from <202.204.53.24>
RECV: 'server 1: This is a test: 7' from <202.204.53.24>
RECV: 'server 1: This is a test: 8' from <202.204.53.24>
RECV: 'server 1: This is a test: 9' from <202.204.53.24>
RECV: 'server 1: This is a test: 10' from <202.204.53.24>
RECV: 'server 1: This is a test: 11' from <202.204.53.24>

D:\>
```

图 11.17　以指定选项启动多播接收端

对于广播接收端和多播接收端，可以在多台不同主机上启动，这些广播和多播消息会显示在这些不同的接收端上。如果接收端启动的时延不同，则接收的消息数量和时间也有所不同，读者可以自己测试。

第五篇 仿 Windows 应用程序

使用过 Windows 操作系统的读者对其自带的小程序，如进程调试模拟器、画图板等工具，应该有较深的印象，因为这些工具给我们日常生活带来了许多便利。在本篇中，我们将介绍进程调试模拟器、画图板、电子时钟、简易计算器、文本编辑器这几个小应用程序的设计与实现，帮助读者对 C 语言有一个较全面、较深入的综合理解，掌握鼠标编程、菜单制作等较高级的知识点。

第 12 章　进程调度模拟器

本章介绍进程调试模拟器的设计思路及其编码实现，重点介绍时间片轮转调度和动态优先数调度的设计，以及进程各状态之间的转变。通过本章的学习，希望读者能掌握光带菜单的制作和控制、进程的状态转变、进程的调度机制及模拟原理、链表的各种基本操作等知识点。同时，加强实践，勤学苦练，拓展思维，为国家软件产业添光加彩。

在所有采用微内核结构的操作系统中，都涉及到了“进程”的概念。由于多道程序在执行时需要共享系统资源，导致各程序在执行过程中出现相互制约的关系，从而程序的执行表现出间断性的特征。传统的程序本身是一组指令的集合，是一个静态的概念，无法描述程序在内存中的执行情况，因此，程序这个静态概念已不能如实反映程序并发执行过程的特征。为了深刻描述程序动态执行过程的性质，人们引入进程(Process)的概念。

从理论角度看，进程是对正在运行的程序过程的抽象；从实现角度看，进程是一种数据结构，目的在于清晰地刻画动态系统的内在规律，有效管理和调度进入计算机系统主存储器运行的程序。

进程调度是操作系统的核心，它是所有进程运行和状态转换的控制机构。本章运用 C 语言设计的进程调度模拟器，可模拟操作系统中进程的创建、进程的撤消、进程的显示、时间片轮转进程调度和动态优先数调度等。

12.1　设 计 目 的

进程控制是指系统使用一些具有特定功能的程序创建或者撤消进程，实现进程状态转换，从而使多个进程在某一时间段内并发执行，实现系统资源共享，提高程序运行效率和资源利用率。进程控制的主要任务，是创建和撤消进程以及实现进程的状态转换。进程调度是实现进程控制的关键。无论是在批处理系统中还是分时系统中，用户进程数一般都多于处理机数，这将导致它们互相争夺处理机。另外，系统进程也同样需要使用处理机。这就要求进程调度程序按一定的策略，动态地把处理机分配给处于就绪队列中的某一个进程，以使之执行。

进程的基本状态有三种：运行态、就绪态和阻塞态。运行态表示进程已经获得 CPU 资源，相关程序正在运行。就绪态是指该进程已经做好一切准备，进入了就绪队列，而阻塞态是程序因为某种原因退出运行转而阻塞，等待条件得到满足时进入就绪态，也就是程序不具备运行条件，例如程序等待用户输入的数据等，这种状态又称为等待态或睡眠态。本章中，将阻塞态统称为等待态。

本程序旨在模拟操作系统中进程的状态转换和调度，促使读者加深对操作系统进程的了解，帮助读者掌握有关进程调度算法的原理，掌握有关进程调试模拟的方法，熟悉 C 语言的指针和链表的各种基本操作，体验文本模型下光带菜单的制作技巧，为将来开发出更优秀的程序或软件打下扎实的基础。

12.2 功 能 描 述

计算机系统中为数众多的进程就相当于行驶于道路上的各种车辆，车辆的不同功能类似于进程所属的不同类别，车辆的体积大小类似于进程的规模大小，车辆的速度快慢类似于进程的执行速度等。可见，操作系统相当于道路管理中的指挥中心，需要负责进程的协调一致，保证互不冲突。因此，管理这些类似车辆的进程需要很好的调度和控制。进程调试模拟器使用基于单链表的队列形式实现，如图 12.1 所示，它由如下五大功能模块组成：图形化界面模块、进程创建模块、进程显示模块、进程撤消模块、进程调度模块。

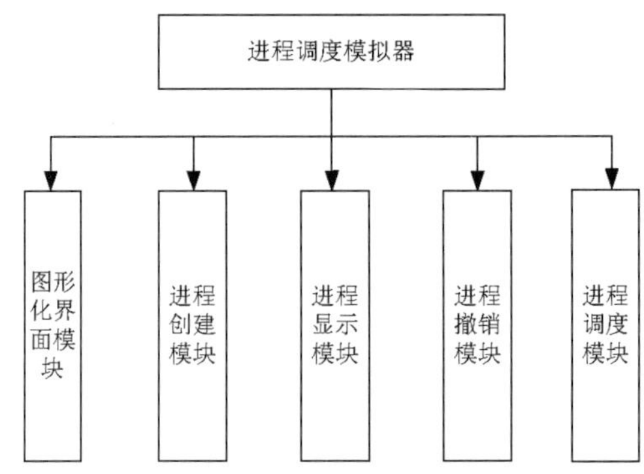

图 12.1　进程调试模拟器的功能模块

(1) 图形化界面模块。此模块主要包括光带菜单的显示和控制两大部分。光带菜单是在文本模式下开发的，主要通过菜单字符串数组来定义和显示。另外，菜单控制通过给代表菜单选项的整数赋值，将光带所在窗口的行数换算成相应的菜单项，作为选择结果返回给主控制程序，然后调度相应的函数来完成。

(2) 进程创建模块。进程创建模块负责就绪进程和等待进程的创建，即进程信息添加到相应的单链表中，这个单链表也叫公共队列，它涉及就绪进程、等待进程和执行进程。在进程调试模拟器中，就绪进程和等待进程通过用户从键盘逐个创建，执行进程的创建在调度过程中完成。

(3) 进程显示模块。进程显示模块主要负责以表格的形式输出所有进程的信息，包括刚创建时所有进程的状态和运行过程中的进程状态。若当前没有任何进程存在，则显示一个空表信息。

(4) 进程撤消模块。进程撤消模块主要完成相应进程的撤消和所有进程队列的清空工作。进程撤消涉及各种进程状态的转换，当处于执行状态的进程在 CPU 分配的时间片内已完成进程的运行时，需要将此进程的运行态转换为完成态，并放入已完成队列中存储。此时，若公共队列中存在等待进程，则将某等待进程转换为就绪态。另外，当处于执行状态的进程在 CPU 分配的时间片内未完成进程的运行时，也需要将其状态转换为就绪态或等待态，其中，等待态也称为阻塞态。

(5) 进程调度模块。进程调度模块负责进程调度过程的模拟，这是实现进程调度模拟器的灵魂。它的主要功能，是从就绪进程中按调度策略或算法选出一个进程，并为其分配处理机。同样，进程在运行期间不断地从一个状态转换到另一个状态，进程的各种调度状态依据一定的条件而发生变化，它可以多次处于就绪状态和执行状态，也可多次处于等待状态。

12.3　总 体 设 计

12.3.1　功能模块设计

1. 主控 main()函数的执行流程

进程调试模拟器执行主流程如图 12.2 所示。

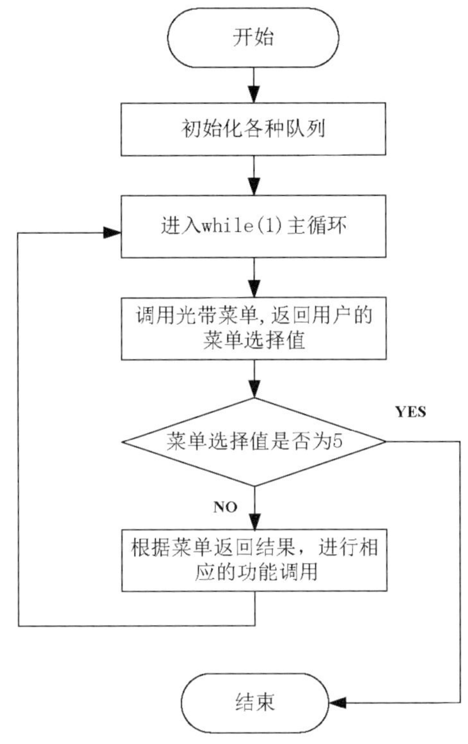

图 12.2　主控函数的执行流程

它首先初始化各种单链表实现的队列，其中执行进程、就绪进程和等待进程共享队列，也称为公共队列，保存已执行完进程的队列称为已完成队列。

然后，调用 main_menu()函数来显示主界面和光带菜单，其中，光带菜单包括 5 个菜单项，根据用户选择结果，返回一个整数值。

最后，模拟器根据返回的整数值，调用函数，完成相应的功能。若返回结果为 5，则执行 exit(0)操作，退出系统。若返回结果为 1，则调用 Create_Process(head)函数完成创建进程；若返回结果为 2，则调用 Display_Process()，用于显示进程；若返回结果为 3，则调用函数 Timeslice_Round(head)，完成按时间片轮转的进程调度模拟；若返回结果为 4，则调用函数 Priority_First(head)，完成按动态优先数的进程调度模拟。

2. 图形化界面模块

图形化界面模块主要包括光带菜单的显示和控制两大部分。光带菜单的制作主要通过利用菜单字符串数组，结合 gotoxy()和 cprintf()等函数来完成，光带条可在菜单选项之间上下移动。同时，菜单控制通过给代表菜单选项的整数赋值，将光带所在窗口的行数换算成相应的菜单项，作为选择结果，返回给主控制程序，然后调度相应的函数来完成。

其中，行数换算成菜单项的过程如下：菜单共有 5 个选项，即在 5 行之间循环移动，并初始化菜单项为 i=1；按上移键↑，i 减 1，若已到第一行再上移，则到光带跳至最后一行，并设置 i=5；按下移键↓，i 加 1，若已到最后一行再下移，则到光带跳至第一行，并设置 i=1。

3. 进程创建模块

进程调试模拟器中，进程创建模块由 Create_Process()函数负责完成。它包括就绪进程和等待进程的创建，通过用户从键盘逐个创建，执行进程的创建在调度过程中完成。就绪进程和等待进程都放在公共队列中，并设置就绪进程数上限和等待进程数上限。若就绪进程未满，首先将就绪进程添加至公共队列，并标记为 READY 状态；若就绪队列已满，然后将等待进程添加至公共队列，并标记为 WAIT 状态。当进程执行完毕时，已完成进程标记为 FINISH 状态。同时，在进程在执行前，将其标记为 RUN 状态。

4. 进程显示模块

进程显示块主要负责以表格的形式输出所有进程的信息，包括刚创建时的所有进程状态和运行过程中的进程状态。若当前没有任何进程存在，则显示一个空表信息。

具体流程为：首先根据结构体中的字段，输出表格头部；然后依次输出处于执行态的进程、公共队列中的就绪进程、公共队列中的等待进程、完成队列中的进程；最后，输出表尾。

其中，各状态使用数字来表示，1 表示 RUN(执行态)，2 表示 READY(就绪态)，3 表示 WAIT(等待态)，4 表示 FINISH(完成态)。另外，表格的输出需要使用格式化输出语句来对齐。

5. 进程撤消模块

进程撤消模块主要完成相应进程的撤消和所有进程队列的清空工作。进程撤消主要负责将运行完的进程剔除出队列，保存在完成队列中。进程队列的清空工作涉及已完成队列中进程节点的删除和各种队列指针的清空，为下一轮进程的创建和模拟调试做准备。

6. 进程调度模块

进程调度是指根据系统选定的调度算法，从就绪进程队列中选取一个就绪的进程，分配 CPU 给它，并决定它运行多长时间。

进程调度方式分为非剥夺式和剥夺式两种。在非剥夺式中，一旦把处理机分配给某进程后，便让它一直运行下去，直到进程完成，或发生某事件而阻塞时，才把处理机分配给另一个进程。这种方式简单，系统开销小。在剥夺方式中，当一个进程正在运行时，系统可以基于某种原则，剥夺已分配给它的处理机，将之分配给其他进程。剥夺原则有：优先权原则、短进程优先原则和时间片原则。由于剥夺式进程调度方式更灵活实用，因此，本模拟器采种剥夺式的进程调度方法进行模拟。

进程的调度算法是一种服务于系统目标的策略，对于不同的系统和系统目标，应采用不同的调度算法。目前常用的进程调试算法有：优先数法和时间片轮转法。优先数也称为优先级，优先数法根据进程的优先数高低来确定选择次序，优先级高的进程获得 CPU 资源，可分为静态优先数法和动态优先数法。由于静态优先数法相对比较简单，因此，本程序主要模拟了动态优先数调度算法和时间片轮转调度算法。

(1) 动态优先数调度

在静态优先数法中，进程创建时确定的优先数在进程的整个生命周期内保持不变。因此，在动态优先数中，在进程的生命周期内，可以修改进程的优先数。一般有以下几个原则：进程上次占用的 CPU 时间越长，优先数越低；就绪态进程等待时间越长，优先数越高。本模拟器采用的策略是：在进程创建时，进程优先数根据需要的运行时间来定，需要运行时间越长，优先数越低；在调度过程中，时间片内运行一次进程后，相应进程的优先数减 1，然后再从就绪进程中选出一个优先数最大的进程与刚运行一次的进程的优先数比较，如果当前未运行完的进程的优先数低于选出的就绪进程的优先数，则先运行选出的就绪进程，否则，在下一个时间内继续运行未运行完的进程，直至优先数低于重新选出的就绪进程的优先数。

(2) 时间片轮转调度

通过规定一个称为“时间片”的固定执行时间，就绪进程按照 FIFO(First In First Out)的方式排列。调度程序每次从队列头取出一个进程投入运行，但其运行时间不能超过事先预定好的时间片长度。一旦分配给该进程的时间片用完，且还没有执行完，该进程就必须释放 CPU 资源，回到保存就绪进程的队列尾部，等待重新调度。若进程的时间片用完，且已执行完，则将该进程保存在已完成队列尾部。

12.3.2　数据结构设计

1. 进程控制块结构

为了管理进程，一般需要设置的一个专门的数据结构，称为进程控制块 PCB(Process Control Block)，用它来记录进程的外部特征，描述进程的运动变化过程。所以，PCB 是系统感知进程存在的唯一标志。在不同的操作系统中对进程的控制和管理机制不同，PCB 中的信息多少也不一样。本模拟器定义了如下所示的进程控制块数据结构：

```
typedef struct pcb
{
    char name[10];
    int  status;
    int  priority;
    int  runtime;
    int  needtime;
} PCB;
```

结构 PCB 用于进程控制块相关的基本信息。为了简化程序，这里只选取了与进程控制块有关的基本信息。其各字段的值的含义如下。

- name [10]：保存进程标识符。
- status：保存进程状态。
- priority：保存进程优先数。
- runtime：保存进程在 CPU 中的已运行时间。
- needtime：保存进程需要运行的时间。

其中，进程状态 status 使用数字值表示，1 表示 RUN 执行态，2 表示 READY 就绪态，3 表示 WAIT 等待态，4 表示 FINISH 完成态。进程优先数初始值为 100 减去需要运行时间，这样，运行时间越长的进程，其优先数相对较低。

2. 与进程队列有关的数据结构

queue_node 结构的定义如下：

```
typedef struct queue_node {
    PCB data; /*数据域*/
    struct queue_node *next; /*指针域*/
} Queue_Node;
```

队列采用单链表实现，在单链表 queue_node 结构体中，data 为 queue_node 结构类型的数据，作为单链表结构中的数据域，next 为单链表中的指针域，用来存储其直接后继节点的地址。另外，模拟器还定义了与公共队列和完成队列相关的队列指针。

12.3.3 函数功能描述

1. Destroy_Process()

函数原型：

```
void Destroy_Process(Queue_Node *run);
```

Destroy_Process()函数用于进程撤消，将运行完的进程剔除出队列，并且保存在完成队列之中。

2. Display_Process()

函数原型：

```
void Display_Process();
```

Display_Process()函数用于显示当前的所有进程及其状态。

3. Delete_AllProcess()

函数原型：

```
void Delete_AllProcess();
```

Delete_AllProcess()函数用于删除所有完成进程和队列清空。

4. get_maxprinode()

函数原型：

```
Queue_Node* get_maxprinode(Queue_Node *head);
```

get_maxprinode()函数用于在公共队列中找到一个优先数最大的就绪进程。

5. Timeslice_Round()

函数原型：

```
void Timeslice_Round(Queue_Node *head);
```

Timeslice_Round()函数用于完成按时间片轮转的进程调度。

6. Priority_First()

函数原型：

```
void Priority_First(Queue_Node *head);
```

Priority_First()用于完成基于动态优先数的进程调度。

7. Create_Process()

函数原型：

```
void Create_Process(Queue_Node *head);
```

Create_Process()函数用于创建进程。

8. main_menu()

函数原型：

```
int main_menu();
```

main_menu()函数显示主窗口和光标菜单，并返回一个整数型的用户菜单选择结果。

9. 主函数 main()

主函数 main()是整个进程调试模拟器的主要控制部分。

12.4 程 序 实 现

12.4.1 源码分析

1. 程序预处理

程序预处理包括加载头文件，定义结构体、常量和变量，并对它们进行初始化工作：

```
#include "bios.h"     /*基本输入输出系统函数库*/
#include "math.h"     /*数学运算函数库*/
#include "stdio.h"   /*标准输入输出函数库*/
#include "stdlib.h"  /*标准函数库*/
```

```
#include "string.h"  /*字符串函数库*/
#include "dos.h"    /*DOS 接口函数*/
#include "conio.h"   /*屏幕操作函数*/
#define  RUN 1       /*运行状态*/
#define  READY 2      /*就绪状态*/
#define  WAIT  3      /*等待状态或阻塞状态*/
#define  FINISH  4   /*完成状态*/
#define  timeslice 1     /*时间片大小*/
#define  Ready_N 3    /*就绪队列允许的最多进程数*/
#define  Wait_N  10   /*等待队列或阻塞队列允许的最多进程数*/
#define  N       Ready_N+Wait_N   /*系统允许的最多进程数*/
/****************************************************************/

/*定义进程控制块*/
typedef struct pcb
{
    char name[10];     /*进程标识符*/
    int  status;      /*进程状态*/
    int  priority;    /*进程优先数*/
    int  runtime;     /*进程在 CPU 中的已运行时间*/
    int  needtime;    /*进程需要运行的时间*/
} PCB;

/*定义进程节点*/
typedef struct queue_node {
    PCB data;
    struct queue_node *next;
} Queue_Node;
Queue_Node *head;   /*公共队列指针*/
Queue_Node *ready;  /*就绪队列指针*/
Queue_Node *run;    /*运行队列指针*/
Queue_Node *wait;   /*等待队列指针*/
Queue_Node *finish; /*完成队列指针*/
```

2. 主函数 main()

main()函数主要实现对整个程序的运行控制，及相关功能模块的调用，详细分析可参考图 12.2。具体代码如下：

```
void main()
{
    head = (Queue_Node *)malloc(sizeof(Queue_Node));
    head->next = NULL;
    run = wait = ready = head;
      /*执行进程、就绪进程和等待进程共享队列，也称为公共队列*/
    finish = (Queue_Node *)malloc(sizeof(Queue_Node));
    finish->next = NULL;
    clrscr();
    while(1)
    {
       switch(main_menu())   /*调用菜单函数，返回一个整数值*/
```

```
        {
        case 1: clrscr(); Create_Process(head); break;   /*创建进程*/
        case 2: clrscr(); Display_Process(); break;      /*显示所有进程*/
        case 3:
            clrscr(); Timeslice_Round(head); break;  /*按时间片轮转进程调度*/
        case 4:
            clrscr(); Priority_First(head); break;  /*按优先数进行进程调度*/
        case 5: exit(0); break;              /*退出*/
        }
    }
}
```

3. 绘制模拟器主界面及光带菜单

模拟器主界面及光带菜单的制作由 main_menu()函数来完成。不同于图形模式下的画线和画框操作，文本模式下的图形界面主要通过在指定位置输出特殊字符和不同前景、背景颜色来实现，其中，指定位置可通过 gotoxy()函数来实现，特殊字符可通过 cprintf()函数指定字符的 ASCII 码来获得，背景颜色可通过 textbackground()函数来指定，文本颜色可通过 textcolor()函数来实现。

菜单控制通过给代表菜单选项的整数赋值，将光带所在窗口的行数换算成相应的菜单项，作为选择结果返回给主控制程序，然后调度相应的函数来完成。

具体代码如下：

```
int main_menu()
{
    int  i;
    int key = 0; /*记录键值*/
    int select = 0;
    char *menu[] = {     /*定义菜单字符串数组*/
        "***************MENU**************", /*菜单的标题行*/
        " 1. Create   Process", /*创建进程*/
        " 2. Display  Process \n",  /*显示所有进程*/
        " 3. Schedule by Timeslice_Round", /*按时间片轮转调度*/
        " 4. Schedule by Priority_First", /*按优先数调度*/
        " 5. Exit", /*退出进程模拟器*/
        "*********************************"
    };
    clrscr();  /*清屏*/
    textcolor(14); /*设置文本颜色为黄色*/
    textbackground(1);
    gotoxy(10, 2);
    cprintf("%c", 218); /*输出左上角边框 ┌*/
    for(i=1; i<51; i++)
        cprintf("%c", 196); /*输出上边框水平线*/
    cprintf("%c", 191);  /*输出右上角边框┐ */
    for(i=3; i<22; i++) /*输出左右两边的垂直线*/
    {
        gotoxy(10,i); cprintf("%c",179);
        gotoxy(61,i); cprintf("%c",179);
```

```
    }
    gotoxy(10,22); cprintf("%c",192); /*输出左下角边框└*/
    for(i=1; i<51; i++)
        cprintf("%c", 196); /*输出下边框水平线*/
    cprintf("%c", 217); /*输出右下角边框┘ */
    window(11, 3, 60, 21);
    clrscr(); /*清屏*/
    gotoxy(15,4); printf("%s"," PROCESS SIMULATOR");
    for(i=0; i<7; i++)
    {
        gotoxy(10, i+5);
        cprintf("%s", menu[i]); /*输出菜单项数组*/
    }
    i = 1;
    gotoxy(10, 6); /*设置默认选项在第一项*/
    textbackground(11);
    cprintf("%s", menu[1]); /*输出菜单项，表示选中*/
    gotoxy(10, 6); /*移动光标到菜单的第一项*/
    while(key != 13) /*13 为回车键*/
    {
        while(bioskey(1) == 0) ;
        key = bioskey(0);
        key = key&0xff?key&0xff:key>>8; /*对按键进行判断*/
        gotoxy(10, i+5);
        textbackground(1);
        cprintf("%s", menu[i]); /*输出菜单项*/
        if(key==72) i=(i==1?5:i-1);
          /*如按向上键↑，i 减 1，如已到第一行再上移，则到最后一行*/
        if(key==80) i=(i==5?1:i+1);
          /*如按向下键↓，i 加 1，如已到最后一行再下移，则到第一行*/
        gotoxy(10, i+5); /*光标移动*/
        textbackground(11);
        cprintf("%s", menu[i]); /*输出菜单项*/
        select = i; /*给代表菜单选项的整数赋值*/
    }
    textbackground(0);
    window(1, 1, 80, 25); /*恢复原窗口大小*/
    return select;
}
```

4. 进程创建

进程创建的工作由 Create_Process 函数配合完成。进程主要通过用户从键盘输入逐个创建，执行进程的创建在调度过程中完成。就绪进程和等待进程都放在公共队列中，并设置就绪进程数上限和等待进程数上限。若就绪进程未满，首先将就绪进程添加至公共队列，并标记为 READY 状态；若就绪队列已满，则将等待进程添加至公共队列，并标记为 WAIT 状态。具体代码如下：

```
void Create_Process(Queue_Node *head)
{
```

```
Queue_Node *p, *r, *w; /*实现添加操作的临时的结构体指针变量*/
Queue_Node *head1;
int num=0, i=0, time=0;
int count1=0, count2=0;
char name[10];
r= wait = ready = head;
clrscr();
do {
    printf("Input the process number[<=%d]:", N);
    scanf("%d", &num);
} while(num > N);
for(i=1; i<=num; i++) /*逐条输入 PCB 内容*/
{
    printf("**************************************\n");
    printf("Name of process %d:", i);
    scanf("%s", name);
    head1 = head->next;
    while(head1 != NULL) /*检查就绪队列和等待队列中是否有同标识进程*/
    {
        if(strcmp(head1->data.name,name) == 0)
        {
            printf(
              "Name %s has been used, Please use another name:", name);
            scanf("%s", &name);
        }
        head1 = head1->next;
    }
    printf("Process needtime:");
    scanf("%d", &time);
    p = (Queue_Node *)malloc(sizeof(Queue_Node)); /*申请内存空间*/
    if(!p)
    {
        printf("\n allocate memory failure ");
          /*如没有申请到，打印提示信息*/
        return;            /*返回主界面*/
    }
    strcpy(p->data.name, name); /*进程标识符*/
    p->data.runtime = 0;        /*进程在 CPU 中的已运行时间*/
    p->data.needtime = time;    /*进程需要运行时间*/
    p->data.priority = 100 - time;  /*进程优先数*/
    if(i <= Ready_N) /*没有超过允许的就绪进程数*/
    {
        p->data.status = READY; /*进程状态*/
        p->next = NULL;
        r->next = p;  /*将新建的节点加入队列队尾*/
        r = p;
        count1++; /*统计队列中的就绪进程数*/
    }
    else
    {
```

```
            p->data.status = WAIT; /*进程状态*/
            p->next = NULL;
            r->next = p;  /*将新建的节点加入队列队尾*/
            r = p;
            count2++; /*统计等待进程数*/
        }
    }
    printf("**************************************\n");
    printf("All process has been created!\nReady_Process:%d,
           Wait_Process:%d\n", count1, count2);
    getchar(); getchar();
    return;
}
```

5. 进程显示

进程及其状态显示由 Display_Process()函数来完成。首先，根据结构体中的字段，输出表格头部；然后依次输出处于执行态的进程、公共队列中的就绪进程、公共队列中的等待进程、完成队列中的进程；最后，输出表尾。

需要说明的是，由于公共队列、完成队列以及各状态进程指针的作用域是全局的，因此，这里无须进行参数传递。

具体代码如下：

```
void Display_Process()
{
    Queue_Node *r,*w,*f,*t;
    ready = wait = head;
    t=r=ready->next; w=wait->next; f=finish->next;
    while(f) { f->data.status=FINISH; f=f->next; }
    f = finish->next;
    printf("                                                  \n");
    printf("                                                  \n");
    printf("          -----------------PROCESS---------------------  \n");
    printf("         |   name   |status   |Priority|Run_Time|Needtime|\n");
    printf("         |-------- -|--------|--------|--------|--------|\n");
    while(t != NULL) /*输出处于执行态的进程*/
    {
        if(t->data.status == RUN)
        {
            printf("     *|%-10s|%-8d|%-8d|%-8d|%-8d|\n",
              t->data.name, t->data.status,
              t->data.priority, t->data.runtime,
              t->data.needtime);
        }
        t = t->next;
    }
    while(r != NULL) /*输出公共队列中的就绪进程*/
    {
        if(r->data.status == READY)
```

```
        {
            printf("      |%-10s|%-8d|%-8d|%-8d|%-8d|\n",
              r->data.name, r->data.status,
              r->data.priority, r->data.runtime,
              r->data.needtime);
        }
        r = r->next;
    }
    while(w != NULL) /*输出公共队列中的等待进程*/
    {
        if(w->data.status == WAIT)
        {
            printf("        |%-10s|%-8d|%-8d|%-8d|%-8d|\n",
              w->data.name, w->data.status,
              w->data.priority, w->data.runtime,
              w->data.needtime);
        }
        w = w->next;
    }
    while(f != NULL) /*输出完成队列中的进程*/
    {
        printf("        |%-10s|%-8d|%-8d|%-8d|%-8d|\n",
          f->data.name, f->data.status,
          f->data.priority, f->data.runtime,
          f->data.needtime);
        f = f->next;
    }
    printf("        ---------------------------------------------  \n");
    printf("        1:RUN,2:READY,3:WAIT,4:FINISH\n");
    getchar();
    return;
}
```

6. 进程撤消

进程摊销工作由 Destroy_Process()函数和 Delete_AllProcess()函数来实现。其中，Destroy_Process()函数主要负责将运行完的进程剔除出队列，保存在完成队列中。而 Delete_AllProcess()函数则负责对已完成队列中进程节点的删除和各种队列指针的清空，为下一轮进程的创建和模拟调试做好准备。具体代码如下：

```
void Destroy_Process(Queue_Node *run)
{
    Queue_Node *q, *p;
    Queue_Node *r, *f, *w;
    ready = head;
    q=ready->next; f=finish; r=ready;
    while(f->next != NULL)
        f = f->next; /*将指针移到完成队列的最末尾，准备添加进程*/
    while(q != NULL)/*扫描进程队列，找到执行完的进程*/
    {
```

```
        if(q->data.name == run->data.name) /*判断是不是已完成的进程*/
        {
            if(q->next != NULL)
                r->next = q->next; /*从队列中删除已完成的进程*/
            else
                r->next = NULL; /*从队列中删除已完成的进程*/
            q->data.priority = 0; /*优先数清 0*/
            q->data.status = FINISH; /*更改进程状态*/
            q->next = NULL;
            f->next = q; /*将已完成进程保存至完成队列的队尾*/
            break;
        }
        r = q;
        q = q->next;
    }
    return;
}
void Delete_AllProcess()
{
    Queue_Node *f;
    f = finish->next;
    while(f != NULL) /*删除完成队列中的进程*/
    {
        free(f);
        f = f->next;
    }
    ready->next = NULL;
    wait->next = NULL;
    finish->next = NULL;
    run->next = NULL;
    head->next = NULL;
    return;
}
```

7. 进程调度

进程调度由 maxprinode()、Timeslice_Round()和 Priority_First()函数配合完成。模拟器采种剥夺式的进程调度方式，即当一个进程正在运行时，系统可以基于某种原则，剥夺已分配给它的处理机，将之分配给其他进程，最终模拟了基于动态优先数的调度算法和基于时间片轮转的调度算法。

(1) Queue_Node* get_maxprinode(Queue_Node *head)：该函数从就绪进程中选出一个优先数最大的进程，以供动态优先数调度函数使用。

(2) void Timeslice_Round(Queue_Node *head)：该函数实现时间片轮转调度，按顺序将 CPU 时间片赋给就绪列队中的每一个进程，即进程轮流占有 CPU，当时间片用完时，若进程未执行完毕，则系统剥夺该进程的 CPU，将 RUN 状态变成 READY 状态，同时，按顺序选择另一个进程运行。当时间片用完时，若进程执行完毕，则销毁此进程。

(3) void Priority_First(Queue_Node *head)：该函数实现基于动态优先数的调度。在时

间片内运行一次进程后，相应进程的优先数减 1，然后再从就绪进程中选出一个优先数最大的进程，与刚运行一次的进程的优先数比较，如果当前未运行完的进程的优先数低于选出的就绪进程的优先数，则先运行选出的就绪进程，否则，在下一个时间内继续运行未运行完的进程，直至优先数低于重新选出的就绪进程的优先数。

具体代码如下：

```
void Timeslice_Round(Queue_Node *head)  /*时间片轮转调度*/
{
    Queue_Node *q, *p, *w;
    ready = wait = head;
    w = q = ready->next; /*ready 为就绪队列头指针*/
    q->data.status = RUN; /*将就绪队列的第一个进程置为运行态*/
    clrscr();
    while(q) /*q!=NULL*/
    {
        if(q->data.status == RUN)
        {
            Display_Process(); /*显示所有进程的信息*/
            q->data.needtime = q->data.needtime - 1; /*需要执行的时间减 1*/
            q->data.runtime = q->data.runtime + 1; /*CPU 占用的时间增 1*/
            sleep(timeslice); /*执行一个时间片*/
            getchar();
            if(q->data.needtime <= 0)
            {
                Destroy_Process(q); /*销毁此进程*/
                w = head->next;
                while(w!=NULL && w->data.status!=WAIT) { w=w->next; }
                if(w!=NULL) w->data.status=READY;
                  /*销毁一进程后，立即将一等待进程置为就绪*/
            }
            q->data.status = READY; /*运行完一个时间片后，由 RUN 状态变为 READY*/
            if(q->next != NULL) /*q->next!=NULL，轮转至下一个进程*/
            {
                q = q->next;
                q->data.status = RUN;
            }
            else
            {
                q = ready->next; /*循环跳至第一个没有运行完的进程*/
                q->data.status = RUN;
            }
        } /*endif*/
        if(q==NULL) { Display_Process(); Delete_AllProcess(); return; }
    } /*end while*/
    Delete_AllProcess(); return;
}

void Priority_First(Queue_Node *head) /*动态优先数调度*/
{
```

```
    Queue_Node *q, *p, *w;
    ready = wait = head;
    q = get_maxprinode(head);
    q->data.status = RUN; /*将就绪队列中优先数最大的进程置为运行态*/
    clrscr();
    while(q) /*q!=NULL*/
    {
        if(q->data.status == RUN)
        {
            Display_Process(); /*显示所有进程的信息*/
            q->data.needtime = q->data.needtime - 1; /*需要执行的时间减 1*/
            q->data.runtime = q->data.runtime + 1; /*CPU 占用的时间增 1*/
            q->data.priority = q->data.priority - 1; /*动态计算优先数*/
            sleep(timeslice); /*执行一个时间片*/
            getchar();
            if(q->data.needtime <= 0) /*进程已经运行完*/
            {
                Destroy_Process(q); /*销毁此进程*/
                w = ready->next;
                while(w!=NULL && w->data.status!=WAIT) { w=w->next; }
                if(w != NULL)
                { w->data.status=READY; } /*销毁一进程后，立即置一等待进程就绪*/
                p = get_maxprinode(head);
                if(p != NULL)
                {
                    p->data.status = RUN;
                    q = p;
                }
                else
                { q = p; }
            }
            else /*进程未运行完*/
            {
                p = get_maxprinode(head);
                  /*从就绪进程队列中挑选一个优先数最大的进程来运行*/
                if(strcmp(p->data.name,q->data.name)==0) continue;
                if(p!=NULL && q->data.priority<p->data.priority)
                  /*如果当前未运行完的进程的优先数低于就绪进程的优先数*/
                {
                    q->data.status = READY;  /*由 RUN 状态变为 READY*/
                    p->data.status = RUN;
                    q = p;
                }
            }
        } /*endif*/
    } /*end while*/
    Display_Process();
    Delete_AllProcess();
    return;
}
```

```
Queue_Node* get_maxprinode(Queue_Node *head) /*找到一个优先数最大的就绪进程*/
{
    Queue_Node *p, *q, *t;
    int max, flags=0;
    t = head->next;
    while(t != NULL)
    {
        if(t->data.status == READY) /*初始 max 为第一个就绪进程的优先数*/
        {
            q = t;
            max = t->data.priority;
            flags = 1;
            break;
        }
        t = t->next;
    }
    if(flags==0) { return NULL; } /*当前没有就绪进程，返回 NULL*/
    p = t->next;
    while(p)
    {
        if(p->data.priority>max && p->data.status==READY)
          /*逐一比较就绪进程，选出优先数最大的进程*/
        {
            max = p->data.priority;
            q = p;
        }
        p = p->next;
    }
    return q;
}
```

12.4.2　运行结果

1. 主界面及菜单

进程调试模拟器主界面及菜单如图 12.3 所示。

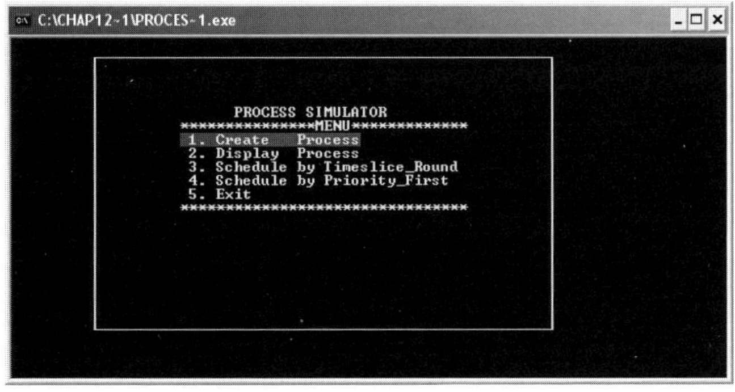

图 12.3　进程调试模拟器主界面

包括 Create Process、Display Process、Schedule by Timeslice_Round、Schedule by Priority_First、Exit，共 5 个菜单项，用户可以使用光标上下移动键进行移动，按 Enter 键进行选择。模拟器根据用户选择结果的返回值，调用不同函数，完成进程创建、显示、调度等功能，其中，进程撤消在运行过程中由其他函数调用来完成。

2. 进程创建

用户选择 Create Process 菜单项并按 Enter 键后，即可进行进程创建工作。其输入记录过程如图 12.4 所示。目前已经创建了 5 个进程，其中就绪进程 3 个，等待进程 2 个，因为程序中设置的就绪进程数上限为 3。

```
C:\CHAP12-1\PROCES-1.exe
Input the process number[<=13]:5
************************************
Name of process 1:a
Process needtime:1
************************************
Name of process 2:b
Process needtime:2
************************************
Name of process 3:c
Process needtime:3
************************************
Name of process 4:d
Process needtime:4
************************************
Name of process 5:e
Process needtime:5
************************************
All process has been created!
Ready_Process:3,Wait_Process:2
```

图 12.4　进程调试模拟器的主界面

3. 进程显示

用户选择 Display Process 菜单项并按 Enter 键后，即可进入进程显示界面。如图 12.5 所示，显示结果为刚创建的 5 个进程，优先数初始化为 100 减去运行所需要的时间。

```
C:\CHAP12-1\PROCES-1.exe
 -----------------PROCESS----------------------------
|   name    |status   |Priority|Run_Time |Needtime |
|-----------|---------|--------|---------|---------|
|a          |2        |99      |0        |1        |
|b          |2        |98      |0        |2        |
|c          |2        |97      |0        |3        |
|d          |3        |96      |0        |4        |
|e          |3        |95      |0        |5        |
 ----------------------------------------------------
 1:RUN,2:READY,3:WAIT,4:FINISH
```

图 12.5　进程创建显示结果

4. 时间片轮转进程调度

用户选择 Schedule by Timeslice_Round 选项并按 Enter 键后，即可进行时间片轮转进程调度模拟。如图 12.6 所示，首先选择给 a 进程分配处理机，由于 a 进程只需运行一个时间片，因此其运行态经过一个时间后变成了完成态，然后将处于等待态的 d 进程转换成就绪态，并按 FIFO 顺序依次选择 b 进程运行，因此 b 进程由就绪态变成了运行态。

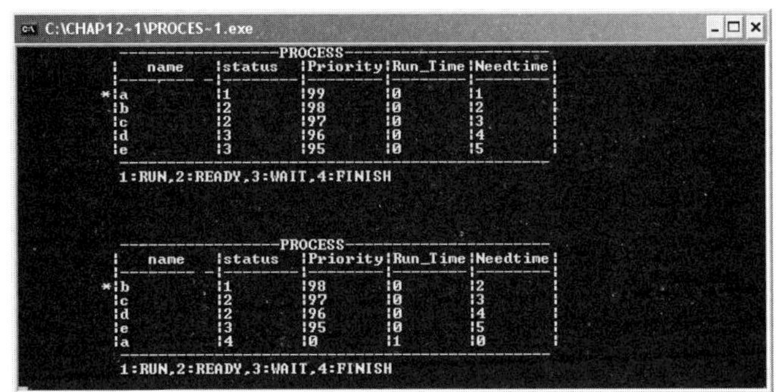

图 12.6　按时间片轮转进程调度

5. 动态优先数进程调度

当用户选择 Schedule by Priority_First 选项并按 Enter 键后，即可进行按动态优先数的进程调度模拟。如图 12.7 所示，处理机先分配给 c 进程，由于 c 进程当前只需运行一个时间片了，因此，其运行态经过一个时间后变成完成态，然后从处于就绪态的进程选出优先数最高的 e 进程，其状态由就绪态变成运行态。

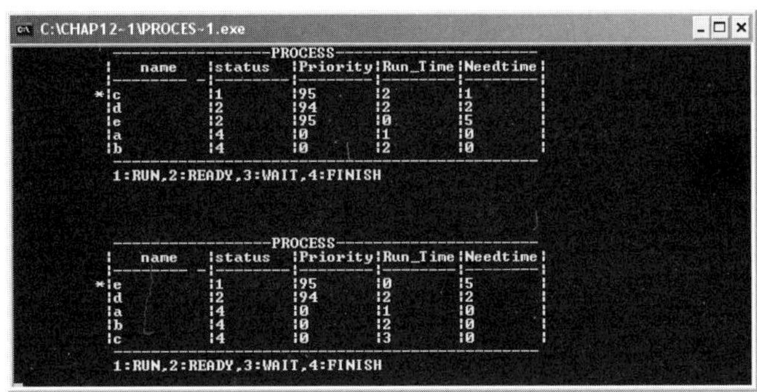

图 12.7　按动态优先数进程调度

第 13 章　画　图　板

Windows 系统自带的画图板简单、灵巧，深受 Windows 用户的喜爱，它具有占用资源少、操作简单、功能齐全等特点，为用户绘制简单图形带来了很多便利。为此，也出现了很多利用 VC 等可视化开发工具开发的模仿 Windows 画图板的程序。

本章仿 Windows 系统自带的画图工具，用 C 语言实现一个简易的画图板。能实现图形的绘制、调整，文件的保存、加载等基本的画图板功能。通过本章程序的讲解，旨在向读者讲述图形绘制的基本原理。

通过本章的学习，读者应该掌握以下知识点。

(1) 文件的写入和读取。

(2) 鼠标编程的基本知识，包括鼠标状态的获取、鼠标位置的设置，以及中断的入口和出口参数意义等。

(3) 各种图形绘制、旋转、移动和缩放等的实现原理。

本章留下了很大的改进程序的空间，有很多功能留给读者自行开发和扩展，读者可以参见直线、矩形绘制的开发过程，对圆形的绘制、调整等功能进行扩展，也可以添加其他的画图功能。

13.1　设 计 目 的

本章是在前面章节的基础上进行的图形应用程序开发，很多知识点在前面的章节中已经涉及过。这里旨在通过介绍画图板的实现过程，向读者展示鼠标编程原理、文件操作原理、图形操作原理等。

通过本章的讲解，读者应该了解怎样将像素写入文件、怎样从文件中读取像素，了解基本的鼠标编程知识，懂得鼠标功能中断 INT 33H 的入口参数和出口参数意义、寄存器的设置、鼠标位置的获取和设置、鼠标按键的获取等鼠标操作；了解直线、矩形、圆、Bezier(贝塞尔)曲线等图形的绘制原理、旋转原理、移动原理和缩放原理等。

13.2　功 能 描 述

本章用 C 语言实现的画图板，具有基本的画图功能、图形操作功能、文件保存和打开等功能。

1. 图形绘制功能

(1) 绘制直线：能绘制任意角度的直线，能实现直线的旋转、伸长、缩短、上下左右移动。

(2) 绘制矩形：能绘制任意大小(画布范围内)的矩形，能实现矩形的放大、缩小、上下左右移动。

(3) 绘制圆形：能绘制任意半径(画布范围内)的圆形，能实现圆形的放大和缩小。

(4) 绘制 Bezier 曲线：能根据屏幕上的点(单击鼠标后产生的点)绘制出 Bezier 曲线。

2. 文件处理功能

(1) 保存：能保存整个画布中的所有图形到指定的文件。

(2) 加载：能打开指定的文件，将其内容加载到画布中。

3. 用户帮助功能

显示用户使用指南，包括各种图形的绘制方法和操作方法等。

13.3 总体设计

13.3.1 功能模块设计

1. 系统模块组成

本系统包括 4 个模块，分别是图形绘制模块、功能控制模块、鼠标控制模块和保存加载模块，如图 13.1 所示。

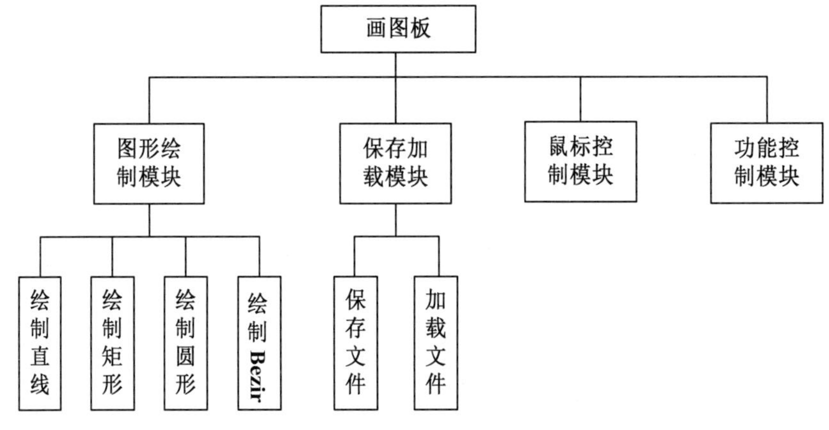

图 13.1 系统模块组成

(1) 图形绘制模块：该模块包括图形的绘制和操作功能，主要有绘制直线、移动直线、缩放和旋转直线；绘制矩形、移动和缩放矩形；绘制和缩放圆形；绘制 Bezier 曲线。

(2) 鼠标控制模块：该模块主要实现鼠标状态的获取、鼠标位置的设置，以及鼠标的绘制等。

(3) 功能控制模块：该模块实现的功能包括输出中文、填充像素和显示用户帮助。

(4) 保存加载模块：该模块将像素保存到指定文件和从指定文件中读取像素到画布。

2. 直线绘制流程

如果鼠标单击到“直线”按钮，程序将调用 DrawLine()函数进行直线的绘制。程序首先捕获鼠标，当用户单击鼠标左键时，开始画直线，直到松开左键。直线绘制完成后，可对所画直线进行调整，从键盘输入指令。程序获取键值，如果是 Space 键，则旋转直线，每次顺时针旋转 30 度；如果是 UP、DOWN、LEFT、RIGHT 键，则向相应的方向移动直线；如果是 PageUp 键，则伸长直线；如果是 PageDown 键，则缩短直线；如果是 Esc 键，则结束对直线的调整。结束调整操作后，可以继续画直线，也可以单击鼠标右键，结束直线的绘制。

对于矩形、圆形、Bezier 曲线的绘制和操作流程，都与直线的操作流程类似，就不赘述了，读者可结合代码和图 13.2 自行分析。

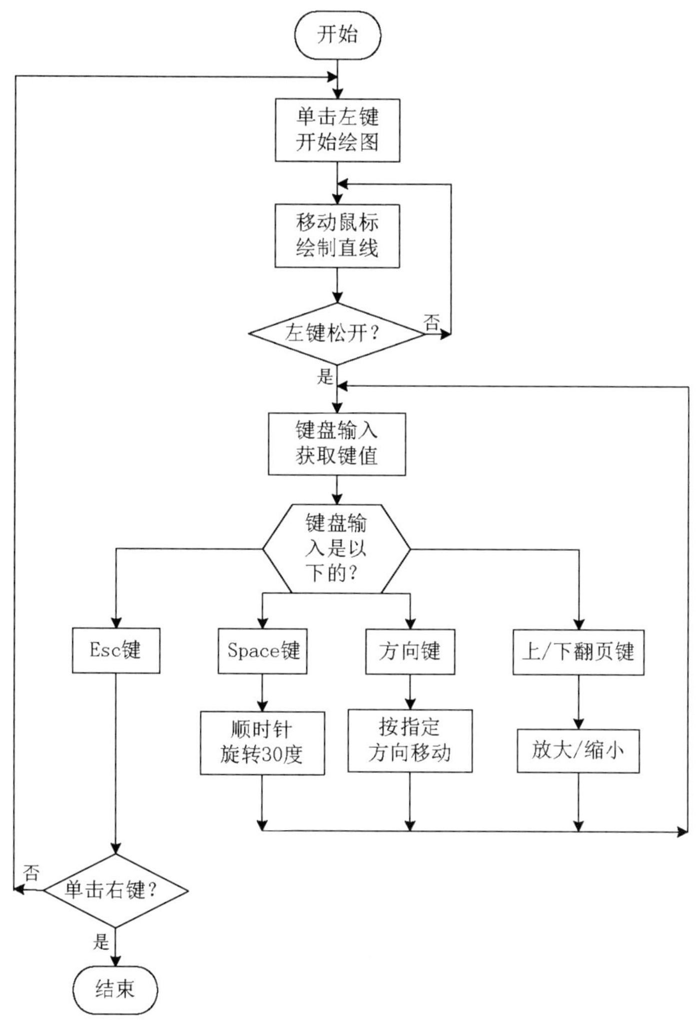

图 13.2　直线绘制的流程

13.3.2　数据结构设计

本程序没有定义结构体，把结构体的定义工作留给读者，读者可以自行进行开发，在此，仅列出本章定义的全局变量。

- int Rx, Ry, R：分别表示所画圆形的圆心的横坐标、纵坐标，以及圆的半径。
- int TOPx, TOPy, BOTTOMx, BOTTOMy：分别表示所画矩形的左上角的横坐标、纵坐标，以及右下角的横坐标、纵坐标。
- int Centx, Centy：表示直线或者矩形旋转中心点的横坐标和纵坐标。
- int lineStartx, lineStarty, lineEndx, lineEndy：分别表示所画直线的起点横坐标、纵坐标，以及终点的横坐标、纵坐标。
- int linePoint_x[20], linePoint_y[20]：这两个数组用于在画 Bezier 曲线时存储所选点的横坐标和纵坐标。

为了能更好地对程序进行扩展，读者可以在本章程序的基础上进行修改，利用结构体来进行点坐标的存储，建议定义的结构体如下所示：

```
struct POINT
{
    int x;
    int y;
};
```

其中，x、y 分别表示点的横坐标和纵坐标。

13.3.3　函数功能描述

(1)　outChinese()
函数原型：

```
void outChinese(char *mat, int matsize, int x, int y, int color);
```

本程序中虽然有中文显示，但是，显示的中文不多，所以就没有加载中文字库，而是生成字模信息，来建立一个小型字库，以此来减轻程序的“负担”。

outChinese()函数根据点阵信息显示中文，其中 mat 为字模指针、matsize 为点阵大小、x 和 y 表示起始坐标、color 表示显示的颜色。

(2)　fill()
函数原型：

```
void fill(int startx, int starty, int endx, int endy, int color);
```

fill()函数用于以指定的颜色填充指定的区域。其中 startx、starty 表示填充区域的左上角横坐标与纵坐标，endx、endy 表示填充区域的右下角的横坐标与纵坐标，color 表示填充的颜色。该函数调用系统画图函数 putpixel()来实现。

(3)　showHelp()
函数原型：

```
void showHelp()
```

showHelp()函数用于显示用户使用指南。用户使用指南包括各种图形的绘制方法和调整方法等。

(4)　save()

函数原型：

```
void save();
```

save()函数用于保存画布中的图形。用户首先输入保存文件的文件名，然后将画布中的像素写入文件，保存的文件是以“.dat”结尾的。保存完毕将提示用户。

(5)　load()

函数原型：

```
void load();
```

load()函数用于打开已有的图形。用户首先输入打开文件的文件名，然后将文件中的像素输入到画布中。打开完毕将提示用户。如果打开过程中出现错误，如没有找到指定的文件等，也将显示错误信息。

(6)　mouseStatus()

函数原型：

```
int mouseStatus(int *x, int *y);
```

mouseStatus()函数用于获取鼠标的状态，包括鼠标指针所处的横坐标、纵坐标，以及鼠标的按键情况。中断的入口参数 AH 为 03H，出口参数 BH 表示鼠标按键状态，位 0 为 1 表示按下左键，位 1 为 1 表示按下右键，位 2 为 1 表示按下中键；CX 表示水平位置，DX 表示垂直位置。函数中传递的指针参数 x、y 分别用来接收鼠标指针的水平位置和垂直位置。

(7)　setMousePos()

函数原型：

```
int setMousePos(int x, int y);
```

setMousePos()函数用来设置鼠标的位置。x、y 分别表示预设置的位置的横坐标和纵坐标。这里，中断的入口参数 AH 为 1，分别把 x 和 y 赋给寄存器 CX 和 DX。

(8)　DrawMouse()

函数原型：

```
void DrawMouse(float x, float y);
```

DrawMouse()函数用于绘制鼠标。x、y 分别表示鼠标指针所处的位置。

(9)　DrawLine()

函数原型：

```
void DrawLine();
```

DrawLine()函数用于绘制直线。单击鼠标左键，捕获鼠标指针的位置，并以此为起点开始画直线，拖动鼠标，松开鼠标结束绘制。然后可通过键盘调整直线的位置、大小等。

(10) DrawRectangle()

函数原型：

```
void DrawRectangle();
```

DrawRectangle()函数用于绘制矩形。其绘制方法与直线的绘制方法一致。

(11) LineToCircle()

函数原型：

```
void LineToCircle(int x0, int y0, int r);
```

LineToCircle()函数实现的是以直线法生成圆。x0、y0 表示圆心，r 表示半径。关于直线法生成圆的相关知识，读者可查阅图形学资料。

(12) DrawCircle()

函数原型：

```
void DrawCircle();
```

DrawCircle()函数实现的是画圆功能，该函数是调用 LineToCircle()函数来实现的。

(13) factorial()

函数原型：

```
long factorial(int n);
```

factorial()函数用于求阶乘，n 表示需要求阶乘的数。求阶乘的方法很多，本程序中使用的是比较原始的方法，即从 n 依次乘到 1，也可以用递归来实现，读者可以自行设计。

(14) berFunction()

函数原型：

```
float berFunction(int i, int n, double t);
```

berFunction()函数是伯恩斯坦基函数的计算，该函数调用前面的阶乘函数 factorial()。

(15) DrawBezier()

函数原型：

```
void DrawBezier();
```

DrawBezier()函数实现画 Bezier 曲线，该函数调用了 berFunction()函数。Bezier 曲线的绘制所涉及的数学知识，读者可查阅相关的资料。

13.4 程 序 实 现

13.4.1 源码分析

1. 程序预处理

程序预处理包括头文件的加载、常量的定义和全局变量的定义，以及点阵字模的定

义。具体代码如下：

```
#include <graphics.h>
#include <stdlib.h>
#include <conio.h>
#include <stdio.h>
#include <dos.h>
#include <bios.h>
#include <math.h>
#include <alloc.h>

/*定义常量*/
/*向上翻页键*/
#define PAGEUP 0x4900
/*向下翻页键*/
#define PAGEDOWN 0x5100
/*Esc 键*/
#define ESC 0x011b
/*左移键*/
#define LEFT 0x4b00
/*右移键*/
#define RIGHT 0x4d00
/*下移键*/
#define DOWN 0x5000
/*上移键*/
#define UP 0x4800
/*空格键*/
#define SPACE 0x3920

#define   NO_PRESSED    0
#define   LEFT_PRESSED  1
#define   RIGHT_PRESSED 2
#define   pi             3.1415926

/*定义全局变量*/
int Rx, Ry, R;
int TOPx, TOPy, BOTTOMx, BOTTOMy;
int Centx, Centy;
int lineStartx, lineStarty, lineEndx, lineEndy;
int linePoint_x[20], linePoint_y[20];

/*这里的字模数组均由“点阵字模工具”生成，你可以用自己需要的点阵信息，
  来替换示例中的字模信息，注意，字模大小要一致，否则显示会出问题*/
char zhi16K[] = {
   /* 以下是“直”的 16×16 点阵楷体 GB2312 字模，32byte */
   0x01,0x00,0x01,0x00,0x01,0xF0,0x1E,0x00,
   0x02,0x00,0x07,0xC0,0x08,0x40,0x0F,0x40,
   0x08,0x40,0x0F,0x40,0x08,0x40,0x0F,0x40,
   0x08,0x40,0x0F,0xFC,0x70,0x00,0x00,0x00,
};
```

```
char xian16K[] = {
    /* 以下是“线”的 16×16 点阵楷体 GB2312 字模，32byte */
    0x00,0x80,0x00,0x90,0x08,0x88,0x10,0x80,
    0x24,0xF0,0x45,0x80,0x78,0xB0,0x11,0xC0,
    0x2C,0x88,0x70,0x50,0x04,0x60,0x18,0xA4,
    0x63,0x14,0x00,0x0C,0x00,0x04,0x00,0x00,
};

char ju16K[] = {
    /* 以下“矩”的 16×16 点阵楷体 GB2312 字模，32byte */
    0x00,0x00,0x08,0x00,0x08,0x78,0x10,0x80,
    0x1E,0x80,0x28,0xF8,0x48,0x88,0x0E,0x88,
    0xF8,0xF0,0x08,0x80,0x14,0x80,0x12,0x9E,
    0x20,0xE0,0x40,0x00,0x00,0x00,0x00,0x00,
};

char xing16K[] = {
    /* 以下是“形”的 16×16 点阵楷体 GB2312 字模，32byte */
    0x00,0x00,0x07,0x88,0x3A,0x08,0x12,0x10,
    0x12,0x20,0x17,0x48,0xFA,0x10,0x12,0x20,
    0x12,0xC8,0x12,0x08,0x22,0x10,0x42,0x20,
    0x00,0x40,0x00,0x80,0x03,0x00,0x00,0x00,
};

char yuan16K[] = {
    /* 以下是“圆”的 16×16 点阵楷体 GB2312 字模，32byte */
    0x00,0xF8,0x3F,0x08,0x23,0x88,0x24,0x88,
    0x27,0x08,0x21,0xC8,0x2E,0x48,0x29,0x48,
    0x29,0x48,0x22,0x88,0x24,0x48,0x28,0x08,
    0x3F,0xE8,0x00,0x10,0x00,0x00,0x00,0x00,
};

char qing16K[] = {
    /* 以下是“清”的 16×16 点阵楷体 GB2312 字模，32byte */
    0x00,0x80,0x00,0xE0,0x33,0x80,0x10,0xE0,
    0x03,0x80,0x40,0xFC,0x2F,0x00,0x01,0xE0,
    0x12,0x20,0x13,0xA0,0x22,0x20,0x63,0xA0,
    0x42,0x20,0x02,0x60,0x00,0x20,0x00,0x00,
};

char ping16K[] = {
    /* 以下是“屏”的 16×16 点阵楷体 GB2312 字模，32byte */
    0x00,0xF0,0x0F,0x30,0x08,0x60,0x0F,0x80,
    0x0A,0x20,0x09,0x40,0x08,0xF8,0x17,0x20,
    0x11,0x3E,0x2F,0xE0,0x21,0x20,0x42,0x20,
    0x82,0x20,0x04,0x20,0x08,0x20,0x00,0x00,
};

char bao16K[] = {
```

```
    /* 以下是"保"的16×16点阵楷体GB2312字模，32byte */
    0x00,0x00,0x09,0xF0,0x0A,0x10,0x12,0x10,
    0x13,0xE0,0x30,0x80,0x50,0xFC,0x9F,0x80,
    0x11,0xC0,0x12,0xA0,0x14,0x98,0x18,0x8E,
    0x10,0x80,0x10,0x80,0x00,0x00,0x00,0x00,
};

char cun16K[] = {
    /* 以下是"存"的16×16点阵楷体GB2312字模，32byte */
    0x01,0x00,0x01,0x00,0x01,0xF0,0x1E,0x00,
    0x02,0x70,0x05,0x90,0x08,0x20,0x08,0x40,
    0x18,0x7E,0x2B,0xA0,0xC8,0x20,0x08,0x20,
    0x08,0x20,0x08,0xA0,0x00,0x40,0x00,0x00,
};

char jia16K[] = {
    /* 以下是"加"的16×16点阵楷体GB2312字模，32byte */
    0x00,0x00,0x08,0x00,0x08,0x00,0x08,0x00,
    0x0F,0x00,0x79,0x3C,0x09,0x44,0x11,0x44,
    0x11,0x44,0x22,0x44,0x22,0x78,0x4A,0x00,
    0x84,0x00,0x00,0x00,0x00,0x00,0x00,0x00,
};

char zai16K[] = {
    /* 以下是"载"的16×16点阵楷体GB2312字模，32byte */
    0x00,0x80,0x08,0xA0,0x08,0x90,0x0E,0x80,
    0x38,0xF0,0x0F,0x80,0x78,0x50,0x0E,0x50,
    0x34,0x20,0x1E,0x20,0x34,0x50,0x0E,0x92,
    0x75,0x0A,0x04,0x06,0x04,0x02,0x00,0x00,
};

char bang16K[] = {
    /* 以下是"帮"的16×16点阵楷体GB2312字模，32byte */
    0x04,0x00,0x07,0x38,0x1C,0x48,0x06,0x50,
    0x1C,0x50,0x07,0x48,0x78,0x58,0x11,0x40,
    0x21,0xF0,0x4F,0x10,0x09,0x10,0x09,0x50,
    0x09,0x20,0x01,0x00,0x01,0x00,0x00,0x00,
};

char zhu16K[] = {
    /* 以下是"助"的16×16点阵楷体GB2312字模，32byte */
    0x00,0x00,0x00,0x20,0x0C,0x20,0x34,0x20,
    0x24,0x20,0x34,0x38,0x25,0xC8,0x34,0x48,
    0x24,0x48,0x26,0x88,0x38,0x88,0xE1,0x28,
    0x02,0x10,0x04,0x00,0x00,0x00,0x00,0x00,
};

/*自定义函数*/
void outChinese(char *mat, int matsize, int x, int y, int color);
void fill(int startx, int starty, int endx, int endy, int color);
```

```
void showHelp();

void save();
void load();

int mouseStatus(int *x, int *y);
int setMousePos(int x, int y);
void DrawMouse(float x, float y);

void DrawLine();
void DrawRectangle();
void LineToCircle(int x0, int y0, int r);
void DrawCircle();
long factorial(int n);
float berFunction(int i, int n, double t);
void DrawBezier();
```

2. 功能控制模块

功能控制模块主要实现根据点阵信息显示中文功能、填充屏幕功能和显示用户指南功能，分别由 outChinese()、fill()和 showHelp()函数来实现。

(1) void outChinese(char *mat, int matsize, int x, int y, int color)：根据定义的点阵字模数组显示中文。

(2) void fill(int startx, int starty, int endx, int endy, int color)：在指定的区域用指定的颜色来填充。

(3) void showHelp()：显示用户使用指南，包括直线、矩形、圆形和 Bezier 曲线的绘制方法。

具体代码如下：

```
/*根据点阵信息显示中文函数*/
void outChinese(char *mat, int matsize, int x, int y, int color)
{
    int i, j, k, n;
    n = (matsize-1)/8+1;
    for(j=0; j<matsize; j++)
        for(i=0; i<n; i++)
            for(k=0; k<8; k++)
                if(mat[j*n+i] & (0x80>>k))
                    /*测试为 1 的位则显示*/
                    putpixel(x+i*8+k, y+j, color);
}

/*填充函数*/
void fill(int startx, int starty, int endx, int endy, int color)
{
    int i, j;
    for(i=startx; i<=endx; i++)
        for(j=starty; j<=endy; j++)
```

```
            /*在指定位置以指定颜色画一像素*/
            putpixel(i, j, color);
}

/*显示用户帮助函数*/
void showHelp()
{
    /*直线绘制指南*/
    setcolor(14);
    outtextxy(45, 50, "Line:");
    setcolor(WHITE);
    outtextxy(45, 50,
      "  1 Press left button to start until to line end.");
    outtextxy(45, 65, "   2 Use UP,DOWN,LEFT,RIGHT keys to move it.");
    outtextxy(45, 80,
      "  3 Use PAGEUP key to enlarge it, and PAGEDOWN key to shrink it.");
    outtextxy(45, 95, "   4 Use SPACE key to rotate it.");

    /*矩形绘制指南*/
    setcolor(14);
    outtextxy(45, 120, "Rectangle:");
    setcolor(WHITE);
    outtextxy(45, 120,
      "  1 Press left button to start until to right corner.");
    outtextxy(45, 135,
      "  2 Use UP,DOWN,LEFT,RIGHT keys to move it.");
    outtextxy(45, 150,
      "  3 Use PAGEUP key to enlarge it, and PAGEDOWN key to shrink it.");

    /*圆形绘制指南*/
    setcolor(14);
    outtextxy(45, 170, "Circle:");
    setcolor(WHITE);
    outtextxy(45, 170, "     1 Press left button to start until to end.");
    outtextxy(45, 185, "     2 Use PAGEUP key to enlarge it,
                         and PAGEDOWN key to shrink it.");

    /*Bezier 曲线绘制指南*/
    setcolor(14);
    outtextxy(45, 205, "Bezier:");
    setcolor(WHITE);
    outtextxy(45, 205,
      "       Press left button to start, and right button to end.");

    outtextxy(45, 230, "Press ESC key to stop the operation function.");
    outtextxy(45, 245, "Press right button to end the drawing works.");
    outtextxy(45, 260, "Press any key to continue......");
    getch();
    fill(40, 40, 625, 270, 0);
}
```

3. 保存加载模块

保存加载模块，顾名思义，实现的是保存功能和加载功能。分别由函数 save()和 load()来实现。

(1) void save()：保存画布中的像素到指定文件。

(2) void load()：将指定文件中的像素输出到画布中。

具体代码如下：

```
/*保存函数*/
void save()
{
    int i, j;
    FILE *fp;
    char fileName[20];

    fill(0, 447, 630, 477, 2);
    gotoxy(1, 25);
    printf("\n\n\n\n  Input the file name[.dat]:");
    scanf("%s", fileName);
    fill(0, 447, 630, 477, 2);

    /*以读写的方式打开文件*/
    if((fp=fopen(fileName,"w+")) == NULL)
    {
        outtextxy(260, 455, "Failed to open file!");
        exit(0);
    }
    outtextxy(280, 455, "saving...");

    /*保存像素到文件*/
    for(i=5; i<630; i++)
        for(j=30; j<=445; j++)
            fputc(getpixel(i, j), fp);
    fclose(fp);

    fill(0, 447, 630, 477, 2);
    outtextxy(260, 455, "save over!");
}

/*打开函数*/
void load()
{
    int i, j;
    char fileName[20];
    FILE *fp;

    fill(0, 447, 630, 477, 2);
    gotoxy(1, 25);
    printf("\n\n\n\n  Input the file name[.dat]:");
```

```
    scanf("%s", fileName);

    /*打开指定的文件*/
    if((fp=fopen(fileName,"r+")) != NULL)
    {
        fill(0, 447, 630, 477, 2);
        outtextxy(280, 455, "loading...");

        /*从文件中读出像素*/
        for(i=5; i<630; i++)
            for(j=30; j<=445; j++)
                putpixel(i, j, fgetc(fp));
        fill(0, 447, 630, 477, 2);
        outtextxy(280, 455, "loading over !");
    }
    /*打开失败*/
    else
    {
        fill(0, 447, 630, 477, 2);
        outtextxy(260, 455, "Failed to open file!");
    }
    fclose(fp);
}
```

4. 鼠标控制模块

鼠标控制模块实现的是对鼠标的操作，包括鼠标状态的获取、鼠标位置的设置和绘制鼠标，这几个功能分别由函数 mouseStatus()、setMousePos()和 DrawMouse()来实现。

(1) int mouseStatus(int *x, int *y)：获取鼠标的位置，包括水平位置和垂直位置，以及鼠标的按键情况(左键、右键和没有按键)。

(2) int setMousePos(int x, int y)：设置鼠标的位置，将鼠标指针设置在(x，y)表示的坐标位置。

(3) void DrawMouse(float x, float y)：绘制鼠标。

具体代码如下：

```
/*获取鼠标状态的函数*/
int mouseStatus(int *x, int *y)
{
    /*定义两个寄存器变量，分别存储入口参数和出口参数*/
    union REGS inregs, outregs;
    int status;
    status = NO_PRESSED;

    /*入口参数 AH=3，读取鼠标位置及其按钮状态*/
    inregs.x.ax = 3;
    int86(0x33, &inregs, &outregs);

    /*cx 表示水平位置，dx 表示垂直位置*/
    *x = outregs.x.cx;
```

```
    *y = outregs.x.dx;

    /*bx 表示按键状态*/
    if(outregs.x.bx&1)
        status = LEFT_PRESSED;
    else if(outregs.x.bx&2)
        status = RIGHT_PRESSED;
    return (status);
}

/*设置鼠标指针位置函数*/
int setMousePos(int x, int y)
{
    union REGS inregs, outregs;

    /*入口参数 AH=4，设置鼠标指针的位置*/
    inregs.x.ax = 4;
    inregs.x.cx = x;
    inregs.x.dx = y;
    int86(0x33, &inregs, &outregs);
}

/*绘制鼠标函数*/
void DrawMouse(float x, float y)
{
    line(x, y, x+5, y+15);
    line(x, y, x+15, y+5);
    line(x+5, y+15, x+15, y+5);
    line(x+11, y+9, x+21, y+19);
    line(x+9, y+11, x+19, y+21);
    line(x+22, y+19, x+20, y+21);
}
```

5. 图形绘制模块

图形绘制模块是本程序的核心部分，主要包括直线绘制、矩形绘制、圆形绘制和Bezier 曲线绘制。

(1) 绘制直线

直线绘制由函数 DrawLine()来实现，该函数实现了直线的绘制、调整(包括移动、旋转和缩放)功能。具体代码如下：

```
/*绘制直线函数*/
void DrawLine()
{
    int x0, y0, x1, y1;
    int last_x=0, last_y=0;
    int endFlag = 0;
    int key;
    int temStartx, temStarty, temEndx, temEndy;
    int increment_x, increment_y, angle;
```

```
DrawMouse(last_x, last_y);
while(1)
{
    /*右键结束画直线*/
    while((mouseStatus(&x1,&y1) == RIGHT_PRESSED))
        endFlag = 1;
    if(endFlag == 1)
        break;
    /*鼠标移动，没有单击，仅仅画移动的鼠标*/
    while(mouseStatus(&x1,&y1) == NO_PRESSED)
    {
        if(last_x!=x1 || last_y!=y1)
        {
            DrawMouse(last_x, last_y);
            DrawMouse(x1, y1);
            last_x = x1;
            last_y = y1;
        }
    }
    /*单击左键后，开始画直线*/
    if(mouseStatus(&x0,&y0) == LEFT_PRESSED)
    {
        DrawMouse(last_x, last_y);
        line(x0, y0, x1, y1);
        last_x = x1;
        last_y = y1;
        /*拉动过程中，画直线和鼠标*/
        while(mouseStatus(&x1, &y1) == LEFT_PRESSED)
        {
            if(last_x!=x1 || last_y!=y1)
            {
                line(x0, y0, last_x, last_y);
                line(x0, y0, x1, y1);
                last_x = x1;
                last_y = y1;
            }
        }
        /*松开左键后，画直线完成，记录直线的起始位置*/
        lineStartx = x0;
        lineStarty = y0;
        lineEndx = x1;
        lineEndy = y1;

        while(1)
        {
            /*从键盘获取键值，开始操作(移动、放大、缩小、旋转)直线*/
            key = bioskey(0);
            /*Esc 键，退出操作*/
            if(key == ESC)
```

```
        break;

    /*旋转*/
    if(key == SPACE)
    {
        /*计算旋转中心*/
        /*如果直线是倾斜的*/
        if((lineStarty!=lineEndy) && (lineStartx!=lineEndx))
        {
            Centx = (lineEndx-lineStartx)/2 + lineStartx;
            Centy = (lineEndy-lineStarty)/2 + lineStarty;
        }

        /*如果直线是竖直的*/
        if(lineStarty == lineEndy)
        {
            Centx = (lineEndx-lineStartx)/2 + lineStartx;
            Centy = lineStarty;
        }

        /*如果直线是水平的*/
        if(lineStartx == lineEndx)
        {
            Centx = lineStartx;
            Centy = (lineEndy-lineStarty)/2 + lineStarty;
        }

        temStartx = lineStartx;
        temStarty = lineStarty;
        temEndx = lineEndx;
        temEndy = lineEndy;

        /*旋转不能超过边界*/
        if(lineStartx>=10 && lineStarty>=40
          && lineEndx <=620 && lineEndy <=445)
        {
            /*清除原有的直线*/
            setwritemode(XOR_PUT);
            line(lineStartx, lineStarty, lineEndx, lineEndy);

            /*计算旋转 30 度后的起点坐标*/
            lineStartx = (temStartx-Centx)*cos(pi/6)
             - (temStarty-Centy)*sin(pi/6) + Centx;
            lineEndx = (temEndx-Centx)*cos(pi/6)
             - (temEndy-Centy)*sin(pi/6) + Centx;

            /*计算旋转 30 度后的终点坐标*/
            lineStarty = (temStartx-Centx)*sin(pi/6)
             + (temStarty-Centy)*cos(pi/6) + Centy;
            lineEndy = (temEndx-Centx)*sin(pi/6)
```

```
            + (temEndy-Centy)*cos(pi/6) + Centy;

          temStartx = lineStartx;
          temStarty = lineStarty;
          temEndx = lineEndx;
          temEndy = lineEndy;

          /*绘制旋转后的直线*/
          line(lineStartx, lineStarty, lineEndx, lineEndy);
      }
  }

  /*左移直线*/
  if(key == LEFT)
  {
      if(lineStartx>=10 && lineStarty>=40
        && lineEndx<=620 && lineEndy<=445)
      {
          setwritemode(XOR_PUT);
          line(lineStartx, lineStarty, lineEndx, lineEndy);
          /*起始的横坐标减小*/
          lineStartx -= 5;
          lineEndx -= 5;
          line(lineStartx, lineStarty, lineEndx, lineEndy);
      }
  }

  /*右移直线*/
  if(key == RIGHT)
  {
      if(lineStartx>=10 && lineStarty>=40
        && lineEndx<=620 && lineEndy<=445)
      {
          setwritemode(XOR_PUT);
          line(lineStartx, lineStarty, lineEndx, lineEndy);
          /*起始的横坐标增加*/
          lineStartx += 5;
          lineEndx += 5;
          line(lineStartx, lineStarty, lineEndx, lineEndy);
      }
  }

  /*下移直线*/
  if(key == DOWN)
  {
      if(lineStartx>=10 && lineStarty>=40
        && lineEndx<=620 && lineEndy<=445)
      {
          setwritemode(XOR_PUT);
          line(lineStartx, lineStarty, lineEndx, lineEndy);
```

```
            /*起始的纵坐标增加*/
            lineStarty += 5;
            lineEndy += 5;
            line(lineStartx, lineStarty, lineEndx, lineEndy);
        }
    }

    /*上移直线*/
    if(key == UP)
    {
        if(lineStartx>=10 && lineStarty>=40
          && lineEndx<=620 && lineEndy<=445)
        {
            setwritemode(XOR_PUT);
            line(lineStartx, lineStarty, lineEndx, lineEndy);
            /*起始的纵坐标减小*/
            lineStarty -= 5;
            lineEndy -= 5;
            line(lineStartx, lineStarty, lineEndx, lineEndy);
        }
    }
    /*放大直线*/
    if(key == PAGEUP)
    {
        if(lineStartx>=10 && lineStarty>=40
          && lineEndx<=620 && lineEndy<=445)
        {
            setwritemode(XOR_PUT);
            line(lineStartx, lineStarty, lineEndx, lineEndy);

            /*如果直线是倾斜的*/
            if((lineStarty!=lineEndy) && (lineStartx!=lineEndx))
            {
                /*计算直线的倾角*/
                angle = atan((fabs(lineEndy-lineStarty))/
                  (fabs(lineEndx-lineStartx)));
                /*计算水平增量*/
                increment_x = cos(angle)*2;
                /*计算垂直增量*/
                increment_y = sin(angle)*2;

                /*计算放大后的起始坐标*/
                if(lineStartx < lineEndx)
                {
                    lineStartx -= increment_x;
                    lineStarty -= increment_y;
                    lineEndx += increment_x;
                    lineEndy += increment_y;
                }
                if(lineStartx > lineEndx)
```

```
                {
                    lineEndx -= increment_x;
                    lineEndy -= increment_y;
                    lineStartx += increment_x;
                    lineStarty += increment_y;
                }
            }

            /*如果直线是竖直的*/
            if(lineStarty == lineEndy)
            {
                lineStartx -= 5;
                lineEndx += 5;
            }

            /*如果直线是水平的*/
            if(lineStartx == lineEndx)
            {
                lineStarty -= 5;
                lineEndy += 5;
            }
            line(lineStartx, lineStarty, lineEndx, lineEndy);
        }
    }
    /*缩小直线*/
    if(key == PAGEDOWN)
    {
        if(lineStartx>=10 && lineStarty>=40
          && lineEndx<=620 && lineEndy<=445)
        {
            setwritemode(XOR_PUT);
            line(lineStartx, lineStarty, lineEndx, lineEndy);

            /*如果直线是倾斜的*/
            if((lineStarty!=lineEndy) && (lineStartx!=lineEndx))
            {
                /*计算直线的倾角*/
                angle = atan((fabs(lineEndy-lineStarty))/
                  (fabs(lineEndx-lineStartx)));
                /*计算水平减少量*/
                increment_x = cos(angle)*2;
                /*计算垂直减少量*/
                increment_y = sin(angle)*2;
                /*计算缩小后的起始坐标*/
                if(lineStartx < lineEndx)
                {
                    lineStartx += increment_x;
                    lineStarty += increment_y;
                    lineEndx -= increment_x;
                    lineEndy -= increment_y;
```

```
                        }
                        if(lineStartx > lineEndx)
                        {
                            lineEndx += increment_x;
                            lineEndy += increment_y;
                            lineStartx -= increment_x;
                            lineStarty -= increment_y;
                        }
                    }

                    /*如果直线是竖直的*/
                    if(lineStarty == lineEndy)
                    {
                        lineStartx += 5;
                        lineEndx -= 5;
                    }

                    /*如果直线是水平的*/
                    if(lineStartx == lineEndx)
                    {
                        lineStarty += 5;
                        lineEndy -= 5;
                    }
                    line(lineStartx, lineStarty, lineEndx, lineEndy);
                }
            }
        }
        DrawMouse(x1, y1);
    }
  }
  DrawMouse(last_x, last_y);
}
```

(2) 绘制矩形

矩形绘制通过 DrawRectangle()函数来实现，该函数实现了矩形的绘制、调整(包括移动和缩放)功能。其实现原理和绘制、调整方法与直线的实现原理和绘制、调整方法基本一致，读者可参见前面对直线实现方法的讲解，并结合本小节给出的矩形，实现代码与注释，来理解矩形的实现过程。具体代码如下：

```
/*绘制矩形的函数*/
void DrawRectangle()
{
    int x0, y0, x1, y1;
    int last_x=0, last_y=0;
    int endFlag = 0;
    int key;

    DrawMouse(last_x, last_y);
    while(1)
    {
```

```
/*单击右键，结束绘制矩形*/
while((mouseStatus(&x1,&y1) == RIGHT_PRESSED))
    endFlag = 1;
if(endFlag == 1)
    break;

/*移动鼠标，仅仅绘制鼠标即可*/
while(mouseStatus(&x1,&y1) == NO_PRESSED)
{
    if(last_x!=x1 || last_y!=y1)
    {
        DrawMouse(last_x, last_y);
        DrawMouse(x1, y1);
        last_x = x1;
        last_y = y1;
    }
}

/*单击左键开始绘制矩形*/
if(mouseStatus(&x0,&y0) == LEFT_PRESSED)
{
    DrawMouse(last_x, last_y);
    rectangle(x0, y0, x1, y1);
    last_x = x1;
    last_y = y1;

    /*按着鼠标左键不动，绘制矩形*/
    while(mouseStatus(&x1,&y1) == LEFT_PRESSED)
    {
        if(last_x!=x1 || last_y!=y1)
        {
            rectangle(x0, y0, last_x, last_y);
            rectangle(x0, y0, x1, y1);
            last_x = x1;
            last_y = y1;
        }
    }

    /*绘制结束后，记录左上角和右下角的坐标*/
    TOPx = x0;
    TOPy = y0;
    BOTTOMx = x1;
    BOTTOMy = y1;

    while(1)
    {
        key = bioskey(0);
        if(key == ESC)
            break;
```

```
/*放大矩形*/
if(key == PAGEUP)
{
    if(TOPx>=10 && TOPy>=40
      && BOTTOMx<=620 && BOTTOMy<=445)
    {
        /*清除原有的直线*/
        setwritemode(XOR_PUT);
        rectangle(TOPx, TOPy, BOTTOMx, BOTTOMy);
        /*左上角的坐标减小*/
        TOPx -= 5;
        TOPy -= 5;
        /*右下角的坐标增加*/
        BOTTOMx += 5;
        BOTTOMy += 5;
        /*绘制放大后的矩形*/
        rectangle(TOPx, TOPy, BOTTOMx, BOTTOMy);
    }
}

/*缩小矩形*/
if(key == PAGEDOWN)
{
    if(TOPx>=10 && TOPy>=40
      && BOTTOMx<=620 && BOTTOMy<=445)
    {
        setwritemode(XOR_PUT);
        rectangle(TOPx, TOPy, BOTTOMx, BOTTOMy);
        /*左上角的坐标增加*/
        TOPx += 5;
        TOPy += 5;
        /*右下角的坐标减小*/
        BOTTOMx -= 5;
        BOTTOMy -= 5;
        /*绘制缩小后的矩形*/
        rectangle(TOPx, TOPy, BOTTOMx, BOTTOMy);
    }
}

/*左移矩形*/
if(key == LEFT)
{
    if(TOPx>=10 && TOPy>=40
      && BOTTOMx<=620 && BOTTOMy<=445)
    {
        setwritemode(XOR_PUT);
        rectangle(TOPx, TOPy, BOTTOMx, BOTTOMy);
        /*横坐标减小*/
        TOPx -= 5;
        BOTTOMx -= 5;
```

```
            rectangle(TOPx, TOPy, BOTTOMx, BOTTOMy);
        }
    }

    /*右移矩形*/
    if(key == RIGHT)
    {
        if(TOPx>=10 && TOPy>=40
          && BOTTOMx<=620 && BOTTOMy<=445)
        {
            setwritemode(XOR_PUT);
            rectangle(TOPx, TOPy, BOTTOMx, BOTTOMy);
            /*横坐标增加*/
            TOPx += 5;
            BOTTOMx += 5;
            rectangle(TOPx, TOPy, BOTTOMx, BOTTOMy);
        }
    }

    /*下移矩形*/
    if(key == DOWN)
    {
        if(TOPx>=10 && TOPy>=40
          && BOTTOMx<=620 && BOTTOMy<=445)
        {
            setwritemode(XOR_PUT);
            rectangle(TOPx, TOPy, BOTTOMx, BOTTOMy);
            /*纵坐标增加*/
            TOPy += 5;
            BOTTOMy += 5;
            rectangle(TOPx, TOPy, BOTTOMx, BOTTOMy);
        }
    }

    /*上移矩形*/
    if(key == UP)
    {
        if(TOPx>=10 && TOPy>=40
          && BOTTOMx<=620 && BOTTOMy<=445)
        {
            setwritemode(XOR_PUT);
            rectangle(TOPx, TOPy, BOTTOMx, BOTTOMy);
            /*纵坐标减小*/
            TOPy -= 5;
            BOTTOMy -= 5;
            rectangle(TOPx, TOPy, BOTTOMx, BOTTOMy);
        }
    }
}
DrawMouse(x1, y1);
```

```
        }
    }
    DrawMouse(last_x, last_y);
}
```

(3) 绘制圆形

圆形的绘制由两个函数来实现，分别是直线生成圆函数 LineToCircle()和画橡皮筋圆函数 DrawCircle()。LineToCircle()函数是为实现画橡皮筋圆(即圆随着鼠标的移动而不断扩大或者缩小)而编写的。

① void LineToCircle(int x0, int y0, int r)：用直线法生成圆。

② void DrawCircle()：调用 LineToCircle()函数实现橡皮筋圆的绘制。

具体代码如下：

```
/*用直线法生成圆*/
void LineToCircle(int x0, int y0, int r)
{
    int angle;
    int x1, y1, x2, y2;

    angle = 0;
    x1 = r*cos(angle*pi/180);
    y1 = r*sin(angle*pi/180);

    while(angle < 45)
    {
        angle += 5;
        x2 = r*cos(angle*pi/180);
        y2 = r*sin(angle*pi/180);
        while(x2 == x1)
            x2++;
        while(y2 == y1)
            y2++;
        line(x0+x1, y0+y1, x0+x2, y0+y2);
        line(x0-x1, y0+y1, x0-x2, y0+y2);
        line(x0+x1, y0-y1, x0+x2, y0-y2);
        line(x0-x1, y0-y1, x0-x2, y0-y2);
        line(x0+y1, y0-x1, x0+y2, y0-x2);
        line(x0+y1, y0+x1, x0+y2, y0+x2);
        line(x0-y1, y0-x1, x0-y2, y0-x2);
        line(x0-y1, y0+x1, x0-y2, y0+x2);
        x1 = x2 + 1;
        y1 = y2 + 1;
    }
}

/*绘制圆函数*/
void DrawCircle()
{
    int x0, y0, x1, y1, r, oldr;
```

```
int last_x, last_y;
int endFlag;
int key;

last_x = 0;
last_y = 0;
endFlag = 0;

DrawMouse(last_x, last_y);
while(1)
{
    /*单击右键，绘制圆结束*/
    while((mouseStatus(&x1,&y1) == RIGHT_PRESSED))
    {
        endFlag = 1;
    }
    if(endFlag == 1)
        break;

    /*移动鼠标，仅绘制鼠标即可*/
    while(mouseStatus(&x1,&y1) == NO_PRESSED)
    {
        if(last_x!=x1 || last_y!=y1)
        {
            DrawMouse(last_x, last_y);
            DrawMouse(x1, y1);
            last_x = x1;
            last_y = y1;
        }
    }

    /*单击左键，开始绘制圆*/
    if(mouseStatus(&x0,&y0) == LEFT_PRESSED)
    {
        /*计算半径*/
        r = sqrt((x0-x1)*(x0-x1) + (y0-y1)*(y0-y1));
        DrawMouse(last_x, last_y);
        LineToCircle(x0, y0, r);
        last_x = x1;
        last_y = y1;
        oldr = r;

        /*按住鼠标左键不动，拖动鼠标绘制圆*/
        while(mouseStatus(&x1,&y1) == LEFT_PRESSED)
        {
            if(last_x!=x1 || last_y!=y1)
            {
                r = sqrt((x0-x1)*(x0-x1) + (y0-y1)*(y0-y1));
                LineToCircle(x0, y0, oldr);
                LineToCircle(x0, y0, r);
```

```
            last_x = x1;
            last_y = y1;
            oldr = r;
        }
    }
    /*绘制结束后，记录圆的圆心和半径*/
    Rx = x0;
    Ry = y0;
    R = r;

    while(1)
    {
        key = bioskey(0);
        if(key == ESC)
            break;
        /*放大圆*/
        if(key == PAGEUP)
        {
            if(Rx-R>10 && Ry-R>40 && Rx+R<620 && Ry+R<445)
            {
                /*如果半径和初始状态一样大，则保留原来的圆*/
                if(R == r)
                {
                    setcolor(WHITE);
                    R += 10;
                    circle(Rx, Ry, R);
                }
                else
                {
                    setcolor(BLACK);
                    /*用背景色画圆，覆盖原有的*/
                    circle(Rx, Ry, R);
                    /*增加半径*/
                    R += 10;
                    setcolor(WHITE);
                    /*绘制新圆*/
                    circle(Rx, Ry, R);
                }
            }
        }
        /*缩小圆*/
        if(key == PAGEDOWN)
        {
            if(Rx-R>10 && Ry-R>40 && Rx+R<620 && Ry+R<445)
            {
                /*如果半径和初始状态一样大，则保留原来的圆*/
                if(R == r)
                {
                    setcolor(WHITE);
                    R -= 10;
```

```
                    circle(Rx, Ry, R);
                }
                else
                {
                    setcolor(BLACK);
                    /*用背景色画圆，覆盖原有的*/
                    circle(Rx, Ry, R);
                    setcolor(WHITE);
                    /*减小半径*/
                    R -= 10;
                    circle(Rx, Ry, R);
                }
            }
        }
    }
    DrawMouse(x1, y1);
  }
 }
 DrawMouse(last_x, last_y);
}
```

(4) 绘制 Bezier 曲线

Bezier 曲线的生成涉及数学计算，需要由三个函数来实现，求阶乘函数、伯恩斯坦基函数和 Bezier 绘制函数，分别是 factorial()、berFunction()和 DrawBezier()函数。

① long factorial(int n)：计算阶乘。

② float berFunction(int i, int n, double t)：计算伯恩斯坦基函数。

③ void DrawBezier()：Bezier 曲线的绘制函数。

具体代码如下：

```
/*求阶乘的函数*/
long factorial(int n)
{
    long s = 1;
    if(n == 0)
        return 1;

    while(n > 0)
    {
        s *= n;
        n--;
    }
    return s;
}

/*伯恩斯坦基函数*/
float berFunction(int i, int n, double t)
{
    if(i==0 && t==0 || t==1 && i==n)
        return 1;
```

```
    else if(t==0 || t==1)
        return 0;
    return
      factorial(n)/(factorial(i)*factorial(n-i))*pow(t,i)*pow(1-t,n-i);
}

/*绘制 Bezier 曲线的函数*/
void DrawBezier()
{
    int x, y, x0, y0, x1, y1;
    float j, t, dt;
    int i, n;
    int endFlag = 0;
    int last_x=0, last_y=0;
    n = 0;

    DrawMouse(last_x, last_y);
    while(mouseStatus(&x1,&y1) == LEFT_PRESSED);
    while(1)
    {
        while((mouseStatus(&x1,&y1) == RIGHT_PRESSED))
            endFlag = 1;
        if(endFlag == 1)
            break;
        /*如果有两个以上的点，则将其连接，即画直线*/
        if(n > 1)
            line(linePoint_x[n-1], linePoint_y[n-1], linePoint_x[n-2],
                  linePoint_y[n-2]);

        /*移动鼠标*/
        while(mouseStatus(&x1,&y1) == NO_PRESSED)
        {
            if(last_x!=x1 || last_y!=y1)
            {
                DrawMouse(last_x, last_y);
                DrawMouse(x1, y1);
                last_x = x1;
                last_y = y1;
            }
        }

        /*单击左键时，绘制点*/
        while(mouseStatus(&x0,&y0) == LEFT_PRESSED);
        putpixel(x0, y0, 14);
        /*记录每次鼠标左键单击的点坐标*/
        linePoint_x[n] = x0;
        linePoint_y[n] = y0;
        n++;
    }
    DrawMouse(x1, y1);
```

```
    dt = 1.0 / 10;
    setwritemode(0);
    for(j=0; j<=10; j+=0.5)
    {
        t = j * dt;
        x = 0;
        y = 0;
        i = 0;
        while(i < n-1)
        {
            x += berFunction(i,n-2,t)*linePoint_x[i];
            y += berFunction(i,n-2,t)*linePoint_y[i];
            i++;
        }
        if(j == 0)
            moveto(x, y);
        lineto(x, y);
    }
    setwritemode(1);
}
```

6. 主函数

主函数是对整个程序的控制。首先进行屏幕的初始化，进入图形界面，进行按钮绘制、中文输出等操作，然后对用户单击的按钮进行捕获，并调用相应的函数进行处理。

具体代码如下：

```
void main()
{
    int gdriver, gmode;
    int x0, y0, x1, y1;
    int last_x, last_y;
    int i;

    x0 = 250;
    y0 = 250;
    gdriver = DETECT;
    while(1)
    {
        initgraph(&gdriver, &gmode, "");
        setbkcolor(0);
        setcolor(14);
        /*绘制画布*/
        rectangle(5, 30, 630, 445);
        setfillstyle(1, 2);
        /*填充画布以外的颜色，画布仍呈背景色*/
        floodfill(10, 10, 14);

        /*绘制按钮框*/
```

```
    for(i=0; i<=7; i++)
    {
        setcolor(RED);
        line(60*i+1, 2, 60*i+1, 25);
        line(60*i+1, 2, 60*i+55, 2);
        setcolor(RED);
        line(60*i+1, 25, 60*i+55, 25);
        line(60*i+55, 2, 60*i+55, 25);
    }

    setcolor(RED);
    line(0, 446, 639, 446);
    line(0, 478, 639, 478);

    setcolor(8);
    /*绘制退出按钮框*/
    rectangle(570, 2, 625, 25);
    setfillstyle(1, RED);
    floodfill(620, 5, 8);
    setcolor(WHITE);
    outtextxy(585, 10, "EXIT");

    /*显示“直线”*/
    outChinese(zhi16K, 16, 10, 6, WHITE);
    outChinese(xian16K, 16, 28, 6, WHITE);

    /*显示“矩形”*/
    outChinese(ju16K, 16, 70, 6, WHITE);
    outChinese(xing16K, 16, 88, 6, WHITE);

    /*显示“圆形”*/
    outChinese(yuan16K, 16, 130, 6, WHITE);
    outChinese(xing16K, 16, 148, 6, WHITE);

    outtextxy(185, 10, "Bezier");

    /*显示“清屏”*/
    outChinese(qing16K, 16, 250, 6, WHITE);
    outChinese(ping16K, 16, 268, 6, WHITE);

    /*显示“保存”*/
    outChinese(bao16K, 16, 310, 6, WHITE);
    outChinese(cun16K, 16, 328, 6, WHITE);

    /*显示“加载”*/
    outChinese(jia16K, 16, 370, 6, WHITE);
    outChinese(zai16K, 16, 388, 6, WHITE);

    /*显示“帮助”*/
    outChinese(bang16K, 16, 430, 6, WHITE);
```

```
    outChinese(zhu16K, 16, 448, 6, WHITE);

    setMousePos(x0, y0);
    setwritemode(1);
    DrawMouse(x0, y0);

    last_x = x0;
    last_y = y0;
    while(!((mouseStatus(&x1,&y1) == NO_PRESSED)
      && x1>240 && x1<295 && y1>1 && y1<25))
    {
        /*单击退出按钮*/
        if((mouseStatus(&x1,&y1) == NO_PRESSED)
          && x1>570 && x1<625 && y1>1 && y1<25)
            exit(0);
        /*鼠标移动*/
        while(mouseStatus(&x1,&y1) == NO_PRESSED || y1>25)
        {
            if(last_x!=x1 && last_y!=y1)
            {
                DrawMouse(last_x, last_y);
                DrawMouse(x1, y1);
                last_x = x1;
                last_y = y1;
            }
        }

        DrawMouse(last_x, last_y);
        /*在按钮框中单击左键后*/
        while(mouseStatus(&x1,&y1) == LEFT_PRESSED);
        /*绘制直线*/
        if(x1>0 && x1<60 && y1>1 && y1<25)
        {
            setwritemode(0);
            setcolor(8);
            /*呈凹陷状态*/
            line(1, 2, 1, 25);
            line(1, 2, 55, 2);
            setcolor(15);
            line(1, 25, 55, 25);
            line(55, 2, 55, 25);
            setwritemode(1);

            DrawLine();

            setwritemode(0);
            setcolor(RED);
            /*还原成初始状态*/
            rectangle(1, 2, 55, 25);
            setcolor(15);
```

```
        setwritemode(1);

        DrawMouse(last_x, last_y);
    }

    /*绘制矩形*/
    if(x1>60 && x1<115 && y1>1 && y1<25)
    {
        setwritemode(0);
        setcolor(8);
        line(61, 2, 61, 25);
        line(61, 2, 115, 2);
        setcolor(15);
        line(61, 25, 115, 25);
        line(115, 2, 115, 25);
        setwritemode(1);

        DrawRectangle();

        setwritemode(0);
        setcolor(RED);
        rectangle(61, 2, 115, 25);
        setcolor(15);
        setwritemode(1);

        DrawMouse(last_x, last_y);
    }

    /*绘制圆形*/
    if(x1>120 && x1<175 && y1>1 && y1<25)
    {
        setwritemode(0);
        setcolor(8);
        line(121, 2, 121, 25);
        line(121, 2, 175, 2);
        setcolor(15);
        line(121, 25, 175, 25);
        line(175, 2, 175, 25);
        setwritemode(1);

        DrawCircle();

        setwritemode(0);
        setcolor(RED);
        rectangle(121, 2, 175, 25);
        setcolor(15);
        setwritemode(1);

        DrawMouse(last_x, last_y);
    }
```

```
/*绘制 Bezier 曲线*/
if(x1>180 && x1<235 && y1>1 && y1<25)
{
    setwritemode(0);
    setcolor(8);
    line(181, 2, 181, 25);
    line(181, 2, 235, 2);
    setcolor(15);
    line(181, 25, 235, 25);
    line(235, 2, 235, 25);
    setwritemode(1);

    DrawBezier();

    setwritemode(0);
    setcolor(RED);
    rectangle(181, 2, 235, 25);
    setcolor(15);
    setwritemode(1);
    DrawMouse(last_x, last_y);
}

/*保存文件*/
if(x1>300 && x1<355 && y1>1 && y1<25)
{
    setwritemode(0);
    setcolor(8);
    line(301, 2, 301, 25);
    line(301, 2, 355, 2);
    setcolor(15);
    line(301, 25, 355, 25);
    line(355, 2, 355, 25);
    setwritemode(1);

    save();

    setwritemode(0);
    setcolor(RED);
    rectangle(301, 2, 355, 25);
    setcolor(15);
    setwritemode(1);
    DrawMouse(last_x, last_y);
}

/*加载已有的文件*/
if(x1>360 && x1<415 && y1>1 && y1<25)
{
    setwritemode(0);
    setcolor(8);
```

```
            line(361, 2, 361, 25);
            line(361, 2, 415, 2);
            setcolor(15);
            line(361, 25, 415, 25);
            line(415, 2, 415, 25);
            setwritemode(1);

            load();

            setwritemode(0);
            setcolor(RED);
            rectangle(361, 2, 415, 25);
            setcolor(15);
            setwritemode(1);
            DrawMouse(last_x, last_y);
        }

        /*显示用户帮助*/
        if(x1>420 && x1<475 && y1>1 && y1<25)
        {
            setwritemode(0);
            setcolor(8);
            line(421, 2, 421, 25);
            line(421, 2, 475, 2);
            setcolor(15);
            line(421, 25, 475, 25);
            line(475, 2, 475, 25);
            setwritemode(1);

            showHelp();

            setwritemode(0);
            setcolor(RED);
            rectangle(421, 2, 475, 25);
            setcolor(15);
            setwritemode(1);
            DrawMouse(last_x, last_y);
        }
    }
    closegraph();
  }
}
```

13.4.2 运行结果

由于图形化的程序截图比较困难，所以，我们借用了辅助工具 DosBox，使其以窗口的方式运行，以便我们截图。

(1) 进入系统

在 DosBox 虚拟机中运行该程序，进入系统，如图 13.3 所示。鼠标指针停留在程序初始化时指定的位置，图中显示了各种绘图按钮、保存加载按钮，以及退出按钮，单击绘图按钮，则可以进行相应的绘图工作。

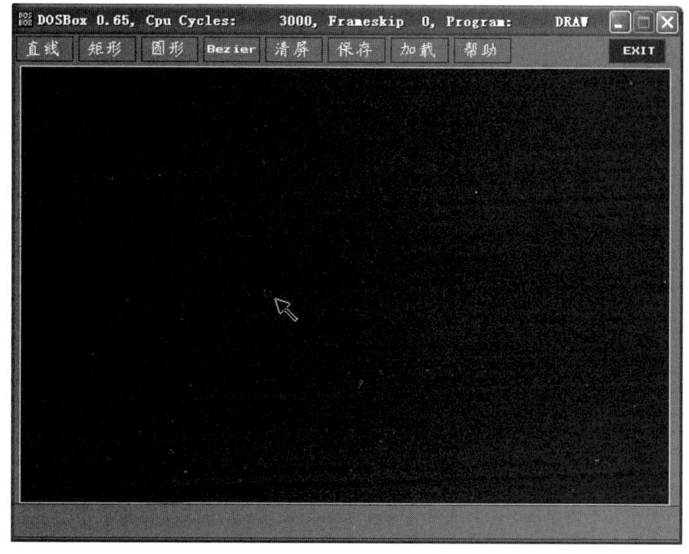

图 13.3　进入系统

(2)　绘制图形

单击“直线”按钮绘制直线，绘制后，可以对其进行调整，例如移动、缩放和旋转，按 Esc 键结束调整，之后可以继续画直线，也可以单击鼠标右键结束直线的绘制。同理，可进行其他图形的绘制和调整。图 13.4 显示了绘制的直线、矩形、圆形和 Bezier 曲线。

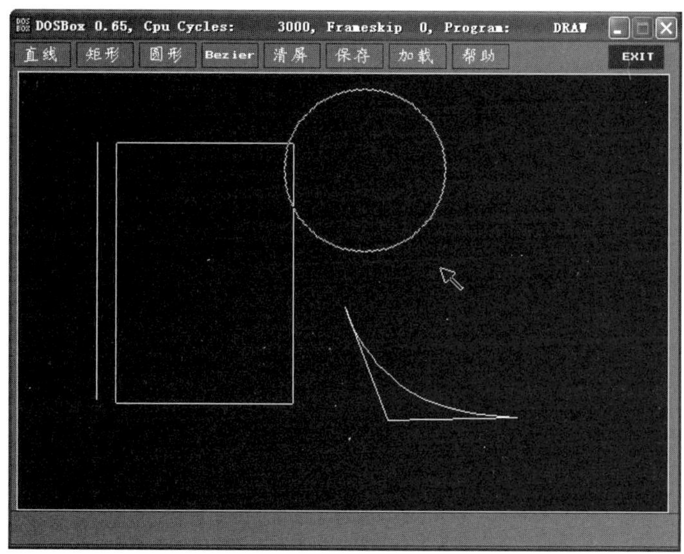

图 13.4　绘制图形

(3)　保存图形

绘制好图形后，单击“保存”按钮，可以对所画图形进行保存。我们对前面绘制的图形进行保存，单击“保存”按钮，这时，会在下方出现“Input the file name[.dat]”语句，提示用户输入保存的文件名，文件名是以“.dat”结尾的，如图 13.5 所示，图中用红色直线圈出。输入文件名(在这里，输入的名称为 test.dat)后，按 Enter 键即可实现保存功能。

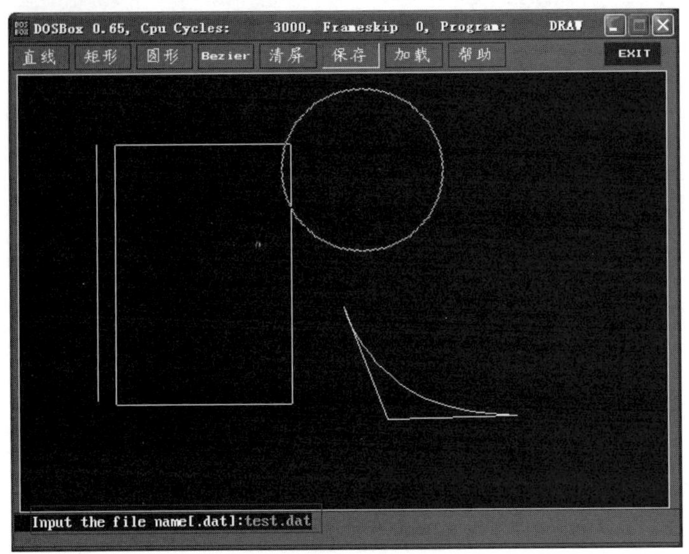

图 13.5　保存图形

(4)　加载图形

除了保存绘制的图形外，也可以加载已经绘制好的图形。我们先单击“清屏”按钮，清除屏幕上的所有图形，然后单击“加载”按钮打开已经保存好的图形。单击“加载”按钮时，下方仍会出现“Input the file name[.dat]”语句，如图 13.6 所示，提示用户输入需加载的文件名。

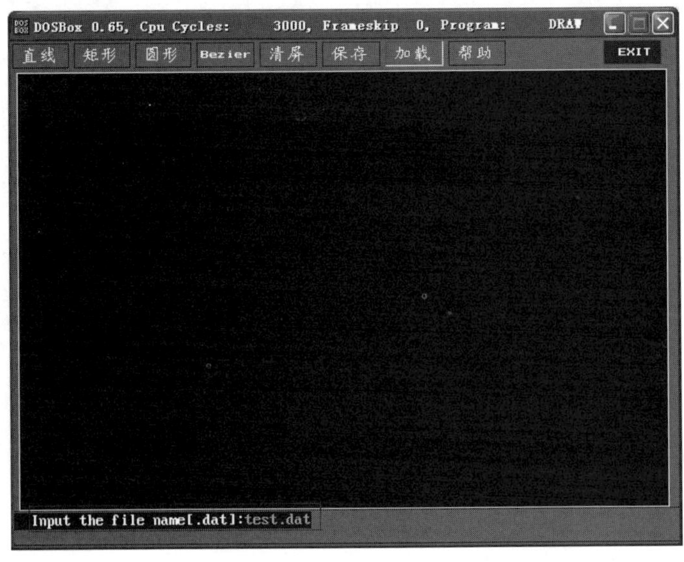

图 13.6　加载图形

我们输入刚才保存过的 test.dat 文件，按 Enter 键后即可打开，打开后的结果与图 13.4

一样。如果要打开一个不存在或者文件名错误的文件，则会提示打开不成功。

(5) 显示帮助

单击“帮助”按钮，则会显示用户使用指南，包括直线、矩形、圆形、Bezier 曲线的绘制和调整方法，如图 13.7 所示。

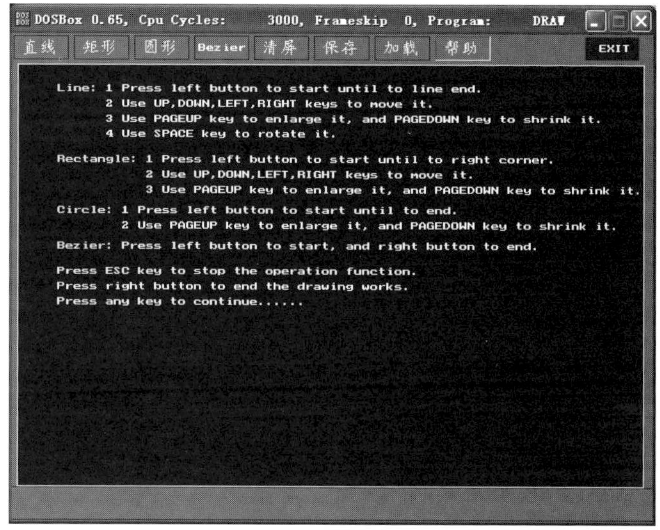

图 13.7　用户帮助

第 14 章　电 子 时 钟

随着社会的进步和科技的发展，电子钟表已成为人们生活中不可缺少的一部分，特别是应用在如火车站之类的公共场所中，其用途不言而喻。

在本章，我们将向读者介绍一个电子时钟的设计和实现，模拟 Windows 自带的时钟。重点讲解各功能模块的设计原理和设计思想，旨在引导读者熟悉 C 语言图形模式下的编程，了解系统的绘图及数据结构等方面的知识。读者需要注意的是，在此程序中，其难点和重点在于时、分、秒针坐标值的计算和时钟指针的运行控制。

有兴趣的读者可以对此程序进行优化，使时钟中对系统时间的修改能支持鼠标操作，达到学以致用的目的。

14.1　设 计 目 的

本程序旨在训练读者的基本编程能力，使读者熟悉 C 语言图形模式下的编程。本程序中涉及到时间结构体、数组、绘图等方面的知识。通过本程序的训练，读者能对 C 语言有一个更深刻的了解，掌握利用 C 语言相关函数开发电子时钟的基本原理，为进一步开发出高质量的程序打下坚实的基础。

14.2　功 能 描 述

如图 14.1 所示，此电子时钟主要由以下 4 个功能模块组成。

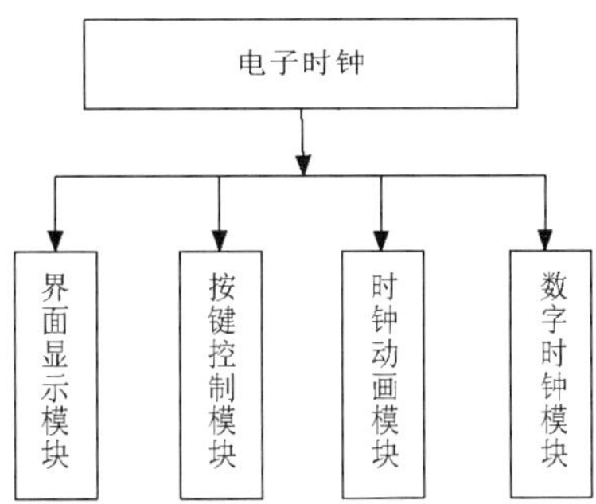

图 14.1　电子时钟的功能模块

(1)　界面显示模块

电子时钟界面显示在调用时钟运行处理之前完成，在这里，主要调用了 C 语言图形系统函数和字符屏幕处理函数，画出时钟程序的主界面。

主界面包括类似 Windows 自带的电子时钟的界面和帮助界面两部分。电子时钟界面包括一个模拟时钟运转的钟表和一个显示时间的数字钟表。

在帮助界面中，主要包括一些按键的操作说明。

(2) 按键控制模块

按键控制模块主要完成两大部分功能。第一，读取用户按键的键值。第二，通过对键盘按键值的判断，执行相应的操作，如光标移动、修改时间。

(3) 时钟动画模块

在时钟动画处理模块中，它通过对相关条件的判断和时钟指针坐标点值的计算，完成时、分、秒指针的擦除和重绘，以实现模拟时钟运转的功能。

(4) 数字时钟模块

在数字时钟处理模块中，主要实现了数字时钟的显示和数字时钟的修改。其中，在数字时钟的修改中，用户可先按 Tab 键定位需要修改内容的位置，然后通过按光标上移(↑)或下移(↓)键，来修改当前的时间。

14.3 总体设计

14.3.1 功能模块设计

1. 电子时钟的执行主流程

此电子时钟的执行主流程如图 14.2 所示。

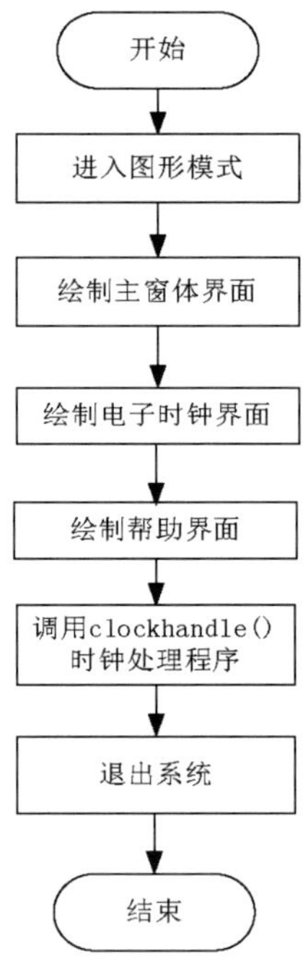

图 14.2 电子时钟的执行主流程

首先，程序调用 initgraph()函数，使系统进入图形模式，然后通过使用 line()、arc()、outtextxy()、circle()等函数来绘制主窗口及电子时钟界面，最后调用 clockhandle()函数来处理时钟的运转及数字时钟的显示。

在 clockhandle()函数中，使用了 bioskey()函数来获取用户的按键值，当用户按键为 Esc 时，程序会从 clockhandle()函数中返回，从而退出程序。

注 意： bioskey()为直接使用 BIOS 服务的键盘接口函数，其原型为 int bioskey(int cmd)，cmd 的值决定执行什么操作。当 cmd=0 时，bioskey()返回下一个在键盘键入的值；当 cmd=1 时，bioskey()查询是否按下一个键，若按下一个键，则返回非零值，否则返回 0 值；当 cmd=2 时，bioskey()返回 Shift、Ctrl、Alt、ScrollLock、NumLock、CapsLock、Insert 键的使用状态。

2. 电子时钟的界面显示

电子时钟界面的实现比较简单，模拟时钟运转的动画时钟的时间刻度是用大小不同的圆来表示的，三根长度不同但有一端在相同坐标位置的直线分别表示时针、分针、秒针。

3. 电子时钟的按键控制模块

在按键控制模块中，使用 bioskey()函数来读取用户按键的键值，然后调用 keyhandle()函数对键盘按键值进行判断，并执行相应的操作。具体按键判断如下。

(1) 若用户按下 Tab 键，程序会调用 clearcursor()函数来清除上一个位置的光标，然后调用 drawcursor()函数，在新位置处绘制一个光标。

(2) 若用户按下光标上移键，程序会调用 timeupchange()函数来增加相应的时、分、秒值。

(3) 若用户按下光标下移键，程序会调用 timedownchange()函数来减少相应的时、分、秒值。

(4) 若用户按 Esc 键，程序会结束时钟运行，从而退出系统。

4. 时钟动画处理模块

时钟动画处理模块是本程序的核心部分，它实现了时钟运转的模拟。这部分的重点和难点在于时针、分针、秒针在相应时间处的擦除和随后重绘工作，擦除和重绘工作的难点在于每次绘制时钟指针时指针终点坐标值的计算。

下面分别介绍指针运转时坐标点的计算和时钟动画的处理流程。

(1) 坐标点的计算

在电子时钟中，时、分、秒三根指针有一个共同的端点，即圆形时钟的圆心，另外，这三根指针的长短不同，且分布在不同的圆弧上，但每根指针每次转动的弧度是相同的。时钟运转时，若秒针转动 60 次(即 1 圈)，则分针转动 1 次(即 1/60 圈)；若分针转动 60 次(即 1 圈)，则时针转动 5 次(即 1/12 圈)；若分针转动 1 次(即 1/60 圈)，时针转动 1/(60×12)圈。这样，秒针每转动一次所经过的弧度为 2π/60，并且指针转动时，指针另一端的坐标值可以以圆心为参考点计算出来。

如图 14.3 所示，设圆心 O 的坐标为(x, y)，圆的半径为 r，秒针从 12 点整的位置移动到了 K 点位置，其中 α 为 2π/60 弧度，那么，借助于三角函数，我们可求得 K 点的坐标值为(x+rsinα，y−rcosα)。我们可用相似的办法，求得时、分、秒指针在圆弧上任意位置的坐标值。

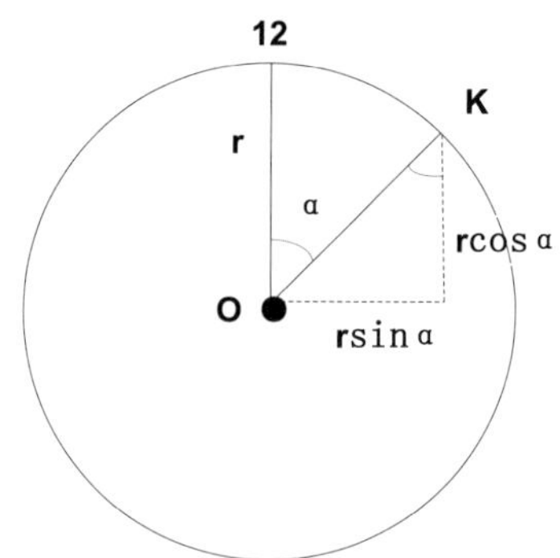

图 14.3　时钟指针坐标点的计算

假设时针、分针、秒针的长度分别为 a、b、c，那么，时、分、秒指针另一端的任意时刻的坐标值分别为(x+asinα, y−acosα)、(x+bsinα, y−bcosα)、(x+csinα, y−ccosα)，α 的变化范围为 0~2π。

在本程序中，a、b、c 的取值分别为 50、80、98，单位为像素。

对于时针、分针、秒针，若小时、分钟、秒数分别为 h、m、s，则 α 的取值分别为(h×60+m)×2π/(60×12)、m×2π/60、s×2π/60。

需要说明的是，对于小时的 α 的取值，已经将小时数转换成了分钟数，因为分针每转动一次，时针转动一圈的 1/(60×12)，所以小时的 α 取值为(h×60+m)×2π/(60×12)，严格来说，对于分钟的 α 取值也应类似于小时的 α 的取值，只不过这里进行了简化。

(2) 时钟动画处理流程

为了帮助读者进一步了解时钟运转的模拟，我们将在下面介绍其运行过程。

① 取得系统的当前时间，将其保存在 time 结构类型的变量中，同时绘制初始的时针、分针、秒针，并在时钟下方的数字时钟中显示当前时间。

② 进入 for 循环，直至用户按 Esc 键退出循环。

③ 打开 PC 扬声器，发出嘀嗒声，并利用一个 while 循环，产生一秒的延时。

④ 清除原来的秒针，绘制从圆心至新坐标点处的秒指针，并更新秒钟值。

⑤ 若分钟值有变化，执行与上一步类似的动作。

⑥ 若时值有变化，也执行与④类似的动作。

⑦ 调用 bioskey()函数获取用户的按键值，若为 Esc，退出 for 循环，否则跳到②。

⑧ 退出时钟程序。

5. 数字时钟的处理模块

在数字时钟处理模块中，它会每隔一秒调用 gettime(t)函数，获取系统时间，然后调用 digitclock()函数，将在相应的位置显示时、分、秒值。至于数字时钟的修改，主要由当前光标位置和光标上移(↑)或下移(↓)按键两者共同来决定。

例如，若当前光标在分钟显示位置，且按下光标上移键，程序会将当前时间的分钟值增加 1，即增加一分钟，若加 1 后的分钟值等于 60，它则将当前分钟值设置为 0，最后调用 settime(t)函数来设置新的系统时间。

14.3.2　数据结构设计

此程序中，使用了 C 语言的 time 结构体和几个全局变量，为了便于读者理解程序，这里分别来介绍。

1. time 结构体

time 结构体定义在 dos.h 文件中，可用来保存系统的当前时间：

```
struct time
{
   unsigned char ti_min; /*分钟*/
   unsigned char ti_hour; /*小时*/
   unsigned char ti_hund; /*百分之一秒*/
   unsigned char ti_sec; /*秒*/
};
```

其中各字段的含义如下。

- unsigned char ti_min：保存分钟值。
- unsigned char ti_hour：保存小时值。
- unsigned char ti_hund：保存几百分之一秒值，如若 ti_hund=500，表示 1/500 秒。
- unsigned char ti_sec：保存秒数。

2. 全局变量

下面对程序用到的全局变量及数组进行说明。

- double h, m, s：这三个全局变量分别用来保存小时、分钟、秒数。
- double x, x1, x2, y, y1, y2：保存数字时钟小时、分、秒在屏幕中显示的坐标值。
- struct time t[1]：定义一个 time 结构类型的数组，此数组只有 t[0]一个元素。

14.3.3　函数功能描述

1. keyhandle()

函数原型：

```
int keyhandle(int key, int count);
```

keyhandle()函数用于对用户的按键值 key 进行判断，然后调用 timeupchange(count)或 timedownchange(count)或直接处理 Tab 按键，其中 count 的值为 1、2、3。1 表示小时，2 表示分钟，3 表示秒钟。按 Tab 键后，count 的值加 1。

2. timeupchange()

函数原型：

```
int timeupchange(int count);
```

timeupchange()函数用于增加时、分、秒数，然后将新的时间设置为系统当前时间。

3. timedownchange()

函数原型：

```
int timedownchange(int count);
```

timedownchange()函数用于减少时、分、秒数，将新的时间设置为系统的当前时间。

4. digitclock()

函数原型：

```
void digitclock(int x, int y, int clock);
```

digitclock()函数用于在(x，y)位置显示 clock 值，clock 值为时、分、秒值。

5. drawcursor()

函数原型：

```
void drawcursor(int count);
```

drawcursor()函数用于对 count 进行判断后，在相应的位置绘制一条直线作为光标。

6. clearcursor()

函数原型：

```
void clearcursor(int count);
```

clearcursor()函数用于对 count 进行判断后，在相应的位置擦除原来的光标。

7. void clockhandle()

函数原型：

```
void clockhandle();
```

void clockhandle()函数用于完成时钟转动和数字时钟的显示。

8. main()

函数原型：

```
void main();
```

main()为主函数，其详细说明可参考图 14.2。

14.4 程序实现

14.4.1 源码分析

1. 程序预处理

包括加载头文件，定义常量、变量、结构体数组和函数原型声明。具体代码如下：

```
#include <graphics.h>
#include <stdio.h>
#include <math.h>
#include <dos.h>
#define PI 3.1415926 /*定义常量*/
#define UP 0x4800   /*上移↑键：修改时间*/
#define DOWN 0x5000 /*下移↓键：修改时间*/
#define ESC 0x11b   /*Esc 键：退出系统*/
#define TAB 0xf09   /*Tab 键：移动光标*/

/*函数声明*/
int keyhandle(int, int); /*键盘按键判断，并调用相关函数来处理*/
int timeupchange(int);  /*处理上移按键*/
int timedownchange(int); /*处理下移按键*/
int digithour(double); /*将 double 型的小时数转换成 int 型*/
int digitmin(double);  /*将 double 型的分钟数转换成 int 型*/
int digitsec(double);   /*将 double 型的秒钟数转换成 int 型*/
void digitclock(int, int, int); /*在指定位置显示时钟或分钟或秒钟数*/
void drawcursor(int); /*绘制一个光标*/
void clearcursor(int); /*消除前一个光标*/
void clockhandle(); /*时钟处理*/
double h, m, s; /*全局变量：小时，分，秒*/
double x, x1, x2, y, y1, y2; /*全局变量：坐标值*/
struct time t[1]; /*定义一个 time 结构类型的数组*/
```

2. 主函数 main()

main()函数主要实现了对电子时钟的初始化工作，及 clockhandle()函数的调用。它的运行流程可参考图 14.2。具体代码如下：

```
main()
{
   int driver, mode=0, i, j;
   driver = DETECT; /*自动检测显示设备*/
   initgraph(&driver, &mode, ""); /*初始化图形系统*/
   setlinestyle(0, 0, 3); /*设置当前画线宽度和类型：设置三点宽实线*/
   setbkcolor(0); /*用调色板设置当前背景颜色*/
   setcolor(9); /*设置当前画线颜色*/
   line(82, 430, 558, 430);
   line(70, 62, 70, 418);
   line(82, 50, 558, 50);
   line(570, 62, 570, 418);
   line(70, 62, 570, 62);
   line(76, 56, 297, 56);
   line(340, 56, 564, 56);       /*画主体框架的边直线*/
   /*arc(int x, int y, int stangle, int endangle, int radius)*/
   arc(82, 62, 90, 180, 12);
   arc(558, 62, 0, 90, 12);
   setlinestyle(0, 0, 3);
   arc(82, 418, 180, 279, 12);
   setlinestyle(0, 0, 3);
```

```
arc(558, 418, 270, 360, 12);   /*画主体框架的边角弧线*/
setcolor(15);
outtextxy(300, 53, "CLOCK"); /*显示标题*/
setcolor(7);
rectangle(342, 72, 560, 360); /*画一个矩形，作为时钟的框架*/
setwritemode(0);
  /*规定画线的方式。mode=0，则表示画线时将所画位置的原来信息覆盖*/
setcolor(15);
outtextxy(433, 75, "CLOCK"); /*时钟的标题*/
setcolor(7);
line(392, 310, 510, 310);
line(392, 330, 510, 330);
arc(392, 320, 90, 270, 10);
arc(510, 320, 270, 90, 10); /*绘制电子动画时钟下的数字时钟的边框架*/

/*绘制数字时钟的时分秒的分隔符*/
setcolor(5);
for(i=431; i<=470; i+=39)
    for(j=317; j<=324; j+=7) {
        setlinestyle(0, 0, 3);
        circle(i, j, 1); /*以(i, j)为圆心，1 为半径画圆*/
    }
setcolor(15);
line(424, 315, 424, 325); /*在运行电子时钟前，先画一个光标*/

/*绘制表示小时的圆点*/
for(i=0,m=0,h=0; i<=11; i++,h++) {
    x = 100*sin((h*60+m)/360*PI) + 451;
    y = 200 - 100*cos((h*60+m)/360*PI);
    setlinestyle(0, 0, 3);
    circle(x, y, 1);
}

/*绘制表示分钟或秒钟的圆点*/
for(i=0,m=0; i<=59; m++,i++) {
    x = 100*sin(m/30*PI) + 451;
    y = 200 - 100*cos(m/30*PI);
    setlinestyle(0, 0, 1);
    circle(x, y, 1);
}

/*在电子表的左边打印帮助提示信息*/
setcolor(4);
outtextxy(184, 125, "HELP");
setcolor(15);
outtextxy(182, 125, "HELP");
setcolor(5);
outtextxy(140, 185, "TAB : Cursor move");
outtextxy(140, 225, "UP  : Time ++");
outtextxy(140, 265, "DOWN: Time --");
```

```
    outtextxy(140, 305, "ESC : Quit system!");
    outtextxy(140, 345, "Version : 2.0");
    setcolor(12);
    outtextxy(150, 400, "Nothing is more important than time!");
    clockhandle(); /*开始调用时钟处理程序*/
    closegraph(); /*关闭图形系统*/
    return 0; /*表示程序正常结束，向操作系统返回一个 0 值*/
}
```

3. 时钟动画处理模块

时钟动画处理主要由 clockhandle()函数来实现，其重点和难点在功能模块设计部分有详细介绍。需要注意的是，程序中，旧时钟指针的擦除是借助 setwritemode(mode)函数设置画线的方式来实现的。如果 mode=1，则表示画线时用现在特性的线与所画之处原有的线进行异或(XOR)操作，实际上画出的线是原有线与现在规定的线进行异或后的结果。因此，当线的特性不变时，进行两次画线操作相当于没有画线，即在当前位置处清除了原来的画线。具体代码如下：

```
void clockhandle()
{
    int k=0, count;
    setcolor(15);
    gettime(t); /*取得系统时间，保存在 time 结构类型的数组变量中*/
    h = t[0].ti_hour;
    m = t[0].ti_min;
    x = 50*sin((h*60+m)/360*PI) + 451; /*时针的 x 坐标值*/
    y = 200 - 50*cos((h*60+m)/360*PI); /*时针的 y 坐标值*/
    line(451, 200, x, y); /*在电子表中绘制时针*/

    x1 = 80*sin(m/30*PI) + 451; /*分针的 x 坐标值*/
    y1 = 200 - 80*cos(m/30*PI); /*分针的 y 坐标值*/
    line(451, 200, x1, y1); /*在电子表中绘制分针*/

    digitclock(408, 318, digithour(h)); /*在数字时钟中，显示当前的小时值*/
    digitclock(446, 318, digitmin(m)); /*在数字时钟中，显示当前的分钟值*/

    setwritemode(1);
    for(count=2; k!=ESC;) { /*开始循环，直至用户按下 Esc 键结束循环*/
        setcolor(12); /*淡红色*/
        sound(500); /*以指定频率打开 PC 扬声器，这里频率为 500Hz*/
        delay(700); /*发一个频率为 500Hz 的音调，维持 700 毫秒*/
        sound(200); /*以指定频率打开 PC 扬声器，这里频率为 200Hz*/
        delay(300);
        /*以上两种不同频率的音调，可仿真钟表转动时的嘀嗒声*/
        nosound(); /*关闭 PC 扬声器*/
        s = t[0].ti_sec;
        m = t[0].ti_min;
        h = t[0].ti_hour;
```

```
x2 = 98*sin(s/30*PI) + 451; /*秒针的 x 坐标值*/
y2 = 200 - 98*cos(s/30*PI); /*秒针的 y 坐标值*/
line(451, 200, x2, y2);
/*绘制秒针*/

/*利用此循环，延时 1 秒*/
while(t[0].ti_sec==s && t[0].ti_min==m && t[0].ti_hour==h)
{
    gettime(t); /*取得系统时间*/
    if(bioskey(1) != 0) {
        k = bioskey(0);
        count = keyhandle(k, count);
        if(count==5) count=1;
    }
}
setcolor(15);
digitclock(485, 318, digitsec(s)+1); /*数字时钟增加 1 秒*/

setcolor(12); /*淡红色*/
x2 = 98*sin(s/30*PI) + 451;
y2 = 200 - 98*cos(s/30*PI);
line(451, 200, x2, y2);
  /*用原来的颜色在原来位置处再绘制秒针，以达到清除当前秒针的目的*/

/*分钟处理*/
if(t[0].ti_min != m) { /*若分钟有变化*/
    /*消除当前分针*/
    setcolor(15); /*白色*/
    x1 = 80*sin(m/30*PI) + 451;
    y1 = 200 - 80*cos(m/30*PI);
    line(451, 200, x1, y1);
    /*绘制新的分针*/
    m = t[0].ti_min;
    digitclock(446, 318, digitmin(m)); /*在数字时钟中显示新的分钟值*/
    x1 = 80*sin(m/30*PI) + 451;
    y1 = 200 - 80*cos(m/30*PI);
    line(451, 200, x1, y1);
}

/*小时处理*/
if((t[0].ti_hour*60+t[0].ti_min) != (h*60+m)) {  /*若小时数有变化*/
    /*消除当前时针*/
    setcolor(15); /*白色*/
    x = 50*sin((h*60+m)/360*PI) + 451;
      /*50：时钟的长度(单位：像素)，451：圆心的 x 坐标值*/
    y = 200 - 50*cos((h*60+m)/360*PI);
    line(451, 200, x, y);
    /*绘制新的时针*/
    h = t[0].ti_hour;
    digitclock(408, 318, digithour(h));
```

```
            x = 50*sin((h*60+m)/360*PI) + 451;
            y = 200 - 50*cos((h*60+m)/360*PI);
            line(451, 200, x, y);
        }
    }
}
```

4. 时钟按键控制模块

在电子时钟中，按键控制模块最主要的工作就是必须能读取用户按键，对按键值进行判断，并调用相应的函数来执行相关的操作。具体代码如下：

```
int keyhandle(int key, int count)    /*键盘控制 */
{
    switch(key)
    {
    case UP:
        timeupchange(count-1); /*因为 count 的初始值为 2，所以此处减 1*/
        break;
    case DOWN:
        timedownchange(count-1); /*因为 count 的初始值为 2，所以此处减 1*/
        break;
    case TAB:
        setcolor(15);
        clearcursor(count); /*清除原来的光标*/
        drawcursor(count);  /*显示一个新的光标*/
        count++;
        break;
    }
    return count;
}

int timeupchange(int count) /*处理光标上移的按键*/
{
    if(count == 1) {
        t[0].ti_hour++;
        if(t[0].ti_hour==24) t[0].ti_hour=0;
        settime(t); /*设置新的系统时间*/
    }

    if(count == 2) {
        t[0].ti_min++;
        if(t[0].ti_min==60) t[0].ti_min=0;
        settime(t); /*设置新的系统时间*/
    }

    if(count == 3) {
        t[0].ti_sec++;
        if(t[0].ti_sec==60) t[0].ti_sec=0;
        settime(t); /*设置新的系统时间*/
    }
```

```
}

int timedownchange(int count) /*处理光标下移的按键*/
{
    if(count==1) {
        t[0].ti_hour--;
        if(t[0].ti_hour==0) t[0].ti_hour=23;
        settime(t); /*设置新的系统时间*/
    }
    if(count==2) {
        t[0].ti_min--;
        if(t[0].ti_min==0) t[0].ti_min=59;
        settime(t); /*设置新的系统时间*/
    }

    if(count==3) {
        t[0].ti_sec--;
        if(t[0].ti_sec==0) t[0].ti_sec=59;
        settime(t); /*设置新的系统时间*/
    }
}
```

5. 数字时钟处理模块

在数字时钟处理模块中，主要实现了数字时钟的显示和数字时钟的修改。其中，在数字时钟的修改中，用户可先按 Tab 键定位需要修改内容的位置，然后通过按光标上移(↑)或下移(↓)键，来修改当前时间。它的主要工作如下。

(1) 调用 digitclock(int x, int y, int clock)函数，在数字时钟 r 指定位置显示时、分、秒，其中，digithour(double h)、int digithour(double h)、digitsec(double s)用于完成数值的 double 型向 int 型转换。

(2) 调用 drawcursor(int count)、clearcursor(int count)函数，来完成旧光标的擦除和新光标的绘制。

具体代码如下：

```
void digitclock(int x, int y, int clock) /*在指定位置显示数字时钟：时\分\秒*/
{
    char buffer1[10];
    setfillstyle(0, 2);
    bar(x, y, x+15, 328);
    if(clock==60) clock=0;
    sprintf(buffer1, "%d", clock);
    outtextxy(x, y, buffer1);
}

int digithour(double h) /*将 double 型的小时数转换成 int 型*/
{
    int i;
    for(i=0; i<=23; i++)
```

```
    { if(h==i) return i; }
}

int digitmin(double m)    /*将 double 型的分钟数转换成 int 型*/
{
    int i;
    for(i=0; i<=59; i++)
    { if(m==i) return i; }
}

int digitsec(double s)    /*将 double 型的秒钟数转换成 int 型*/
{
    int i;
    for(i=0; i<=59; i++)
    { if(s==i) return i; }
}

void drawcursor(int count)     /*根据 count 的值，画一个光标*/
{
    switch(count)
    {
    case 1: line(424,315,424,325); break;
    case 2: line(465,315,465,325); break;
    case 3: line(505,315,505,325); break;
    }
}

void clearcursor(int count)     /*根据 count 的值，清除前一个光标*/
{
    switch(count)
    {
    case 2: line(424,315,424,325); break;
    case 3: line(465,315,465,325); break;
    case 1: line(505,315,505,325); break;
    }
}
```

14.4.2　运行结果

1. 电子时钟的初始状态

当用户运行电子时钟时，其初始状态如图 14.4 所示。系统的当前时间为 04:20:15。此时，用户可从键盘输入电子时钟主界面中左边帮助说明中的按键，即按 Tab 键移动光标、按光标上移键或下移键来增加或减少光标位置处的值、按 Esc 键退出电子时钟。

2. 修改系统时间

如图 14.5 所示，这是用户按 Tab 键将光标跳至分钟位置处，然后连续 5 次按光标上移键的执行结果，即把当前的系统时间增加了 5 分钟。在修改分钟值的同时，模拟时钟运转的分钟指针也会跟着变化。

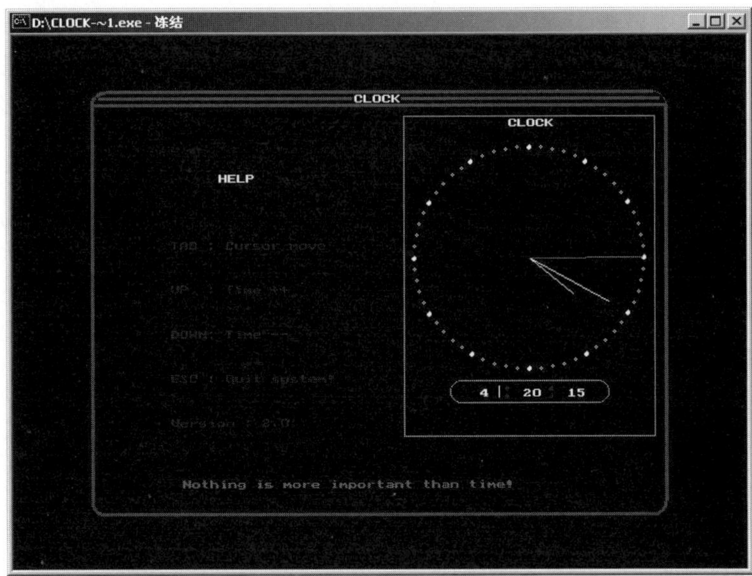

图 14.4　电子时钟的初始状态

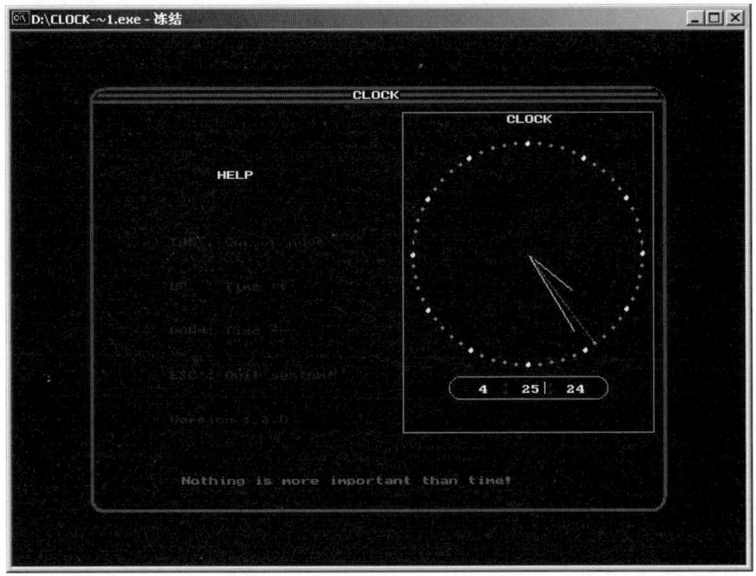

图 14.5　修改系统时间的结果

第 15 章　简易计算器

本章介绍一个简易计算器的设计思路及其编码实现。重点介绍各功能模块的设计原理和数据结构的实现，旨在引导读者熟悉 C 语言图形模式下的编程，了解系统的绘图及数据结构等方面的知识。

本计算器仅为一个简易计算器，有兴趣的读者可以对此程序进行优化，使计算器功能更加丰富并支持鼠标操作。

15.1　设 计 目 的

本程序旨在训练读者的基本编程能力，使读者熟悉 C 语言图形模式下的编程。本程序中涉及到结构体、数组、绘图等方面的知识。通过本程序的训练，使读者能对 C 语言有一个更深刻的了解，掌握利用 C 语言相关函数开发计算器的基本原理，为进一步开发出高质量的多功能计算器打下坚实的基础。

15.2　功 能 描 述

如图 15.1 所示，本计算器主要由以下 5 个功能模块组成。

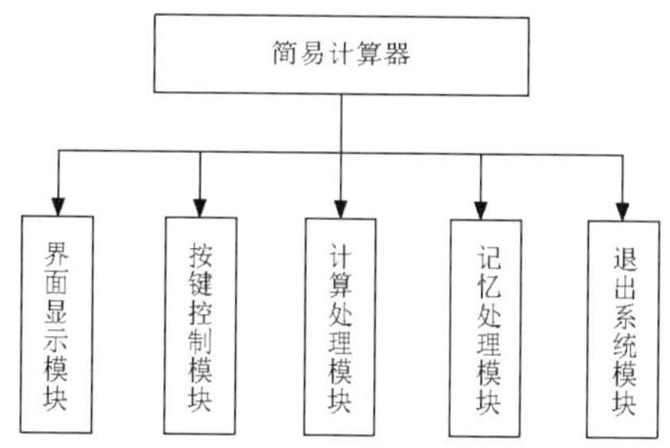

图 15.1　简易计算器的功能模块

(1)　界面显示模块

计算器界面显示必须在执行实际计算操作之前完成，在这里，主要调用了 C 语言图形系统函数和字符屏幕处理函数，画出类似 Windows 自带的计算器的界面。此界面包括一个主窗口、一个文本输入框、一个表示记忆功能已启用的标签和 28 个按钮，其中，28 个按钮分别由 10 个数字键按钮、7 个运算符按钮、4 个命令按钮、4 个记忆操作按钮和另外 3 个(包括小数点、正负号、等号在内的)按钮构成。

(2)　按键控制模块

按键控制模块主要完成两大部分功能。第一，当用户在键盘上按下计算器中定义的有效键时，计算器必须执行模拟用户按键的操作。第二，计算器通过对键盘按键值的判断，执行相应的操作，如接收数字输入等。

(3) 计算处理模块

计算处理模块主要完成双目四则运算和单目运算操作。四则运算包括加、减、乘、除。单目运算包括求平方根、取倒数和取百分数。计算处理模块在按键控制模块中被调用执行。

(4) 记忆处理模块

记忆处理模块使计算器具有记忆功能。在此模块中可以执行的操作有：

- 用户可以将当前文本框中的数值存入记忆变量中。
- 用户可以将记忆变量中的数值与当前文本框中的数值相加，然后作为记忆变量的新值。
- 用户可以取出记忆器中记录的数值。
- 用户可以清除记忆变量的值。

(5) 退出系统模块

计算器退出模块主要执行清除图形屏幕、关闭图形系统和退出计算器系统的操作。

15.3 总 体 设 计

15.3.1 功能模块设计

1. 计算器执行主流程

本计算器的执行主流程如图 15.2 所示。

首先，程序调用 InitApp()函数，使系统进入图形模式，并对窗口、标签、文本框和按钮的相关结构变量进行赋值操作；调用 Showme()函数显示计算器界面；调用 Load()函数初始化全局变量的值。

然后，程序进入 while(1)循环，等待用户按键，并读取所按键值，若用户按 Alt+X 组合键，程序调用 Unload()退出系统，否则，程序调用 CommandButton_KeyboardDown(key)和 CommandButton_KeyboardUp(key)函数来完成在计算器上的模拟按键操作。

最后，程序调用 CommandButton_Click(key)函数，根据 key 的值，进行相关的操作，相关操作完成后，返回到 while(1)入口，继续等待用户按键。

注 意： 在用户从键盘按键输入时，程序只对计算器中定义的 28 个键值有效，对于其他按键，程序将视为键值小于 0 的无效按键，并等待用户重新按键。

2. 计算器界面显示

此计算器界面由一个主窗口、一个文本输入框、一个表示记忆功能是否启用的标签和 28 个按钮构成。这 4 个组成部分分别由三个结构变量和有 28 个元素的结构数组来实现。

在绘制主窗口的 Form()函数中，主要调用 bar()函数，画一个淡灰色的填充窗口作为主窗口，调用 line()函数，绘制了这个填充窗口的边框，又调用 bar()函数，画了一个红色的窗口标题栏。

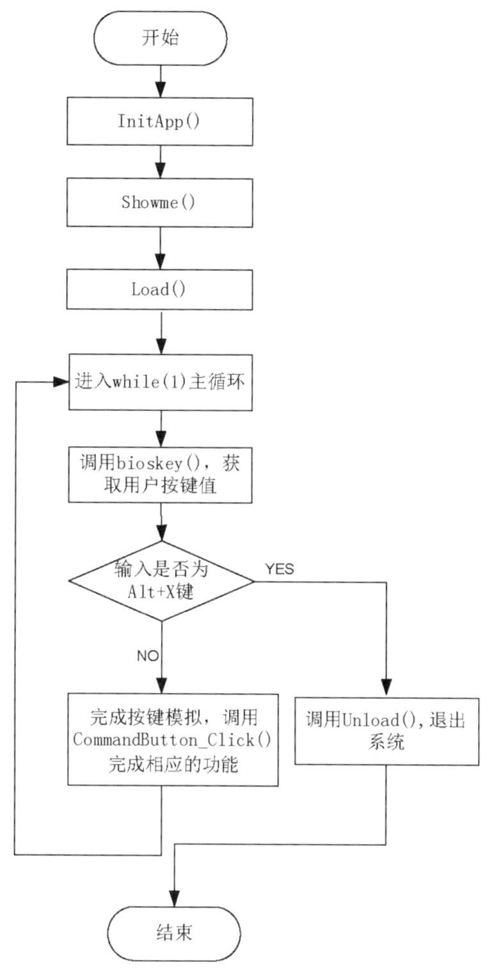

图 15.2　计算器的执行主流程

在绘制文本框的 TextBox()函数中，主要调用 bar()函数，在主窗口中画一个白色的填充窗口及深灰色的边框，设置文本的对齐方式和颜色等属性值，并显示文本的初始值。同时，标签的绘制与文本框类似。

在绘制按钮的 CommandButton()函数中，先确定此按钮在主窗口中的左上角和右下角的坐标值，然后，根据按钮的状态，选择不同颜色的线条绘制矩形按钮。

注意，此处按钮的初始状态值为 1，若有键按下后，其状态变为 0，处理完按键操作后，又恢复为状态 1。这样，用不同的颜色在不同时间在同一位置绘制同样大小的矩形，即可表示出有按键的动画效果。

3. 计算器按键控制

如前所述，按键控制模块主要完成模拟用户按键操作和判断按键后执行的操作任务。模拟按键操作主要由 CommandButton_KeyboardDown()和 CommandButton_KeyboardUp()两个函数通过改变按钮的状态值，然后调用 CommandButton()函数来实现。

同样，判断按键值后，执行相应的操作任务主要由调用 CommandButton_Click(int key)

函数来实现，在此函数中，有对 28 个键值的判断，并对不同的键值分别进行处理。

CommandButton_Click(int key)函数为实现计算器的核心函数，因此举例加以说明。

假如用户准备进行 123+2 计算，即用户先分别输入数字 1、2、3，然后输入“+”操作符，接着输入数字 2，最后按“=”符号按钮后，计算器在文本框中输出 125 的结果值。程序的处理过程如下。

(1) 因为数字 1、2、3 都属于数值，程序将 1、2、3 存储在字符数组 strbuf[]中，即 strbuf[1]=‘1’，strbuf[2]=‘2’，strbuf[3]=‘3’，strbuf[0]=‘’，strbuf[0]存储此操作数的正负号，为正时，此数组元素为空，为负时，此数组元素为字符‘-’。

(2) 输入“+”操作符后，程序将数组 strbuf 中的值转换成数值后，保存在全局变量 num2 中，并将 strbuf 元素中的值清空。

(3) 输入完数字 2 后，strbuf[1]= ‘2’。

(4) 输入完“=”符号后，程序将数组 strbuf 中的值转换成数值后，保存在全局变量 num1 中，并调用 DoubleRun()执行四则运算，运算完后，将结果显示在文本框中，并将 strbuf 元素中的值清空。

4. 计算器计算处理

计算处理模块主要完成四则运算和单目运算操作。四则运算由 DoubleRun()函数来实现，在此函数中，先判断操作符，然后对操作数 num1 和 num2 进行相关运算。

操作符为加、减、乘、除。注意，在进行除法运算时，除数 num1 不能为 0。单目运算由 SingleRun(int key)函数来实现，执行求平方根、求倒数、求百分数的运算。

注意，求平方根时，操作数不能小于 0；求倒数时，操作数不能等于 0，否则，程序会打印错误信息。

5. 计算器记忆处理

当用户按下 Ctrl+M 组合键时，程序调用 StoreSet()函数，将当前文本框中的数值存入记忆变量 store 中，并在标签中输出标记“M”；当用户按下 Ctrl+P 组合键时，程序调用 StoreSet()函数，将记忆变量 store 中的数值与当前文本框中的数值相加，作为 store 的新值；当用户按下 Ctrl+R 组合键时，程序调用 StoreSet()函数取出记忆变量 store 的值；当用户按下 Ctrl+L 组合键时，程序调用 StoreSet()函数清除记忆变量 store 的值，并在标签中输出空标记，表示记忆功能暂未使用。

6. 退出系统

此模块较为简单，调用 Unload()函数来实现。

15.3.2 数据结构设计

此程序中，定义了一个结构体和若干全局标志变量。为了便于读者理解程序，这里分别来介绍。

1. Block 结构体

Block 结构体的定义如下：

```
struct Block
{
   int left, top, width, height;
   char caption[50];
   int fontcolor, fontsize, status;
};
```

因为主窗口、文本框、标签、按钮 4 种对象具有很多共同属性，所以，只定义一个结构体即可。Block 结构体中，各字段的值的含义如下。

- int left, top, width, height：分别保存对象的左上角坐标、宽、高。
- char caption[50]：保存对象的标题。
- int fontcolor, fontsize, status：fontcolor、fontsize 分别保存向该对象输出文本时的字体颜色和字体大小；status 保存此对象的状态。

2. 全局变量

下面对程序用到的全局变量及数组进行说明。

- struct Block frmmain, txtscreen, lblstore, cmdbutton[28]：三个结构体变量分别用来表示主窗口、文本框、标签，结构体数组 cmdbutton 用于保存 28 个按钮。
- int clickflag：作为按键标志，若有键按下，此标志为 1，否则为 0。
- int top, pointflag, digitkeyhit：top 保存连续输入的数字的位数，top 不能大于 14；pointflag 表示小数点标志，若输入了小数点，此标志为 1，否则为 0；digitkeyhit 表示数字键标志，输入一个数字后，其值为 1，若输入为非数字值，其值为 0。
- int operatoror, runflag, ctnflag：operatoror 保存操作符的数值表示，如值 13 表示加号。runflag 表示运算标记，当输入为四则运算操作符和等于号时，其值为 1；ctnflag 表示运算符标记，当输入为四则运算操作符时，其值为 1。这里，请读者注意 runflag 和 ctnflag 的区别。
- int errorflag：有错误出现时，如除数不能为 0，此标记为 1。
- double num1, num2, store：num1 为操作数 1，num2 为操作数 2，store 为记忆变量。
- char strbuf[33]：临时数组，用于保存一个由多个单个数字构成的操作数。

15.3.3　函数功能描述

1. InitApp()

函数原型：

```
void InitApp();
```

InitApp()函数用于初始化程序，完成程序图形模式的进入和对结构变量、结构数组进行赋初值的操作。

2. Showme()

函数原型：

```
void Showme();
```

Showme()函数用于计算器界面的显示，按钮的显示通过循环来完成。

3. Load()

函数原型：

```
void Load();
```

Load()函数用于对全局变量进行赋初值的操作。

4. Form()

函数原型：

```
void Form(struct Block form);
```

Form()函数用于完成主窗口的显示。形参 form 为 Block 结构类型。

5. TextBox()

函数原型：

```
void TextBox(struct Block txtbox);
```

TextBox()函数用于完成文本框的显示。

6. Label()

函数原型：

```
void Label(struct Block label);
```

Label()函数用于完成标签的显示。

7. CommandButton()

函数原型：

```
void CommandButton(struct Block cmdbutton);
```

CommandButton()函数用于完成单个按钮的显示。

8. CommandButton_KeyboardDown()

函数原型：

```
void CommandButton_KeyboardDown(int i);
```

CommandButton_KeyboardDown()函数用于实现按下编号为 i 的按钮所进行的操作，主要执行按钮状态的改变和调用 CommandButton()来完成按钮的重绘。

9. CommandButton_KeyboardUp()

函数原型：

```
void CommandButton_KeyboardUp(int i);
```

CommandButton_KeyboardUp()函数执行将按下的按钮恢复为按下该键前的状态。

10. CommandButton_Click()

函数原型：

```
void CommandButton_Click(int key);
```

CommandButton_Click()函数判断 key 的值，并执行相关的操作。

11. DoubleRun()

函数原型：

```
void DoubleRun();
```

DoubleRun()函数执行加、减、乘、除运算。

12. SingleRun()

函数原型：

```
void SingleRun(int operatoror);
```

SingleRun()函数执行对单个操作数的运算。

13. StoreSet()

函数原型：

```
void StoreSet(int key);
```

StoreSet()函数执行与计算器记忆功能相关的操作。

14. Unload()

函数原型：

```
void Unload();
```

Unload()函数执行退出系统的操作。

15. main()

函数原型：

```
void main();
```

main()为主函数，其详细说明可参考图 15.2。

15.4 程序实现

15.4.1 源码分析

1. 程序预处理

程序预处理包括加载头文件，定义计算器结构体、变量和常量，并对它们进行初始化工作。读者需要注意的是，小数字键盘区和主键盘区上的执行相同功能的键在计算器上对应为一个按键。也就是说，小键盘区上的数字 1 和主键盘区上的数字 1 在计算器中只对应一个按键，即编号为 1 的按键。具体代码如下：

```
#include "stdio.h"        /*标准输入输出函数库*/
#include "string.h"       /*字符串操作函数库*/
#include "math.h"       /*数学函数库*/
#include "stdlib.h"      /*标准函数库*/
#include "graphics.h"   /*图形函数库 */
#include "bios.h"      /*基本输入输出系统函数库*/
#include "dos.h"      /* DOS 函数库*/
#define NUM0        0x5230    /* 小键盘区上数字键 0  */
#define NUM1        0x4f31    /* 小键盘区上数字键 1  */
#define NUM2        0x5032    /* 小键盘区上数字键 2  */
#define NUM3        0x5133    /* 小键盘区上数字键 3  */
#define NUM4        0x4b34    /* 小键盘区上数字键 4  */
#define NUM5        0x4c35    /* 小键盘区上数字键 5  */
#define NUM6        0x4d36    /* 小键盘区上数字键 6  */
#define NUM7        0x4737    /* 小键盘区上数字键 7  */
#define NUM8        0x4838    /* 小键盘区上数字键 8  */
#define NUM9        0x4939    /* 小键盘区上数字键 9  */
#define NUMPNT     0x532e   /* 小键盘区上 . 键    */
#define NUMADD     0x4e2b   /* 小键盘区上 + 键    */
#define NUMSUB     0x4a2d   /* 小键盘区上 - 键    */
#define NUMMUL     0x372a   /* 小键盘区上 * 键    */
#define NUMDIV      0x352f    /* 小键盘区上 / 键    */
#define NUMEQU     0x1c0d   /* 小键盘区上 = 键    */
#define KEY0        0xb30     /* 主键盘区上数字键 0  */
#define KEY1        0x231     /* 主键盘区上数字键 1  */
#define KEY2        0x332     /* 主键盘区上数字键 2  */
#define KEY3        0x433     /* 主键盘区上数字键 3  */
#define KEY4        0x534     /* 主键盘区上数字键 4  */
#define KEY5        0x635     /* 主键盘区上数字键 5  */
#define KEY6        0x736     /* 主键盘区上数字键 6  */
#define KEY7        0x837     /* 主键盘区上数字键 7  */
#define KEY8        0x938      /* 主键盘区上数字键 8  */
#define KEY9        0xa39      /* 主键盘区上数字键 9  */
#define KEYPNT      0x342e    /* 主键盘区上 . 键    */
#define KEYSUB      0xc2d     /* 主键盘区上 - 键    */
#define KEYMUL      0x92a     /* 主键盘区上 * 键    */
#define KEYEQU      0xd3d     /* 主键盘区上 = 键    */
#define SQR        0x340     /* @ 键，求平方根 */
#define KEYR        0x1372    /* r 键，取倒数 */
#define PERCENT     0x625     /* % 键，求百分数 */
#define DEL        0x5300    /* Del 键  */
#define ESC        0x11b     /* Esc 键  */
#define BACKSPACE  0xe08     /* 退格键  */
#define F9         0x4300     /* F9 键，正负数变换  */
#define CTRL_L      0x260c    /* Ctrl+L 键，清除记忆器中的数值 */
#define CTRL_R      0x1312   /* Ctrl+R 键，读取记忆器中的数值 */
#define CTRL_M      0x320d   /* Ctrl+M 键，将当前数值写入记忆器中*/
```

```
#define CTRL_P     0x1910    /* Ctrl+P 键，将当前数值与记忆器中保存的数值相加*/
#define ALT_X      0x2d00    /* Alt+X 键  */
#define TRUE  1      /* 为十进制 1，表示真 true  */
#define FALSE 0      /* 为十进制 0，表示假 false */

/*计算器界面结构体*/
struct Block
{
   int  left, top, width, height;         /*左上坐标、宽、高 */
   char caption[50];                    /* 标题 */
   int  fontcolor, fontsize, status;     /* 字体颜色，字体大小，状态 */
};
void Form(struct Block form);
  /* 构造和显示主窗口*/
void TextBox(struct Block txtbox);
  /* 构造和显示文本输入框*/
void Label(struct Block label);
  /* 构造和显示标签，若记忆功能开启，标签标记为：M*/
void CommandButton(struct Block cmdbutton);
  /*显示 cmdbutton[i]命令按钮*/
void CommandButton_KeyboardDown(int i);
  /*定义按下编号为 i 的键所进行的操作，如改变按钮的状态*/
void CommandButton_KeyboardUp(int i);
  /*定义放开编号为 i 的按键所进行的操作，如恢复按钮的状态*/
void InitApp();   /*初始化程序*/
void Showme();  /*显示计算器界面*/
void Load();    /*初始化变量值*/
void CommandButton_Click(int key);  /*按键值，处理按键*/
void DoubleRun(); /*四则运算：加减乘除*/
void SingleRun(int operatoror); /*单目运算*/
void Resetbuf(); /*重置缓冲区*/
void StoreSet(int key); /*定义记忆存储操作*/
void Unload(); /*退出系统时的一些恢复操作*/
struct Block frmmain, txtscreen, lblstore, cmdbutton[28];
/*定义主窗口、文本输入框、记忆标签、28[0~27]个按钮*/
int clickflag;
  /*clickflag:按键标志*/
int top, pointflag, digitkeyhit;
  /*top：保存缓冲区中的当前位数，pointflag：小数点标记，
    digitkeyhit：数字键按键标记*/
int operatoror, runflag, ctnflag;
  /*operatoror：操作符，runflag：运算标记，ctnflag：运算符标记*/
int errorflag; /*错误标记*/
double num1, num2, store; /*num1：操作数 1，num2：操作数 2，store：记忆变量*/
char strbuf[33];  /*字符缓冲区，用于保存一个操作数*/
```

2. 主函数 main()

main()函数主要实现了对整个程序的运行控制，及相关功能模块的调用。它主要的工作是初始化程序和捕获相应的键盘按键并匹配到计算器按键上，详细分析可参考图 15.2。

具体代码如下：

```
void main()
{
    int key;     /*保存此计算器上定义的按键编号*/
    InitApp();   /*初始化程序，进入图形模式和给界面结构变量赋初值*/
    Showme();  /*显示计算器窗口*/
    Load();    /*初始化默认值*/
    while(1)
    {
        if(bioskey(1)==0) continue;
          /*直到有键按下时，才返回非 0 值，否则返回 0 值*/
        key = bioskey(0);
          /*返回上条语句中得到的按键值*/
        switch(key)    /*捕获相应的键盘按键并匹配到计算器按键上*/
        {
        case NUM0: case KEY0:          key=10; break;
        case NUM1: case KEY1:          key=1; break;
        case NUM2: case KEY2:          key=2; break;
        case NUM3: case KEY3:          key=3; break;
        case NUM4: case KEY4:          key=4; break;
        case NUM5: case KEY5:          key=5; break;
        case NUM6: case KEY6:          key=6; break;
        case NUM7: case KEY7:          key=7; break;
        case NUM8: case KEY8:          key=8; break;
        case NUM9: case KEY9:          key=9; break;
        case F9:                     key=11; break;
        case NUMPNT: case KEYPNT:      key=12; break;
        case NUMADD:                  key=13; break;
        case NUMSUB: case KEYSUB:     key=14; break;
        case NUMMUL: case KEYMUL:    key=15; break;
        case NUMDIV:                  key=16; break;
        case SQR:                     key=17; break;
        case PERCENT:                 key=18; break;
        case KEYR:                   key=19; break;
        case NUMEQU: case KEYEQU:    key=20; break;
        case CTRL_L:                  key=21; break;
        case CTRL_R:                  key=22; break;
        case CTRL_M:                 key=23; break;
        case CTRL_P:                  key=24; break;
        case BACKSPACE:             key=25; break;
        case DEL:                    key=26; break;
        case ESC:                    key=27; break;
        case ALT_X:                   key=0; break;
        default:                      key=-1; break;
        }
        if(key<0) continue; /*若对应的按键返回负数，则返回到 while(1)处执行*/
        CommandButton_KeyboardDown(key);
          /*为了在计算器上显示按键效果，在此函数中改变一些按钮的状态值，并重绘该按钮*/
        CommandButton_Click(key); /*根据 key 的值，进行相关操作*/
```

```
        delay(300000);    /*为了突出按键效果，此处延时 300000 毫秒*/
        CommandButton_KeyboardUp(key); /*在处理完此按键后，恢复按钮状态*/
    }
}
```

3. 程序初始化

计算器程序运行时，程序需要对其进行初始化工作。此代码在 main()函数中调用。它主要进行的工作如下。

(1) 调用 InitApp()函数，进入图形系统，并设置主窗口、文本框、标签、按钮所对应的结构体变量的属性值。在坐标属性值的设置中，文本框和按钮的坐标值是主窗口的相对坐标值。

(2) 调用 Load()函数初始化一些运行所需的变量值。

具体代码如下：

```
void InitApp()   /*初始化程序*/
{
    int driver=DETECT, mode;
      /* 显示设备驱动为自动检测显示器模式 */
    initgraph(&driver, &mode, "");
      /* 初始化图形显示系统  */
    if(driver!=VGA && driver!=EGA)  /* 如果不能初始化 */
    {
        printf("\n\nERROR!Can't initialize the graphics system!");
          /* 显示错误信息“不能初始化图形系统”  */
        closegraph();
          /* 关闭图形接口*/
        exit(0);        /* 直接退出系统 */
    }
    setbkcolor(9);      /* 设置背景颜色  */

    /*主窗口的属性设置*/
    frmmain.left=200; frmmain.top=100; frmmain.width=230;
    frmmain.height=235; frmmain.fontcolor=BLACK; frmmain.fontsize=1;
    strcpy(frmmain.caption,"   << Calculator >>"); frmmain.status=1;
    /*文本框的属性设置*/
    txtscreen.left=10; txtscreen.top=25; txtscreen.width=210;
    txtscreen.height=30; txtscreen.fontcolor=BLACK; txtscreen.fontsize=1;
    strcpy(txtscreen.caption,"0."); txtscreen.status=1;
    /*标签的属性设置*/
    lblstore.left=190; lblstore.top=62; lblstore.width=30;
    lblstore.height=25; lblstore.fontcolor=YELLOW;
    lblstore.fontsize=1; strcpy(lblstore.caption,""); lblstore.status=1;
    /*按钮的属性设置*/
    cmdbutton[1].left=50-35; cmdbutton[1].top=165; cmdbutton[1].width=30;
    cmdbutton[1].height=25; cmdbutton[1].fontcolor=BLUE;
    cmdbutton[1].fontsize=1; strcpy(cmdbutton[1].caption,"1");
    cmdbutton[1].status=1; cmdbutton[2].left=85-35; cmdbutton[2].top=165;
    cmdbutton[2].width=30; cmdbutton[2].height=25;
```

```
cmdbutton[2].fontcolor=BLUE; cmdbutton[2].fontsize=1;
strcpy(cmdbutton[2].caption,"2"); cmdbutton[2].status=1;
cmdbutton[3].left=120-35; cmdbutton[3].top=165; cmdbutton[3].width=30;
cmdbutton[3].height=25; cmdbutton[3].fontcolor=BLUE;
cmdbutton[3].fontsize=1; strcpy(cmdbutton[3].caption,"3");
cmdbutton[3].status=1; cmdbutton[4].left=50-35; cmdbutton[4].top=130;
cmdbutton[4].width=30; cmdbutton[4].height=25;
cmdbutton[4].fontcolor=BLUE; cmdbutton[4].fontsize=1;
strcpy(cmdbutton[4].caption,"4"); cmdbutton[4].status=1;
cmdbutton[5].left=85-35; cmdbutton[5].top=130; cmdbutton[5].width=30;
cmdbutton[5].height=25; cmdbutton[5].fontcolor=BLUE;
cmdbutton[5].fontsize=1; strcpy(cmdbutton[5].caption,"5");
cmdbutton[5].status=1; cmdbutton[6].left=120-35; cmdbutton[6].top=130;
cmdbutton[6].width=30; cmdbutton[6].height=25;
cmdbutton[6].fontcolor=BLUE; cmdbutton[6].fontsize=1;
strcpy(cmdbutton[6].caption,"6"); cmdbutton[6].status=1;
cmdbutton[7].left=50-35; cmdbutton[7].top=95; cmdbutton[7].width=30;
cmdbutton[7].height=25; cmdbutton[7].fontcolor=BLUE;
cmdbutton[7].fontsize=1; strcpy(cmdbutton[7].caption,"7");
cmdbutton[7].status=1; cmdbutton[8].left=85-35; cmdbutton[8].top=95;
cmdbutton[8].width=30; cmdbutton[8].height=25;
cmdbutton[8].fontcolor=BLUE; cmdbutton[8].fontsize=1;
strcpy(cmdbutton[8].caption,"8"); cmdbutton[8].status=1;
cmdbutton[9].left=120-35; cmdbutton[9].top=95; cmdbutton[9].width=30;
cmdbutton[9].height=25; cmdbutton[9].fontcolor=BLUE;
cmdbutton[9].fontsize=1; strcpy(cmdbutton[9].caption,"9");
cmdbutton[9].status=1; cmdbutton[10].left=50-35;
cmdbutton[10].top=200; cmdbutton[10].width=30;
cmdbutton[10].height=25; cmdbutton[10].fontcolor=BLUE;
cmdbutton[10].fontsize=1; strcpy(cmdbutton[10].caption,"0");
cmdbutton[10].status=1; cmdbutton[11].left=85-35;
cmdbutton[11].top=200; cmdbutton[11].width=30;
cmdbutton[11].height=25; cmdbutton[11].fontcolor=BLUE;
cmdbutton[11].fontsize=1; strcpy(cmdbutton[11].caption,"+/-");
cmdbutton[11].status=1; cmdbutton[12].left=120-35;
cmdbutton[12].top=200; cmdbutton[12].width=30;
cmdbutton[12].height=25; cmdbutton[12].fontcolor=BLUE;
cmdbutton[12].fontsize=1; strcpy(cmdbutton[12].caption,".");
cmdbutton[12].status=1; cmdbutton[13].left=155-35;
cmdbutton[13].top=95; cmdbutton[13].width=30; cmdbutton[13].height=25;
cmdbutton[13].fontcolor=RED; cmdbutton[13].fontsize=1;
strcpy(cmdbutton[13].caption,"+"); cmdbutton[13].status=1;
cmdbutton[14].left=155-35; cmdbutton[14].top=130;
cmdbutton[14].width=30; cmdbutton[14].height=25;
cmdbutton[14].fontcolor=RED; cmdbutton[14].fontsize=1;
strcpy(cmdbutton[14].caption,"-"); cmdbutton[14].status=1;
cmdbutton[15].left=155-35; cmdbutton[15].top=165;
cmdbutton[15].width=30; cmdbutton[15].height=25;
cmdbutton[15].fontcolor=RED; cmdbutton[15].fontsize=1;
strcpy(cmdbutton[15].caption,"*"); cmdbutton[15].status=1;
```

```
    cmdbutton[16].left=155-35; cmdbutton[16].top=200;
    cmdbutton[16].width=30; cmdbutton[16].height=25;
    cmdbutton[16].fontcolor=RED; cmdbutton[16].fontsize=1;
    strcpy(cmdbutton[16].caption,"/"); cmdbutton[16].status=1;
    cmdbutton[17].left=190-35; cmdbutton[17].top=95;
    cmdbutton[17].width=30; cmdbutton[17].height=25;
    cmdbutton[17].fontcolor=BLUE; cmdbutton[17].fontsize=1;
    strcpy(cmdbutton[17].caption,"sqr"); cmdbutton[17].status=1;
    cmdbutton[18].left=190-35; cmdbutton[18].top=130;
    cmdbutton[18].width=30; cmdbutton[18].height=25;
    cmdbutton[18].fontcolor=BLUE; cmdbutton[18].fontsize=1;
    strcpy(cmdbutton[18].caption,"%"); cmdbutton[18].status=1;
    cmdbutton[19].left=190-35; cmdbutton[19].top=165;
    cmdbutton[19].width=30; cmdbutton[19].height=25;
    cmdbutton[19].fontcolor=BLUE; cmdbutton[19].fontsize=1;
    strcpy(cmdbutton[19].caption,"1/x"); cmdbutton[19].status=1;
    cmdbutton[20].left=190-35; cmdbutton[20].top=200;
    cmdbutton[20].width=30; cmdbutton[20].height=25;
    cmdbutton[20].fontcolor=RED; cmdbutton[20].fontsize=1;
    strcpy(cmdbutton[20].caption,"="); cmdbutton[20].status=1;
    cmdbutton[21].left=190; cmdbutton[21].top=95; cmdbutton[21].width=30;
    cmdbutton[21].height=25; cmdbutton[21].fontcolor=RED;
    cmdbutton[21].fontsize=1; strcpy(cmdbutton[21].caption,"MC");
    cmdbutton[21].status=1; cmdbutton[22].left=190; cmdbutton[22].top=130;
    cmdbutton[22].width=30; cmdbutton[22].height=25;
    cmdbutton[22].fontcolor=RED; cmdbutton[22].fontsize=1;
    strcpy(cmdbutton[22].caption,"MR"); cmdbutton[22].status=1;
    cmdbutton[23].left=190; cmdbutton[23].top=165; cmdbutton[23].width=30;
    cmdbutton[23].height=25; cmdbutton[23].fontcolor=RED;
    cmdbutton[23].fontsize=1; strcpy(cmdbutton[23].caption,"MS");
    cmdbutton[23].status=1; cmdbutton[24].left=190; cmdbutton[24].top=200;
    cmdbutton[24].width=30; cmdbutton[24].height=25;
    cmdbutton[24].fontcolor=RED; cmdbutton[24].fontsize=1;
    strcpy(cmdbutton[24].caption,"M+"); cmdbutton[24].status=1;
    cmdbutton[25].left=50-35; cmdbutton[25].top=60;
    cmdbutton[25].width=53; cmdbutton[25].height=25;
    cmdbutton[25].fontcolor=RED; cmdbutton[25].fontsize=1;
    strcpy(cmdbutton[25].caption,"<-"); cmdbutton[25].status=1;
    cmdbutton[26].left=108-35; cmdbutton[26].top=60;
    cmdbutton[26].width=53; cmdbutton[26].height=25;
    cmdbutton[26].fontcolor=RED; cmdbutton[26].fontsize=1;
    strcpy(cmdbutton[26].caption,"Del"); cmdbutton[26].status=1;
    cmdbutton[27].left=166-35; cmdbutton[27].top=60;
    cmdbutton[27].width=53; cmdbutton[27].height=25;
    cmdbutton[27].fontcolor=RED; cmdbutton[27].fontsize=1;
    strcpy(cmdbutton[27].caption,"Esc"); cmdbutton[27].status=1;
    /*计算器界面赋值完毕 */
}

void Load() /*初始化默认值*/
```

```
{
    num1 = num2 = 0;
    Resetbuf();
    ctnflag = FALSE;
    operatoror = 0;
    runflag = FALSE;
    errorflag = FALSE;
    store = 0;
    clickflag = FALSE;
    strcpy(txtscreen.caption, "0.");
    TextBox(txtscreen); /*文本框中初始显示为 0.的字符*/
    strcpy(lblstore.caption, "");
    Label(lblstore);
}
```

4. 计算器界面显示

计算器界面的显示是该程序的一个重要部分，因为程序需要在计算器界面中展现按键效果。显示工作由 Showme()函数来完成，调用了如下函数来分别完成界面的显示任务。

(1) 调用 Form()函数，完成显示主窗口的任务。

(2) 调用 TextBox()函数，完成显示文本框的工作。

(3) 调用 Label()函数，完成显示计算器记忆功能的使用状态的标记。

(4) 循环调用 CommandButton()函数，完成按钮显示工作。

具体代码如下：

```
void Showme()   /*显示计算器界面*/
{
    int i;
    Form(frmmain); /*显示主窗口，frmmain 为主窗口的结构变量名*/
    TextBox(txtscreen); /*显示文本框*/
    Label(lblstore); /*显示记忆器的状态标签*/
    for(i=1; i<28; i++)
        /*在计算器主窗口中显示 27 个按钮，cmdbutton[0]已在 Form 函数中显示*/
        CommandButton(cmdbutton[i]);
}
void Form(struct Block form)   /* 构造和显示主窗口*/
{
    int x1 = form.left;        /*窗口左上角的横坐标值*/
    int y1 = form.top;        /*窗口左上角的纵坐标值*/
    int x2 = form.width+x1-1; /*窗口右下角的横坐标值*/
    int y2 = form.height+y1-1; /*窗口右下角的纵坐标值*/
    setfillstyle(SOLID_FILL, LIGHTGRAY); /*设置填充模式和颜色*/
    bar(x1+1, y1+1, x2-1, y2-1);
    /*画一个淡灰色的填充窗口，作为主窗口，但此函数不画出边框*/
    setcolor(WHITE);                   /*设置当前画线颜色*/
    line(x1, y1, x2, y1);
    line(x1, y1, x1, y2);    /*用白线画边框左边和上边的线，美化主窗口*/
    setcolor(DARKGRAY);            /*设置填充模式和颜色*/
    line(x2, y1, x2, y2);
```

```
    line(x1, y2, x2, y2);    /*用深灰色画边框右边和下边的线，美化主窗口*/
    setfillstyle(SOLID_FILL, RED);
    bar(x1+2, y1+2, x2-2, y1+15);    /*设置标题栏的颜色为红色*/
    settextjustify(LEFT_TEXT, CENTER_TEXT); /*设置文本的对齐方式为左中对齐*/
    settextstyle(DEFAULT_FONT, 0, form.fontsize);
      /*设置文本显示字体为默认字体，大小为主窗体字体大小*/
    setcolor(form.fontcolor);
    outtextxy(x1+3, y1+10, form.caption);  /*用主窗体的颜色显示标题在标题栏*/
    if(form.status&1)
      /*判断窗口是否可用，未使用 Alt+X 键，右上角的 X 按钮*/
    {
        cmdbutton[0].left = form.width - 15;
        cmdbutton[0].top = 3;
        cmdbutton[0].width = 12;
        cmdbutton[0].height = 12;
        cmdbutton[0].status = 1;
        cmdbutton[0].caption[0] = 0;
        CommandButton(cmdbutton[0]);
        x1 = cmdbutton[0].left+form.left;
        y1 = cmdbutton[0].top+form.top;
        x2 = cmdbutton[0].width + x1 - 1;
        y2 = cmdbutton[0].height + y1 - 1;
        setfillstyle(SOLID_FILL,LIGHTGRAY);
        bar(x1+1, y1+1, x2-1, y2-1);
        setcolor(DARKGRAY);
        line(x1+2, y1+2, x2-2, y2-2);
        line(x2-2, y1+2, x1+2, y2-2);
    }
}

void TextBox(struct Block txtbox)      /* 设置和显示输入框*/
{
    /*(x1,y1),(x2,y2)为主窗口中的相对坐标*/
    int x1 = txtbox.left + frmmain.left;
    int y1 = txtbox.top + frmmain.top;
    int x2 = txtbox.width + x1 - 1;
    int y2 = txtbox.height + y1 - 1;
    setfillstyle(SOLID_FILL, WHITE);
    bar(x1+1, y1+1, x2-1, y2-1);
    /*因 bar()不画出边框，所以接下来画这个文本框的边框线*/
    setcolor(LIGHTGRAY);
    rectangle(x1+1, y1+1, x2-1, y2-1);
    setcolor(DARKGRAY);
    line(x1, y1, x2, y1);
    line(x1, y1, x1, y2);
    setcolor(WHITE);
    line(x2, y1, x2, y2);
    line(x1, y2, x2, y2);
    settextjustify(RIGHT_TEXT, CENTER_TEXT);
    /*为图形函数设置文本的对齐方式，第一参数为水平对齐方式，
```

```
    第二参数为垂直对齐方式*/
   settextstyle(DEFAULT_FONT, 0, txtbox.fontsize);
    /*为图形输出设置当前的文本属性：字体，方向，大小*/
   setcolor(txtbox.fontcolor); /*设置方本框的字体颜色*/
   outtextxy(x2-10,(y1+y2)/2, txtbox.caption);
    /*在指定位置显示 txtbox.caption 的字符串值*/
}

void Label(struct Block label) /*设置和显示计算器记忆功能的使用状态，默认为空*/
{
   int x1 = label.left + frmmain.left;
   int y1 = label.top + frmmain.top;
   int x2 = label.width + x1 - 1;
   int y2 = label.height + y1 - 1;
   setfillstyle(SOLID_FILL, LIGHTGRAY);
   bar(x1+1, y1+1, x2-1, y2-1);
   setcolor(DARKGRAY);
   line(x1, y1, x2, y1);
   line(x1, y1, x1, y2);
   setcolor(WHITE);
   line(x2, y1, x2, y2);
   line(x1, y2, x2, y2);
   settextjustify(CENTER_TEXT, CENTER_TEXT);
   settextstyle(DEFAULT_FONT, 0, label.fontsize);
   setcolor(label.fontcolor);
   outtextxy((x1+x2)/2, (y1+y2)/2, label.caption);
}

void CommandButton(struct Block cmdbutton)  /*设置和显示单个按钮*/
{
   /*(x1,y1),(x2,y2)为主窗口中的相对坐标*/
   int x1 = cmdbutton.left + frmmain.left;
   int y1 = cmdbutton.top + frmmain.top;
   int x2 = cmdbutton.width + x1 - 1;
   int y2 = cmdbutton.height + y1 - 1;
   int c1, c2;
   /*按钮的初始状态为1,若有键按下后，其状态变为0，处理完按键操作后，
    又恢复为状态1*/
   if(cmdbutton.status)
    /*根据按钮的当前状态值，分别用不同的颜色边框，来重绘此按钮*/
   {
      c1 = WHITE;  /*白色*/
      c2 = DARKGRAY; /*深灰色*/
   }
   else /*若刚有键按下*/
   {
      c1 = DARKGRAY;
      c2 = WHITE;
   }
   setcolor(c1);
```

```
    line(x1, y1, x2, y1);
    line(x1, y1, x1, y2);
    setcolor(c2);
    line(x2, y1, x2, y2);
    line(x1, y2, x2, y2);
    settextjustify(CENTER_TEXT, CENTER_TEXT);
    settextstyle(DEFAULT_FONT, 0, cmdbutton.fontsize);
    outtextxy((x1+x2)/2, (y1+y2)/2, cmdbutton.caption);
}
```

5. 计算器按键控制

计算器最主要的工作，就是必须能读取用户按键，对按键值进行判断，并执行与键值相关的操作。同时，它必须在计算器中展现出有按键的动作。主要工作如下。

(1) 调用 CommandButton_KeyboardDown(int i)函数，改变按钮 i 的状态，并用不同的颜色重绘此按钮。

(2) 调用 CommandButton_KeyboardUp(int key)函数，用原来的颜色重新绘制该按钮，使按钮恢复原来状态。

(3) 调用 CommandButton_Click(int key)函数，对键值 key 进行判断后，再执行相应的动作。

具体代码如下：

```
void CommandButton_KeyboardDown(int i)
{
    clickflag = TRUE;       /*键盘点击标志*/
    cmdbutton[i].status = 0;  /*改变此按钮的状态*/
    CommandButton(cmdbutton[i]);
      /*根据按钮状态值，用与初始时不同的边框颜色，重绘此命令按钮*/
}

void CommandButton_KeyboardUp(int key)
  /*当按键处理完后，恢复按钮状态，重绘此按钮*/
{
    clickflag = FALSE;
    cmdbutton[key].status = 1;
    CommandButton(cmdbutton[key]);
}

void CommandButton_Click(int key)
  /*处理相应按键操作*/
{
    if(errorflag==TRUE) return;
    switch(key)
    {
    case 1:case 2: case 3: case 4: case 5: case 6: case 7: case 8: case 9:
      /*1~9*/
        if(top < 15) /*单个操作数小于 15 位*/
        {
```

```
            strbuf[top++] = '0' + key;
              /*'0'+key 表示是字符 1，若没有'0'+，则存储的是 ASCII 码为 key 的字符*/
            strbuf[top] = 0; /*表示字符串结束标志*/
            digitkeyhit = TRUE; /*表示已有数字键按下*/
            strcpy(txtscreen.caption, strbuf); /*在文本框中显示当前的输入*/
        }
        runflag = FALSE; /*运算标记为假*/
        if(ctnflag==FALSE) operatoror=0;
        break;
    case 10:    /* 0 输入*/
        if(top<15 && top!=1)
        {
            strbuf[top++] = '0';
            strbuf[top] = 0;
            strcpy(txtscreen.caption, strbuf);
        }
        digitkeyhit = TRUE;
        runflag = FALSE;
        if(ctnflag==FALSE) operatoror=0;
        break;
    case 11:   /*正负互换*/
        if(digitkeyhit == TRUE)
        {
            strbuf[0] = strbuf[0]==' '?'-':' ';
            strcpy(txtscreen.caption, strbuf);
        }
        else if(runflag == TRUE)
          /*表示没有新的输入，就是在之前的计算结果上正负转换*/
        {
            num1 = -num2;
            sprintf(txtscreen.caption, "%G", num1);
        }
        else   /*原数的正负互换*/
        {   num1 = -num1;
            sprintf(txtscreen.caption, "%G", num1);
        }
        runflag = FALSE;
        if(ctnflag==FALSE) operatoror=0;
        break;
    case 12:   /*输入一个小数点*/
        if(top == 1) /*表示还没有输入数，保持 0.状态*/
        {
            strbuf[top++] = '0';
            strbuf[top++] = '.';
            strbuf[top] = 0;
            strcpy(txtscreen.caption, strbuf);
            digitkeyhit = TRUE;
            runflag = FALSE;
            pointflag = TRUE;
            if(ctnflag==FALSE) operatoror=0;
```

```
    }
    else if(top<15 && pointflag==FALSE)
    {
        strbuf[top++] = '.';
        strbuf[top] = 0;
        strcpy(txtscreen.caption, strbuf);
        digitkeyhit = TRUE;
        runflag = FALSE;
        pointflag = TRUE;
        if(ctnflag==FALSE) operatoror=0;
    }
    break;
case 13: case 14: case 15: case 16:   /*加减乘除运算符 */
    if(digitkeyhit) /*若此运算符之前已经输入了一个数*/
        num1 = atof(strbuf);
    if(ctnflag) /*之前的输入中，已有运算符的输入*/
        if(digitkeyhit == TRUE) /*如 1+2+的情况*/
            DoubleRun(); /*先计算出 1+2*/
        else
            ;
    else /*之前的输入中，没有运算符的输入，如 1+的情况*/
        if(operatoror == 0)
            num2 = num1;
        else
            ;
    Resetbuf();
    operatoror = key;
    ctnflag = TRUE;
    runflag = TRUE;
    break;
case 17: case 18: case 19:   /*单目运算。开方，百分数，倒数*/
    if(digitkeyhit)
        num1 = atof(strbuf); /*num1 保存当前操作数*/
    SingleRun(key);
    Resetbuf();
    ctnflag = FALSE;
    operatoror = 0;
    runflag = FALSE;
    break;
case 20:    /*获取运算结果及等于操作*/
    if(digitkeyhit) num1=atof(strbuf);
    if(operatoror)
        DoubleRun(); /*第一个操作数，保存在 num2 中*/
    else
        num2 = num1;
    Resetbuf();
    ctnflag = FALSE;
    runflag = TRUE;
    break;
case 21: case 22: case 23: case 24: /*值的保存操作*/
```

```
    if(digitkeyhit) num1=atof(strbuf);
    StoreSet(key);
    Resetbuf();
    break;
case 25:    /*删除数字的整数部分的最后一位数(BackSpace 键)*/
    if(top > 1)
        if(strbuf[--top] == '.')
        {
            if(strbuf[1]=='0' && strbuf[2]=='.')
                strbuf[--top] = 0;
            else
                strbuf[top] = 0;
            pointflag = FALSE;
        }
        else
            strbuf[top] = 0;
    operatoror = 0;
    ctnflag = FALSE;
    runflag = FALSE;
    strcpy(txtscreen.caption, strbuf);
    break;
case 26:   /*清除当前显示的值(Del 键)*/
    Resetbuf();
    num1 = 0;
    strcpy(txtscreen.caption, strbuf);
    TextBox(txtscreen);
    break;
case 27:   /*清除所有的输入值(Esc 键)*/
    Resetbuf();
    num1 = num2 = 0;
    ctnflag = FALSE;
    operatoror = 0;
    runflag = FALSE;
    errorflag = FALSE;
    strcpy(txtscreen.caption, "0.");
    TextBox(txtscreen);
    break;
case 0:
    Unload();
    break;
}
if(errorflag == FALSE)
{
    if(atof(txtscreen.caption) == 0)
        strcpy(txtscreen.caption, "0");
    if(strchr(txtscreen.caption,'.') == NULL)
        strcat(txtscreen.caption, ".");
}
TextBox(txtscreen);
/*在文本框中显示 txtscreen 结构变量的值*/
```

```
}
void Resetbuf()
{
    strbuf[0] = ' ';
    strbuf[1] = 0;
    top = 1;
    digitkeyhit = FALSE;
    pointflag = FALSE;
}
```

6. 计算器计算处理

计算器的计算处理功能由双目运算函数和单目运算函数来完成。主要调用过程如下。

(1) 调用 DoubleRun()函数，进行加、减、乘、除的双目运算，并将运算结果保存在全局变量 num2 中。

(2) 调用 SingleRun(int key)函数，进行开方、取倒数、取百分数的单目运算。并将运算结果保存在全局变量 num1 中。

代码如下：

```
void DoubleRun() /*四则运算*/
{
    switch(operatoror)
    {
    case 13: num2+=num1; break;  /*加*/
    case 14: num2-=num1; break; /*减*/
    case 15: num2*=num1; break; /*乘*/
    case 16:
        if(num1 == 0)     /*除*/
            errorflag = TRUE;
        else
            num2 /= num1;
        break;
    }
    if(errorflag)
        strcpy(txtscreen.caption, "Can't divide by zero!");
    else
        sprintf(txtscreen.caption, "%G", num2);
}

void SingleRun(int key) /*单目运算*/
{
    switch(key)
    {
    case 17:  /*求开方*/
        if(num1 < 0)
            errorflag = TRUE;
        else
            num1 = sqrt(num1);
        break;
```

```
    case 18:  /*求百分数*/
        num1 /= 100;
        break;
    case 19: /*求倒数*/
        if(num1 == 0)
            errorflag = TRUE;
        else
            num1 = 1/num1;
        break;
    }
    if(errorflag == TRUE)
        if(num1 < 0)
            strcpy(txtscreen.caption, "Can't be lower than zero!");
        else
            strcpy(txtscreen.caption, "Can't equal to zero!");
    else
        sprintf(txtscreen.caption, "%G", num1);
}
```

7. 计算器记忆功能处理

计算器的记忆功能将使计算器更智能化。在此程序中，它的主要过程执行如下。

(1) 当按键为 Ctrl+M 组合键时，对应的计算器按键编号为 23，计算器将文本框中的值保存在记忆变量 store 中。

(2) 当按键为 Ctrl+P 组合键时，对应的计算器按键编号为 24，计算器将记忆变量 store 中的数值与当前文本框中的数值相加。

(3) 当按键为 Ctrl+R 组合键时，对应的计算器按键编号为 22，计算器将读取出记忆变量 store 的值，保存操作数 num1 中。

(4) 当按键为 Ctrl+L 组合键时，对应的计算器按键编号为 21，计算器将清除记忆变量 store 的值。

具体代码如下：

```
void StoreSet(int key)  /*记忆存储操作*/
{
    switch(key)
    {
    case 21:  /*保存清除*/
        store = 0;
        lblstore.caption[0] = 0;
        break;
    case 22:  /*取出保存的值*/
        num1 = store;
        sprintf(txtscreen.caption, "%G", store);
        runflag = FALSE;
        if(ctnflag==FALSE) operatoror=0;
        break;
    case 23:  /*保存当前数字*/
        store = num1;
```

```
        strcpy(lblstore.caption, "M");
        break;
    case 24:  /*保存值与当前数字相加*/
        store += num1;
        strcpy(lblstore.caption, "M");
        break;
    }
    Label(lblstore);
}
```

8. 退出系统

退出系统由 Unload()函数来实现。具体代码如下：

```
void Unload() /*退出系统*/
{
    cleardevice(); /*清除图形屏幕*/
    closegraph();  /*关闭图形系统*/
    exit(0);
}
```

15.4.2　运行结果

1. 计算器初始状态

当用户刚进入计算器时，其初始状态如图 15.3 所示。此时，计算器的初始化值为 0，记忆功能也暂未启用，等待用户从键盘输入计算器上对应的有效按键。用户可进行双目运算和单目运算，也可按 Alt+X 键退出计算器。

2. 计算器执行计算

如图 15.4 所示，这是程序执行 123+2 后的计算结果。用户输入“123+2”后，按小数字键盘区的 Enter 键或主键盘区的“=”键，即可得到此计算结果。

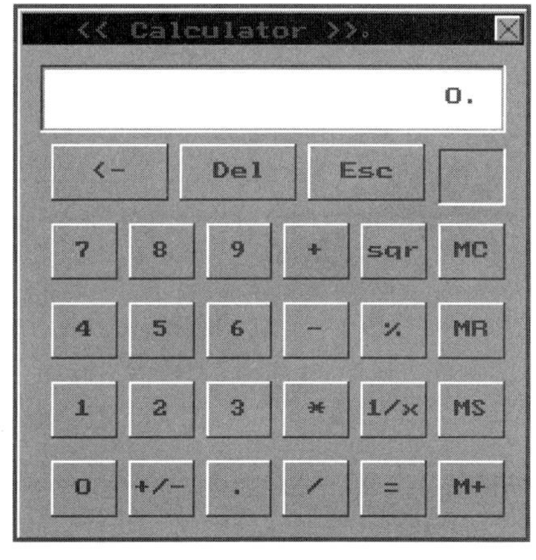

图 15.3　计算器的初始状态

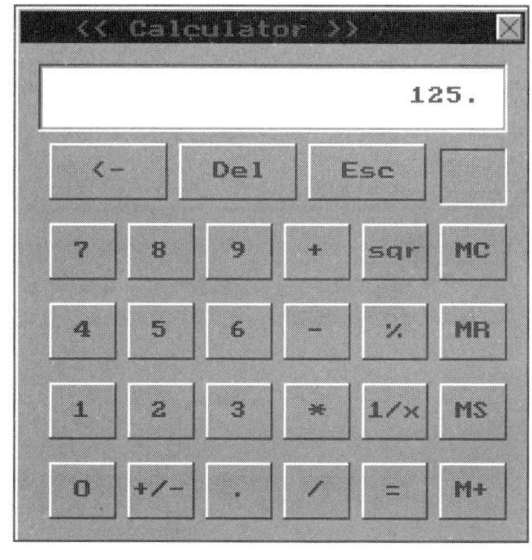

图 15.4　执行 123+2 的计算结果

3. 计算器记忆功能启用

如图 15.5 所示，用户在上一步计算结果的基础上，按 Ctrl+M 键将 125 存入了记忆器中。同时，在用于标记此功能是否启用的标签处，输出“M”，表示记忆功能启用。

4. 计算器读取及清除记忆器中的值

如图 15.6 所示，为用户执行了 3 减去记忆变量值的计算结果。用户按 Ctrl+R 键，可得到计算器记忆器中保存的值。

如图 15.7 所示，是用户按了 Ctrl+L 键的结果，即清除了记忆器中保存的值。

5. 计算器提示报错

如图 15.8 所示，当用户按 Ctrl+@键后，对-122 执行开平方运算时，因操作数不能为负，计算器报错。

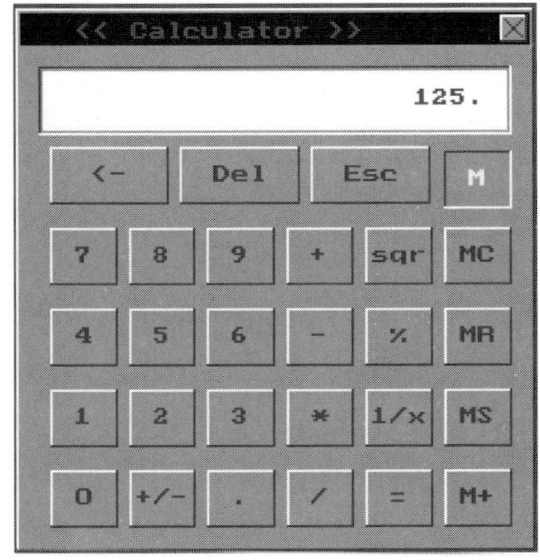

图 15.5　将 125 存入记忆器中

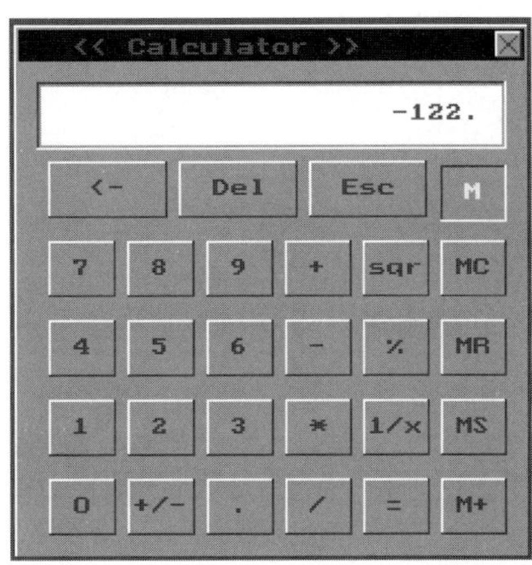

图 15.6　3 减去记忆变量的计算结果

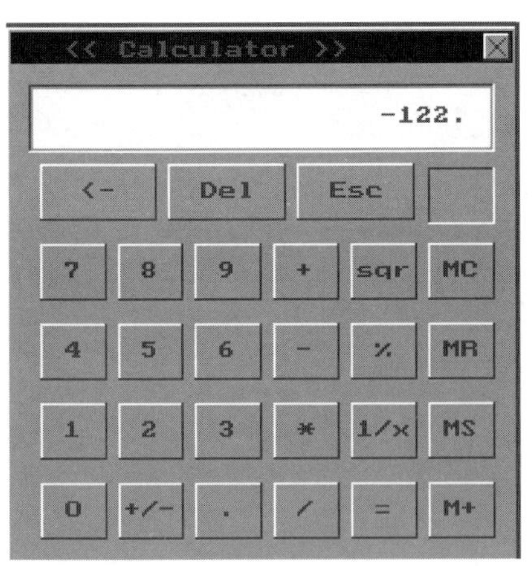

图 15.7　清除记忆器中保存的值

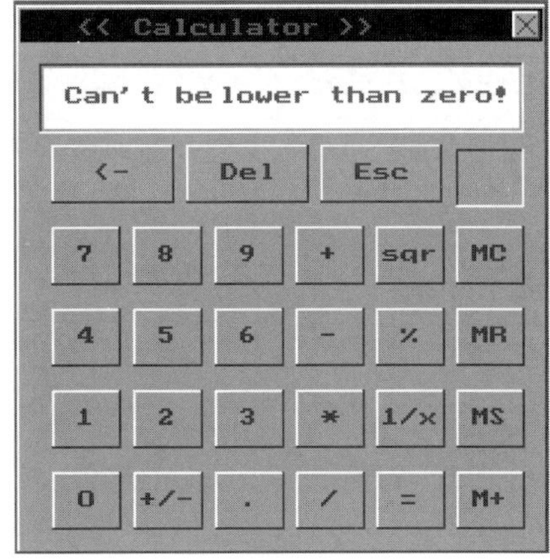

图 15.8　-122 执行 sqr 开平方后的结果

第 16 章　文本编辑器

文本编辑器是最常用的文档创建和编辑工具。随着计算机科学与技术的发展，用来处理文本的编辑器随处可见，并且形式多种多样。比如 Windows 下的记事本、写字板、EditPlus、UltraEdit 等，都是十分优秀的文本编辑和处理工具。

本章向读者比较系统地展示一个文本编辑器的实现过程，分别介绍各功能模块的实现方法、实现步骤，并通过源码分析，详细地介绍如何利用 C 语言的相关函数和单链表数据结构实现该程序的过程。

通过本章的学习，读者应该掌握以下知识点。

(1) 文本窗口大小的设定、窗口颜色的设置、窗口文本的清除和输入输出等。

(2) 对单链表的各种基本操作。

(3) 对文件的打开、关闭、读取、写入操作。

(4) 功能菜单的显示、调用、选取等各种操作。

16.1　设 计 目 的

利用 C 语言的单链表数据结构及相关函数，本章编程实现一个与 DOS 操作系统下的 edit 相似的文本编辑器。在此文本编辑器中，用户可以通过快捷键和选择菜单项，完成基本的文本编辑和文件处理工作。

通过本章的介绍，读者可以了解文本编辑器的开发过程，掌握菜单的开发技巧，加深对文件操作的理解。更重要的是，希望此程序能抛砖引玉，引领读者掌握编程的方法和技巧，开发出更加优秀的程序。

16.2　功 能 描 述

如图 16.1 所示，本文本编辑器主要由五大功能模块构成，它们分别是文件操作模块、文本编辑模块、剪贴板操作模块、菜单控制模块、帮助模块及其他。下面分别简要介绍各功能模块的功能。

(1) 文件操作模块

在文件操作模块中，主要完成了文件的新建、打开、保存和另存为操作。用户可以选择 File 菜单中的 New 命令来完成新建文件操作；选择 File 菜单中的 Open 命令来完成打开文件操作；选择 File 菜单中的 Save 命令来完成保存文件操作；选择 File 菜单上的 Save as 命令来完成文件的另存为操作。在文件的打开、保存和另存为操作中，系统会提示用户输入文件路径及文件名。

值得一提的是，当用户打开一个文件时，指定的文件必须存在，否则系统会报错。

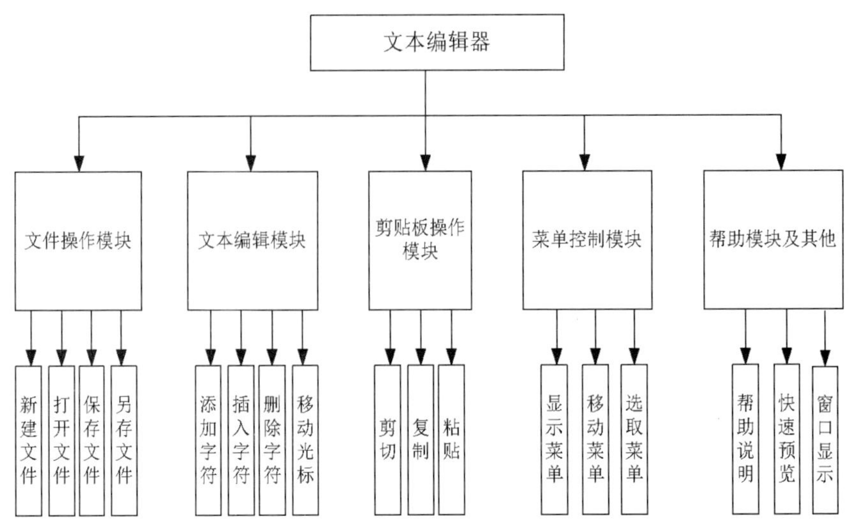

图 16.1　文本编辑器的功能模块

(2)　文本编辑模块

在文本编辑模块中，主要实现了在编辑窗口中以添加或插入的方式输入字符、删除光标所在当前位置的单个字符或前一个位置的单个字符、朝上下左右四个方向的光标移动操作。当光标所在位置及后面位置没有字符时，系统会以添加的方式输入字符；当光标所在位置及后面位置有字符时，系统会以插入的方式输入字符。用户可以使用 BackSpace 键删除光标前面的一个字符，也可以使用 Del 键删除当前位置的字符或删除通过 Ctrl+左移键(右移键)选定了的多个字符。用户可以使用左移键(←)、右移键(→)、上移键(↑)、下移键(↓)来移动光标的位置。

(3)　剪贴板操作模块

在剪贴板操作模块中，主要完成了对已选定文本的剪切、复制、粘贴工作。如果用户要剪切文本以便可以将它移动到其他位置，可通过 Ctrl+左移键(左移键)先选定文本，然后选择 Edit 菜单中的 Cut 命令或按 Ctrl+X 快捷键来完成剪切任务。如果用户要复制文本以便可以将它粘贴到其他位置，必须先选定文本，然后选择 Edit 菜单中的 Copy 命令或按 Ctrl+C 快捷键来完成复制任务。如果用户要粘贴剪切或复制的文本，必须将光标置于要粘贴文本的位置，然后选择 Edit 菜单中的 Paste 命令或按 Ctrl+V 快捷键来完成粘贴任务。

(4)　菜单控制模块

在菜单控制模块中，主要实现了菜单的显示、光带条在子菜单之间的上下移动或菜单之间的左右移动、子菜单项的选取。该文本编辑器共有 File、Edit、Help 三个菜单项，用户可分别按 F1、F2、F3 功能键来完成这三个菜单项的调用，即显示某项菜单。用户可按光标上移或下移键，在某菜单项的子菜单之间循环移动，也可使用光标的左移或右移键，在三个菜单项之间循环移动。当光带移动到某个子菜单项上时，用户可使用回车键(Enter)来选取相关的菜单命令。

(5)　帮助模块及其他

在帮助模块中，主要完成了系统功能及按键的简要介绍。其他模块包括文本的快速预览和主窗口的显示。用户可按 F10 功能键来调用快速预览窗口，在快速预览窗口中没有功能菜单条。主窗口主要由菜单栏、文本编辑区、状态栏三大部分构成，菜单栏用来显示菜单项，文本编辑区主要用来完成文本字符的输入、删除等操作，状态栏主要用来显示当前光标在文本窗口中的当前坐标值。

注 意：Turbo C 2.0 默认定义的文本窗口为整个屏幕，共有 80 列(或 40 列)25 行的文本单元，每个单元包括一个字符和一个属性，字符即 ASCII 码字符，属性规定该字符的颜色和强度。还规定整个屏幕的左上角坐标为(1，1)，右下角坐标为(80，25)。并规定沿水平方向为 X 轴，方向朝右；沿垂直方向为 Y 轴，方向朝下。

16.3 总 体 设 计

16.3.1 功能模块设计

前面已经简单描述了各功能模块的作用，下面分别介绍各功能模块的具体设计。在介绍功能模块的具体设计之前，这里有必要先描述一下主程序的执行流程。

1. 程序执行主流程

文本编辑器程序的执行主流程如图 16.2 所示，它的实现是在 main()函数中。

首先初始化一些全局变量及结构数组，接着调用 drawmain()函数来显示主窗口，然后调用 while(1)进入主循环，等待用户按键。

程序根据用户的按键值，进行的相应处理，完成文本编辑的相关工作。

下面对图 16.2 中的按键判断和相关处理做补充说明。

(1) 若按键为常规字符，即其 ASCII 码大于 32、小于 127，则继续判断在文本编辑区的当前光标位置有没有字符，若有字符，则调用 insert()函数，将此字符插入当前位置，否则，在判断没有满行后，将此字符添加在单链表的数据域中，若此行已满，则执行添加新行的操作。

(2) 若按键为回车符，则将光标移至下一行的行首，等待用户输入新的字符。

(3) 若按键为光标移动键(左、右、上、下)且移动后的位置满足相关的条件，则执行 gotoxy()操作，将光标移动至目标位置。

(4) 若按键为 BackSpace 键，则将调用 del()函数，将光标的前一个字符从单链表中删除；若按键为 Del 键，也将调用 del()函数，将光标的当前位置的字符从单链表中删除。

(5) 若按键为 Ctrl 开头的按键，则执行与其相关的操作。具体来说，若为 Ctrl+右移键(→)键，将选定当前光标位置开始的向右的一个字符，若按住 Ctrl 键不放，连续按右移键，可以选定多个字符。若为 Ctrl+左移键(←)，将执行与上面相似的操作。若为 Ctrl+X 键，则将选定的相关内容保存起来，且从单链表中删除选定的字符后，重新显示单链表中的内容。若为 Ctrl+C 键，则将选定的相关内容保存起来，重新显示单链表中的内容(目的是去除选定字符的底色)。若为 Ctrl+V 键，则调用 insert()函数，将保存起来的字符插入在单链表中，并重新显示单链表中的内容。

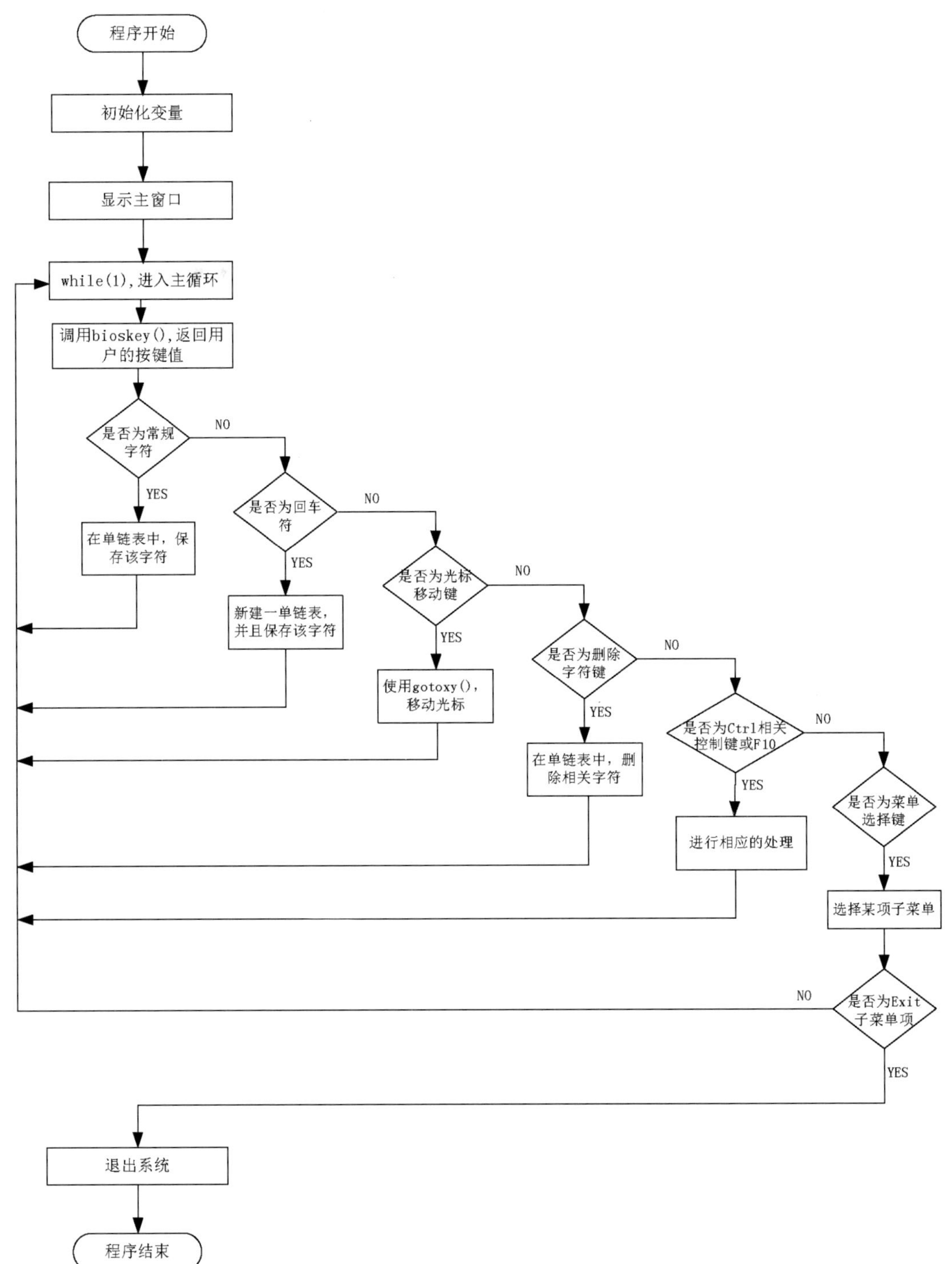

图 16.2　文本编辑器程序的执行主流程

(6) 若按键为 F10 键，将调用 qview()函数，实现文本的快速预览。

(7) 若按键为 F1、F2、F3 功能键，将调用 menuctrl()菜单控制函数，在此函数中完成按键的具体判断和执行相应的功能操作。若为 F1 键，则调用 File 菜单；若为 F2 键，则调用 Edit 菜单；若为 F3 键，则调用 Help 菜单。

2. 文件操作模块

在此模块中，主要实现了文件的新建、打开、保存和另存为操作。在此系统中，文件的新建操作实现比较简单，文件另存为操作与保存操作类似，下面重点介绍在此文本编辑器程序中文件的打开和保存操作的具体设计和实现。

在介绍之前，我们先简单描述一下程序中用到的保存数据的数据结构：在此程序中，共有两种类型的单链表，我们称其为行单链表和列单链表，一个列单链表用来保存一行的字符，有多少行即有多少个这样单链表。行单链表只有一个，它的每个节点的数据域用来保存不同列单链表的首节点的地址。例如，第 4 行的第 4 列的字符保存在行单链表的第 4 个节点的数据域所指的列单链表的第 4 个节点的数据域中。有关具体数据结构的定义，在后面的小节中会有具体介绍。

(1) 打开文件

文件的打开流程如图 16.3 所示，它首先提示用户输入要打开文件的文件名，若该文件不存在，或由于其他原因打开失败，则会结束文件打开操作。若文件成功打开，并且文件指针没有到文件尾，则从文件中一次读取一个字符，并将该字符添加到一列单链表节点中，直至遇到换行符(ASCII 码为 10)或连续读取字符个数大于 76(在本编程器中，每行最多为 76 个字符)。当列单链表形成后，它的首地址将被保存至行单链表的相应节点的数据域中，如此操作，直至文件指针指向文件尾部而结束。

注 意： 由于本程序中每行以回车符(ASCII 码为 13)结束，而当用 Windows 的记事本创建一个文本文件，打开此文件并用 fgetc()函数读取时，其回车换行符('\n')的 ASCII 码值为 10。所以，当遇到回车换行符时，程序写入列单链表节点中的值是 ASCII 码为 13 的回车符。

(2) 保存文件

保存文件操作主要完成将单链表中的数据写入文件中的任务，具体实现流程如下。

① 用户输入一个保存此单链表数据的文件名。

② 以只写方式打开此文件，若成功打开此文件，则执行步骤③，否则退出。

③ 读取行单链表中节点数据域的值，若不为空，则执行步骤④，否则执行步骤⑥。

④ 依次读取行单链表节点中保存的首地址的相应列单链表节点的数据域的值，若其值为回车符，则用换行符替代后，将其写入文件中，否则，直接将其值写入文件中。直至该列单链表中指针域为 NULL 的最后一个元素结束。

⑤ 读取行单链表中的下一个节点，并跳至步骤③。

⑥ 关闭文件，退出。

3. 文本编辑模块

在文本编辑模块中，主要完成了以添加或插入的方式输入字符、删除光标所在的当前位置或前一个位置的单个字符、朝上下左右四个方向的光标移动的操作。下面分别介绍这几个功能的具体设计与实现。

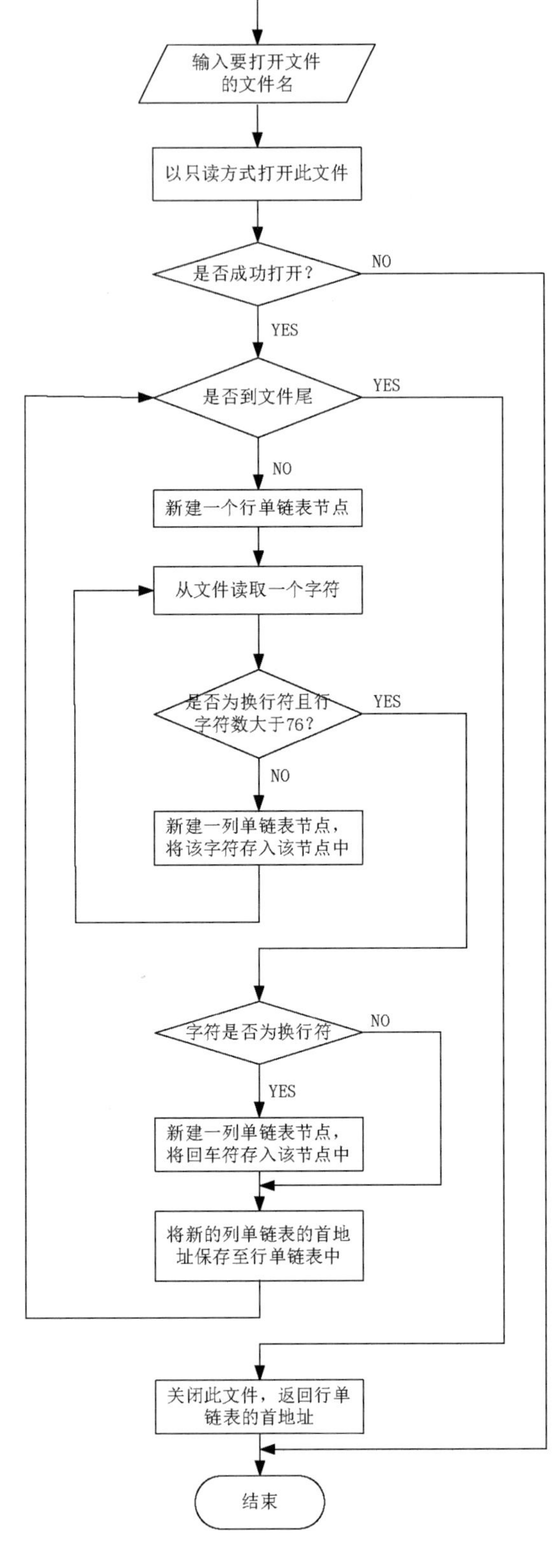

图 16.3　文件打开的流程

(1) 添加字符

当光标处在文本编辑的最后一行的位置且光标后面没有字符时，若此时输入字符，程序会判断一行中字符的个数，若字符个数不等于 76，则在当前的列单链表的最后一个节点中保存输入的字符，然后添加一个新的节点来保存下一个输入的字符；若等于 76，在当前的列单链表的最后一个节点中保存输入的字符，然后在行单链表中，添加一个新节点，用来保存下一行的列单链表的首地址，添加一个新的列单链表节点，来保存下一个用户输入的字符。

(2) 插入字符

若光标所在处已经存在字符，当用户在当前位置输入字符时，程序会调用 insert()函数将输入的字符在光标所在的位置处在列单链表中插入，插入完成后，会调用 test()函数来检查各行是否满足只有 76 个字符的条件，若不满足此条件，在此函数中会对多出的字符进行处理。

下面分别对列单链表中字符的插入过程和单链表的检查过程进行介绍。

若在第 m 行，第 n 列的位置插入一个字符，其 insert()过程描述如下。

① 定位至行单链表中的第 m 个节点，得到这个节点的数据域的值，其值为对应列单链表中第一个节点的地址。

② 定位至列单链表中的第 n-1 个节点。

③ 创建一个新的列单链表节点，用其数据域保存输入的字符。

④ 若字符插入在第 m 行第 1 列，直接将行单链表中的第 m 个节点的数据域的值改变为新的列单链表节点的地址，新的列单链表节点的指针域指向列单链表中原来的第 1 个节点。若字符不是插入在第 m 行第 1 列，则执行简单的单链表中插入节点的操作。

⑤ 插入此字符后，调用 test()函数，从第 m 行开始检查各行是否满足每行只允许有 76 个字符的条件，若不满足此条件，则必须进行处理。

其 test()检查处理过程描述如下。

① 用指针 tail 指向已经插入了新节点的列单链表中的最后一个节点。

② 当此单链表中节点数超过 76 个时，则指针 p1 会指向此列单链表中的第 76 个节点，指针 p2 指向第 77 个节点，并将 p1 所指节点的指针域设置为 NULL。

③ 若 tail 所指节点的数据域为回车符(ASCII 码为 13)且行单链表中只有 m 个节点，程序则在行单链表中添加一个新的节点，新节点的数据域为 p2 的值，指针域为空，并将 m 节点的指针域指向它；若 tail 所指节点的数据域为回车符(ASCII 码为 13)且在行单链表中有多于 m 个节点，与上面不同的是，它执行的将是在行单链表插入一个新节点的操作。

④ 若 tail 所指节点的数据域不是回车符，p1 的数据域为回车符并且行单链表中只有 m 个节点时，程序则在行单链表中添加一个新的节点，新节点的数据域为 p2 的值，指针域为空，并将第 m 节点的指针域指向它；若 tail 所指节点的数据域不为回车符，并且行单链表中有多于 m 个节点时，将 tail 的指针域指向行单链表中第 m+1 个节点指向的列单链表的首节点，并将行单链表中第 m+1 个节点的数据域修改成指针 p2 的值，并对行单链表中第 m+1 个节点所指的列单链表进行 test()检查，相似的处理过程至行单链表中的最后一个节点结束。

(3) 删除字符

当用户按下 Del 键时，系统会调用 del()函数在单链表中删除当前光标所在处的字符；当用户按下 BackSpace 键时，系统也会调用这个函数，在单链表中删除当前光标所在处前一个位置的字符。

若在第 m 行，第 n 列的位置删除一个字符，其在列单链表中删除一个节点的操作与插入工作十分相似，所以，这里重点介绍删除该字符后，单链表中数据的前移工作过程。

① 在相应的列单链表中删除第 n 个节点。

② 判断第 m 行是否存在并且判断在此行中是否有字符，若第 m 行不存在，或在此行中没有字符，则结束字符删除过程，否则执行步骤③。

③ 用 tail 保存第 m 行相应列单链表中最后一个节点的地址，并将最后一个节点的指针域保存为第 m+1 行的相应列单链表的第一个元素的地址。

④ 计算出第 m 行的没有字符的位置的个数 num，然后在第 m+1 行的相应列单链表中截取 num 个节点，并将行单链表中的第 m+1 节点的数据域改为相应列单链表中的第 num 个节点后的节点的地址。

⑤ m++，跳至步骤③，开始对下一行进行处理。

(4) 移动光标

移动光标的操作主要利用 gotoxy()函数来实现，过程非常简单，只需对当前的光标位置和移动方向进行判断后，即可执行 gotoxy()过程。例如，如果当前光标在第 m 行第 1 列，且按下了光标左移键，只需将光标移至第 m−1 行第 76 列即可。

4. 剪贴板操作模块

在剪贴板操作模块中，主要完成对已选定文本的剪切、复制、粘贴工作，因此，剪贴板操作与文本选定工作密切相关。下面分别介绍文本的选定和对选定文本的剪切、复制和粘贴操作的具体实现。

(1) 选定文本

用户可按“Ctrl+←”或“Ctrl+→”键来选定文本，就具体实现而言，两者基本相同。在介绍选定文本的实现过程之前，先简要介绍一个全局的结构数组 r[]，它的元素的类型为 record 结构体类型，每一个元素可保存一个字符的 x 坐标、y 坐标、字符值。其文本选定的实现过程如下。

① 当用户按下“Ctrl+←”或“Ctrl+→”键时，程序将当前光标位置向左或向右移动一个位置。

② 当前光标所在位置的字符的 x 坐标、y 坐标、字符值保存在数组元素 r[value]中，value 从 0 开始，若按键为“Ctrl+←”，value 值在原来的基础上每次加 1，若按键为“Ctrl+→”，value 值在原来的基础上每次减 1。

③ 调用 colorview()函数，用不同的颜色来显示已经选定的当前文本，以达到突出选定文本的效果。

(2) 剪切

用户可按 Ctrl+X 键或通过 Edit 菜单选项来剪切选定的文本，若在先前没有选定的文本，则此按键无效。

它的实现过程如下。

① 若全局变量 value 的值大于 0(大于 0 表示已经有文本选定)，则执行下面的操作。

② 保存当前的位置的坐标，利用循环语句，依次以 x[0]至 x[value-1]数组元素保存的已选定字符的坐标，调用 del()函数在单链表中一次删除一个选定的字符。

③ 利用全局变量 backup 保存 value 的值后，将 value 赋值为 0。

④ 重新在文本编辑器中显示单链表中保存的所有字符，将光标置位到原来的位置。

(3) 复制

用户可按 Ctrl+C 键或通过 Edit 菜单选项来复制选定的文本，复制操作的实现比剪切操作简单，它的实现过程如下。

① 保存当前的位置坐标。

② 利用全局变量 backup 保存 value 的值后，将 value 赋值为 0。

③ 重新在文本编辑器中显示单链表中保存的所有字符，将光标置位到原来的位置。

(4) 粘贴

用户可按 Ctrl+键或通过 Edit 菜单选项，完成粘贴操作。这一操作必须在剪切或复制操作之后出现。具体实现过程如下。

① 若全局变量 backup 的值大于 0(大于 0 表示已经有字符放入了剪贴板数组中)，则执行下面的操作。

② 保存当前的位置坐标，利用循环语句，依次以 x[0]至 x[backup-1]数组元素保存的已选定字符的坐标和字符值，调用 insert()函数，在单链表中一次插入一个字符。

③ 重新在文本编辑器中显示单链表中保存的所有字符，将光标置位到原来的位置。

5. 菜单控制模块

在菜单控制模块中，主要完成菜单的显示、光带条在子菜单之间的上下移动或菜单之间的左右移动、子菜单项选取的操作。下面分别介绍这三项功能的具体实现。

(1) 显示菜单

用户可按 F1、F2、F3 功能键，来分别调用 File、Edit、Help 菜单，完成菜单的显示。当按下这三个键中的某个功能键时，程序会调用 menuctrl()函数来完成菜单的调用操作。在 menuctrl()函数中，会根据功能键的键值调用 drawmenu(value, flag)函数，参数 value、flag 都为局部变量，分别用来保存调用某个菜单、某个菜单下的第几个菜单选项。

例如，按 F1 键后，它的默认值为 drawmenu(0, 0)，表示绘制 File 菜单及其 5 个菜单选项，并将菜单选择光带条置于第一个菜单选项上。

下面简要描述一下 drawmenu(value, flag)函数的操作过程。

① 先取 value 除以 3 的余数 m(因为有 3 个菜单项，所以除数选择 3)，根据 m 的值来绘制不同的菜单。m 的取值为 0、1、2。当 m 等于 0 时，表示绘制 File 菜单；其余类推。

② 然后绘制菜单的边框及菜单选项值。

③ 取 flag 除以 x 的余数 t，x 的取值视 m 的取值而定，如当 m=5 时，x=5，因为 File 菜单下有 5 个选项。

④ 根据 t 的值，用不同的前景色和背景色在原来的位置重新显示菜单选项，以实现光带条的效果。

(2) 移动菜单光带条

当用户按 F1、F2、F3 中的某个功能键调用了某个菜单后，可继续按光标左移、右移、上移和下移键，来实现菜单之间的切换和菜单选项之间的切换。

① 若为左移键，将调用 drawmenu(--value, flag)函数，将切换至某个菜单的左边邻居菜单。若当前菜单为最左边的 File 菜单，将切换至最右边的 Help 菜单。若为右移键，将调用 drawmenu(++value, flag)函数。

② 若为上移键，将会调用 drawmenu(value, --flag)函数；如果为下移键，将会调用 drawmenu(value, ++flag)函数。

(3) 选取菜单

当用户将光带选择条置于某个菜单选项上时，可按 Enter 键来选取该菜单选项。选取菜单操作的实现比较简单，主要利用 a=(value%3)*10+flag%b 来计算出选择的菜单选项的编号。不同菜单选项选取后，a 的值不同。这样，程序可根据 a 的值，来返回给 main()函数不同的标记，在 main()函数中，可根据标记的不同来执行相关的功能。

6. 帮助及其他模块

帮助模块主要为了提示用户如何使用本软件，它的实现非常简单。同样，文本的快速预览模块是在原来主窗口显示模块的基础上，去除了菜单的显示。

主窗口主要由菜单栏、文本编辑区、状态栏三大部分构成，菜单栏用来显示菜单项，文本编辑区主要用来完成文本字符的输入、删除等操作，状态栏主要用来显示当前光标在文本窗口中的当前坐标值。它主要利用文本窗口的 gotoxy()函数和 cprintf()函数来实现，这里需要对文本窗口的坐标进行仔细设计。

16.3.2 数据结构设计

本程序定义了三个结构体，分别与剪贴板、列单链表、行单链表相关。下面分别介绍这三个结构体及几个全局变量。

(1) 与剪贴板相关的 record 结构体：

```
typedef struct record
{
   char ch;
   int col, line;
} record;
```

record 结构体表示一个字符所具有的属性，当用户使用相关按键选定文本后，选定的文本保存在 record 结构体类型的数组中。结构体中各字段表示的意义如下。

- char ch：保存一个选定的文本字符。
- int col, line：分别保存选定字符所在位置的 x 轴坐标和 y 轴坐标。

(2) 与列单链表相关的 node 结构体：

```
typedef struct node
{
   char ch;
   struct node *next;
```

```
} node;
```

node 结构体定义了在一个单链表中保存行中的单个字符的结构，我们称由 node 类型的节点构成的单链表为列单链表。结构体中，各字段表示的意义如下。

- char ch：数据域，保存一个字符。
- struct node *next：指针域，指向列单链表中的下一个节点。

(3) 与行单链表相关的 Hnode 结构体：

```
typedef struct Hnode
{
   node *next;
   struct Hnode *nextl;
} Hnode;
```

Hnode 结构体定义了在一个单链表中保存列单链表首节点地址的结构，我们称由 Hnode 类型的节点构成的单链表为行单链表。结构体中，各字段表示的意义如下。

- node *next：数据域，指向列单链表的首节点的地址。
- struct Hnode *nextl：指针域，指向行单链表中的下一个节点。

(4) 全局变量及数组。

- int value, backup, NUM：value 保存有值数组元素的最大下标值，backup 保存 value 的副本，NUM 保存当前行中的用户输入的字符个数。
- record r[500]：定义一个有 500 个元素的结构体数组，每个数组元素可保存一个选定的文本字符及其坐标值。

16.3.3　函数功能描述

(1) drawmain()

函数原型：

```
void drawmain();
```

drawmain()函数用于在程序中绘制包括菜单栏、编辑区、状态栏在内的主窗口。

(2) qview()

函数原型：

```
void qview(Hnode *q);
```

qview()函数用于快速预览文本。q 为指向行单链表中第一个节点的指针。

(3) view()

函数原型：

```
void view(Hnode *q);
```

view()函数用于按行显示保存在单链表中的文本字符，q 为指向行单链表中第一个节点的指针。

(4) check()

函数原型：

```
int check(Hnode *Hhead, int m, int n);
```

check()函数用于在单链表中检查第 m 行第 n 列位置的字符，若为常规字符，则返回该字符，否则返回 0 或-1。

(5) judge()

函数原型：

```
int judge(Hnode *Hhead, int m);
```

judge()函数用于返回第 m 行中不包括回车符在内的常规字符的个数。

(6) del()

函数原型：

```
int del(Hnode *Hhead, int m, int n);
```

del()函数用于在单链表中删除第 m 行第 n 列位置的字符。

(7) test()

函数原型：

```
int test(Hnode *Hhead, int n);
```

test()函数用于执行 insert()后，检验第 n 行及后面的数据，使其满足每行不多于 76 个字符的规则。

(8) insert()

函数原型：

```
void insert(Hnode *Hhead, int m, int n, char a);
```

insert()函数用于在第 m 行第 n 列的位置的前一个位置插入单个字符。

(9) control()

函数原型：

```
void control(int A, Hnode *Hhead);
```

control()函数用于对 Ctrl+左移键(右移键)进行响应，A 为按键的整数值，Hhead 为行单链表的首地址。

(10) colorview()

函数原型：

```
void colorview(Hnode *Hhead, int x, int y);
```

colorview()函数用于用不同的前景色和背景色显示选择的字符。

(11) drawmenu()

函数原型：

```
void drawmenu(int m, int n);
```

drawmenu()函数用于画菜单，m 表示第几项菜单，n 表示第 m 项的第 n 个子菜单项。

(12) menuctrl()

函数原型：

```
int menuctrl(Hnode *Hhead, int A);
```

menuctrl()函数用于菜单控制。

(13) save()

函数原型：

```
void save(Hnode *head);
```

save()函数用于将 head 所指的行单链表中所指的各个列单链表中的数据域的值写入文件中，文件路径和文件名由用户指定。

(14) saveas()

函数原型：

```
void saveas(Hnode *head);
```

saveas()函数用于实现文件另存工作，文件路径和文件名由用户指定。

(15) opens()

函数原型：

```
void opens(Hnode *Hp);
```

opens()函数用于从任意文本文件中读取文件内容，保存至行单链表和列单链表形式的数据结构中。

(16) main()

函数原型：

```
void main();
```

main()函数为程序的主控函数，对它的描述可参见 16.3.1 小节。

16.4　程序实现

16.4.1　源码分析

1. 程序预处理

程序预处理包括头文件的加载，结构体、常量和全局变量的定义。具体代码如下：

```
#include <stdio.h>
#include <conio.h>
#include <bios.h>
#include <math.h>
#define LEFT 0x4b00      /*←：光标左移*/
#define RIGHT 0x4d00     /*→：光标右移*/
#define DOWN 0x5000   /*↓键：光标下移*/
#define UP 0x4800       /*↑键：光标上移*/
#define ESC 0x011b    /*Esc 键：取消菜单打开操作*/
#define ENTER 0x1c0d  /*Enter 键：换行*/
#define DEL 21248     /*Del 键：删除当前字符*/
```

```
#define BACK 3592    /*BackSpace 键：删除当前光标位置的前一个字符*/
#define CL 29440     /*Ctrl+←键：从右至左，选定文本*/
#define CR 29696     /*Ctrl+→键：从左到右，选定文本*/
#define Cc 11779     /*Ctrl+C 键：将选定文本，复制一份到剪贴板中*/
#define Cv 12054     /*Ctrl+V 键：将剪贴板中的内容复制到当前位置*/
#define Cx 11544     /*Ctrl+X 键：对选定文本执行剪切操作*/
#define F1 15104     /*F1 键：打开文件菜单*/
#define F2 15360     /*F2 键：打开编辑菜单*/
#define F3 15616     /*F3 键：打开帮助菜单*/
#define F10 17408    /*F10 键：进入文本快速预览模式*/
int value, backup, NUM;
 /*value 保存有值数组元素的最大下标值，
   backup 保存 value 的副本，
   NUM 保存当前行中用户输入的字符个数*/
typedef struct record
{
   char ch;     /*保存一个字符*/
   int col, line;  /*x 轴和 y 轴坐标*/
} record;
record r[500]; /*定义一个有 500 个元素的结构体数组，保存选定的文本字符的属性*/

typedef struct node /*定义保存行中的单个字符的结构*/
{
   char ch; /*数据域：保存一个字符*/
   struct node *next; /*指针域：指向下一个节点的指针*/
} node; /*由此类型节点构成的单链表，命名为：列单链表*/

typedef struct Hnode /*定义保存所有列单链表首节点的指针的结构*/
{
   node *next; /*指向列单链表的首节点的地址*/
   struct Hnode *nextl; /*指向下一个节点的指针*/
} Hnode; /*由此类型节点构成的单链表，命名为：行单链表*/
```

2. 绘制主窗口

绘制文本编辑器主窗口由 drawmain()函数来完成，通过准确定位相关输出对象的坐标来完成主窗口的绘制。主窗口共分为三个区域：菜单区、文本编辑区、状态栏区。

具体代码如下：

```
void drawmain() /*绘制主窗口函数*/
{
   int i, j;
   gotoxy(1, 1);       /*在文本窗口中设置光标至(1, 1)处*/
   textbackground(7); /*选择新的文本背景颜色，7 为 LIGHTGRAY(淡灰色)*/
   textcolor(0);      /*在文本模式中选择新的字符颜色 0 为 BLACK 黑*/
   insline();         /*在文本窗口的(1, 1)位置处插入一个空行*/
   for(i=1; i<=24; i++)
   {
      gotoxy(1, 1+i);     /*(x, y)中 x 不变，y++*/
      cprintf("%c", 196); /*在窗口左边输出-，即画出主窗口的左边界*/
```

```
        gotoxy(80, 1+i);
        cprintf("%c", 196); /*在窗口右边，输出-，即画出主窗口的右边界*/
    }
    for(i=1; i<=79; i++)
    {
        gotoxy(1+i, 2);     /*在第 2 行第 2 列开始*/
        cprintf("%c", 196); /*在窗口顶端输出-*/
        gotoxy(1+i, 25);    /*在第 25 行，第 2 列开始*/
        cprintf("%c", 196); /*在窗口底端，输出-*/
    }
    gotoxy(1,1);   cprintf("%c",196); /*在窗口左上角输出-*/
    gotoxy(1,24);  cprintf("%c",196); /*在窗口左下角输出-*/
    gotoxy(80,1);  cprintf("%c",196); /*在窗口右上角输出-*/
    gotoxy(80,24); cprintf("%c",196); /*在窗口右下角输出-*/
    gotoxy(7,1); cprintf("%c  %c File %c  %c",179,17,16,179);
     /* | < > |*/
    gotoxy(27,1); cprintf("%c  %c Edit %c  %c",179,17,16,179);
     /* | < > |*/
    gotoxy(47,1); cprintf("%c  %c Help %c  %c",179,17,16,179);
     /* | < > |*/
    gotoxy(5, 25); /*跳至窗口底端*/
    textcolor(1);
    cprintf(" Row:1        Col:1");
    gotoxy(68, 25);
    cprintf("Version 2.0");
}
```

3. 文本字符显示输出

文本字符显示输出模块的作用，是通过循环读取各单链表，将保存在单链表中的字符在文本编辑区中显式输出。

(1) 通过 qview(Hnode *q)函数，可实现文本字符的快速预览。

(2) 通过 view(Hnode *q)函数，可实现文本字符的在编辑区域的显示。

具体代码如下：

```
void qview(Hnode *q) /*快速预览文本。开头：#，回车：* */
{
    void view(Hnode *q); /*view()函数声明*/
    node *p;
    int i;
    window(1, 1, 80, 25); /*定义文本窗口的大小*/
    clrscr(); /*清屏*/
    /*循环读取两个单链表中的值：q 是一个指向行单链表首节点的指针，
      此单链表数据域的值为实际保存各行字符的列单链表 p 中的首节点地址*/
    do {
        p = q->next;     /*p 指向保存行数据的列单链表的首节点的地址*/
        cprintf("#"); /*每行开头，打印此字符，不管前面是否有回车符*/
        while(p != NULL) /*循环读取单链表 p 中的值*/
        {
            if(p->ch==13) putch('*'); /*若为回车键，打印出*号*/
```

```
            else
                putch(p->ch);  /*输出各行中的字符到预览窗口*/
            p = p->next; /*指向下一个节点*/
        }
        q = q->nextl; /*指向下一个节点*/
        printf("\n"); /*输出一个回车*/
    } while(q != NULL);
    getch();
    clrscr();
    drawmain(); /*按任意键后，回到主窗口界面*/
    window(2, 2, 79, 23);
    textbackground(9);
    for(i=0; i<24; i++)
        insline(); /*插入 24 个空行*/
    window(3, 3, 78, 23);
    textcolor(10);
}

/*按行显示保存在单链表中的文本字符，q 为指向行单链表中第一个节点的指针*/
void view(Hnode *q)
{
    node *p; /*p 为保存列单链表节点元素地址的指针*/
    clrscr(); /*清屏*/
    /*双重循环，读取并显示保存在单链表中的字符*/
    do {
        p = q->next;
        while(p!=NULL && p->ch>=32 && p->ch<127 && p->ch!=13 && p->ch!=-1)
          /*指针 p 不能为空，且数据域必须为常规字符*/
        {
            putch(p->ch); /*在文本窗口中输出该字符*/
            p = p->next;  /*指向下一个节点*/
        }
        q = q->nextl; /*指向下一个节点*/
        if((p->ch==13||p->ch==-1) && q!=NULL)
            gotoxy(1, wherey()+1);
            /*若 ch 为回车或 EOF 标记，光标跳至下行的开始处*/
    } while(q != NULL); /*逐行逐列显示文本字符*/
}
```

4. 删除字符

程序调用 del(Hnode *Hhead, int m, int n)函数来实现删除第 m 行第 n 列位置的字符。它的具体过程在功能模块设计部分已经做了详细介绍。下面介绍另外两个对字符进行检测的函数，它们在字符的删除、插入等许多操作中都会用到。

(1) 调用 check(Hnode *Hhead, int m, int n)函数，在单链表中检查第 m 行第 n 列位置的字符，若为常规字符，则返回该字符，否则返回 0 或-1。

(2) 调用 judge(Hnode *Hhead, int m)函数，在单链表中统计第 m 行中的常规字符的总个数，并返回该统计值。

具体代码如下：

```
int del(Hnode *Hhead, int m, int n)
{
    Hnode *q, *q1;
    node *p1, *p2, *tail;
    int i, num=0, j, flag=0;
    q = Hhead;
    if(n==0&&m==1) return; /*第 1 行，第 0 列不存在*/
    if(n==0 && m>1) /*若为第 0 列字符，但行必须大于 1，执行向上行移处理*/
    {
        n = 76;
        m = m - 1;
        gotoxy(n, m); /*移至第 m-1 行，第 76 列*/
        flag = 1; /*移位的标志置 1*/
    }
    for(i=1; i<m; i++) /*定位至行单链表中的第 m 个元素*/
        q = q->nextl;
    p1 = q->next;
    for(i=1; i<n-1; i++) /*定位至列单链表中的第 n-1 个元素*/
        p1 = p1->next;
    p2 = p1->next; /*p2 指向列单链表中的第 n 个元素*/
    if(n == 1) /*若是删除第 m 行第 1 列的字符*/
    {
        q->next = p1->next;
        free(p1);
    }
    else
    {
        p1->next = p2->next; /*在单链表中删除第 m 行第 n 列的元素*/
        free(p2);
    }
    /*删除掉第 m 行第 n 列的元素后，处理行单链表中第 m 个节点后的数据向前移的任务*/
    while((num=judge(Hhead,m++)) > 0)
      /*执行一次 judge(Head,m)后，m 才加 1。这里必须满足行常规字符数不为 0 的条件*/
    {
        p1=q->next; q1=q;
        if(p1 != NULL) /*若当前行非空*/
        {
            while(p1->next != NULL)
                p1 = p1->next;
            tail = p1; /*tail 保存列单链表最后一个元素的地址*/
            q = q->nextl; /*指向下一行的元素的地址*/
            p1 = p2 = q->next;
            tail->next = p1;
            /*tail 的指针域指向下一行的第一个元素的地址*/
        }
        else
          /*若当前行的字符个数为 0，即删除该字符后，只剩下回车符，
            则将下一个行单链表中节点的数据域移至前一个节点的数据域*/
```

```
        {
            q=q->nextl; p1=p2=q->next;
            q1->next = p1;
            /*q1->next 指向下一行的第一个元素的地址*/
        }

        for(i=0; i<76-num; i++)
          /*当前行还有 76-num 个空位没有字符，
            在下一行的单链表中读取字符，直至遇到回车符为止*/
        {
            p1 = p2;
              /*p1 指向 p2 的前一个节点，p2 指向行单链表中的下一个节点*/
            p2 = p2->next;
            if(p2->ch==13) break; /*若为回车，跳出循环*/
        }
        q->next = p2;   /*在列单链表中去掉移至上行的元素*/
        p1->next = NULL; /*下行移至上行的最后一个元素，指针置空*/
    }
    return flag; /*返回 0：表示没有换位，返回 1：表示有换位*/
}

/*check()：在单链表中检查第 m 行第 n 列位置的字符，若为常规字符，则返回该字符*/
int check(Hnode *Hhead, int m, int n)
{
    int i;
    Hnode *q;
    node *p;
    q = Hhead;
    for(i=1; i<m; i++) /*定位至行单链表中的第 m 个元素*/
        q = q->nextl;
    p = q->next; /*获取第 m 个节点的数据域*/
    for(i=1; i<n; i++) /*定位至列单链表中的第 n 个元素*/
        p = p->next;
    if(p->ch==13) return -1; /*若第 m 行，第 n 列的字符为回车键，则返回-1*/
    if(p->ch>=32&&p->ch<127) return p->ch;
      /*若第 m 行第 n 列的字符为常规字符，则返回该字符*/
    else return 0; /*若第 m 行第 n 列的字符既非回车符又非常规字符，则返回 0*/
}

/*judge()：返回第 m 行中的常规字符总的个数，不包括回车符*/
int judge(Hnode *Hhead, int m)
{
    Hnode *q;
    node *p;
    int i, num=0;
    q = Hhead;
    for(i=1; i<m; i++)      /*定位至行单链表中的第 m 个元素*/
        q = q->nextl;
    if(q==NULL) return -1; /*返回-1，表示第 m 行不存在*/
    p = q->next;
```

```
    while(p->next != NULL)
    {
        p = p->next;
        num++;        /*统计第 m 行的字符个数*/
    }
    /*行尾字符还没有判断，接下来判断行尾字符*/
    if(p->ch==13&&num==0)  return 0;
      /*返回 0，表示当前行只有一个回车字符*/
    if(p->ch>=32&&p->ch<127) return num+1;
      /*返回 num+1，表示当前行的最后一个字符为常规字符*/
    if(p->ch==13&&num!=0) return num;
    /*返回 num，表示当前行的最后一个字符为回车符，不计算在内*/
    else return 1; /*返回 num，表示当前行中只有一个字符，且没有回车符*/
}
```

5. 插入字符

在文本编辑区中插入字符的工作由 insert(Hnode *Hhead, int m, int n, char a)和 test (Hnode *Hhead, int n)函数配合完成。

(1) 通过 insert(Hnode *Hhead, int m, int n, char a)函数，将第 m 行，第 n 列的位置之前的一个位置，在单链表中插入字符 a。

(2) 通过 test(Hnode *Hhead, int n)函数，检验和处理第 n 行及后面的数据，使其满足每行不超过 76 个字符的规则。

具体代码如下：

```
void insert(Hnode *Hhead, int m, int n, char a) /* */
{
    int i;
    Hnode *q;
    node *p, *p1, *p2;
    q = Hhead;
    for(i=1; i<m; i++) /*定位至行单链表中的第 m 个元素*/
        q = q->nextl;
    p1 = q->next;
    for(i=1; i<n-1; i++) /*定位至列单链表中的第 n-1 个元素*/
        p1 = p1->next;
    p = (node*)malloc(sizeof(node)); /*创建一个新的列单链表节点*/
    p->ch = a; /*给此节点的数据域赋值*/
    if(n == 1) /*插入之前，若只有一个字符在行中，则插在此节点之前*/
    {
        p->next = q->next;
        q->next = p;
    }
    else
    {
        p->next = p1->next; /*在第 m 行第 n 列的字符前，插入一字符*/
        p1->next = p;
    }
    test(Hhead, m);
```

```
    /*在插入新元素后，检验并处理单链表中第 m 行开始的元素，使其满足规则*/
}

/*执行 insert()后，检验第 m 行及后面的数据，使其满足规则*/
int test(Hnode *Hhead, int n)
{
    int i=0, num1=1;
    node *p1, *p2, *tail, *temp1, *temp2;
    Hnode *q;
    q = Hhead;
    for(i=1; i<n; i++) /*定位至行单链表中的第 n 个元素*/
        q = q->nextl;
    tail = p1 = q->next;
    if(p1==NULL) return; /*若此行没有任何字符，则返回*/
    while(tail->next != NULL) /*定位至列单链表中的最后一个元素*/
        tail = tail->next;
    /*若此单链表中没有回车符且有超过 76 个节点时，
      则 p1 会指向此列单链表中的第 76 个节点*/
    for(i=0; i<75; i++)
    {
        if(p1->ch==13||p1->next==NULL) break;
        p1 = p1->next;
    }

    p2 = p1->next;
    p1->next = NULL;
    /*在此行的最后一个字符的前一个字符处断行，因为插入操作在此行插入了一个新的字符*/
    if(tail->ch != 13) /*若此行行尾不是回车键*/
    {
        if(p1->ch==13 && q->nextl==NULL)
          /*若 p1 的数据域为回车符且行单链表中只有 n 个节点*/
        {
            q->nextl = (Hnode*)malloc(sizeof(Hnode));
              /*新建一个行单链表节点，相当于添加一个新行*/
            q->nextl->nextl = NULL;
            tail->next = (node *)malloc(sizeof(node));
              /*在 tail 所指节点位置开始继续准备添加字符*/
            tail->next->ch=13; tail->next->next=NULL;
            q->nextl->next = p2;
              /*新行单链表节点保存此行多出的字符*/
        }
        else /*若此行行尾和行中都没有回车键，或者 q->nextl 不为空*/
        {
            q = q->nextl; /*q->nextl 有可能为空*/
            tail->next = q->next; /*将多出的字符与下一行的字符相连*/
            q->next = p2; /**/
            if(q!=NULL) test(Hhead,++n);
              /*若行单链表第 n 个节点后还有节点，继续 test()的相同处理*/
        }
    }
```

```
    else  /*若此列单链表最后一个元素为回车符*/
    {
        temp2 = p2;
          /*p2 指向第 77 个字符，或者为空(为空表示此行插入一个字符后，没有超出范围*/
        while(q!=NULL && p2!=NULL)
          /*q 指向行列表中的第 n 个节点。条件：行单链表中第 n 个节点中有第 77 个字符*/
        {
            /*条件：在行单链表中只有 n 个节点，
              且字符超过了一行规定的 76 个，且 num1 标志为 1*/
            if((q->nextl==NULL) && (p1!=tail||p2!=NULL) && (num1==1))
            {
                num1++;
                q->nextl = (Hnode *)malloc(sizeof(Hnode));
                  /*新建一个行单链表节点，准备存储此行中多出的字符*/
                q->nextl->nextl=NULL; q->nextl->next=NULL; /*初始化值*/
            }
            /*行单链表中第 n+1 个节点已经存在，下面为在行单链表中插入一个新的节点*/
            q = q->nextl; /*q 指向行列表中的第 n+1 个节点*/
            temp1 = q->next;
            q->next = temp2;
              /*q 的数据域为此行中多出的字符所在的列在单链表中的节点地址*/
            temp2 = temp1;
        }
    }
}
```

6. 选定文本

在文本编辑区中选定文本的工作由 control(int A, Hnode *Hhead)和 colorview(Hnode *Hhead, int x, int y)函数配合完成。

(1) 通过 control(int A, Hnode *Hhead)函数，对控制键进行响应，移动光标后，将光标所在位置的字符保存在 r 数组中。

(2) 通过 colorview(Hnode *Hhead, int x, int y)函数，用不同的颜色显示选定的文本。

具体代码如下：

```
/*选定文本。A：按键的整数值，Hhead：行单链表的首地址*/
void control(int A, Hnode *Hhead)
{
    void colorview(Hnode*, int, int); /*函数声明*/
    int x, y, flag=0;
    x=wherex(); y=wherey(); /*得到当前光标的坐标值*/
    if((A==CL) && (x!=1)) /*Ctrl+←，当前光标不是在行首，光标移动*/
        gotoxy(wherex()-1, wherey());

    if((A==CL) && (x==1)) /*Ctrl+←，在行首*/
        gotoxy(abs(judge(Hhead,wherey()-1)), wherey()-1);
      /*judge(Hhead,wherey()-1)上一行的字符个数作为 x 值，光标移动*/

    if((A==CR) && check(Hhead,wherey(),wherex())>0)
```

```
        /*Ctrl+→，当前光标的右边有字符，光标移动*/
      { flag=1; gotoxy(wherex()+1,wherey()); }

      if((A==CR) && check(Hhead,wherey()+1,1)>0 && check(Hhead,y,x)==0)
        /*Ctrl+→，当前光标处没有字符，但下一行的第一列有字符，光标移动*/
      { flag=1; gotoxy(1,wherey()+1); }

      if((A==CR) && x==76) /*Ctrl+→，当前光标在当前行的行尾，光标移动*/
      { flag=1; gotoxy(1,wherey()+1); }

      if(A==CR && flag==1)
        /*Ctrl+→，光标已经跳至新处，将当前光标所在位置的字符的坐标和值保存在 r 数组中*/
      {
         r[abs(value)].col = wherex();
         r[abs(value)].line = wherey();
         r[abs(value)].ch =
           check(Hhead, r[abs(value)].line, r[abs(value)].col);
         if(r[abs(value)].ch==-1) r[abs(value)].ch=13;
           /*若第 line 行第 col 列的字符为回车键，则返回-1*/
         value--;
      }

      if(A==CL && (x!=1||y!=1))
        /*Ctrl+←，当前光标并不在窗口左上角，
          将当前光标所在位置的字符的坐标和值保存在 r 数组中*/
      {
         r[abs(value)].col = wherex();
         r[abs(value)].line = wherey();
         r[abs(value)].ch =
           check(Hhead, r[abs(value)].line, r[abs(value)].col);
         value++;
      }
      colorview(Hhead, wherex(), wherey());
}

/*用不同的前景色和背景色显示选择的字符*/
void colorview(Hnode *Hhead, int x, int y)
{
   int i;
   view(Hhead); /*重新显示所有文本字符*/
   for(i=0; i<abs(value); i++)   /*value 为数组下标*/
   {
      gotoxy(r[i].col, r[i].line);
      textbackground(7);
      textcolor(0);
      if(r[i].ch!=13 && r[i].ch!=-1)
         cprintf("%c", r[i].ch);
      if(r[i].ch==13 || r[i].ch==-1)
         cprintf(" ");
   }
```

```
    gotoxy(x, y);
}
```

7. 菜单控制

菜单控制的工作由 menuctrl(Hnode *Hhead, int A)函数和 drawmenu(int m, int n)函数配合完成。

(1) 通过 menuctrl(Hnode *Hhead, int A)函数，可完成调用菜单、移动菜单光带条和选取菜单选项的任务。

(2) 通过 drawmenu(int m, int n)函数，可完成第 m%3 项菜单的绘制，并将光带置于第 m%3 项的第 n%b 个菜单选项上，b 为相应菜单所拥有的菜单选项个数。

具体代码如下：

```
void drawmenu(int m, int n)
{
    int i;
    if(m%3 == 0) /*画 File 菜单项*/
    {
        window(8, 2, 19, 9);
        textcolor(0);
        textbackground(7);
        for(i=0; i<7; i++) /*在上面定义的文本窗口中先输出 7 个空行*/
        {
            gotoxy(1, 1+i);
            insline();
        }
        window(1, 1, 80, 25);
        gotoxy(7, 1);
        for(i=1; i<=7; i++)
        {
            gotoxy(8, 1+i);
            cprintf("%c", 179); /*窗口内文本的输出函数，在窗口左边输出 | */
            gotoxy(19, 1+i);
            cprintf("%c", 179); /*窗口内文本的输出函数，在窗口右边输出 | */
        }
        for(i=1; i<=11; i++)
        {
            gotoxy(8+i, 2);
            cprintf("%c", 196);  /*窗口内文本的输出函数，在窗口上边输出 - */
            gotoxy(8+i, 9);
            cprintf("%c", 196);  /*窗口内文本的输出函数，在窗口下边输出 - */
        }
        textbackground(0);
        gotoxy(10,10); cprintf("            "); /*输出下边的阴影效果*/
        for(i=0; i<9; i++)
        {
            gotoxy(20, 2+i);
            cprintf("  "); /*输出右边的阴影效果*/
        }
```

```
    /*以上为显示菜单项的外观*/
    textbackground(7);
    gotoxy(8,2);  cprintf("%c",218); /*输出四个边角表格符*/
    gotoxy(8,9);  cprintf("%c",192);
    gotoxy(19,2); cprintf("%c",191);
    gotoxy(19,9); cprintf("%c",217);
    gotoxy(9,3);  cprintf(" New    ");
    gotoxy(9,4);  cprintf(" Open   ");
    gotoxy(9,5);  cprintf(" Save   ");
    gotoxy(9,6);  cprintf(" Save as");
    for(i=1; i<=10; i++)
    {
        gotoxy(8+i, 7);
        cprintf("%c", 196); /*在 Save as 下输出一行分隔符*/
    }
    gotoxy(9,8);  cprintf(" Exit");
    textcolor(15);  textbackground(0);
    gotoxy(7, 1);
    cprintf("%c  %c File %c  %c", 179, 17, 16, 179);
    switch(n % 5)
    {
        case 0: gotoxy(9,3);  cprintf(" New      "); break;
        case 1: gotoxy(9,4);  cprintf(" Open     "); break;
        case 2: gotoxy(9,5);  cprintf(" Save     "); break;
        case 3: gotoxy(9,6);  cprintf(" Save as  "); break;
        case 4: gotoxy(9,8);  cprintf(" Exit     "); break;
    }
}

/*********************************************************/
if(m%3 == 1) /*画 Edit 菜单项*/
{
    window(28, 2, 38, 7);
    textcolor(0);
    textbackground(7);
    for(i=0; i<5; i++)
    {
        gotoxy(1, 1+i);
        insline();
    }
    window(1, 1, 80, 25);
    gotoxy(27, 1);
    for(i=1; i<=5; i++)
    {
        gotoxy(28, 1+i);
        cprintf("%c", 179);
        gotoxy(39, 1+i);
        cprintf("%c", 179);
    }
    for(i=1; i<=11; i++)
```

```
    {
        gotoxy(28+i, 2);
        cprintf("%c", 196);
        gotoxy(28+i, 7);
        cprintf("%c", 196);
    }

    textbackground(0);
    gotoxy(30,8); cprintf("            ");
    for(i=0; i<7; i++)
    {
        gotoxy(40, 2+i);
        cprintf("  ");
    }
    textbackground(7);
    gotoxy(28,2);  cprintf("%c",218);
    gotoxy(28,7);  cprintf("%c",192);
    gotoxy(39,2);  cprintf("%c",191);
    gotoxy(39,7);  cprintf("%c",217);
    gotoxy(29,3);  cprintf("  Cut      ");
    gotoxy(29,4);  cprintf("  Copy     ");
    gotoxy(29,5);  cprintf("  Paste    ");
    gotoxy(29,6);  cprintf("  Clear    ");
    textcolor(15);  textbackground(0);
    gotoxy(27, 1);
    cprintf("%c  %c Edit %c  %c", 179, 17, 16, 179);
    switch(n % 4)
    {
        case 0: gotoxy(29,3);  cprintf("  Cut      "); break;
        case 1: gotoxy(29,4);  cprintf("  Copy     "); break;
        case 2: gotoxy(29,5);  cprintf("  Paste    "); break;
        case 3: gotoxy(29,6);  cprintf("  Clear    "); break;
    }
}
/***********************************************************/

if(m%3 == 2) /*画Help菜单项*/
{
    window(48, 2, 48, 6);
    textcolor(0);
    textbackground(7);
    for(i=0; i<3; i++)
    {
        gotoxy(1, 1+i);
        insline();
    }
    window(1, 1, 80, 25);
    gotoxy(47, 1);
    for(i=1; i<=5; i++)
    {
```

```
            gotoxy(48, 1+i);
            cprintf("%c", 179);
            gotoxy(59, 1+i);
            cprintf("%c", 179);
        }
        for(i=1; i<=11; i++)
        {
            gotoxy(48+i, 2);
            cprintf("%c", 196);
            gotoxy(48+i, 6);
            cprintf("%c", 196);
        }

        textbackground(0);
        gotoxy(50,7); cprintf("            ");
        for(i=0; i<6; i++)
        {
            gotoxy(60, 2+i);
            cprintf("   ");
        }
        textbackground(7);
        gotoxy(48,2);   cprintf("%c",218);
        gotoxy(48,6);   cprintf("%c",192);
        gotoxy(59,2);   cprintf("%c",191);
        gotoxy(59,6);   cprintf("%c",217);
        gotoxy(49,3);   cprintf("Help...   ");
        gotoxy(49,5);   cprintf("About...  ");
        for(i=1; i<=10; i++)
        {
            gotoxy(48+i, 4);
            cprintf("%c", 196);
        }
        textcolor(15); textbackground(0);
        gotoxy(47, 1);
        cprintf("%c  %c Help %c  %c", 179, 17, 16, 179);
        switch(n % 2)
        {
            case 0: gotoxy(49,3);  cprintf("Help...   "); break;
            case 1: gotoxy(49,5);  cprintf("About...  "); break;
        }
    }
}

/************************************************************************/
/* menuctrl(Hnode *Hhead, int A): 菜单控制                                */
/************************************************************************/
int menuctrl(Hnode *Hhead, int A)
{
    int x, y, i, B, value, flag=100, a, b;
    x=wherex();  y=wherey();
```

```
if(A==F1) { drawmenu(0,flag); value=300; }
  /*显示 File 及其子菜单，并将光带显示在第一个子菜单上*/
if(A==F2) { drawmenu(1,flag); value=301; }
  /*显示 Edit 及其子菜单，并将光带显示在第一个子菜单上*/
if(A==F3) { drawmenu(2,flag); value=302; }
  /*显示 Help 及其子菜单，并将光带显示在第一个子菜单上*/
if(A==F1 || A==F2 || A==F3)
{
    while((B=bioskey(0)) != ESC) /*选择用户按键*/
    {
        if(flag==0) flag=100;
        if(value==0) value=300;  /*此 value 为局部变量*/

        if(B==UP) drawmenu(value,--flag); /*循环上下移*/
        if(B==DOWN) drawmenu(value,++flag); /*循环上下移*/
        if(B == LEFT) /*菜单项之间循环选择(左移)*/
        {
            flag = 100;
            drawmain();
            window(2, 2, 79, 23);
            textbackground(9);
            for(i=0; i<24; i++)
                insline();
            window(3, 3, 78, 23);
            textcolor(10);
            view(Hhead);
            drawmenu(--value, flag);
        }
        if(B == RIGHT) /*菜单项之间循环选择(右移)*/
        {
            flag = 100;
            drawmain();
            window(2, 2, 79, 23);
            textbackground(9);
            for(i=0; i<24; i++)
                insline();
            window(3, 3, 78, 23);
            textcolor(10);
            view(Hhead);
            drawmenu(++value, flag);
        }
        if(B == ENTER) /*选中某主菜单的子菜单项(选中某项)*/
        {
            if(value%3==0)  b=5; /*File 下有 5 个子菜单项*/
            if(value%3==1)  b=4; /*Edit 下有 4 个子菜单项*/
            if(value%3==2)  b=2; /*Help 下有 2 个子菜单项*/
            a = (value%3)*10 + flag%b; /*a 表示选择子菜单的编号*/
            drawmain();
            window(2, 2, 79, 23);
            textbackground(9);
```

```
                for(i=0; i<24; i++)
                    insline();
                window(3, 3, 78, 23);
                textcolor(10);
                view(Hhead);
                gotoxy(x, y);
                if(a==0)    return 100; /*New*/
                if(a==1)    return 101; /*Open*/
                if(a==2)    return 102; /*Save*/
                if(a==3)    return 103; /*Save As*/
                if(a==4)    exit(0);    /*Exit*/

                if(a==10)  return Cx; /*Cut*/
                if(a==11)  return Cc; /*Copy*/
                if(a==12)  return Cv; /*Paste*/
                if(a==13)  return DEL;/*Clear*/

                if(a==20)  return 120; /*Help... */
                if(a==21)  return 121; /*About...*/
            }
            gotoxy(x+2, y+2);
        }

        /*若按键非 F1、F2、F3*/
        drawmain();
        window(2, 2, 79, 23);
        textbackground(9);
        for(i=0; i<24; i++)
            insline();
        window(3, 3, 78, 23);
        textcolor(10);
        view(Hhead);
        gotoxy(x, y);
    }
    return A;
}
```

8. 文件操作

文件操作的工作由 save(Hnode *head)、saveas(Hnode *head)和 opens(Hnode *Hp)函数配合完成。

(1) 通过 save(Hnode *head)函数，可将 head 所指的行单链表中所指的各个列单链表中的数据域的值写入文件，文件路径和文件名由用户指定。

(2) 通过 saveas(Hnode *head)函数，完成与 save 函数相似的功能，即把字符内容另存至某一文件。

(3) 通过 opens(Hnode *Hp)函数，完成从任意文本文件中读取文件内容，保存至行单链表和列单链表形式的数据结构中的任务。

(4) 新建文件的工作在 main 函数中完成。

具体代码如下：

```
/*文件保存*/
void save(Hnode *head)
{
    FILE *fp;
    Hnode *q;
    node *p;
    int count=0, x, y;
    char filename[10]; /*保存文件名*/
    q = head;
    clrscr(); /*清屏*/
    printf("Enter infile name, for example [c:\\wb.txt]:");
      /*输入文件名格式*/
    scanf("%s", filename); /*输入文件名*/
    fp = fopen(filename, "w");
    if(fp == NULL) /*打开文件失败*/
    {
        printf("\n=====>open file error!\n");
        getchar();
        return;
    }
    do {
        p = q->next; /*指向 node 类型的数据*/
        while(p != NULL)
        {
            if((int)p->ch == 13)
            {
                fputc('\n',fp); p=p->next; count++;
            }
            else
            {
                fputc(p->ch, fp);
                p = p->next;
                count++;
            }
        }
        q = q->nextl;
    } while(q != NULL);

    fclose(fp); /*关闭此文件*/
    return;
}

/*文件另存为*/
void saveas(Hnode *head)
{
    FILE *fp;
    Hnode *q;
    node *p;
```

```
    int count=0, x, y;
    char filename[10]; /*保存文件名*/
    q = head;
    clrscr(); /*清屏*/
    printf("Enter infile name, for example [c:\\wb.txt]:");
      /*输入文件名格式*/
    scanf("%s", filename); /*输入文件名*/
    fp = fopen(filename, "w");
    if(fp == NULL) /*打开文件失败*/
    {
        printf("\n=====>open file error!\n");
        getchar();
        return;
    }
    do {
        p = q->next; /*指向node类型的数据*/
        while(p != NULL)
        {
            if((int)p->ch == 13)
            {
                fputc('\n',fp); p=p->next; count++;
            }
            else
            {
                fputc(p->ch, fp);
                p = p->next;
                count++;
            }
        }
        q = q->nextl;
    } while(q != NULL);

    fclose(fp); /*关闭此文件*/
    return;
}

/*打开文件*/
void opens(Hnode *Hp)
{
    FILE *fp;
    Hnode *q11, *q22;
    node *p11, *p22, *hp;
    char temp;
    int count=0, flags=1;
    char filename[10]; /*保存文件名*/
    clrscr(); /*清屏*/
    printf("Enter infile name, for example [c:\\wb.txt]:");
      /*输入文件名格式*/
    scanf("%s", filename); /*输入文件名*/
    fp = fopen(filename, "r"); /*以只读方式打开文件，filename必需存在*/
```

```
    if(fp == NULL) /*打开文件失败*/
    {
        textbackground(2);
        textcolor(13);
        cprintf("open file error!");
        getchar();
        exit(0);
    }
    q11 = Hp;
    while(!feof(fp))
    {
        count=0; flags=1;
        q22=(Hnode*)malloc(sizeof(Hnode)); /*新建一个行单链表中的节点*/
        p11=(node*)malloc(sizeof(node));  /*新建一个列单链表中的节点*/
        while((temp=fgetc(fp))!=10 && count<=76 && !feof(fp))
          /*循环结束，表示在单链表中一行处理完毕，开始新行*/
        {
            p22 = (node *)malloc(sizeof(node)); /*新建一个列单链表中的节点*/
            if(flags==1) { hp=p22; flags=0; }
              /*hp 保存列单链表中首节点的地址*/
            p22->ch=temp;  p22->next=NULL;
            p11->next=p22; p11=p22;
            count++;
        }
        if(temp == 10) {
            /*若为换行符，将其转换为回车符，因为在程序中，是按回车符处理的*/
            p22 = (node*)malloc(sizeof(node)); p22->ch=13; p22->next=NULL;
            p11->next=p22; p11=p22;
        }
        if(!feof(fp))          /*若没此条件，文件最后一行会处理两次.*/
        {
            q22->next=hp; q22->nextl=NULL;
              /*将存储了字符的新列单链表与行单链表中的新节点建立关联*/
            q11->nextl=q22; q11=q22;
        }
    }
    fclose(fp);
    Hp = Hp->nextl;
      /*因为 Hp 的所在节点的数据域为空，所以 Hp = Hp->nextl*/
    return;
}
```

9. 主函数

主函数控制着整个程序的流程，其具体操作流程可参见图 16.2。具体代码如下：

```
/*主函数*/
void main()
{
    char a;
    int i, A, x, y, flag=0, b;
```

```
Hnode *Hhead, *q;
node *p1, *p2;
Hhead = (Hnode *)malloc(sizeof(Hnode));
  /*为行单链表中的首节点分配内存空间*/
q=Hhead; Hhead->nextl=NULL;
p1 = p2 = q->next = (node *)malloc(sizeof(node));
/*为列单链表中的首节点分配内存空间*/
p1->ch=13; p1->next=NULL;
drawmain();     /*显示主窗口*/
window(2, 2, 79, 23);
textbackground(9);
for(i=0; i<24; i++)
    insline();
window(3, 3, 78, 23);
textcolor(10);
while(1)
{
    while(bioskey(1)==0) continue; /*等待用户按键*/
    a = A = bioskey(0); /*返回输入的字符的键值*/
    if(a>=32 && a<127) /*若输入为常规字符或回车键*/
    {
        if(check(Hhead,wherey(),wherex()) <= 0)
          /*当前位置没有字符且输入是常规字符，则执行添加字符操作*/
        {
            NUM++;
            p2->ch = a;
            putch(a);
            if(NUM == 76)
              /*连续输入满行，分别生成一个新的行单链表和列单链表节点*/
            {
                p2->next = NULL;
                q->nextl = (Hnode *)malloc(sizeof(Hnode));
                q=q->nextl; q->nextl=NULL; q->next=NULL;
                p1 = p2 = q->next = (node *)malloc(sizeof(node));
                p1->ch=13; p1->next=NULL;
                NUM = 0;
            }
            else
              /*连续输入未满一行，生成一个新的列单链表节点*/
            {
                p2->next = (node *)malloc(sizeof(node));
                p2 = p2->next;
                p2->ch = 13;
                p2->next = NULL;
            }
        }
        else  /*当前位置有字符且输入是常规字符，则执行插入字符操作*/
        {
            x=wherex();  y=wherey();
            insert(Hhead, wherey(), wherex(), a);
```

```
            NUM++;
            view(Hhead);
            gotoxy(x, y);
        }
    }

    /*若输入为回车键*/
    if(a == 13)
    {
        gotoxy(1, wherey()+1);
        q->nextl = (Hnode *)malloc(sizeof(Hnode));
        q=q->nextl;  q->nextl=NULL; q->next=NULL;
        p1=p2=q->next = (node *)malloc(sizeof(node));
        p1->ch=13; p1->next=NULL;
        NUM = 0;
    }
    x=wherex(); y=wherey();
    /*文本窗口中左移，当前光标不在窗口的第 1 列*/
    if((A==LEFT)&&(x!=1))  gotoxy(wherex()-1,wherey());
    /*文本窗口中左移，当前光标在窗口的第 1 列*/
    if((A==LEFT) && (x==1))
        gotoxy(abs(judge(Hhead,wherey()-1)), wherey()-1);
    /*文本窗口中右移，若当前光标的右边一位有字符*/
    if((A==RIGHT) && check(Hhead,wherey(),wherex())>0)
        gotoxy(wherex()+1, wherey());
    /*文本窗口中右移至下行的第 1 列，若当前光标位置没有字符且下行的第 1 列有字符*/
    if((A==RIGHT) && check(Hhead,wherey()+1,1)!=0
      && check(Hhead,y,x)<=0)
        gotoxy(1, wherey()+1);
    /*右移*/
    if((A==RIGHT)&&x==76) gotoxy(1,wherey()+1);
    /*上移*/
    if((A==UP) && check(Hhead,wherey()-1,wherex())!=0)
        gotoxy(wherex(), wherey()-1);
    /*上移*/
    if((A==UP) && check(Hhead,wherey()-1,wherex())<=0)
    {
        if(judge(Hhead,wherey()-1) == 0)
            gotoxy(-judge(Hhead,wherey()-1)+1, wherey()-1);
        else
            gotoxy(-judge(Hhead,wherey()-1), wherey()-1);
    }

    /*下移*/
    if((A==DOWN) && check(Hhead,wherey()+1,wherex())!=0)
        gotoxy(wherex(), wherey()+1);

    /*处理 BackSpace 键*/
    if(A == BACK) /*处理 BackSpace 键*/
    {
```

```
        flag = del(Hhead,wherey(), wherex()-1);
        x=wherex()-1; y=wherey();
        view(Hhead);
        if(flag == 0)
        {
            if(x!=0) gotoxy(x,y);
            else  gotoxy(x+1,y);
        }
        if(flag == 1)
        {
            gotoxy(x+1, y);
            flag = 0;
        }
    }

    /*处理菜单按键 F1 F2 F3*/
    if((A==F1) || (A==F2) || (A==F3) || (a<32||a>127))
    {
        A = menuctrl(Hhead, A);
        if(A==100) { main(); } /*新建文件*/
        if(A == 101) { /*打开文件*/
            Hhead = (Hnode *)malloc(sizeof(Hnode));
            opens(Hhead);
            getchar(); clrscr(); gotoxy(3,3); view(Hhead);
        }
        /*保存文件*/
        if(A == 102) {
            save(Hhead); clrscr();
            cprintf("save successfully!");
            getch(); gotoxy(3,3); view(Hhead);
        }
        /*文件另存为*/
        if(A == 103)
        {
            saveas(Hhead); clrscr();
            cprintf("save as successfully!");
            getch(); gotoxy(3,3); view(Hhead);
        }
        /*帮助*/
        if(A == 120)
        {
            clrscr(); cprintf("<Help> F1:File F2:Edit F3:Help ");
            getch(); gotoxy(3,3); view(Hhead);
        }
        if(A == 121)
        {
            clrscr(); cprintf("Abort:Version 1.1 Tel:XXXXXXXXXX");
            getch(); gotoxy(3,3); view(Hhead);
        }
    }
```

```
/*处理 Del 键，删除当前位置的单个字符*/
if(A == DEL)
{
    x=wherex(); y=wherey();
    del(Hhead, wherey(), wherex());
    view(Hhead);
    gotoxy(x, y);
}
/*处理已经选定文本字符后，按 Del 键的情况*/
if(A==DEL && value!=0)
{
    if(value > 0)
        x=wherex(), y=wherey();
    else
        x=r[0].col, y=r[0].line;
    for(i=0; i<abs(value); i++)
    {
        if(value > 0)
            del(Hhead, r[i].line, r[i].col);
        if(value < 0)
            del(Hhead, r[abs(value)-1-i].line,
                 r[abs(value)-1-i].col);
    }
    value = 0; /*此 value 为全局变量*/
    view(Hhead);
    gotoxy(x, y);
}
/*处理 Ctrl+X 按键*/
if(A==Cx && value!=0)
{
    if(value > 0)
        x=wherex(), y=wherey();
    else
        x=r[0].col, y=r[i].line;
    for(i=0; i<abs(value); i++)
    {
        if(value > 0)
            del(Hhead, r[i].line, r[i].col);
        if(value < 0)
            del(Hhead, r[abs(value)-1-i].line,
                 r[abs(value)-1-i].col);
    }
    backup = value; /*保存 r 数组的有值元素的最大下标值*/
    value = 0; /*此 value 为全局变量*/
    view(Hhead);
    gotoxy(x, y);
}

/*处理 Ctrl+C 按键*/
```

```
        if(A==Cc && value!=0)
        {
            x=wherex(); y=wherey();
            backup=value; value=0; /*此 value 为全局变量*/
            view(Hhead);
            gotoxy(x, y);
        }

        /*处理 Ctrl+V 按键*/
        if(A==Cv && backup!=0)
        {
            x=wherex(); y=wherey();
            if(backup < 0) /*Ctrl+右移键选定的文本，贴切此当前位置*/
                for(i=0; i<abs(backup); i++)
                    insert(Hhead, y, x+i, r[i].ch); /*逐个插入*/

            if(backup > 0) /*Ctrl+左移键选定的文本，贴切此当前位置*/
                for(i=0; i<backup; i++)
                    insert(Hhead, y, x+i, r[backup-1-i].ch);

            view(Hhead);
            gotoxy(x, y);
        }
        /*快速预览*/
        if(A == F10)
        {
            qview(Hhead);
            view(Hhead);
            gotoxy(x, y);
        }

        /*处理 Ctrl+左移键或右移键*/
        if(A==CL||A==CR) control(A,Hhead);
        /*显示当前行列号*/
        x=wherex(); y=wherey();
        window(1, 1, 80, 25);
        textcolor(0);
        textbackground(7);
        gotoxy(10, 25); /*第 25 行，第 10 列，输出当前行号 wherey()*/
        cprintf("%-3d", y);
        gotoxy(24, 25); /*第 25 行，第 24 列*/
        cprintf("%-3d", x);
        window(3, 3, 78, 23);
        textcolor(10);
        gotoxy(x, y);
        textcolor(10);
        textbackground(1);
    }
}
```

16.4.2　运行结果

该文本编辑器主要由 5 个功能模块构成，分别是文件操作模块、文本编辑模块、剪贴板操作模块、菜单控制模块、帮助及其他模块。下面以各功能模块为单位来描述程序的运行结果。

1. 文件操作

(1)　新建文件

如图 16.4 所示，用户可按 F1 功能键调用 File 菜单，从中选择 New 命令来新建文件。

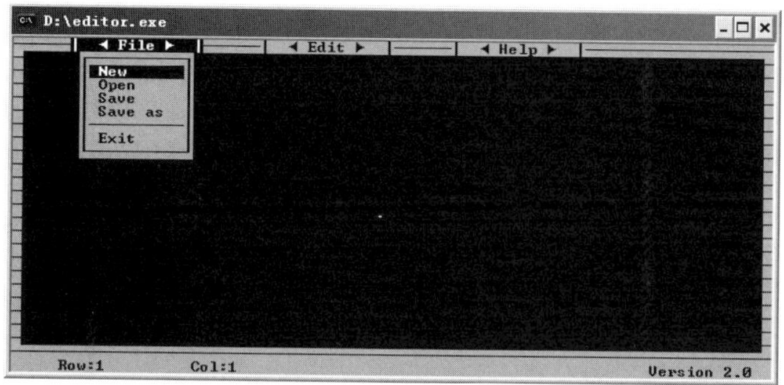

图 16.4　新建文件

可以通过 File→Save 菜单命令保存为 T1.txt 文件。在记事本中查看，如图 16.5 所示。

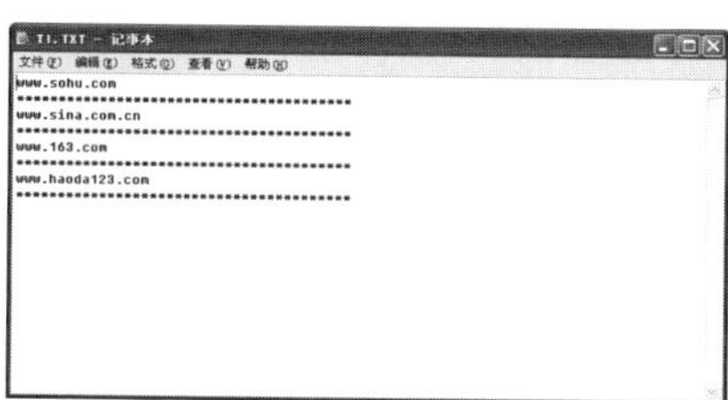

图 16.5　在 Windows 记事本中查看 T1.txt 文件的内容

(2)　打开文件

通过 File→Open 菜单命令来打开文件，提示及输入如图 16.6 所示。

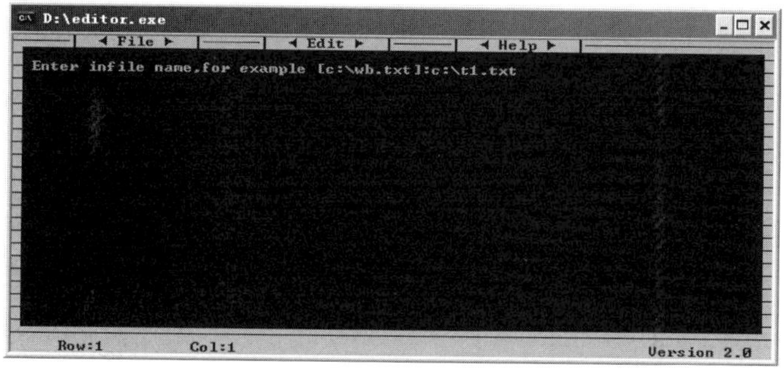

图 16.6　输入文件名来打开

显式的内容如图 16.7 所示。

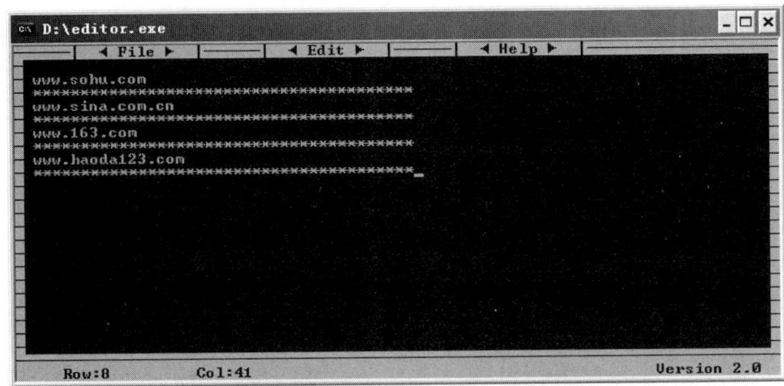

图 16.7　显示 T1.txt 文件的内容

(3) 保存文件

首先通过 File→New 菜单命令新建文件内容，如图 16.8 所示。

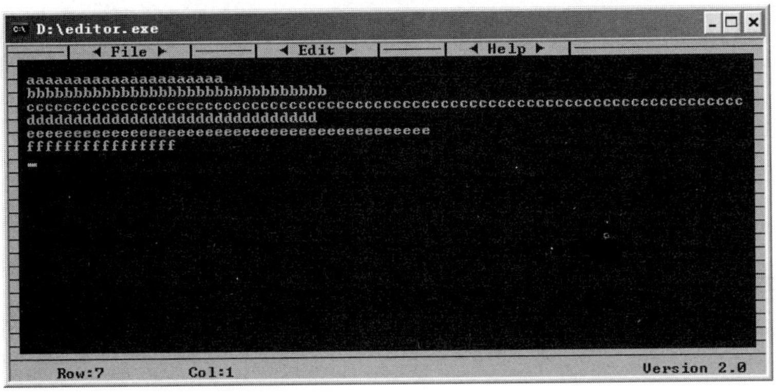

图 16.8　新建文件内容

然后选择 File→Save 菜单命令来保存文件，保存为 save.txt 文件，如图 16.9 所示。

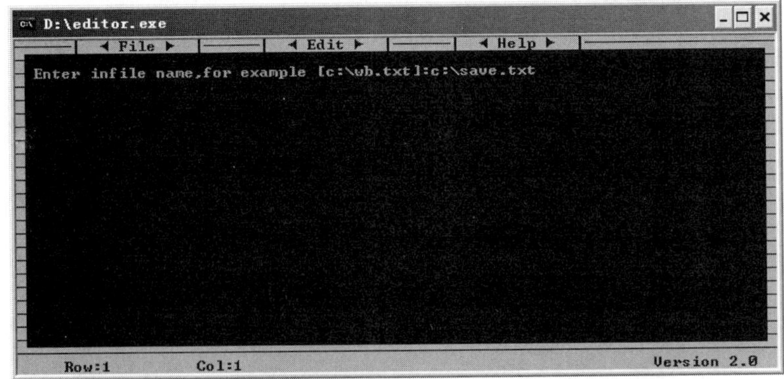

图 16.9　输入保存文本的文件名

然后，可以用 Windows 的记事本程序打开保存的文件，如图 16.10 所示。

图 16.10　用记事本查看保存的内容

2. 文本编辑

(1)　插入字符

如图 16.11 所示，用户在最后一行的 f 字符前插入了几个 g 字符。

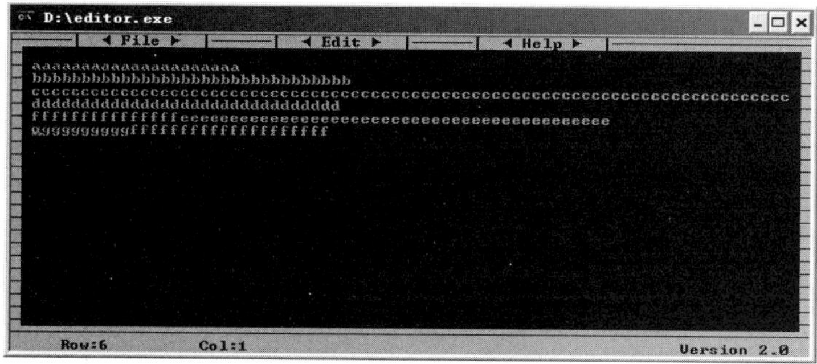

图 16.11　插入字符

(2)　删除字符

如图 16.12 所示，用户在最后一行的 f 字符前删除了几个 g 字符。

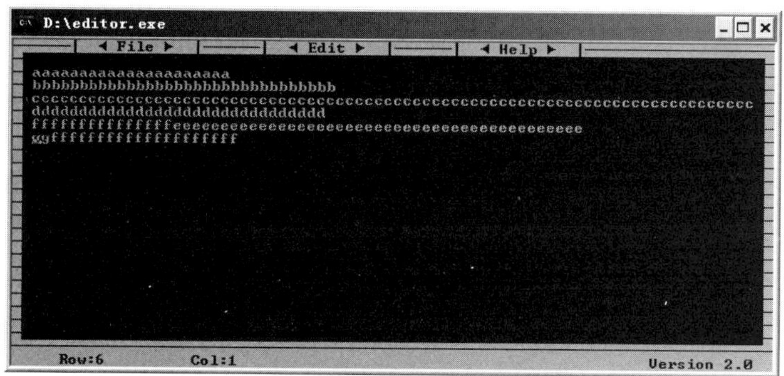

图 16.12　删除字符

3. 剪贴板操作

(1)　选定文本

如图 16.13 所示，用户按 Ctrl+右移键选定了最后一行的几个 f 字符。

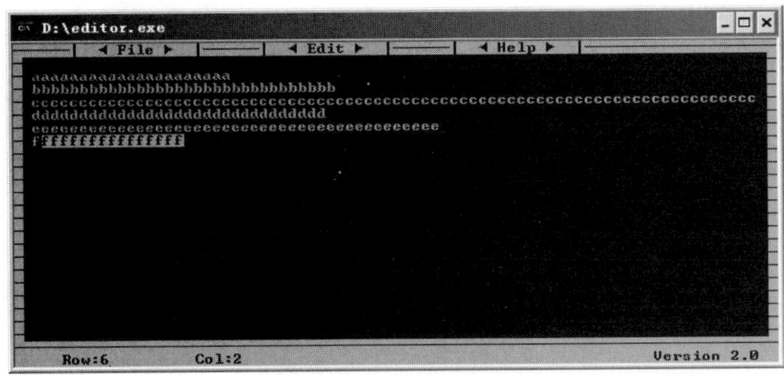

图 16.13　选定文本

(2)　剪切

如图 16.14 所示，用户按 Ctrl+X 键剪切掉了图 16.13 中选定的文本字符。

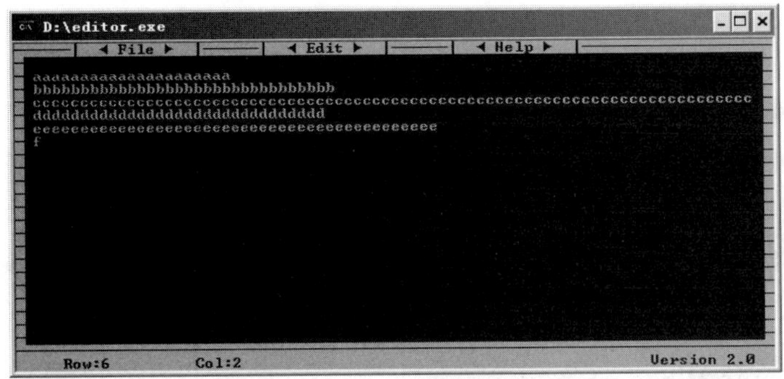

图 16.14　剪切选定的文本

(3)　复制

如图 16.15 所示，用户先选定需要复制的文本，然后按 F2 功能键调用 Edit 菜单，选定 Copy 命令，这样，就将选定的内容复制到剪贴板中了。当然，用户也可通过 Ctrl+C 键来复制选定的文本。

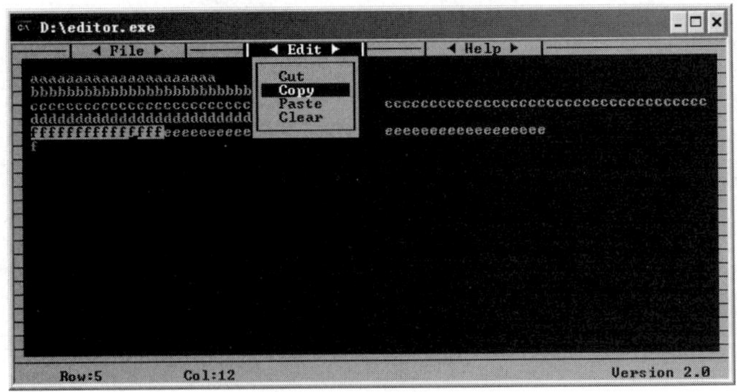

图 16.15　复制选定的文本

(4)　粘贴

如图 16.16 所示，用户可按 Ctrl+V 键或调用 Edit 菜单中的 Paste 命令来完成将剪贴板中的字符插入到光标当前位置的任务。

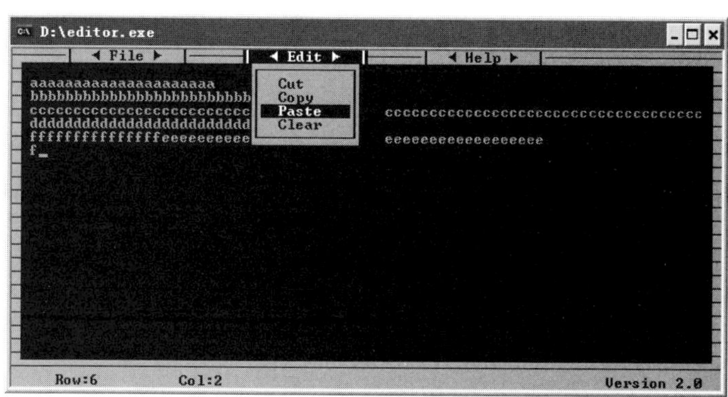

图 16.16　粘贴选定的文本

4. 菜单控制

菜单控制可以参考图 16.16，按 F2 功能键后，按光标下移键，选定 Paste 菜单选项。

5. 帮助及其他

如图 16.17 所示，用户可按 F3 功能键调用帮助菜单，得到如何使用本系统的提示。

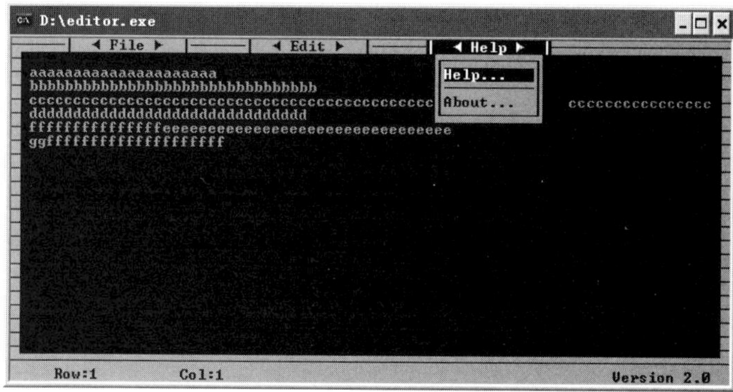

图 16.17　帮助菜单

如图 16.18 所示，用户可按 F10 键切换到快速预览窗口。

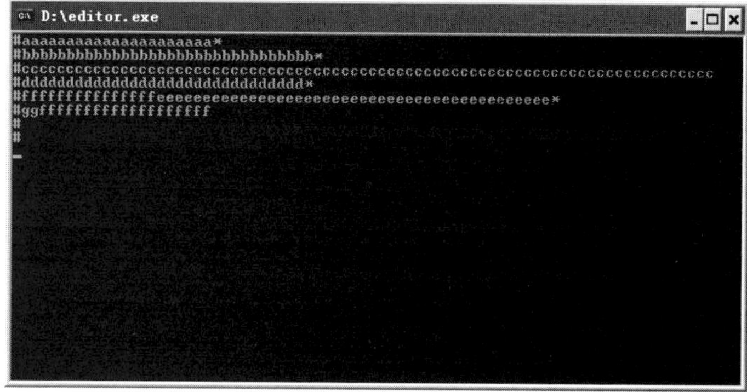

图 16.18　快速预览文本

附　　录

附录 1　ASCII 码表

ASCII 码	字　符	ASCII 码	字　符	ASCII 码	字　符	ASCII 码	字　符
0	NUL	32	SPACE	64	@	96	`
1	SOH	33	!	65	A	97	a
2	STX	34	"	66	B	98	b
3	ETX	35	#	67	C	99	c
4	EOT	36	$	68	D	100	d
5	ENQ	37	%	69	E	101	e
6	ACK	38	&	70	F	102	f
7	BEL	39	'	71	G	103	g
8	BS	40	(	72	H	104	h
9	HT	41	)	73	I	105	i
10	LF	42	*	74	J	106	j
11	VT	43	+	75	K	107	k
12	FF	44	,	76	L	108	l
13	CR	45	-	77	M	109	m
14	SO	46	.	78	N	110	n
15	SI	47	/	79	O	111	o
16	DLE	48	0	80	P	112	p
17	DCI	49	1	81	Q	113	q
18	DC2	50	2	82	R	114	r
19	DC3	51	3	83	X	115	s
20	DC4	52	4	84	T	116	t
21	NAK	53	5	85	U	117	u
22	SYN	54	6	86	V	118	v
23	ETB	55	7	87	W	119	w
24	CAN	56	8	88	X	120	x
25	EM	57	9	89	Y	121	y
26	SUB	58	:	90	Z	122	z
27	ESC	59	;	91	[	123	{
28	FS	60	<	92	\	124	|
29	GS	61	=	93	]	125	}
30	RS	62	>	94	^	126	~
31	US	63	?	95	_	127	DEL

附录 2　C 语言编程易犯错误分析

C 语言的最大特点是功能强、使用方便灵活，但正是由于这个灵活性，给程序的调试带来了许多不便，尤其对初学 C 语言的人来说，经常会犯一些连自己都不知道错在哪里的错误。很多初学者看着有错的程序，却不知该如何改起。下面列出 C 语言编程时常犯的一些错误，供读者参考。

(1) 书写标识符时，忽略了大小写字母的区别。例如：

```
main()
{
    int a = 5;
    printf("%d", A);
}
```

编译程序把 a 和 A 认为是两个不同的变量名，所以会显示出错信息。

C 语言认为大写字母和小写字母是两个不同的字符。习惯上，符号常量名用大写，变量名用小写表示，以增加可读性。

(2) 忽略了变量的类型，进行了不合法的运算。例如：

```
main()
{
    float a, b;
    printf("%d", a%b);
}
```

%是求余运算符，得到 a/b 的整余数。整型变量 a 和 b 可以进行求余运算，而实型变量则不允许进行“求余”运算。

(3) 将字符常量与字符串常量混淆。例如：

```
char c;
c = "a";
```

在这里，就混淆了字符常量与字符串常量，字符常量是由一对单引号括起来的单个字符，字符串常量是一对双引号括起来的字符序列。C 语言规定以‘\’作为字符串结束标志，它是由系统自动加上的，所以，字符串“a”实际上包含两个字符：‘a’和‘\’，而把它赋给一个字符变量是不行的。

(4) 忽略了“=”与“==”的区别。

在许多高级语言中，用“=”号作为关系运算符“等于”。

例如，在 BASIC 程序中可以这样写：

```
if (a=3) then …
```

但 C 语言中，“=”是赋值运算符，“==”才是关系运算符。例如：

```
if (a==3) a=b;
```

即首先比较 a 是否与 3 相等，如果 a 与 3 相等，就把 b 值赋给 a。

但由于习惯问题，初学者往往会犯把“==”写成“=”的错误。

(5) 忘记加分号。例如：

```
a = 1
b = 2
```

编译时，编译程序在“a=1”后面没发现分号，就把下一行“b=2”也作为上一行语句的一部分，这就会出现语法错误。

分号是C语言语句中不可缺少的一部分，语句末尾必须有分号。

改错时，有时在被指出有错的一行中未发现错误，就需要看一下上一行是否漏掉了分号。对于复合语句来说，最后一个语句中末尾的分号不能忽略不写(这是与Pascal语言不同的)。例如：

```
{
   z = x+y;
   t = z/100;
   printf("%f", t); /*这里的分号不能缺*/
}
```

(6) 多加分号。对于一个复合语句，例如：

```
{
   z = x+y;
   t = z/100;
   printf("%f", t);
}; /*这个分号是多余的*/
```

该复合语句的花括号后不应再加分号，否则将会画蛇添足。

又如：

```
if (a%3 == 0); /*这个分号是多余的*/
   i++;
```

本意是如果3能整除a，则i加1。但由于if (a%3 == 0)后多加了分号，则if语句到此结束，程序将执行i++语句，不论3是否整除a，i都将自动加1。

再如：

```
for (i=0; i<5; i++); /*这个分号是多余的*/
{
   scanf("%d", &x);
   printf("%d", x);
}
```

本意是先后输入5个数，每输入一个数后再将它输出。但由于for()后多加了一个分号，使循环体变为空语句，此时，只能输入一个数并输出它。

(7) 输入变量时忘记加地址运算符“&”：

```
int a, b;
scanf("%d%d", a, b); /*错，缺&*/
```

这是不合法的。scanf函数的作用是：按照a、b在内存中的地址，将a、b的值保存进去。“&a”才是 a 在内存中的地址。

(8) 输入数据的方式与要求不符。例如，针对下面的语句：

```
scanf("%d%d", &a, &b);
```

输入时，不能用逗号作为两个数据间的分隔符，例如，下面的输入是不合法的：

```
3,4
```

输入数据时，在两个数据之间以一个或多个空格间隔，也可用回车键，跳格键 Tab。

C 语言规定：如果在“格式控制”字符串中除了格式说明以外还有其他字符，则在输入数据时应输入与这些字符相同的字符。例如：

```
scanf("%d,%d", &a, &b);
```

下面的输入是合法的：

```
3,4
```

此时，不用逗号而用空格或其他字符是不对的。

又如：

```
scanf("a=%d,b=%d", &a, &b);
```

输入应如以下形式：

```
a=3,b=4
```

(9) 输入字符的格式与要求不一致。

在用“%c”格式输入字符时，“空格字符”和“转义字符”都作为有效字符输入。

例如：

```
scanf("%c%c%c", &c1, &c2, &c3); /*正确输入应为abc*/
```

如输入 a b c，字符‘a’送给 c1，字符‘ ’送给 c2，字符‘b’送给 c3，因为%c 只要求读入一个字符，后面不需要用空格作为两个字符的间隔。

(10) 输入输出的数据类型与所用格式说明符不一致。

例如，假设 a 已定义为整型，b 定义为实型，则如下写法就是错误的：

```
a=3; b=4.5;
printf("%f%d\n", a, b); /*类型不匹配*/
```

编译时并不给出出错信息，但运行结果将与原意不符。这种错误尤其需要注意。

(11) 输入数据时，企图规定精度，例如：

```
scanf("%7.2f", &a); /*错*/
```

这样做是不合法的，输入数据时不能规定精度。

(12) switch 语句中漏写 break 语句。

例如，根据考试成绩的等级打印出百分制数段：

```
switch(grade)
{
```

```
case 'A': printf("85~100\n");
case 'B': printf("70~84\n");
case 'C': printf("60~69\n");
case 'D': printf("<60\n");
default: printf("error\n");
}
```

这里，由于漏写了 break 语句，而 case 只起标号的作用，不起判断作用。因此，当 grade 值为 A 时，printf 函数在执行完第一条语句后，接着会继续执行第二、三、四、五条 printf 函数语句，导致获得不正确的打印结果。

正确的写法是，在每个分支后再加上“break;”。例如：

```
case 'A': printf("85~100\n"); break;
```

(13) 忽视了 while 和 do-while 语句在细节上的区别。

①

```
main()
{
    int a=0, i;
    scanf("%d", &i);
    while(i <= 10)
    {
        a = a + i;
        i++;
    }
    printf("%d", a);
}
```

②

```
main()
{
    int a=0, i;
    scanf("%d", &i);
    do
    {
        a = a + i;
        i++;
    } while(i <= 10);
    printf("%d", a);
}
```

可以看到，当输入 i 的值小于或等于 10 时，二者得到的结果相同。而当 i>10 时，二者结果就不同了。因为 while 循环是先判断后执行，而 do-while 循环是先执行后判断。对于大于 10 的数，while 循环一次也不执行循环体，而 do-while 语句则要执行一次循环体。

(14) 定义数组时误用变量。例如：

```
int n;
scanf("%d", &n);
int a[n];           /*错*/
```

数组名后用方括号括起来的是常量表达式，可以包括常量和符号常量。即 C 不允许对数组的大小做动态定义。

(15) 在定义数组时，将定义的“元素个数”误认为是可使用的最大下标值。例如：

```
main()
{
   static int a[10] = {1,2,3,4,5,6,7,8,9,10};
   printf("%d", a[10]); /*错*/
}
```

C 语言规定：定义时用 a[10]，表示 a 数组有 10 个元素。其下标值由 0 开始，所以数组元素 a[10]是不存在的。

(16) 初始化数组时，未使用静态存储。例如：

```
int a[3] = {0, 1, 2};
```

这样初始化数组是不对的。C 语言规定只有静态存储(static)数组和外部存储(extern)数组才能初始化。应改为：

```
static int a[3] = {0, 1, 2};
```

(17) 在不应加地址运算符&的位置加了地址运算符。例如：

```
scanf("%s", &str);
```

C 语言编译系统对数组名的处理是：数组名代表该数组的起始地址，且 scanf 函数中的输入项是字符数组名，不必要再加地址符&。应改为：

```
scanf("%s", str);
```

(18) 同时定义了形参和函数中的局部变量。例如：

```
int max(x, y)
int x, y, z;
{
   z = x>y? x : y;
   return(z);
}
```

形参应该在函数体外定义，而局部变量应该在函数体内定义。应改为：

```
int max(x, y)
int x, y;
{
   int z;
   z = x>y? x : y;
   return(z);
}
```

参 考 文 献

[1] 李丹程. C 语言程序设计案例实践[M]. 北京：清华大学出版社，2009.

[2] 贾蓓，姜薇，镇明敏. C 语言编程实战宝典[M]. 北京：清华大学出版社，2015.

[3] 杨丽，郭锐，陈雪峰. C 语言程序开发范例宝典[M]. 北京：人民邮电出版社，2015.

[4] Stephen Prata. C Primer Plus(第 5 版 中文版)[M]. 云巅工作室译. 北京：人民邮电出版社，2005.

[5] 严蔚敏，吴伟民. 数据结构(C 语言版)[M]. 北京：清华大学出版社，2012.

[6] 张海藩，牟永敏. 软件工程导论(第 6 版)[M]. 北京：清华大学出版社，2013.